国家出版基金项目
“十二五”国家重点出版物出版规划项目

现代兵器火力系统丛书

# 火炸药安全技术

胡双启　赵海霞　肖忠良　著

北京理工大学出版社
BEIJING INSTITUTE OF TECHNOLOGY PRESS

## 内容简介

本书是“‘十二五’国家重点出版物出版规划项目”丛书之一。全书共分八章，分别是概论、国外火炸药安全技术发展状况、火炸药安全基本原理、火炸药生产过程中的安全性、火炸药产品安全性、火炸药装药与贮存安全性、火炸药生产工房的安全性、火炸药生产企业的安全评估技术。

本书从火炸药的本质特性出发，根据其分解机理与燃烧爆炸原理分析火炸药在生产、使用、贮存过程中的不安全因素，提出解决不安全性的技术途径，其中许多是最新的国内外研究成果和正在研究发展的新技术。

本书可以作为火炸药行业技术人员的技术参考资料，也可以作为火炸药专业本科生、研究生的教学参考用书。



**图书在版编目（CIP）数据**

火炸药安全技术/胡双启，赵海霞，肖忠良著．—北京：北京理工大学出版社，2014.2

（现代兵器火力系统丛书）

国家出版基金项目及“十二五”国家重点出版物出版规划项目

ISBN 978-7-5640-8777-7

Ⅰ．①火…　Ⅱ．①胡…②赵…③肖…　Ⅲ．①火药-安全技术②炸药-安全技术　Ⅳ．①TJ41②TJ5

中国版本图书馆 CIP 数据核字（2014）第 020668 号

出版发行 / 北京理工大学出版社有限责任公司
社　　址 / 北京市海淀区中关村南大街 5 号
邮　　编 / 100081
电　　话 /（010）68914775（总编室）
82562903（教材售后服务热线）
68948351（其他图书服务热线）
网　　址 / http://www.bitpress.com.cn
经　　销 / 全国各地新华书店
印　　刷 / 北京地大天成印务有限公司
开　　本 / 787 毫米×1092 毫米　1/16
印　　张 / 23.75
字　　数 / 442 千字
版　　次 / 2014 年 2 月第 1 版　2014 年 2 月第 1 次印刷
定　　价 / 80.00 元

责任编辑 / 李秀梅　莫莉
文案编辑 / 李秀梅
责任校对 / 周瑞红
责任印制 / 马振武

# 现代兵器火力系统丛书
# 编　委　会

# 总　序

国防科技工业是国家战略性产业，是先进制造业的重要组成部分，是国家创新体系的一支重要力量。为适应不同历史时期的国际形势对我国国防力量提出的要求，国防科技工业秉承自主创新、与时俱进的发展理念，建立了多学科交叉，多技术融合，科研、实验、生产等多部门协作的现代化国防科研生产体系。兵器科学与技术作为国防科学与技术的一个重要分支，直接关系到我国国防科技总体发展水平，并在很大程度上决定着国防科技诸多领域的成果向国防军事硬实力的转化。

进入21世纪以来，随着兵器发射技术、推进增程技术、精确制导技术、高效毁伤技术的不断发展，以及新概念、新原理兵器的出现，火力系统的射程、威力和命中精度均大幅提升。火力系统的技术进步将推动兵器系统的其他分支发生相应的革新，乃至促使军队的作战方式发生变化。然而，我国现有的国防科技类图书落后于相关领域的发展水平，难以适应信息时代科技人才的培养需求，更无法满足国防科技高层次人才的培养要求。因此，构建系统性、完整性和实用性兼备的国防科技类专业图书体系十分必要。

为了解决新形势下兵器科学所面临的理论、技术和工程应用等问题，王兴治院士、王泽山院士、朵英贤院士带领北京理工大学、南京理工大学、中北大学的学者编写了《现代兵器火力系统》丛书。本丛书以兵器火力系统相关学科为主线，运用系统工程的理论和方法，结合现代化战争对兵器科学技术的发展需求和科学技术进步对其发展的推动，在总结兵器火力系统相关学科专家学者取得主要成果的基础上，较全面地论述了现代兵器火力系统的学科内涵、技术领域、研制程序和运用工程，并按照兵器发射理论与技术的研究方法，分述了枪炮发射技术、火炮设计技术、弹药制造技术、引信技术、火炸药安全技术、火力控制技术等内容。

本丛书围绕“高初速、高射频、远程化、精确化和高效毁伤”的主题，梳理了近年来我国在兵器火力系统相关学科取得的重要学术理论、技术创新和工程转化等方面的成果。这些成果优化了弹药工程与爆炸技术、特种能源工程与烟火技术、武器系统与发射技术等专业体系，缩短了我国兵器火力系统与国外的差距，提升了我国在常规兵器装备研制领域的理论水平和技术水平，为我国兵器火力系统的研发提供了技术保障和智力支持。本丛书旨在总结该领域的先进成果和发展经验，适应现代化高层次国防科技人才的培养需求，助力国防科学技术研发，形成具有我国特色的“兵器火力系统”理论与实践相结合的知识体系。

本丛书入选“十二五”国家重点出版物出版规划项目，并得到国家出版基金资助，体现了国家对兵器科学与技术，以及对《现代兵器火力系统》出版项目的高度重视。本丛书凝结了兵器领域诸多专家、学者的智慧，承载了弘扬兵器科学技术领域技术成就、创新和发展兵工科技的历史使命，对于推进我国国防科技工业的发展具有举足轻重的作用。期望这套丛书能有益于兵器科学技术领域的人才培养，有益于国防科技工业的发展。同时，希望本丛书能吸引更多的读者关心兵器科学技术发展，并积极投身于中国国防建设。

**丛书编委会**

# 前　言

火炸药是目前武器主要的也是基本的化学能源，经过数百年的发展与进步，已经形成（火炸药）特种能源科学技术学科与研究领域。研究领域包括原材料合成、配方设计、产品加工、应用技术等方面。

火炸药的本质特性表明其是一种危险品，也可以是危险源，所以在火炸药的生产加工、使用、储存过程中，安全性就显得特别重要。特别是近年来，火炸药的安全技术逐渐被人们重视，研究也不断地深入。本书从火炸药的本质特性出发，根据其分解机理与燃烧爆炸原理分析火炸药在生产、使用、储存过程中的不安全因素，提出解决不安全性的技术途径，其中许多是最新的国内外研究成果和正在研究发展的新技术，同时提出诸多未尽解决的安全技术课题。

全书共分为八章。第 1 章概论，主要介绍了火炸药的本质特征性与安全性的相关概念，重点阐述了火炸药的安全技术体系。第 2 章国外火炸药安全技术发展状况，概述了近些年来国外火炸药安全技术的最新发展状况与发展趋势。第 3 章火炸药安全基本原理，将其不安全性归结于能量的意外与瞬时释放，主要论述了火炸药能量释放的引发机理与能量释放原理及其特征性，这是火炸药安全技术的理论基础。第 4 章火炸药生产过程中的安全性，从火炸药生产过程特点出发，分析可能引发不安全的因素与条件，介绍各种安全防范技术，同时介绍有关行业的生产安全性标准。第 5 章火炸药产品安全性，介绍火炸药原材料和产品的安全性检测和评价方法。其中诸多检测方法是近年来国内外研究发展的新技术和正在研究的课题。第 6 章火炸药装药与贮存安全性，介绍炸药装药的安全性与火炸药贮存过程中的安全性评估方法。第 7 章火炸药生产工房的安全性，简要介绍了火炸药生产厂房及各种建筑物的相关安全技术。第 8 章火炸药生产企业的安全评估技术，简要介绍了重大危险源的辨识方法，重点介绍了火炸药生产企业各种常见的定性和定量的安全评价方法。

本书由中北大学肖忠良教授策划、胡双启教授牵头组织，主要由胡双启、赵海霞、肖忠良合著，其他参与撰写的人员还有王晶禹、曹雄和张树海。其中第 1 章由肖忠良教授和胡双启教授撰写；第 2 章和第 3 章由胡双启教授撰写；第 4 章由王晶禹教授和张树海教授撰写；第 5 章由肖忠良教授和王晶禹教授撰写；第 6 章由曹雄教授和张树海教授撰写；第 7 章和第 8 章由赵海霞副教授撰写。全书由胡双启教授统稿。

本书涉及燃烧爆炸力学、安全学、化学等多个学科领域，具有综合性和针对性。由于著者水平有限，错误之处在所难免，敬请读者批评指正。

作　者

# 目　录


第1章　概论…… 1
1.1　火炸药的基本概念与特征性 …… 1
1.1.1　火炸药的定义 …… 1
1.1.2　火药与炸药的相关性与本质区别 …… 1
1.2　火炸药安全性概念与界定 …… 2
1.2.1　安全性基本内涵 …… 2
1.2.2　火炸药安全性的基本内涵 …… 2
1.2.3　火炸药安全性的外延界定 …… 2
1.2.4　火炸药制造、贮存与安全的相关性…… 2
1.2.5　火炸药使用与安全的相关性 …… 4
1.3　火炸药安全技术概念与安全技术体系 …… 4
1.3.1　火炸药安全技术 …… 5
1.3.2　火炸药安全技术体系…… 5
参考文献…… 6
第2章　国外火炸药安全技术发展状况…… 7
2.1　战略规划 …… 7
2.2　风险管理 …… 8
2.3　标准体系 …… 8
2.4　不敏感火炸药 …… 9
2.4.1　不敏感火炸药的研究概况 …… 9
2.4.2　不敏感弹药的研究与发展…… 12
2.4.3　用火箭推进剂技术发展高能不敏感炸药 …… 13
第3章　火炸药安全基本原理 …… 14
3.1　火炸药的不安全因素分析…… 14
3.1.1　爆炸性物质的种类与分子结构 …… 14

3.1.2 炸药化学变化的基本形式与相互间的转化 …… 14
3.2 火炸药的热分解、热安定性与相容性 …… 16
3.2.1 火炸药热分解的基本概念 …… 16
3.2.2 火炸药的分子结构和物理状态对热分解的影响 …… 17
3.2.3 火炸药热分解反应动力学 …… 32
3.2.4 常用热分析方法 …… 40
3.2.5 火炸药的热安定性 …… 40
3.2.6 火炸药与相关物的相容性 …… 42
3.2.7 相容性的测试与评价标准 …… 46
3.3 火炸药的热爆炸理论 …… 48
3.3.1 火炸药热爆炸的稳定状态理论 …… 49
3.3.2 火炸药热爆炸的非稳定状态理论 …… 61
3.4 火炸药的热分解转燃爆与燃烧转爆轰 …… 70
3.4.1 火炸药的热分解转燃爆 …… 70
3.4.2 火炸药燃烧转爆轰 …… 71
3.5 冲击波对火炸药不安全引发机理 …… 75
3.5.1 均相炸药的冲击起爆机理 …… 75
3.5.2 非均相炸药的冲击起爆机理 …… 75
3.5.3 非均相炸药的冲击起爆判据 …… 76
参考文献 …… 78
第4章 火炸药生产过程中的安全性 …… 79
4.1 原材料合成与生产过程中安全性 …… 79
4.1.1 硝化基本原理 …… 79
4.1.2 硝化工艺特点分析 …… 81
4.1.3 硝化过程中的安全技术 …… 82
4.2 火炸药工厂的常规安全性措施 …… 83
4.2.1 热作用下燃烧爆炸预防措施 …… 84
4.2.2 机械作用下燃烧爆炸预防措施 …… 85
4.2.3 静电作用下燃烧爆炸预防措施 …… 86
4.3 典型火炸药生产安全措施 …… 87
4.3.1 黑火药生产燃爆事故的预防措施 …… 87
4.3.2 硝化棉生产燃爆事故的预防措施 …… 91
4.3.3 单基药生产燃爆事故的预防措施 …… 98
4.3.4 双基药、三基药生产燃爆事故的预防措施 …… 100
4.3.5 炸药生产燃爆事故的预防措施 …… 104

4.4 炸药装药过程中的安全性 …… 106
4.4.1 几种装药工艺过程描述 …… 106
4.4.2 安全防护技术 …… 117
4.5 典型安全防护装置 …… 123
4.5.1 阻火装置 …… 123
4.5.2 自动灭火装置 …… 125
4.5.3 抑爆装置 …… 126
4.5.4 静电消除器 …… 126
参考文献 …… 127
第5章 火炸药产品安全性 …… 129
5.1 引言 …… 129
5.2 固体火炸药安全性检测方法 …… 130
5.2.1 火炸药热感度试验 …… 130
5.2.2 火炸药机械感度试验 …… 139
5.2.3 火炸药冲击波感度试验 …… 159
5.2.4 火炸药静电感度试验 …… 168
5.2.5 火炸药产品安全性评价 …… 171
5.3 液体发射药的安全性 …… 174
5.3.1 热能输入试验 …… 175
5.3.2 冲击机械能输入试验 …… 180
5.3.3 冲击波能量感度试验 …… 185
5.3.4 其他实验 …… 187
5.3.5 安全性评价 …… 188
参考文献 …… 190
第6章 火炸药装药与贮存安全性 …… 192
6.1 概述 …… 192
6.1.1 火炸药是武器动力和毁伤的能源材料 …… 192
6.1.2 火炸药的安全性 …… 193
6.2 火炸药装药安全性 …… 194
6.2.1 炸药装药过程的安全性 …… 194
6.2.2 装药的缺陷与检测 …… 194
6.2.3 底隙现象与消除 …… 200
6.2.4 装药安全性研究结果 …… 203
6.3 火炸药储存中的安全性 …… 219
6.3.1 发射药储存安全性 …… 219

6.3.2 固体推进剂长储稳定性及其控制技术 …… 222
6.3.3 贮存少量炸药安全药库的安全性试验 …… 238
参考文献 …… 254
第7章 火炸药生产工房的安全性 …… 256
7.1 生产过程和场所按火灾爆炸危险性分类 …… 256
7.2 生产厂房的耐火等级 …… 272
7.3 生产厂房的防火间距及安全距离 …… 274
7.4 建筑结构防火防爆措施 …… 279
7.4.1 建筑物防火防爆要求 …… 279
7.4.2 建筑物防火防爆措施 …… 281
参考文献 …… 285
第8章 火炸药生产企业的安全评估技术 …… 286
8.1 概述 …… 286
8.2 危险、有害因素的识别及重大危险源的辨识 …… 287
8.2.1 危险、有害因素的定义及分类 …… 287
8.2.2 危险、有害因素的识别 …… 289
8.2.3 识别危险、有害因素的原则 …… 298
8.2.5 评价单元 …… 303
8.3 安全评价方法 …… 305
8.3.1 安全评价方法分类 …… 306
8.3.2 定性安全评价方法 …… 307
8.3.3 定量安全评价方法 …… 309
8.4 火炸药系统的安全评价 …… 320
8.4.1 建立评估方法的原则 …… 321
8.4.2 火炸药弹药企业爆炸危险源评估模型（BZA-1）法简介 …… 321
8.4.3 火炸药弹药企业爆炸危险源评估模型（BZA-2）法简介 …… 329
8.4.4 火炸药弹药企业爆炸危险源评估模型应用举例 …… 339
参考文献 …… 343
索引 …… 345

# 第1章　概　　论

## 1.1　火炸药的基本概念与特征性

### 1.1.1　火炸药的定义

关于火炸药（Propellant and Explosive），人们的认识经历了4个阶段的发展：初期——药剂（Medicament）；早期——危险的燃烧爆炸物质；近（二三十）年——含能材料（物质）（Energetic Material）；近（几年）期——特殊能源（Special Energy）。

火炸药首先是一种物质，但在本质上它是一种能源，是一种特殊能源。该能源在一定外界和环境条件下，在特殊的封闭体系中（无需其他物质参与）以燃烧或者爆轰的物理化学方式释放能量并实现对外做功。该能源的本质是其组成元素的起始与终点物理化学状态的不同，造成元素的能级状态不同而释放能量，通常为热能。火炸药作为能源的特殊性在于其组成元素的物理化学变化过程在封闭体系下完成，无需其他物质参与。

火炸药主要应用于武器，可作为武器的发射、推进与毁伤能源，对武器威力起着重要的基础支撑与保证作用。所以，火炸药可以称为武器能源，同时也作为其他方面的热源、气源、信号源等。

### 1.1.2　火药与炸药的相关性与本质区别

在许多情况下，火药与炸药是两个相对独立的概念。在应用形式上，用于身管武器发射和火箭推进者称为火药，用于战斗部装药毁伤者为炸药。火炸药发展到今天，从配方组成到组织结构形态，已经没有大的差别。例如火药中的晶体爆炸物成分已经达到70%以上，同时火药在适当的装填与引爆条件下，完全可以作为炸药使用。所以，不能从表观形式上进行火药与炸药的区别。实际上两者之间的本质区别体现在能量释放的方式上。

在外界能量的激发下，火炸药组分发生化学反应，元素进行重排使能级改变，从而产生能量（主要是热能）。火炸药的化学反应有三种：热分解、燃烧与爆轰。热分解为缓慢化学反应，燃烧与爆轰为快速化学反应，其过程可以用化学反应动力学与反应流体动力学予以描述。在反应流体动力学体系下的压力、温度变化，与化学反应的机理、速率直接相关，这是著名的爆炸力学中C-J方程的结果。一种表观的描述为：如果化学反应在某一局部以冲击波的形式稳定地进行并传播，反应阵面内的压力不发生突跃变化，就是燃烧；如果化学反应在某一局部以冲击波的形式稳定地进行并传播，反应阵面内的压力发生突跃变化，就是爆轰。所以，以爆轰的形式释放能量者为炸药，以燃烧的形式释放能量者为火药。

在能量释放的时间数上，火药在 $10 \sim 10^{-3}$ s数量级，根据使用时燃烧压力环境的不同，可分为发射药和推进剂炸药，前者的燃烧压力在 $10^2$ MPa数量级，后者在10 MPa数量级。炸药的能量释放的时间在 $10^{-6}$ s数量级。就功率而言，炸药是火药的 $10^3$ 倍。

## 1.2 火炸药安全性概念与界定

### 1.2.1 安全性基本内涵

安全，是人们常常提及的词语，在此，需要对“安全”与“安全性”的内涵进行研究与界定。《尔雅・释诂下》：“安，定也。”《诗・小雅・常棣》：“伤乱既平，既安且宁。”《左传・襄公十一年》：“居安思危。”由此可见，安全，是指一种状态，一种按照人们的意志所希望的相对稳定的状态，或者说是一种人们意志可以接受的状态。

安全性，是指某种事物，特别是某种物质按照人们的意志所希望的一种稳定的特性；是一种性质、特点。

客观事物的安全性的本质是其特征状态处于稳定、可控制、可接受的范围以内，或者是表达特征状态的特征（函数）值在阈值以下。所以，安全的理论基础是建立在对客观事物的状态描述与表达，物理数学模型的建立和数值求解；特征函数表达、变化规律；以及相关阈值的确定之上的。安全技术可以归结为数学物理模型中本构方程中相关参、系数和边界条件的确定、调整、控制方法、手段、标准等。

### 1.2.2 火炸药安全性的基本内涵

火炸药，是一种能源，同时是一种物质。所以，“火炸药的安全性”是指火炸药在制造加工、储存、使用等过程中按照人们的意志所希望的稳定特性。

### 1.2.3 火炸药安全性的外延界定

火炸药安全性的外延，首先，指火炸药在制造加工、储存、使用等过程中的安全特性；第二，指与安全性直接或间接关联的性质的具体内容，对于火炸药而言，包括热分解特性、爆炸特性、燃烧特性等；第三，指在制造加工、储存、使用等过程中由于外界条件可能引起分解、燃烧、爆炸的可能性，以及危害性分析和防护措施等。

### 1.2.4 火炸药制造、贮存与安全的相关性

火炸药生产过程的基本特征有易燃易爆性、腐蚀性、毒害性以及生产过程的连续性。这些基本特征确定了火炸药生产过程的每个环节必须采取特殊的、严格的安全与环保技术措施和管理制度。认识这些特征，照其规律办事，就能够保证安全生产和保护环境。

火炸药最突出的特征是易热分解、易燃烧、易爆炸、易殉爆和易发生从热分解到爆炸的链式反应，简称易燃易爆性。

1. 易热分解

火炸药的成品在常温下是相对安定的化合物或混合物。实际上，它们一直在进行着缓慢的热分解反应。由于其反应速度缓慢，加之安定剂及其他因素的抑制，不经检测，一般不易发现。如果环境温度过高，散热不好，阳光照射或其他条件影响，热分解反应生成的热会逐渐积聚，分解产物中的氧化氮成为加快分解的催化剂，分解速度自动加快，直至自燃自爆。1998 年夏，某研究所库房中长贮火药自燃爆炸就是典型的事例。

火炸药生产过程的主要原材料硝酸、硫酸、醋酐甲苯、醇醚溶剂、硝化甘油、硝化棉、高氯酸铵等都是易燃、易爆的物质。如硝酸在常温下即可分解为氮的氧化物和水；硝化棉受热极易分解自燃爆炸。日本自 1935 年至 1966 年，至少发生了 14 次严重的硝化棉自燃爆炸事故，其中 1964 年 7 月 14 日东京一库区 2 300 桶硝化棉自燃爆炸，造成消防队员 19 人死亡。

生产过程中的热分解，如硝化甘油、硝化棉、TNT、硝胺炸药等的制造过程中的酯化或硝化、配酸、稀释、驱酸、洗涤、中和等单元操作都是放热反应。工艺条件控制不稳，极易发生剧烈的热分解反应，如处理及时得当，则可化险为夷；如处理失当，则会造成燃烧爆炸和急性中毒事故。

2. 易燃烧

任何燃烧必须同时具备三个要素：一定量的可燃物质、与可燃物质比例相当的助燃物质、足够的激发能量。这三个要素相互作用即可燃烧。多数火炸药成品中已含有丰富的可燃剂和助燃剂——氧元素，所以只要给予足够的激发能量，如环境温度较高、靠近热源、明火点燃，以及摩擦、撞击等，即会发生燃烧事故；当其处于绝热状态、密闭容器或大量堆积时，其燃烧往往会转为爆炸。原材料在火炸药生产过程中极易发生燃爆事故。这是因为从原材料一直到成品的多数生产工序，有易燃、可燃物质。火炸药的原材料中，有很多是易挥发、易燃的液体，存在着极大的火灾危险性。火炸药原材料中既有氧化性物质，又有还原性物质。氧化性物质有硝酸及发烟硝酸、硫酸及发烟硫酸、氯及液氯、氧及液氧、无机过氧化物、有机过氧化物（如丁酮、环乙酮、苯甲酰的过氧化物等）、硝酸盐、氯酸盐、高氯酸盐、亚氯酸盐、重铬酸盐等。还原性物质有硫黄、磷、碳、硫化砷、锑、金属粉（如铝、镁、铁粉等）、苯胺、胺类、醇类、醛类、油脂及其他有机化合物。

在火炸药的生产过程中，几乎所有的工序都充满了可燃、易燃的原材料、成品、半成品、副产品、次品、废品、粉尘和气体。

3. 易爆炸

成品易爆炸。引发火炸药爆炸主要有三种情形：一是由热分解、燃烧引发爆炸；二是由普通火灾引发燃烧爆炸；三是给予强大激发能量后直接引起爆炸，如雷管、爆轰波、撞击等。

原材料易爆炸。火炸药在生产中需要的原材料，一类是易燃液体，如乙醚、乙醇、甲苯、丙酮等。这类液体极易挥发，其蒸气与空气混合达到一定浓度时，即形成爆炸性混合气体，一遇明火或高温可发生强烈爆炸。这类液体还极易着火，随之大量液体急剧气化，导致猛烈爆炸。一类是性质不相容的两种或多种物质违规相混，形成爆炸性混合物。如润滑油接触高压氧气，即成为爆炸性混合物；液氨与液氯接触，可生成爆炸性极为敏感的三氯化氮；硫酸、硝酸等强酸与氯酸盐、高氯酸盐等混合，可生成极强的氧化剂，如与有机物接触，即会发生爆炸。

生产过程中易发生爆炸。火炸药在生产过程中有时由于工艺条件控制不当、摩擦、撞击、打砸、设备故障等，极易发生燃烧事故或爆炸事故，硝化甘油、起爆药、黑火药等的生产最为突出。

**4. 易殉爆**

火炸药在受到周围一定距离的爆轰波或其他冲击波作用时能够发生爆炸的现象称作殉爆。表征火炸药殉爆特性的是殉爆感度。火炸药的生产工房、库房必须保持一定的安全距离，正是由这一特征决定的。引起殉爆的原因主要有：

（1）主发炸药爆炸的冲击波作用。

（2）主发炸药爆轰产物的直接冲击。

（3）主发炸药爆轰时抛射物体的冲击。

**5. 易发生从热分解到爆炸的链式反应**

火炸药的热分解、燃烧、爆炸虽然是三种不同形式的化学反应，但只要条件成熟，可以很容易地从缓慢的热分解转变为快速热分解，从快速热分解转变为猛烈燃烧，从猛烈燃烧转变为剧烈爆炸，几乎同时可引起周围一定距离的火炸药殉爆。这种链式反应，在初期尚可采取若干技术措施和管理方法补救，一旦转化为猛烈燃烧将会不可逆转地高速变化。

### 1.2.5 火炸药使用与安全的相关性

火炸药作为能源，在使用时必须经过燃烧或者爆炸过程，未能按照预先设计的程序而进行能量释放均视为不安全。这种现象表现之一为膛炸。引起膛炸的原因主要有三个方面：第一，发射药或者推进剂的异常燃烧；第二，引信的误作用；第三，过载引起炸药爆炸。

## 1.3 火炸药安全技术概念与安全技术体系

火炸药是国防科技工业领域产品研制、生产、储存、运输、使用、去军事化过程中导致灾难的最主要危险源。火炸药高能量与高危险共存的固有特性决定了其不同于一般工业危险品，具有特殊的高风险。

（1）事故引发能量低，极易发生燃烧爆炸事故。

（2）燃烧爆炸冲击波压力高、热辐射效应强、破坏力大。

（3）风险贯穿于军工燃烧爆炸品整个生命周期的各个阶段。

（4）事故后果严重，影响面大，可能造成核心能力的丧失、武器装备科研生产进度的延迟。

### 1.3.1　火炸药安全技术

火炸药安全技术是防止火炸药全生命周期事故发生及减小事故损失的方法、手段和措施。

火炸药安全技术源于其全生命周期内事故灾变的机理、历程与模式，能量意外释放规律与控制的理论体系，解决火炸药科研生产与能力建设项目的安全设计、安全评审、安全监察、事故调查与处理等方面的工程问题。

**1. 地位与属性**

火炸药安全技术是火炸药科研生产技术体系的重要组成部分，是火炸药控制风险、实现技术目标的基础性、核心关键技术，是武器装备研制生产得以实施、国防设施功能得以保持的基本保障与首要条件。

**2. 使命**

火炸药安全技术具有四个重要使命。

（1）保障人员、财产及环境安全。

（2）保障火炸药研制、生产、供给能力。

（3）保障国防基础设施安全有效与可用性，减小非打击性损失。

（4）保障武器装备生存能力。

### 1.3.2　火炸药安全技术体系

安全技术体系是一系列安全技术的有机组合。传统的火炸药安全技术体系是以“危害管理”为理念，侧重对事故后果的防护，具有被动性与滞后性的特点。本书提出的火炸药安全技术体系是在“风险管理”理念指导下建立的科学、系统、有效的技术体系，包括风险识别与评估技术、本质安全技术、安全监控与预警技术、安全防护技术及事故应急处置等一系列技术，具有超前预防、系统综合及主动防护的特点。以火炸药为代表的军工燃烧爆炸品安全技术体系见图1-1。

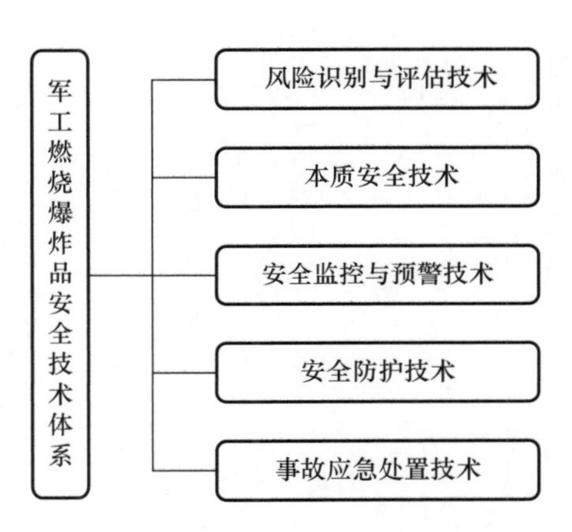


图1-1　军工燃烧爆炸品安全技术体系

（1）风险识别与评估技术：预测、发现和确认可能存在的风险，并对识别出的风险进行定性、定量评估，明确风险是否可以接受。

（2）本质安全技术：对产品、工艺、设备进行研究与设计，防止撞击、摩擦、热、静电、电气、雷电、电磁辐射等危害，确保在限定故障、误操作条件下不发生事故。

（3）安全监控与预警技术：对军工燃烧爆炸品生命周期内的风险参数进行实时监测、警报、自动控制，为预防安全事故的发生提供前期预警手段和方法。

（4）安全防护技术：对军工燃烧爆炸品可能事故状态下的冲击波、热辐射、破片破坏效应进行减缓与限制，防止事故扩散、减小事故损失。

（5）事故应急处置技术：在事故发生后，防止灾害的扩大与再次发生。

## 参考文献

[1] 芮筱亭，贠来峰，王国平，等. 弹药发射安全性导论［M］. 北京：国防工业出版社，2009.
[2] 张恒志. 火炸药应用技术［M］. 北京：北京理工大学出版社，2010.

# 第 2 章　国外火炸药安全技术发展状况

火炸药本身就是一类易燃（烧）易爆（炸）物质，所以，火炸药无论是在生产、使用中，还是运输、贮存过程中，其安全性都成为人们特别关注的问题。同时，火炸药还是一类特殊的化学物质，在生产、使用和贮存过程中，越来越引起人们的关注。

## 2.1　战略规划

如美国以《爆炸品安全管理纲要》为核心，针对每一历史发展时期，均制订战略规划，明确该阶段的目标、任务和工作重点，统筹规划、协同开展安全技术研究、安全标准制定、安全监管等工作。美国在其《国防部爆炸物安全技术发展战略规划（2007—2012）》中明确提出：要“保持爆炸品安全技术在武器弹药全生命周期技术体系中的先导地位”，并在此总目标的指导下，制订了各年度安全技术、技术标准的实施计划。近年来国外典型安全技术专项规划见表 2-1。

表 2-1　国外典型安全技术专项规划

| 国家或组织 | 专项名称 | 目　标 | 重点内容 |
|---|---|---|---|
| 美国 | 国防部爆炸物安全技术发展战略规划（2007—2012） | 保持爆炸品安全技术在武器弹药全生命周期技术体系中的先导地位 | 提高防护能力和资产保存能力 |
| | 弹药生产基础现代化和扩建 20 年（1970—1989）规划 | 生产过程安全可靠；<br>建设一支掌握现代化技术的专家队伍；<br>发展新的制造工艺和技术 | 大力发展新的制造工艺和技术，注重安全生产、污染防治和节约能源，实现生产过程和检测技术的连续化、自动化、遥控化 |
| | 弹药工业基地发展战略规划 2015 | 提高生产能力；<br>降低生产成本和占地面积 | 研究发展新型建筑物防护技术、信息化生产管理等 |
| 北约 | 北约弹药安全信息分析中心安全技术发展规划 | 扩大弹药安全知识，以实现爆炸物风险评估以及弹药的互操作性 | 建立建模和仿真、科学和技术试验评估能力。 |

美国《弹药生产基础现代化和扩建 20 年（1970—1989）规划》包含安全技术研究和工程改造两大内容，投资总额达 80 亿美元。通过安全传感器等安全技术的研究，有效解决了关键技术瓶颈。通过工程实施，将 20 余条 TNT 间断生产线、10 条 RDX 间断生产线全部改造成连续化、自动化生产线。

美国通过各种专项的有效实施，基本实现了弹药、爆炸品生产中的人机隔离，实现了生产过程的自动化，显著提高了本质安全化水平，有力提升了火炸药生产的现代化水平。

## 2.2 风险管理

传统的火炸药安全技术管理是以“危害管理”为主导，侧重对事故后果的防护，具有被动性与滞后性的特点。目前国际上提出了“风险管理”的理念，将事故管理转向以预防管理为主导的综合管理体系，包括风险识别与评估技术、本质安全技术、安全监控与预警技术、安全防护技术及事故应急处置等一系列技术，具有超前预防、系统综合及主动防护的特点。

美国爆炸品安全技术体系结构完整，层次清晰，内容翔实。在安全技术基础研究方面，重点开展爆炸效应评估及分类、危险分级、爆炸品药量与安全距离的关系、电气安全、人员防护、建筑物爆炸破坏效应、设备设施防爆等研究，强化风险识别与评估方法及技术的研究与应用。

目前国外具有代表性的先进安全技术有：

（1）美国陆军爆炸安全技术中心的危害水平分析技术（HAZX）。

（2）美国国防部爆炸安全委员会的爆炸风险安全性评估技术。

（3）美国海军水面战中心研究的特殊安全装置——液压驱动冲模固定器，可以将作业过程中的危险压力瞬间释放，避免事故发生。

（4）美国计算机视觉火灾探测系统，适用于火炸药、烟火剂的火焰和温度检测。

（5）美国、法国、俄罗斯等国积极开展的水雾抑爆技术研究，可以抑制90%的凝聚相爆炸超压，美国海军已应用于舰船灭火，美国正在开展TNT、PBX的抑爆研究工作。

（6）美国研究的发射药储存安全装置——开孔排气泄爆技术，已成功使用在发射药自动生产线上。

美国大力开展的冲击波抑制屏技术具有防止冲击波、火球、破片多毁伤元的安全防护功能，用于发射药、点火药、炸药研制、生产的重点设备、部位防护。

## 2.3 标准体系

美国建立了系统完善的覆盖产品危险性分级、工程建设安全、生产安全、风险评估等方面的安全技术标准，规范燃烧爆炸品的安全生产，并保持安全技术标准的适用性和适时性，平均每3～5年修订一次，如图2-1所示。

北约等在安全技术标准方面也形成了完善的标准体系，主要标准包括：北约军用弹药与爆炸物安全手册；爆炸危害分级程序；北约弹药储存与运输安全标准；国际弹药技术导则；北约弹药贮存和运输法规；北约军用弹药和爆炸物贮存法则等。

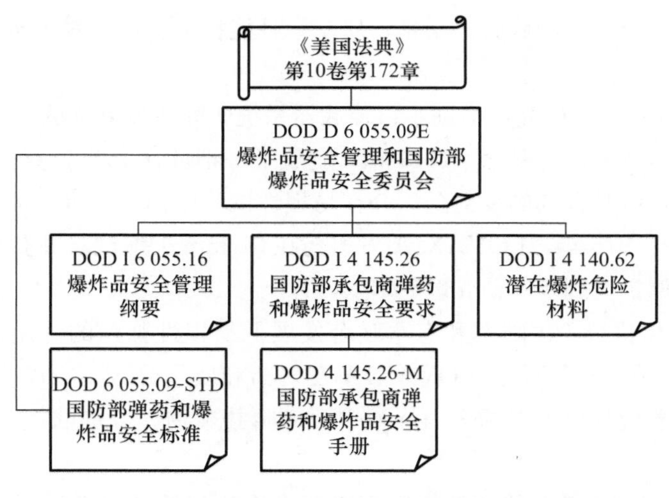


图 2-1 美国国防部爆炸品安全指令性文件

## 2.4 不敏感火炸药

第二次世界大战后，全球战争虽然未打起来，但局部的战争却不断发生，其中尤以 1967 年和 1973 年的阿以战争、1982 年的英阿马岛之战等具有现代化战争特点的战争，为全世界所瞩目。美国从两次阿以战争中得到的一个教训是，贮存于坦克内的弹药对交战情况下坦克的生存能力具有十分严重的威胁。这一事实更使人们认识到弹药易损性问题的重要性，因此很多国家相继开展武器在战场上的生存能力和弹药易损性问题的研究。低易损性弹药（Low Vulnerability Ammunition，LOVA）概念的出现正是这些研究工作的产物。根据美国海军地面武器中心 Max J. Stosz 对弹药易损性的解释，弹药易损性是弹药中的火炸药由于事故（碰撞）、严酷环境（火灾）或敌方的攻击（冲击波或高速破片）而发生意外反应的敏感程度和所产生爆炸作用的剧烈程度的综合。低易损性弹药就是发生意外反应的敏感度低，一旦发生反应后所产生爆炸作用的剧烈程度也低的弹药。在这种背景下，随着低易损性弹药概念以及人们对这种弹药的关注和需求，低易损性火炸药概念也应运而生，并逐渐得到广泛的重视。美国、英国、法国和德国等国家都不同程度地从不同的角度和途径进行着研究和探索。尤其是美国，低易损性火炸药的研究和发展工作正在有计划地深入进行着。

### 2.4.1 不敏感火炸药的研究概况

美国陆军弹道研究所（BRL）20 世纪 70 年代初开始提出的低易损性弹药（LOVA）设计思想来源于 1967 年和 1973 年的中东战争。战争中 60% 的坦克损坏是因装甲穿透后弹药仓发生爆炸造成的。使用硝化棉为基的单、双、三基药的坦克炮弹药对交战情况下坦克的生存具有十分严重的威胁。于是，研制一种能将上述危害减少至最低程度的新型发射药成为当务之急。

1973 年 12 月，弹道研究所借助小口径武器系统研究所发展无壳弹药的技术提出了低易损性弹药（LOVA）的概念。1974 年，制成了一小批含 75%奥克托今（HMX）和 25%聚氨酯交联聚醚黏合剂的发射药，并在易损性试验中作了评价，证实了低易损性弹药概念的可行性。1975 年，LOVAX1A 发射药在 37 mm 火炮试验中获得合格的内弹道特性，并拟按比例扩大到 105 mm 坦克炮上。

1978 年，开始执行美国陆军和海军联合发展低易损性弹药的计划。同年夏天，在 105 mm 坦克炮上成功地证明了 LOVAX1A 发射药和质量分数为 80%黑索今（RDX）、20%环氧固化的端羧基聚丁二烯—丙烯酸—丙烯腈共聚物黏合剂的第二批 LOVA 发射药的弹道特性。

1979 年，美国国防部和能源部又把不敏感火炸药和低易损性发射药的研究计划结合起来，制订了不敏感火炸药的联合研制规划，对这种钝感的新一代含能材料提出了具体要求：

（1）对高速金属破片或空心装药射流穿透导致的引燃具有较低的易损性。

（2）一旦引燃，在低压力条件下燃速较低，从而能使发射药在药筒被穿透的开放状态下灭火。

1981 年 2 月，在陆军研究发展局（现改名为陆军军械弹药和化学局）的赞助下开始了工程研究。此项研究包括三种低易损性发射药的大规模生产和试验等。同年 9 月，在弹药生存能力联合技术协作组的协调下，开始军种间、军种内 LOVA 发射药技术的协调和有效合作。

1984 年，美国陆军将在优选的三种低易损性发射药中保留一种，以便进行最后鉴定和批准试验，美国海军则开始在 5 in（1 in=2.54 cm）、54 倍口径和 76 mm 火炮系统实施低易损性发射药的弹药发展计划。发展不敏感火炸药计划的第一项任务是加快低易损性发射药的发展，把近期发展工作的重点放在坦克炮低易损性发射药上，今后再考虑用于舰船武器、自行榴弹炮和直升机等方面。美国陆军军械研究发展局弹道研究所的易损性研究表明，装药射流碎片引燃的主要机理是一种热传导点火过程。弄清碎片点火机理对评价发射药易损性的研究是一个重大的突破。它既简化了新配方的试验程序，又可以在对影响发射药易损性的诸多参数作出评价的同时，将研究者的注意力引导到其他成分对热传导点火的影响以及对其他化学机理的理解等重要问题上，迄今为止的易损性试验结果已对发展一种可供野战使用的火药应持何种方针等问题提供了一些极有价值的结论。初期的 LOVA 发射药配方是 Thiokol/Watoh 公司为轻武器无壳弹计划（CAP）研制的一组聚氨酯（PU）/奥克托今发射药。继该计划之后，美国陆军弹道研究所“移花接木”，将由无壳弹弹药研制中获得的技术成功地移植到降低弹药易损性研究中，开始了低易损性弹药发射药的研究工作。

目前研究的含能氧化剂重点是奥克托今、黑索今等。现已弄清了黑索今和奥克托今作为含能氧化剂的作用，以及在某些配方中用黑索今取代奥克托今的可能性。因为黑索今虽然热安定性不及奥克托今，但成本比奥克托今低，所以一些采用混合硝胺氧化剂的配方对降低发射药成本有很大的意义。也就是说，LOVA 发射药能用作任何一种大口径武器系统弹药的话，就将以 100 t/a 的需求量生产，这就决定它使用的硝胺材料是黑索今，而不是奥克托今。其次，关键是理想的黏合剂可以更多地对热感度高于奥克托今的黑索今进行补偿。近期的研究已确立了选择低易损性发射药用黏合剂的主要标准，这为发展最佳黏合剂创造了条件，也为硝胺复合药的设计、试验及评价提供了极有价值的依据。通常，为获得高能量必须尽可能减少黏合剂含量，但这样做往往使发射药的加工性能和机械性能变坏。黏合剂的研究结果表明，12%～15%的黏合剂用量对内弹道性能是完全可以接受的。硝胺—惰性黏合剂系统的发射药因其较高的点火温度和较低的燃速，能有效地降低由高速破片及火焰点火引起的易损性。低易损性发射药的研究不仅是发展新型钝感发射药的动力，还为发射药传统研究方式的改进、吸收新技术的综合性研究发挥了促进作用。过去，在实验室之外从未对质量分数为 80%的固体炸药材料进行过压伸，既没有测定炮药易损性的方法和标准，也没有对现有材料为何易损性较高的机理作出过权威性论证。如果 LOVA 发射药获得成功，历来关于硝胺炸药不能用于炮药的先入之见便可以消除。易损性评价已成为低易损性发射药研究工作的重要组成部分。评价试验突破了火药传统评价试验的框框，采用模拟和受控的装置让发射药承受实战中空心装药产生的射流或碎片的撞击，以考核这些发射药在战场上的生存能力。一些从运输管理部门吸收而来的试验炮口焰、压力和燃速的再现性、燃烧和烧蚀研究的结果表明，LOVA 发射药的烧蚀较小，如果使用，不会显著影响炮口冲击波和炮口焰。LOVA 发射药的燃烧性能与历来使用的硝酸酯发射药不尽相同，但内弹道特性的评价可按照历来的方法进行。

最初的研究曾发现含硝胺的发射药其燃速压力特性曲线会出现斜率突变现象。近期的实验研究了硝胺颗粒的大小、粒度分布及生产工艺对 LOVA 发射药斜率突变特性的影响。结果表明，采用 2 μm 和 10 μm 双级配（63∶1）硝胺氧化剂和惰性黏合剂（如聚氨酯系统）组成的 LOVA 发射药不存在这种突变。双级配硝胺氧化剂的混合效应使这类发射药具有线性燃烧特性，为制备性能良好的硝胺惰性黏合剂发射药开拓了一条有效途径。相对硝酸酯系发射药来说，LOVA 发射药具有低燃速系数和高燃速指数。燃速系数低，说明 LOVA 发射药在低压下燃烧极慢，低压下点火也极慢，有减小压力波的可能性；燃烧指数高，说明可借助适当的药形设计和燃烧层厚度来改善发射药燃烧的渐增性。最近，Law 测定了传导点火后发射药燃烧的持续时间，发现最能抗传导点火的发射药燃烧也最慢，今后将进一步测定 LOVA 发射药的低压燃烧特性。因为迄今为止的研究都集中在防止破片冲击的点火上，评价 LOVA 发射药二次点火响应和确定影响的参数将是今后的研究课题。近几年的研究表明，LOVA 发射药的特性适合应用于坦克炮弹药。为了调查 LOVA 发射药对带弹壳的弹药具有吸引力的性质是否也适用于新的自行榴弹炮等火炮装药，美国陆军弹道研究所已开始 LOVA 火炮发射装药的两相流研究。

迄今为止，这方面的研究主要集中在空心装药产生的射流和破片的威胁上，并已开始研究动能穿甲弹的威胁。目前，正在对 LOVA 发射药进行工艺合格试验，完善其性能的工作也仍在继续进行。这些工作包括配方的局部变动、点火系统的改变等。如获成功，LOVA 发射药将满足易损性显著下降、能量性能与现用发射药相当的要求。在强调提高命中率和终点弹道性能的同时，必须重视使用不牺牲生存能力且能量更高的发射药。为满足这一需要，高能型 LOVA 发射药正在研制之中，它将有可能获得跟目前坦克炮弹药中任何一种发射药同样高的能量。一些新的技术和材料正在用于 LOVA 发射药的研究，这将给 LOVA 发射药的发展工作带来意外的效果。激光作为一种红外热源正在用于 LOVA 发射药的点火研究，目前正在确立一套利用激光点火试验进行发射药易损性分类的标准。新型的点火药将适用于比较难燃的复合硝胺发射药，它将有利于解决低温下出现相对较低的膛压和燃速这一难题。

低易损性发射药是在惰性黏合剂中分散细颗粒的奥克托今或黑索今形成的复合材料。LOVA 计划的主要技术目标之一就是要证明硝胺材料（奥克托今或黑索今）的选择和黏合剂类型如何影响发射药的性能、易损性和成本。在固体含量水平相近的发射药中，选用不同的黏合剂可以使火药力水平发生 10% 的变化。已经发现，黏合剂在抵抗热金属粒子产生的传导点火中起着关键的作用。使用吸热分解的黏合剂发射药的抗传导点火能力极好。

### 2.4.2 不敏感弹药的研究与发展

近年来，随着火炸药能量的增加，其敏感性也相应提高。敏感的弹药在运输、贮存和使用中都很危险。据统计数据，美国在 1966—1990 年，由于海运过程中弹药着火、爆炸引起的人员伤亡和经济损失是巨大的。在阿英战争中，阿根廷用一枚飞鱼 AM39 空对舰导弹击沉了英国现代化驱逐舰“谢菲尔德号”；后阿根廷又用飞鱼导弹击沉了英国大型运输舰“大西洋运送号”。导弹本身的威力有这么大吗？不完全是，因为运载弹药的舰艇实际上是一个弹药库，所以是导弹威力和火炸药殉爆炸沉了军舰。因此，美国海军强调新含能材料发展中降低敏感性是关键问题，开发不敏感弹药是该领域的先进技术。

1978 年，美国海军首先声明要发展敏感性小的武器系统，要求在海军舰艇上携带的所有弹药都必须敏感性较低。之后，美国三军都参与不敏感弹药的研究，设立不敏感弹药先进发展项目，作为近几年含能材料领域内的先进技术。美国国防部制定了不敏感弹药的标准（MILSTD2105A）。海军的基本方针是：改进现装备的弹药，到 1995 年选择 15 种弹药使之成为不敏感弹药，进而要求今后开发的弹药必须满足不敏感弹药的标准。

不敏感弹药是 1992 年美国国防部关键技术中弹药发展的重点；1992 年美国国防关键技术计划中列出关键技术 11 项，军用高能量密度材料包含在能量贮存项目内，认为每一种现代化武器系统为完成作战任务，实际上都高度依赖于其能量贮存系统的特性，例如高能量密度推进剂和炸药等。这些系统必须高度安全可靠，并需满足严格的性能要求。

1992 年美国国防部关键技术编制高能材料计划要求：

（1）获取设计钝感高能材料的知识。

（2）配制和试验敏感性较低的高能材料。

（3）发展和验证钝感、低特征信号的高能推进剂。

（4）发展和验证高能、低易损性的炮弹发射药。

（5）发展和验证用于锥形装药和爆炸成形穿甲弹的高能低敏感性炸药。

（6）发展和验证用于清理雷场的安全和可撤离的炸药。

（7）发展和验证钝感、气泡能高的水下炸药。

（8）发展用于高能材料的较为安全和成本较低的加工技术，使这些技术实现良好的质量控制。

由上述编制计划的 8 项要求中看到，每一项要求中都包含降低火炸药敏感性的内容，无论是炸药炮用发射药还是火箭推进剂都要使用低敏感性的弹药。

### 2.4.3　用火箭推进剂技术发展高能不敏感炸药

塑料黏结炸药（PBX）是不敏感弹药的重要品种。由于塑料黏结炸药的配方与推进剂的有些配方十分相似，促使研制推进剂 40 年之久的美国大西洋研究公司（ARC）将推进剂技术用于 B 炸药的研究，以发展高能不敏感炸药。其中，为发展不敏感塑料黏结炸药选择配方，对三类推进剂进行研究，HTPB/AP/AL 推进剂优点是对殉爆不敏感，危险等级为 1.3 级，易于加工；缺点是爆速较低，仅为 5 km/s。HTPB/HMX（RDX）推进剂的优点是爆速高，为 8.2～8.5 km/s，与奥克托今相当；缺点是对殉爆敏感，危险等级为 1.1 级，加工较困难。硝酸酯增塑的推进剂优点是能量高，爆速为 8.2～8.5 km/s；缺点是对殉爆敏感，危险等级为 1.1 级。三类推进剂中，硝酸酯增塑的推进剂感度大，没有采用。希望在丁羟复合推进剂基础上，添加一种高爆速的不敏感添加剂，用推进剂制成不敏感塑料黏结炸药。美国大西洋研究公司从含高氯酸铵的丁羟推进剂和含奥克托今的丁羟推进剂着手，发展特里托纳儿（TNT/AL＝80/20）、奥克托今（HMX/TNT＝70/30）和 B 炸药的取代物。现已成功地研制出 AFX930 和 AFX931 两个配方，可以取代特里托纳儿，一个 AFX960 配方可以取代 B 炸药，其能量和感度与被取代物相当。

# 第 3 章　火炸药安全基本原理

## 3.1　火炸药的不安全因素分析

### 3.1.1　爆炸性物质的种类与分子结构

爆炸性物质的分类方法有多种。

从应用方面可分为：起爆药、猛炸药、火药、烟火药 4 大类。

从爆炸物管理方面可分为以下 8 类：

（1）起爆器材和起爆药。如雷管、雷汞 $Hg(ONC)_2$、叠氮化铅 $Pb(N_3)_2$ 等。

（2）硝基芳香类炸药。如三硝基甲苯 $CH_3C_6H_2(NO_2)_3$，即 TNT 等。

（3）硝酸酯类炸药。如季戊四醇硝酸酯 $C(CH_2ONO_2)_4$，即 PETN 等。

（4）硝化甘油类混合炸药。

（5）硝酸铵类混合炸药。

（6）氯酸类混合炸药和过氯酸盐类混合炸药。

（7）液氧炸药。

（8）黑色火药。

爆炸性物质一般都具有特殊的不稳定结构和爆炸性的功能基，下面根据物质的化学结构，讨论爆炸性物质的种类。

（1）N-O 结合物。如硝酸酯（$—ONO_2$）类化合物、硝基（$—NO_2$）化合物、亚硝基（—NO）化合物，以及氨基硝酸盐等。

（2）N-N 结合物。如重氮基盐、金属叠氮化合物、叠氮氢酸以及联氨衍生物等。

（3）N-X 结合物。如卤机氮、硫化氮等。

（4）N-C 结合物。如氰化物等。

（5）O-O 结合物。如有机过氧化物、臭氧化物等。

（6）氯酸类或高氯酸盐类化合物。如氯酸酯、高氯酸酯、重金属高氯酸盐、氨基高氯酸等。

（7）乙炔及乙炔重金属盐。

### 3.1.2　炸药化学变化的基本形式与相互间的转化

随着引起炸药发生化学反应的外界供给能量的不同和炸药进行化学反应的环境条件的不同，炸药化学变化能够以不同形式进行，而且在各形式之间，性质上存在重大差别。按反应的速度及传播的性质，炸药化学变化过程有三种基本形式，即热分解、燃烧和爆轰。

**1. 热分解**

在常温常压不受其他任何外界作用的情况下，炸药往往以缓慢的速度进行分解反应，这种在热的作用下，炸药分子发生分解的现象与过程叫作炸药的热分解。炸药在长期贮存中发生变色、减量、变质等现象，往往就是由炸药热分解所引起。炸药的热分解是一种放热性分解反应，如果散热条件不好，炸药分解所放出的热量来不及向周围环境散失，而使炸药温度升高，结果炸药分解作用加速。在一定条件下，炸药缓慢的化学变化有转化成自燃、自爆的可能。

**2. 燃烧**

燃烧是炸药化学变化的另一种典型形式。对发射药和烟火剂来说，燃烧则是其化学变化的基本形式。某些起爆药也是以燃烧，或先是燃烧然后转变为爆轰的形式起作用的。即使是以爆轰为基本化学变化形式的猛炸药，在引起爆轰时，有时也经过燃烧阶段。不过无论哪种炸药，当它们处于燃烧状态时，只要条件适当，都有转变为爆轰的可能。

**3. 爆轰**

爆轰是猛炸药和起爆药化学变化的基本形式。炸药的爆轰是一种不需外界供氧而以高速进行的能自动传播的化学变化过程，在此过程中放出大量的热，并生成大量的气体产物。

炸药爆轰与燃烧的主要差别在于，炸药爆轰后爆炸点附近形成冲击波。燃烧和爆轰之间的这种区别对于安全工程来说非常重要。因为一种物质的燃烧只能引起邻近物质的作用，而炸药的爆轰所形成的冲击波则可以产生重大的破坏作用。

**4. 炸药热分解、燃烧和爆轰三者之间的关系**

炸药的热分解与燃烧、爆轰之间的主要区别在于，炸药的热分解反应是在整个炸药中同时进行的，而燃烧和爆轰不是在整个炸药内同时发生的，而是在炸药的某一局部开始以化学波的形式在炸药中按一定的速度一层一层地自动传播。此外，前者速度缓慢，后两者反应强烈。

燃烧和爆轰是性质不同的两种化学变化过程。实验与理论研究表明，它们在基本特性上有如下区别：

（1）从传播过程的机理上看，炸药的燃烧传播是化学反应区的能量通过热传导、热辐射及燃烧气体产物的扩散作用传给未反应炸药的。炸药的爆轰传播则是借助于冲击波对未反应的炸药强烈的冲击压缩作用来实现的。

（2）从化学反应区的传播速度上看，燃烧传播速度通常约每秒数毫米到数米，最大的传播速度也只有每秒数百米（如黑火药的最大燃速为 400 m/s），通常比原始炸药的声速要低得多。相反，爆轰过程的传播速度总是大于原始炸药内的声速，一般爆轰速度可达每秒数千米到一万米之间。如黑索今在结晶密度下，爆速达到 8 800 m/s。

（3）从环境的影响看，燃烧过程的传播速度受外界条件的影响，特别是环境压力条件的影响变化显著。如在大气中燃烧进行得很慢，但在密闭容器中燃烧过程的传播速度急剧加快，燃烧产生气态产物的压力高达数百兆帕。而爆轰过程由于传播速度极快，几乎不受外界条件的影响，对于一定的炸药来说，在一定装药条件下，爆轰速度是个常数。

（4）从反应区内产物质点运动的方向来看，炸药燃烧过程中反应区产物质点运动的方向与燃烧波传播方向相反。因此燃烧波阵面内的压力较低。而炸药爆轰波反应区内的产物质点运动的方向与爆轰波传播方向相同，因此爆轰反应区的压力高，可达数万兆帕。

（5）从对外界的破坏作用来看，由于爆轰过程形成高温高压气体产物以及强烈的冲击波，并且爆轰过后常伴随着燃烧，因此爆轰对外界的破坏作用往往比燃烧的破坏作用大得多。

炸药化学变化过程的三种形式（热分解、燃烧、爆轰）在性质上虽然各不相同，但它们之间却有着紧密的内在联系。炸药的热分解在一定条件下可以转变为燃烧和爆轰，燃烧在一定条件下又可以转变为爆轰。而这种转变的出现也正是许多爆炸事故的根源。因此，研究它们之间的相互转变条件，对于火炸药的贮存与使用安全有着极其重要的参考价值。

## 3.2 火炸药的热分解、热安定性与相容性

### 3.2.1 火炸药热分解的基本概念

炸药的热分解，是指在热作用下，炸药分子发生分解的现象与过程。如对于CHON类炸药，热分解是由分子中最不稳定的那部分键断开，生成分子碎片和气体分解产物二氧化氮。如下式所示：

$$\text{炸药分子} \longrightarrow \text{分子碎片} + NO_2$$
$$\text{分子碎片} \longrightarrow \text{其他分解产物}$$

热分解不是炸药化合物特有的，许多非炸药的化合物也是很容易分解的，而且热分解速度甚至比炸药快得多，如 $NH_3HCO_3$。

炸药使用的历史已经有好几百年了，但是炸药热分解问题直到最近几十年才引起人们的注意。

自从 20 世纪中叶以来，军事技术飞快发展，出现了核武器、导弹、各种类型的人造卫星、宇宙飞行器。这些技术的发展，对炸药的爆炸性能提出了更高的要求。另外，应用炸药的条件（如环境温度、压力，炸药装药制成品的尺寸等）也日趋复杂，炸药的热分解问题也日趋重要。

目前，使用炸药的环境温度有日益增高的趋势。例如，导弹的战斗部、人造卫星或宇宙飞行器的船舷都配置有炸药块。在石油钻探过程中，要使用炸药制成的锥孔弹。但是，这些飞行器的表面和石油井内的温度相当高，如当油井深 8 000 m 以上时，地层下

面已接近 250 ℃，为了使炸药在这样高温下，在预定的时间内不变质、不自行引爆，就需要研究炸药热分解的规律。

生产和使用要求往往使炸药装药制成品的体积越来越大。如近代火箭的固体推进剂药柱、某些武器引爆元件的炸药柱都相当大。在相同温度下，对于同一种炸药，虽然尺寸小的药柱中心部分不会产生热积累，但是大尺寸的药柱有可能在药柱中心处产生热积累，甚至导致炸药柱热爆炸，因而大尺寸药柱的安全程度就比小尺寸药柱差得多。因此，研究不同尺寸炸药柱的安全温度值是很重要的，这个课题也是通过研究炸药热爆炸才能解决的。

实践证明，炸药在任一温度下，都进行着热分解。在一定条件下，随着分解过程的发展，热分解速度逐渐加快，而炸药在使用前，往往需要存放相当长的时间，在长期储存过程中，炸药热分解的程度和安全性是研究炸药安定性需要解决的问题。

### 3.2.2　火炸药的分子结构和物理状态对热分解的影响

#### 1. 硝酸酯类炸药的热分解

硝酸酯类的炸药如硝化甘油是现代火药和工业炸药的重要组分；太安是混合炸药喷特里特的主要成分，它们的热分解问题很早就被人们所重视。自 20 世纪 50 年代以来，开展了很多有关这两种炸药热分解的研究。

1）硝化甘油的热分解

硝化甘油可在气相、液相内进行热分解。

在高温（140 ℃）、低装填密度条件下，硝化甘油的热分解曲线是降速的，大约经过 400 min 就全部分解。

液相硝化甘油热分解的初始阶段，虽然有加速的趋势，但不明显。当气相分解产物在硝化甘油上部积聚时也如此（图 3-1）。当加大反应器中硝化甘油的量，即加大装填密度时，初始分解速度（以下简称初速）甚至还有些下降。但是，当反应生成的热分解气体产物进一步积累，且到达某一临界值时，则出现剧烈的加速热分解现象（图 3-2）。在到达该临界压力以前，分解产物的压力按～$P^{1/2}$（$P$ 表示热分解气体产物在反应器中的压力）规律上升，而到达临界压力值后，分解产物的压力则按～$P^2$ 的规律增长（图 3-3）。这个性质可能与气体压力对于 $N_2O_4$ 溶解在液相硝化甘油中的浓度有关，$N_2O_4$ 的存在和增多可以引起硝化甘油热分解过程的急剧加速。

硝化甘油热分解自加速的特点是自加速速度受温度的影响较小。在大装填密度条件下进行的实验表明，100 ℃时，经过 9～10 h 出现热分解的剧烈加速现象；80 ℃时要经过 73～93 h；60 ℃时则需过 550 h 才开始加速。根据这些数据分别计算在 30 ℃、20 ℃时自加速出现的时间，并列于表 3-1 中。由表 3-1 可见，即便气相产物在硝化甘油中积聚时，常温下硝化甘油出现急剧热分解加速的时间也需十几年，而若将气相产物及时排走，不使它们在硝化甘油中积聚，那么，安全储存硝化甘油的时间将会更长。

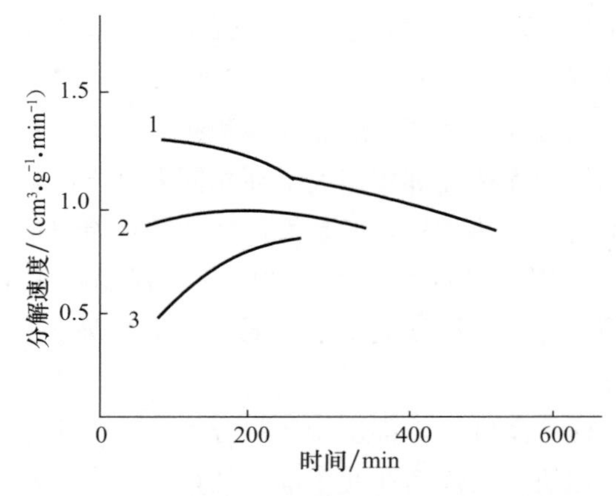


图 3-1 分解开始阶段中液体硝化甘油分解速度与时间的关系（140 ℃）

1—装填比 $\delta=6.1\times10^{-4}$；2—装填比 $\delta=12\times10^{-4}$；3—装填比 $\delta=29\times10^{-4}$

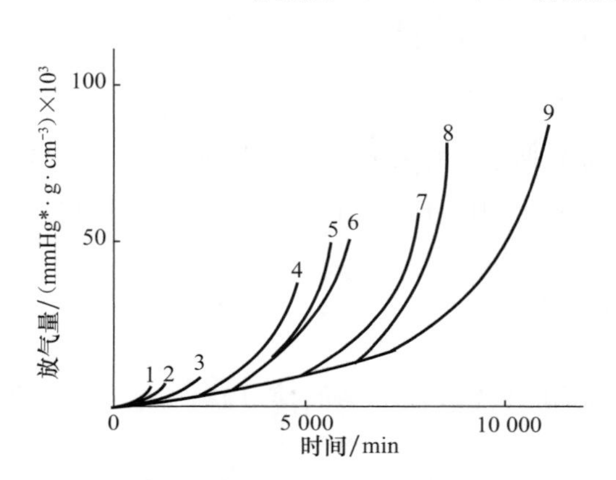


图 3-2 在 100 ℃时气体产物对于硝化甘油热分解的影响

装填比：1—$655\times10^{-4}$；2—$272\times10^{-4}$；3—$208\times10^{-4}$；4—$105\times10^{-4}$；5—$101\times10^{-4}$；6—$83\times10^{-4}$；7—$66\times10^{-4}$；8—$59\times10^{-4}$；9—$43\times10^{-4}$

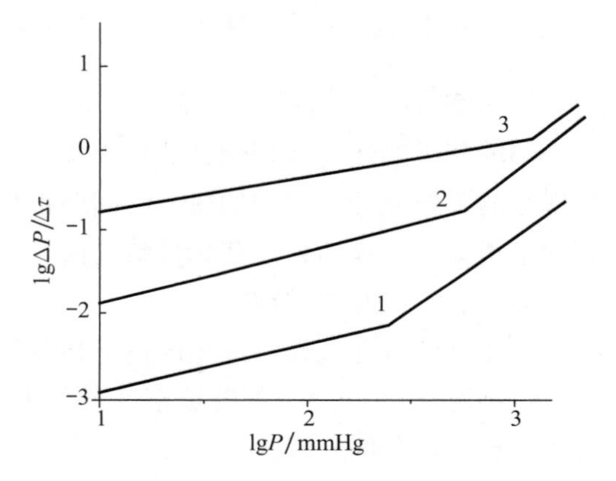


图 3-3 硝化甘油热分解速度与压力的关系

（装填比 $\delta=0.03$）

1—80 ℃；2—100 ℃；3—120 ℃

表 3-1 不同温度下硝化甘油出现急剧加速的时间

| 温度/℃ | 时　间 | 注 |
|---|---|---|
| 100 | 9～10 h | 根据图 3-3 中的自加速出现点计算大装填密度 |
| 80 | 73～93 h | |
| 60 | 550 h | |
| 30 | 3.2 y | |
| 20 | 17 y | |
| 30 | 4 800 y | 按低装填密度 2% 分解量计算① |
| 20 | 56 500 y | |
| 注：① 此处取 2% 分解量作为延滞期标记，不一定出现加速。列出该数据供参考。 | | |

* 1 mmHg=0.133 KPa。

工业硝化甘油常含水和硝酸，因此，研究水和硝酸在硝化甘油中的含量对其热分解的影响具有实际的意义。

水在硝化甘油内的溶解量，在 20 ℃时为 0.25%，30 ℃时为 0.31%，60 ℃时为 0.49%。此外，水还能和硝化甘油组成乳浊液，而使硝化甘油外观发浑。

研究发现，少量的水会加快硝化甘油的热分解。水量增多，影响也就增加。但若水量过大，则会减慢其热分解。

硝酸对硝化甘油热分解的影响比水小。在 100 ℃和很高装填密度的条件下，分别研究水和硝酸的影响，发现同量的水可使自加速分解出现的时间只是含硝酸样品的 1/6 左右（图 3-4）。

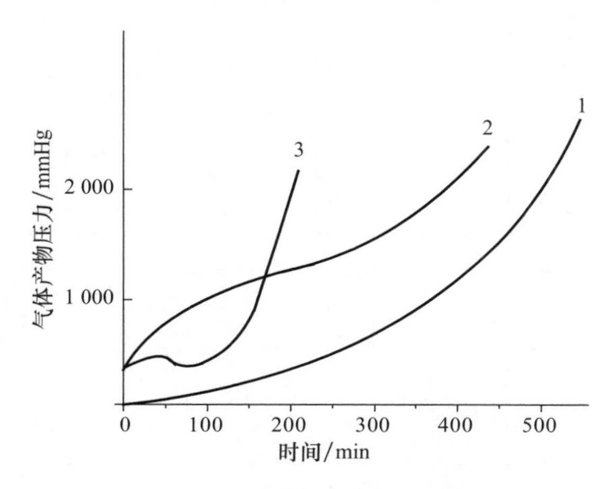


图 3-4　装填比近于 1 时水和硝酸对于硝化甘油热分解的影响（100 ℃）

1—硝化甘油；2—含 0.2%的硝酸；3—含 0.2%的水

上述现象是由于硝化甘油水解而造成的。在一定的酸含量范围内，硝酸会加快硝化甘油的水解过程。如用碳酸钠中和硝化甘油中的酸，那么无论有水与否，都不会使硝化甘油出现加速分解现象。

若水蒸气、NO 和 $NO_2$ 以一定比例在反应环境内共存，则硝化甘油的热分解也会出现强烈的加速。例如在 80 ℃，水蒸气压力为 100 mmHg 时，过 2 000 min 才出现加速，若同时存在 NO、$NO_2$ 时，只经过 50 min 就出现加速。后者时间缩短为 1/40。硝化甘油热分解气体产物量与时间的关系见表 3-2。

在 40 ℃～80 ℃，高装填密度（$\delta\approx1$）条件下进行的研究表明，其热分解特性与 100 ℃以上的特性相似。少量的水和硝酸（含量为 0.2%）都明显加速硝化甘油的热分解，不过酸的作用更为明显。

利用时间飞行（扫描）质谱仪研究以硝化甘油—硝化棉为主的双基药热分解时（170 ℃～290 ℃，真空度为 $10^{-5}$ mmHg，这时可尽量消除热分解的第二反应），发现硝酸酯热分解的第一阶段是脱掉 $NO_2$ 基团（质量数为 46），在质谱图上（图 3-5）最强的谱线是 46（100%—指 $NO_2$），30（28%—指 NO）。利用这种仪器研究双基药热分解过程发现，随着时间进行 $I_{46}$（指 $NO_2$ 谱线）与 $I_{30}$（指 NO 谱线）的比值是有变化的。时间短时（245 ℃，时间少于 0.24 s），$I_{46}/I_{30}>1$；时间长时（245 ℃，时间超过 0.24 s）则该比值小于 1。随着温度增高，$I_{46}/I_{30}$ 值等于 1 的到达时间越来越短（245 ℃时为 0.23 s，290 ℃时为 0.02 s）。这也说明硝化甘油热分解气体产物间发生了第二反应。

表 3-2 硝化甘油热分解气体产物量与时间的关系

（150 ℃，$m/V=2\times10^{-4}$ g·$cm^{-3}$）

| 时间/min | 气体产物压力（25 ℃）/mmHg | | | | | 硝化甘油分解量/% |
|---|---|---|---|---|---|---|
| | CO | $CO_2$ | NO | $NO_2$ | HCOOH | |
| 10 | 微量 | 微量 | 微量 | 4.7 | | 22 |
| 15 | 1.0 | 0.6 | 2.0 | 6.3 | | |
| 20 | 1.5 | 1.0 | 2.4 | 7.7 | | 40 |
| 25 | 2.0 | 1.4 | 3.5 | 9.0 | | |
| 30 | 3.0 | 2.0 | 4.5 | 9.4 | 微量 | 58 |
| 40 | 4.3 | 2.7 | 8.2 | 10.0 | 微量 | 68 |
| 45 | 6.2 | | 9.5 | | | |
| 50 | 6.7 | 4.4 | 10.4 | 11.7 | 0.4 | 79 |
| 60 | 8.0 | 5.5 | 16.0 | 9.9 | 1.5 | 83 |
| 70 | 10.0 | 6.4 | 17.8 | 10.8 | 1.5 | |
| 80 | 11.2 | 6.4 | 25.5 | 8.3 | 1.8 | 90 |
| 120 | 15.0 | 9.8 | 29.3 | 7.5 | 0.7 | |
| 180 | 15.1 | 9.9 | 33.5 | 4.0 | 0.5 | |
| 200 | 16.5 | 10.5 | 34.5 | 3.8 | 0.6 | |
| 1 100 | 20.7 | 13.1 | 37.1 | 0.5 | 微量 | |

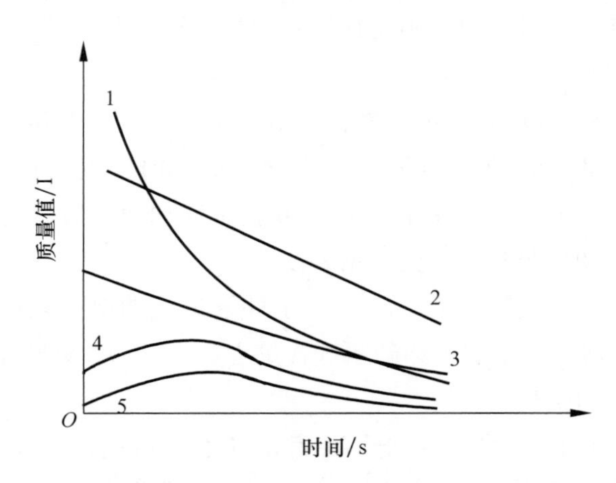


图 3-5 双基药热分解气体产物的质谱图谱（290 ℃）

质量数：1—46；2—30；3—29；4—28；5—44

2）太安的热分解

很早有人认为，太安是硝酸酯类炸药中热分解速度最慢的一种。但是进一步研究表明，当太安熔融时，其热分解速度却并不慢。图 3-6 所示为在 145 ℃～171 ℃，$m/V=10\times10^{-4}$ g/cm$^3$ 时熔态太安的热分解。由图 3-6 看出，熔态太安受热后，立刻开始分解，并明显加速，同时出现气相产物 $NO_2$。当装填密度加大时，分解初速也稍有减少。但与硝化甘油分解初速相比，太安要小得多。表 3-3 列出了 140 ℃时几种硝酸酯的分解初速。

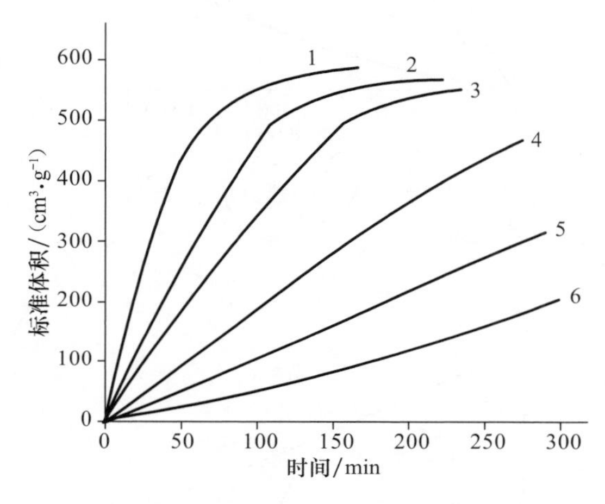


**图 3-6　太安的热分解（145 ℃～171 ℃，$m/V=10\times10^{-4}$ g·cm$^{-3}$）**

1—171 ℃；2—165 ℃；3—160 ℃；4—155 ℃；5—150 ℃；6—145 ℃

**表 3-3　几种硝酸酯的热分解初速**

| 炸　药 | 装填比 $\delta/(\times10^{-4})$ | 初速 $W/(\text{cm}^3\cdot\text{g}^{-1}\cdot\text{min}^{-1})$ | $W_{太安}/W$ |
|---|---|---|---|
| 太安[①] | 30.2 | 0.28 | 1 |
| 硝化甘油 | 38.7 | 0.58 | 0.48 |
| 硝化乙二醇 | 30.5 | 0.19 | 1.48 |
| 二硝化二乙二醇 | 27.3 | 0.096 | ～9.0 |

注：① 太安溶于惰性溶剂 TNT 中。

固态太安的热分解与熔态时明显不同（图 3-7）。120 ℃时，其分解初速均为液态（太安溶解在惰性溶剂内）的 1/65，而均为硝化甘油的 1/800，其热分解曲线分为速度缓慢上升和快速分解的两个阶段。装填密度对固态太安热分解出现加速的时间影响较大。例如由图 3-7 可见，当装填比是 $302\times10^{-4}$时，强烈的热分解加速约在 1 500 min 时出现，而装填比是 $875\times10^{-4}$时，则热分解加速在 1 100 min 左右就已出现。

固态太安在靠近其熔点分解时，热分解速度与温度关系变化较大（图 3-8），此时，根据初始速度对数与绝对温度倒数所作出的阿累尼乌斯图不呈直线。不过，这点不是太安所特有的，或许对所有熔点较高的炸药（如特屈儿、黑索今、奥克托今等）都是

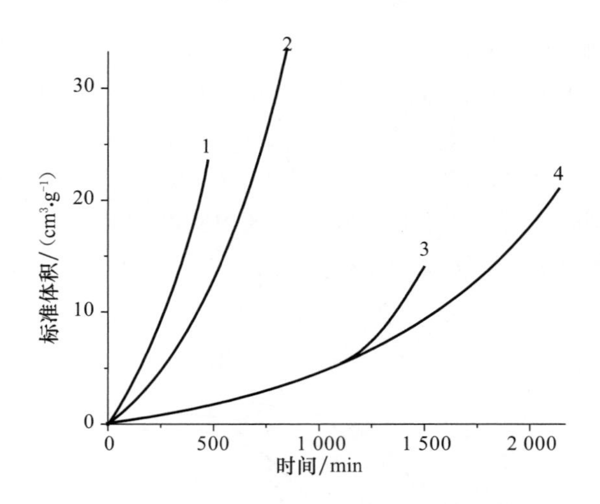


图 3-7 固态太安的热分解（120 ℃）

1—硝化甘油；2—太安+TNT；3—太安（$\delta=875\times10^{-4}$）；4—太安（$\delta=302\times10^{-4}$）

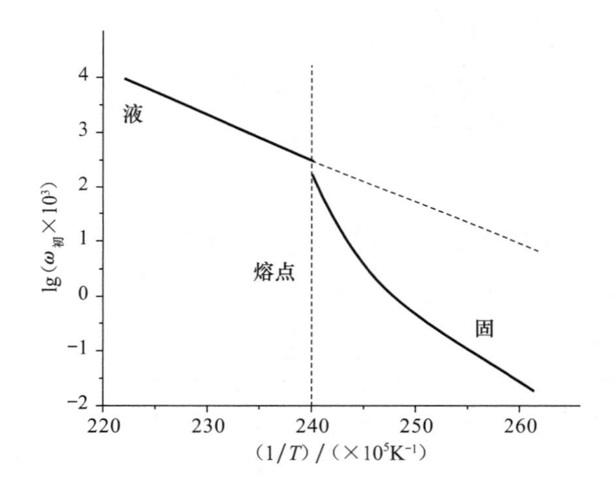


图 3-8 固态太安在接近熔点时热分解初速与温度的关系

这样。接近炸药熔点时，其热分解速度明显加快的原因可能与炸药的增进熔融有关系。就是说，在接近熔点的温度条件下，由于炸药热分解的凝聚相产物与原炸药作用而形成类似低共熔点的物质，使混合物质熔点降低，炸药提前熔融，从而使得它的热分解速度成几十倍增加，这时的炸药热分解速度由两部分，即固态、熔态热分解速度构成：

$$W=\eta W_{熔}+(1-\eta)W_{固} \tag{3-1}$$

式中 $\eta$——炸药熔融的百分数；

$W_{熔}$、$W_{固}$——分别表示熔态和固态炸药的热分解速度。

实验结果证明，靠近熔点的不同温度下，熔融的百分数不同（如表 3-4 所示）。总的看来，太安比硝化甘油热稳定性好，但因其能溶解于 TNT 中，所以喷特里特（太安、TNT 混合炸药）在较高温度时，热分解速度要比固态太安快。

表 3-4　靠近熔点的不同温度下太安熔融的百分数

| 温度/℃ | $a$/% |
|---|---|
| 110 | 1.0 |
| 120 | 1.5 |
| 130 | 2.5 |
| 140 | 3.5 |

### 2. 硝基胺类炸药的热分解

在现代军事技术中，硝基胺类炸药的用途非常广。无论是炸药还是推进剂，其中都含有硝基胺类炸药。就爆炸性质（如爆速、爆热、氧平衡等性质）来说，硝基胺类炸药有很多优点。因此，硝基胺类炸药的热分解引起了人们的重视。

硝基胺炸药的种类较多，例如：脂环类硝胺有黑索今、奥克托今；芳环类有特屈儿；脂烃类有三硝基乙基氮硝基胺（简称 TNEMA）、重三硝基乙基氮硝基胺（简称 HOX）、重（三硝基乙基氮硝基胺基）乙烷（简称 BTNEA）等。下面选择几种重要的硝基胺类炸药热分解情况加以简明的介绍。

1）黑索今的热分解

黑索今不论在气相（蒸气）、液相（熔融态或溶解在惰性溶剂中）或固相都能进行热分解。

在气相中，黑索今的热分解初始产物是 $NO_2$，但是很快达到极大值以后就逐步消失。科斯格罗夫（J. D. Cosgrove）等认为，黑索今在气相热分解时，按下述机理进行：

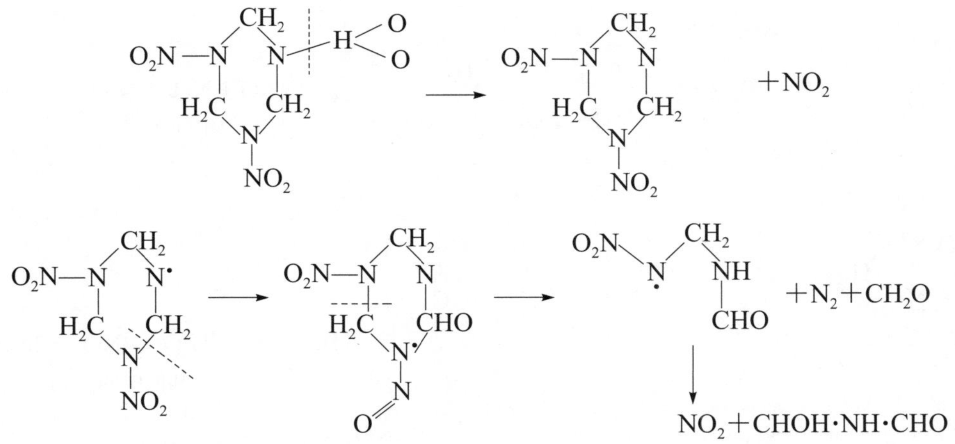

$$2CH_2OHNHHCO = CH_2(NH\cdot HCO)_2 + H_2O + CH_2O$$
$$CH_2OH\cdot NH\cdot HCO + 3CH_2O = (CH_3)_3N + 2CO_2 + H_2O$$

因此，黑索今的气相热分解产物含有 $NO_2$、$CH_2O$、$CO_2$ 和 $H_2O$ 等。

液相黑索今在 200 ℃～300 ℃热分解时，反应有明显的自催化趋势，并且在低温下，自催化趋势表现得更为明显。黑索今在液相时，分子的处境与气相分子不同。此时，液相分解的第一步可能是氮杂环的破裂，下一步才是自由基分解放出 $NO_2$，这个过程可用下式表示：

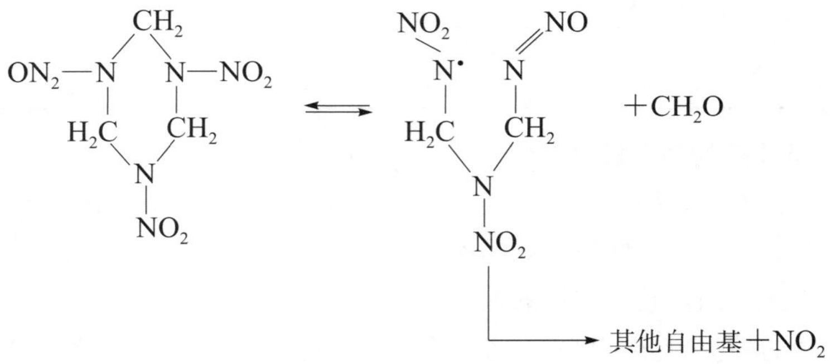

$+CH_2O$

其他自由基 $+NO_2$

黑索今在固态时是分子晶体，分子间有可能构成分子间键。据电子显微镜观察，发现单晶黑索今热分解最初的核心可能是晶体的缺陷。但当分解开始后，由于中间分解产物的体积（180 Å$^3$）与原来分子体积（148 Å$^3$）不同，就会形成类似无机含氧酸铵分解时形成的普鲁特—托普金斯晶体破裂力，而使热分解进一步发展。当固相反应进行到一定程度时，才明显地放出气体分解产物 $NO_2$。

拜廷（J. J. Batten）认为，固相黑索今热分解时，热分解的初始阶段可按下列公式进行：

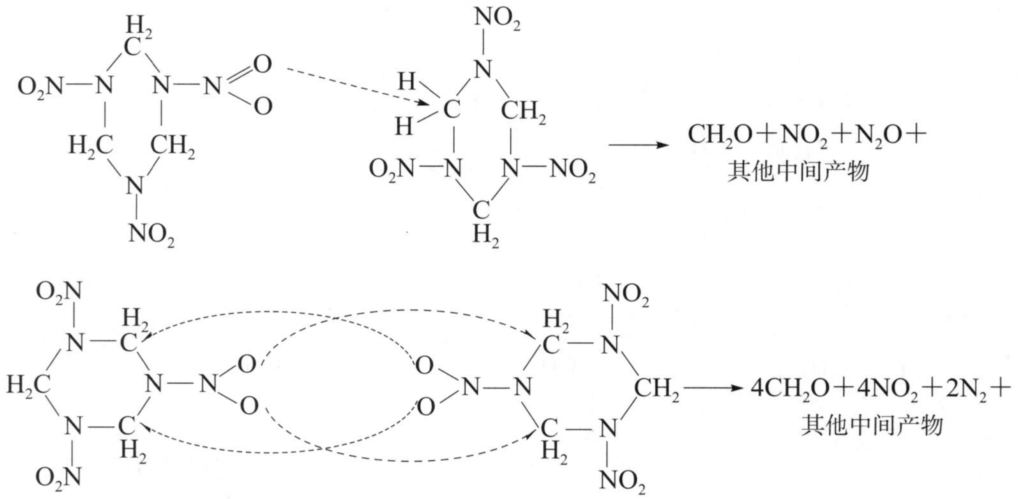

$CH_2O+NO_2+N_2O+$ 其他中间产物

$4CH_2O+4NO_2+2N_2+$ 其他中间产物

许多研究人员的实验结果表明：固态黑索今的热分解具有明显的局部化学性质。例如，拜廷发现黑索今的堆聚状态对热分解速度有明显的影响（表 3-5）。斯美唐纳（A. F. Smetana）等也发现，当黑索今有其他材料的包覆层时，热失重的开始温度由

170 ℃推迟到 175 ℃～190 ℃，4%失重的温度则由 200 ℃推后到 208 ℃。由不同溶剂重结晶的黑索今分解速度也有明显的不同（表 3-6）。所以，选择适当的溶剂有可能改善黑索今的热安定性。

**表 3-5　黑索今晶体堆聚状态对热分解速度的影响**

（196.5 ℃，样品 0.2 g，初始氮气压力 100 mmHg）

| 延滞期速度 | | 加速度 | | 极大速度 $\rho_{max}$ | 堆聚状态 |
|---|---|---|---|---|---|
| $10^{-3}\times\tau^{1}$ | $\frac{7}{t_7}$ | $\frac{10}{t_{20}-t_{10}}$ | $\frac{20}{t_{40}-t_{20}}$ | | |
| 2.62<br>3.17 | 0.029 2<br>0.031 8 | 0.125<br>0.135 | 0.263<br>0.385 | 0.62<br>0.60 | 在一个样品管中（堆聚程度最大） |
| 4.24 | 0.066 6 | 0.116 | 0.167 | 0.35 | 分在 5 个样品管中 |
| 8.33 | 0.100 | 0.173 | 0.233 | 0.35 | 分在 10 个样品管中（堆聚程度中等） |
| 58.8<br>40.0<br>25.6 | 0.304<br>0.280<br>0.233 | 0.418<br>0.418<br>0.371 | 0.540<br>0.500<br>0.527 | 0.55<br>0.55<br>0.60 | 晶体散在反应器底部（分散程度最大） |

**表 3-6　重结晶用溶剂对于黑索今晶体热分解速度的影响**

（193 ℃，装填密度 $10\times10^{-4}$ g·cm$^{-3}$）①

| 重结晶用溶剂 | $\tau_{100}$②/min |
|---|---|
| 环戊酮 | 259 |
| 二甲基甲酰胺 | 256 |
| 丙酮 | 360 |

注：① 晶体大小在 20/40 目之间；
② 取放出量为 100 mL·g$^{-1}$所需的时间。

晶体黑索今在 130 ℃～180 ℃时，分解活化能为 39.5 kcal/mol*，log$A$ 值为 11.7。当温度升高时，因为有气相反应出现，这时形式动力学的活化能值为 30.0 kcal/mol。Г. K. 克利缅科等人提出在晶体状态时，决定炸药热分解速度的因素是分子间互相作用的位能。黑索今的位能值是 27 kcal/mol。

晶体黑索今在反应器中的装填密度对于热分解过程有明显的影响。在 150 ℃～197 ℃，当装填密度由 $3.6\times10^{-4}$ g/cm$^3$ 变化到 $540\times10^{-4}$ g/cm$^3$ 时（变化约 150 倍），则热分解速度下降（图 3-9）。各种热分解产物对于固态黑索今热分解的影响是不同的。例如，水对黑索今分解有抑制的作用。X 射线衍射的数据说明在黑索今晶体中，有短的碳氢分子间键，这样，可能会在碳氢间存在分子间力。水是极性分子，它的存在会妨碍上述分子间键的形成。根据前面介绍的固态黑索今分解机理，这种分子间键对于形成固相分解中心很有作用。因此，水就会抑制热分解。

* 1 kcal=4.182 kJ。

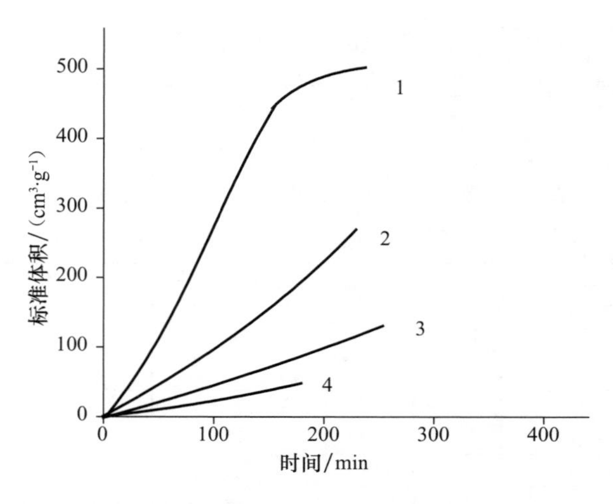


图 3-9 装填密度对固态黑索今热分解的影响（190 ℃）

1—$m/V=3.6\times10^{-4}$ g·cm$^{-3}$；2—$m/V=11\times10^{-4}$ g·cm$^{-3}$；3—$m/V=101\times10^{-4}$ g·cm$^{-3}$；4—$m/V=540\times10^{-4}$ g·cm$^{-3}$

$O_2$ 和 $NO_2$ 能强烈降低黑索今热分解速度，如果 $O_2$ 和 $NO_2$ 的量很大，则黑索今可全部分解成为气体，而不留固相残渣。实验发现，黑索今热分解的固相残渣能催化黑索今的热分解。既然 $O_2$ 和 $NO_2$ 能将固体残渣全部氧化，那么，就可排除固相残渣作为热分解催化剂，从而使黑索今的热分解变慢。

甲醛能强烈地加快黑索今的分解，这可由图 3-10 看出。甲醛加快的作用可能是因为它能和 $NO_2$ 作用的缘故。即

$$5CH_2O+7NO_2 \longrightarrow 7NO+2CO_2+3CO+5H_2O$$

这样就消除了 $NO_2$ 抑制热分解的效应。

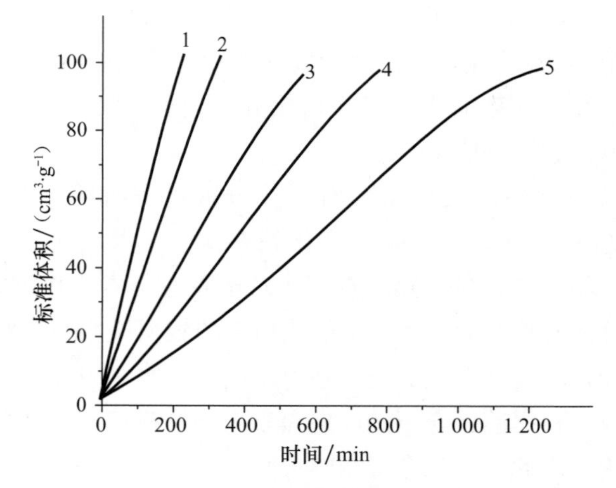


图 3-10 各种气体对黑索今热分解的影响

1—甲醛；2-$N_2$；3—$O_2$；4—$NO_2$；5—$NO_2$（量较大）

2）奥克托今的热分解

奥克托今的熔点高，在固相状态分解速度就已相当明显。在 214 ℃～234 ℃部分分解（装填密度为 $50\times10^{-4}$ g/cm$^3$）表明，当热分解开始时，有一段延滞期存在，而后才开始加速热分解。奥克托今受热后即放出了部分气体，为 10～15 mL/g，为总分解量的 2%左右。根据热分解放气量为 60 cm$^3$/g 所需的时间与温度关系，求出的奥克托今晶体热分解活化能是 42.3 kcal/mol。

用不同溶剂重结晶的奥克托今晶体（颗粒大小相等）其热分解速度是不同的。图 3-11 展示了这种情况。由图看出，在同一温度下（234 ℃），没有精制的奥克托今热分解速度最快，其次是二甲基甲酰胺一次重结晶的奥克托今，而由环戊酮重结晶的奥克托今分解速度最慢。表 3-7 列出了重结晶用溶剂对晶体奥克托今热分解影响。晶体的红外图谱表明，由环戊酮重结晶的奥克托今是 α 晶型。但是，影响热分解速度的不是晶型，而是晶体中可能含有的杂质。

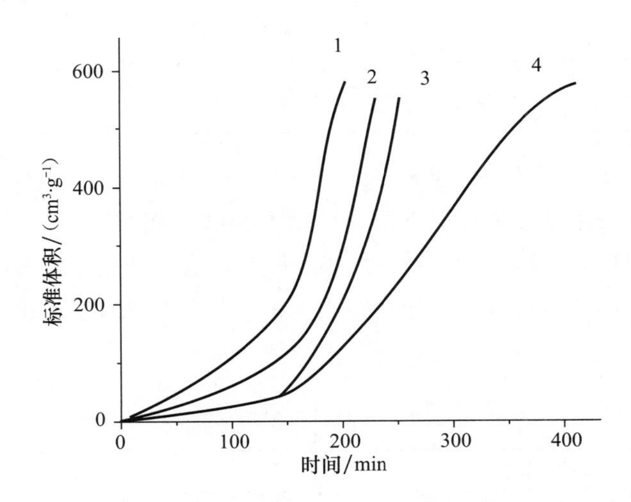


图 3-11 重结晶用溶剂对于奥克托今热分解速度的影响（234 ℃）

1—工业奥克托今；2—二甲基甲酰胺重结晶的奥克托今；

3—丙酮重结晶的奥克托今；4—环戊酮重结晶的奥克托今

表 3-7 重结晶用溶剂对于奥克托今热分解的影响（234 ℃）

| 重结晶用溶剂 | 半分解期/min |
|---|---|
| 二甲基甲酰胺 | 181 |
| 丙酮 | 204 |
| 环戊酮 | 246 |

奥克托今的晶体大小也影响其热分解速度，而且大颗粒分解速度反而比小颗粒快。这点与一般的局部热分解动力学规律相反。可能这点与在热作用下大晶体奥克托今发生迸裂有关。

3）脂烃多硝基胺的热分解

许多脂烃多硝基胺有相当良好的爆炸性质。由于这些脂烃类多硝基胺的熔点差别较大，在不同温度下，它们的热分解规律也不相同。

重三硝基乙基氮硝基胺基乙烷在 130 ℃～170 ℃（熔点 181 ℃）的热分解是在晶体状态下进行的。其热分解曲线呈固相热分解所特有的 S 形。热分解有明显的延滞期，加速期直到原来样品已分解 60% 时才结束。根据热分解速度与温度关系求出的活化能是 51.1 kcal/mol。在 130 ℃～170 ℃，该多硝基胺的半分解期的数值列于表 3-8。

**表 3-8 重三硝基乙基氮硝基胺基乙烷的半分解期**

130 ℃～170 ℃（$m/V=3.6\times10^{-4}$ g·cm$^{-3}$）

| 温度/℃ | 半分解期/min |
| --- | --- |
| 130 | 9 540 |
| 140 | 1 607 |
| 150 | 449 |
| 160 | 110 |
| 170 | 26 |

三硝基乙基氮硝基甲胺（熔点 85 ℃）与重（三硝基乙基）—氮硝基胺（熔点 95 ℃）在熔融状态时，热分解速度要比硝酸酯中的太安快些，而重（三硝基乙基）—氮硝基胺又比三硝基乙基氮硝基甲胺（141 ℃）快些。但是，这两种晶体状态的硝胺热分解速度顺序却可能相反，即前者慢，后者快。在表 3-9 中列有不同温度下这两种硝胺热的分解速度。

**表 3-9 在 120 ℃～150 ℃ 多硝基胺热分解速度**

| 三硝基乙基氮硝基甲胺 | | 重（三硝基乙基）—氮硝基胺 | |
| --- | --- | --- | --- |
| 温度/℃ | 半分解期/min | 温度/℃ | 半分解期/min |
| 130 | 290 | 126 | 373 |
| 135 | 174 | 131 | 159 |
| 140 | 89 | 136 | 116 |
| 145 | 64.5 | 141 | 62 |
| 150 | 28 | 147 | 40 |

熔融状态时，三硝基乙基氮硝基甲胺的热分解活化能值是 41.34 kcal/mol（就半分解期与温度关系求得），重（三硝基乙基）—氮硝基胺的活化能是 34.0 kcal/mol。

4）三硝基苯基甲基硝胺（特屈儿）的热分解

三硝基苯基甲基硝胺在熔点（129.45 ℃）附近发生明显的热分解，其热分解反应历程由初始反应（一级反应）、第二反应（自催化反应）构成，它的热分解加速期内可用下式来描述：

$$\frac{1}{\tau}\ln\frac{a}{a-x}+\frac{1}{\tau}\ln\left(1+\frac{x}{k}\right)=\text{常数} \tag{3-2}$$

式中　$a$——三硝基苯基甲基硝胺原来数量；

$\tau$——在 $\tau$ 瞬间已经分解的数量；

$x$——反应时间；

$k$——一级反应速度常数与自催化反应速度常数的比值。

三硝基苯基甲基硝胺在固态时的热分解速度是同一温度下液态时热分解速度的 1/100～1/50。

利用热失重、差热分析和在程序升温条件下测定的 $NO_2$ 生成量得到该硝胺的热分解结果，如图 3-12 所示。由图可见，该硝胺在 131 ℃熔融（程序升温速度为 5 ℃/min），200 ℃处出现强放热峰，但在 260 ℃又出现一个不大的放热峰，这可能是空气中的热与氧分解固相产物相互作用造成的。热失重图谱表明，当温度高于 160 ℃时，失重明显；200 ℃时，失重减慢；280 ℃时，失重 90%，留有 10%的膏状残渣。等速升温条件下，测定 $NO_2$ 的含量表明，120 ℃以下，$NO_2$ 量很少；160 ℃～200 ℃是放出 $NO_2$ 的主要温度区间。这三种方法求得的热分解数据说明三硝基苯基甲基硝胺的热分解主要是在 160 ℃～200 ℃进行。

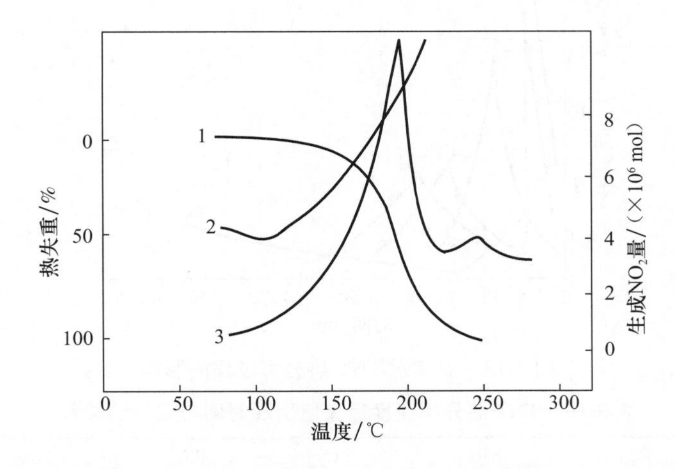


**图 3-12　三硝基苯基甲基硝胺的热分解（差热分析、热失重、$NO_2$ 生成量图谱）**

1—不等温热失重；2—差热分析；3—$NO_2$ 生成量

### 3. 硝基化合物类炸药的热分解

硝基化合物类炸药是所有炸药中热安定性最好的一类。以前认为其热安定性问题不大，但自从技术上提出需要高度耐热的炸药（例如，在 250 ℃～300 ℃，几小时至几十小时以内不发生明显的热分解）以来，人们开始注意研究硝基化合物类的热分解特性。另外，在处理含有少量硝基化合物的吸附剂时，往往利用高温来分解这些硝基化合物，这种工艺过程也要求了解硝基化合物热分解动力学的特性。

1）一、二、三硝基苯的热分解

马克西莫夫研究过一、二、三硝基苯的气相热分解，发现这三种化合物气相热分解的活化能值很接近，在 51.9～53.5 kcal/mol，并与硝基甲烷热分解活化能值（53.6 kcal/mol）很一致。同时，这些值与 C-N 键的键能（52.0～57.0 kcal）也很符合。因此，他认为气相硝基苯的热分解是由 C-N 键断裂开始的。

三硝基苯气相热分解还有一个特点，就是随着反应容器内玻璃表面的增大（利用毛细玻璃管填充反应空间），能使热分解的速度加快。这种现象与三硝基苯可能在玻璃表面上液化，而其在液相时比气相时热分解要快得多有关系。利用这种特性，可以设计合理的用热分解处理三硝基苯或其他类似化合物（例如三硝基甲苯）的装置。

2）TNT（三硝基甲苯）的热分解

TNT 的热分解速度只比三硝基苯略快一点。在 200 ℃时，TNT 热分解速度很小，在 220 ℃～270 ℃，随着温度的升高，其热分解速度的极大值就越高，到来的时间也越早（图 3-13）。相应的温度与速度极大值出现的时间的关系列于表 3-10。

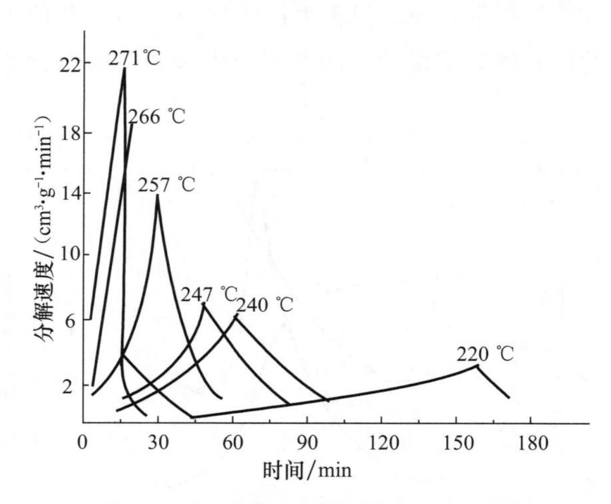


图 3-13　温度对 TNT 热分解过程的影响

表 3-10　TNT 热分解速度极大值出现时间与温度的关系

| 温度/℃ | 220 | 240 | 247 | 257 | 266 | 271 |
|---|---|---|---|---|---|---|
| 出现时间/min | 160 | 60 | 50 | 30 | 18 | 10 |

许多物质能加快 TNT 的热分解。例如，混合催化剂 $MnO_2$、$CuO$、$Cr_2O_3$、$Ag_2O$ 等。在高温下，上述物质能明显缩短 TNT 的热爆炸延滞期；300 ℃时，会使 TNT 瞬间爆炸，而没有延滞期。

在 220 ℃～270 ℃，液相 TNT 的热分解有相当明显的延滞期，而一旦热分解开始后即出现加速现象。利用等温差示扫描量热（DSC）技术研究其热分解也证实了上述情况，即有热分解延滞期存在。图 3-14 表示 TNT 的等温 DSC 图谱。由 DSC 图谱可以看出，在 263 ℃时，TNT 热分解有相当长的延滞期，而后出现放热的加速期和降速期。

利用 DSC 图谱可以求出热分解的动力学数据。

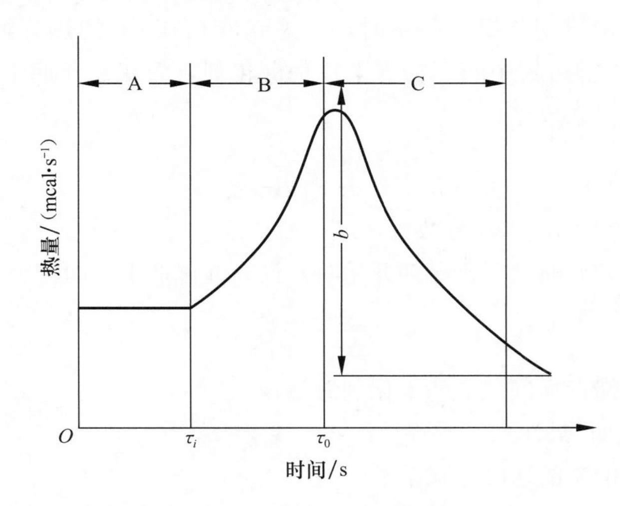


图 3-14　典型 TNT 的等温 DSC 热分解曲线

令
$$x = A_n / A_T \tag{3-3}$$

式中　$x$——已热分解的 TNT 量，%；

$A_T$——降速期 DSC 曲线下的总面积；

$A_n$——在固定时间间隔中曲线下的面积。

在每个时间间隔结束时，留有 TNT 的量是（$1-x$），这样，热分解速度公式则写为

$$\frac{\mathrm{d}x}{\mathrm{d}\tau} = k(1-x)^n \tag{3-4}$$

式中　$k$——反应速度常数；

$n$——反应级数。

设曲线与基线间的垂直距离 $b$ 与反应速度成正比，即

$$\alpha b = \frac{\mathrm{d}x}{\mathrm{d}\tau} \tag{3-5}$$

式中　$\alpha$——常数。

将式（3-5）与式（3-4）对比，则得

$$\alpha b = k(1-x)^n \tag{3-6}$$

$$b = \frac{k}{\alpha}(1-x)^n \tag{3-7}$$

对式（3-7）两边取对数，则得

$$\ln b = \ln\frac{k}{\alpha} + n\ln(1-x) \tag{3-8}$$

这样，在 $\ln b$ 和 $\ln(1-x)$ 的图上，可由直线的斜率求出反应级数 $n$。如反应级数为 1，

则还可求出反应速度 $k$。

在分析热分解延滞期与温度关系时，考虑到液相 TNT 的热分解是有自催化性质的，所以假定 TNT 热分解中间产物（Ⅰ）是催化剂，而在延滞期中Ⅰ的浓度又很少，这样下列近似公式可以成立

$$\frac{\mathrm{d}i}{\mathrm{d}\tau}=\frac{\Delta i}{\Delta\tau} \tag{3-9}$$

式中 $i$——催化剂Ⅰ的摩尔百分数。

因为在分解刚开始时（即延滞期开始时）没有催化剂Ⅰ，即

$$\frac{\Delta i}{\Delta\tau}=\frac{i_{\mathrm{I}}}{\tau_{\mathrm{I}}} \tag{3-10}$$

式中 $i_{\mathrm{I}}$——在延滞期期间生成的催化剂总量；

$\tau_{\mathrm{I}}$——延滞期的长度。

因此，延滞期过程的总的速度公式是

$$\frac{\mathrm{d}i}{\mathrm{d}\tau}=k(1-i)^{n}\approx k \tag{3-11}$$

因Ⅰ量很小，故可忽略，所以

$$k=\frac{\mathrm{d}i}{\mathrm{d}\tau}=\frac{i_{\mathrm{I}}}{\tau_{\mathrm{I}}} \tag{3-12}$$

如果分解符合阿累尼乌斯规律，于是有

$$\ln k=-\frac{E_{\alpha_{\mathrm{I}}}}{RT}+\ln A \tag{3-13}$$

由式（3-12）、式（3-13）对比，则得：

$$\ln k=-E_{\alpha_{\mathrm{I}}}/RT+\ln A=\ln i_{\mathrm{I}}-\ln\tau_{\mathrm{I}} \tag{3-14}$$

或

$$\ln\tau_{\mathrm{I}}=\frac{E_{\alpha_{\mathrm{I}}}}{RT}+(\ln i_{\mathrm{I}}-\ln A) \tag{3-15}$$

这样，在 $\ln\tau_{\mathrm{I}}-1/T$ 的图上，如果呈线性关系，则 $E_{\alpha_{\mathrm{I}}}/R$ 为斜率，截距则是（$\ln i_{\mathrm{I}}-\ln A$）。这里 $E_{\alpha_{\mathrm{I}}}$ 表示在延滞期内 TNT 热分解的活化能。

根据上述方法求出 TNT 热分解动力学的参量如下：

| | | |
|---|---|---|
| 反应级数 | $n$ | $0.97\pm0.07$ |
| 指前因子 | $A(\mathrm{s}^{-1})$ | $10^{9.9}$ |
| 活化能(降速期) | kcal/mol | $29.4\pm1.4$ |
| 活化能(延滞期) | kcal/mol | $46.5\pm1.5$ |

### 3.2.3 火炸药热分解反应动力学

#### 1. 炸药热分解的形式动力学曲线

炸药热分解过程与爆炸变化一样是放热的，形成气体产物，只是分解速度随温度不同而有快慢的变化。因此，在一定条件下（例如，定温、等容、定压等），测量受热时

炸药的温度、质量变化、气体分解产物的数量、产物的组成等都可以分析炸药热分解的变化情况。根据这种特性，常用 $T(\tau)$（$T$ 表示炸药本身的温度、$\tau$ 表示时间）、$P(\tau)$（$P$ 表示反应器内炸药热分解气体产物的压力）、$W(\tau)$（$W$ 表示炸药本身的质量）等关系或者用加热一段时间后炸药热分解形成的气体产物量、产物组成来表示热分解的情况。研究上述的变化关系，就可以得出在一定条件下炸药热分解的性质，而炸药热分解的形式动力学曲线则直观地表示了炸药的热分解过程。例如，在图 3-15 中就列出了不同相态下，炸药热分解的某些典型形式动力学曲线，曲线上各点斜率如 $\mathrm{d}x/\mathrm{d}\tau$ 表示热分解的速度。由图看出，气相炸药热分解的曲线比较简单，全部曲线处在降速阶段，液相炸药热分解的曲线比较复杂，反应开始时速度是加快的，速度达到极大值后转入降速阶段。固相炸药热分解的性质更复杂，当炸药受热后，有一段时间没有发生明显的分解或分解速度很低甚至趋近于 0，气体产物也很少，这个阶段叫作热分解的延滞期。延滞期结束后，分解速度逐渐加快，在某一时刻速度可达到某一极大值，这个阶段叫作热分解的加速期。有的炸药能够以极大速度进行一定时间的分解，这个阶段叫作等速期。最后，分解速度急剧下降，直到分解结束，这个阶段叫作热分解的降速期。上述阶段是按照形式动力学曲线的性质划分的，并没涉及炸药热分解的微观机理。尽管如此，这种划分仍然提供了有关炸药热分解过程的重要资料。了解一定条件下炸药热分解过程的发展特点，例如，研究热分解延滞期与各种因素（如温度、气体产物的压力、各种附加剂、炸药的纯度等）的关系，能为炸药热安定性的研究提供重要的线索。

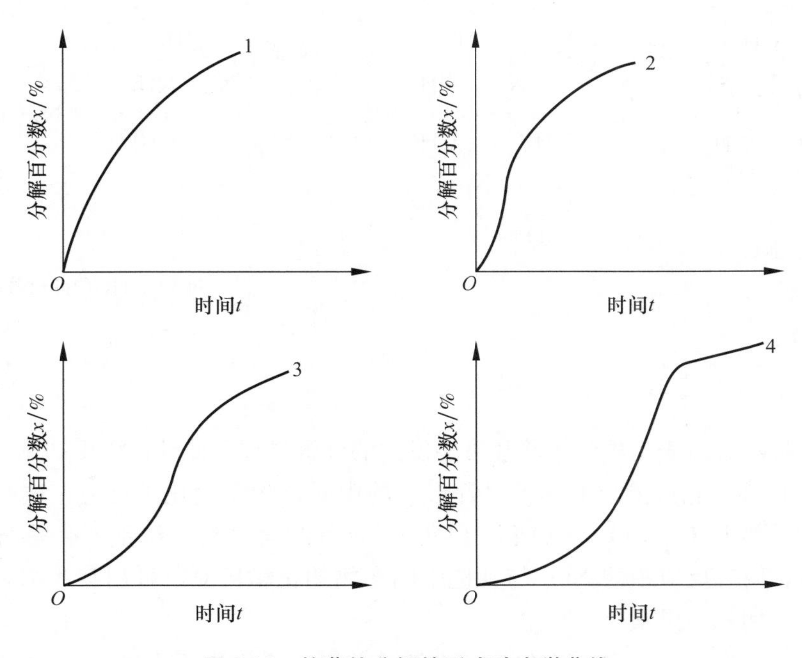


**图 3-15　炸药热分解的形式动力学曲线**

1—气相；2，3—液相；4—固相

2. 炸药热分解的机理简介

在一定温度下，炸药分子处在相对稳定状态。这时，只有较少量的分子因为具有某些多余能量（活化能）而能分解。当温度低时，活化分子数目少，但随着温度的升高，活化分子数目将增多，从而分解速度也随之加大。

炸药分子分解时，并不是立即形成最终的分解产物，而是分阶段进行的。

当完整的炸药分子受热后，首先在分子的最薄弱处断裂，脱掉一个 $NO_2$ 分子，同时形成分子碎片。以黑索今为例，可写出下列示意式：

$CH_2$ $O$
$O_2N—N$ $N—N$ $O$
$H_2C$ $CH_2$
$N$
$NO_2$
⟶
$CH_2$
$O_2N—N$ $N^{\cdot}$
$H_2C$ $CH_2$
$N$
$NO_2$
$+ NO_2\uparrow$

脱掉 $NO_2$、形成分子碎片是炸药热分解的最初阶段，叫作热分解的初始反应，又称热分解的第一反应。

初始反应形成的分子碎片是很不安定的。它很快地再分解，可能发生下一步的变化：

$CH_2$
$O_2N—N$ $N^{\cdot}$
$H_2C$ $CH_2$
$N$
$NO_2$
⟶
$O_2N$ $CH_2$
$N$ $NH$
$H_2C$ $CHO$
$N$
$O=N$
⟶
$O_2N$ $CH_2$
$\dot{N}$ $NH$
$CHO$
$+N_2+CH_2O$
↓
$N_2O+H\dot{C}OH\cdot NH\cdot CHO$
↓ 再分解
产物

上述过程示意地表示着分子碎片可能发生的分解过程。此外，由于初始反应形成的 $NO_2$ 反应活性强，它可能与上述各过程形成的中间产物发生化学反应，进一步形成最终分解产物（如 $H_2O$、$CO_2$、CO 和 NO 等）。这种综合过程笼统地叫作热分解的第二反应。有时，第二反应中的 $NO_2$ 与其他中间产物的化学反应，可用某些综合性的示意通式来表达。例如，黑索今可写出

$$5CH_2O+7NO_2 \longrightarrow 3CO+2CO_2+7NO+5H_2O$$

从理论上分析，热分解的初始反应是单分子反应。在指定温度下，这种反应的速度

最小，它表示某一炸药的最大可能的热安定性。炸药的热安定性表示在热作用下炸药保持其物理化学性质不发生明显变化的能力。对于凝聚相炸药，尤其是固态炸药，热分解初始反应也可能是较为复杂的，不像气相反应那么简单。初始反应速度值只能用数据处理的方法求出。一般说，初始速度不受外界因素（温度除外）的影响。

热分解的第二反应是复杂的，明显地受外界因素的影响。如在热分解过程中，把氧化性的热分解气体产物排走时，就会使 $NO_2$ 与分子碎片间化学反应的速度减慢。明显地影响第二反应的因素有：

（1）人为地向炸药中加入某些物质（例如高分子黏合剂、染色剂、另一种熔点较低的炸药等），通常都会影响炸药热分解第二反应的速度。附加剂的作用是不同的，有的附加剂能加快热分解，有的却抑制炸药的热分解。凡是加快炸药热分解速度的附加剂，不但改变炸药热分解的形式动力学曲线，而且也能改变分解产物的组成（例如，NO、$CO_2$ 的含量增多，$NO_2$ 的含量减少）。某些金属能强烈地催化热分解反应，甚至使平稳的热分解转化为爆燃。

（2）温度的改变能引起炸药的相态变化。炸药发生相态变化（晶态转化为熔态，在惰性溶液中溶解，晶态转化）时，常常引起热分解速度剧烈的变化（几十倍到上百倍）。例如，太安、特屈儿、过氯酸铵分解过程中都有类似情况。

初始反应速度只受温度影响，对每个炸药来说，在固定温度下，初始速度是个定值。它与温度的关系可用阿累尼乌斯方程表示。

$$k = A\mathrm{e}^{-E/RT} \tag{3-16}$$

式中　$k$——该温度下，初始反应速度常数；

$A$——指前因子；

$T$——温度；

$R$——通用气体常数；

$E$——分解反应的活化能。

单体炸药的活化能值表示炸药热分解进行的难易程度，一般在 30.0～50.0 kcal/mol。与某些非炸药热分解活化能相比，炸药的活化能值比较大。炸药热分解的活化能数值高，表示热分解反应速度的温度系数大；在低温时，热分解速度不一定快，但是，当温度升高时，反应却会迅速地加快。

**3. 炸药热分解初始反应的本质**

炸药在气（汽）液、固相都能以一定的速度进行热分解。不同相态的炸药热分解速度是不同的，并且随着相态的转化，炸药热分解的初始反应机理也可能发生变化。

简单脂烃的硝基化合物含有波长为 2 700～2 800 Å 的键。当受热分解时，例如硝基甲烷，就会发生 C-N 键的断裂，即

$$CH_3NO_2 \longrightarrow CH_3^{\cdot} + NO_2$$

这个反应的活化能是 55.2 kcal/mol，而硝基甲烷中的 $D$（C-N）＝58 kcal/mol。硝基

乙烷、四硝基甲烷等化合物的热分解（在气相中）也都说明热分解反应的初始步骤是C-N 键的断裂。在表 3-11 中，列出了这几种化合物气相热分解的活化能数值。

表 3-11 硝基化合物气相热分解的动力学参量

| 化合物 | $\log A$ | 活化能/($kcal \cdot mol^{-1}$) |
| --- | --- | --- |
| $C_2H_5NO_2$ | 11.75 | 43 |
| $CH_3CH_2CH_2NO_2$ | 11.5 | 42 |
| $CH_3CH(NO_2)CH_3$ | 11.3 | 40 |
| $MeC(NO_2)_3$ | 17.18 | 42.3 |
| $EtC(NO_2)_3$ | 16.86 | 43.6 |
| $BuC(NO_2)_3$ | 17.7 | 35.8 |
| $C(NO_2)_4$ | 16.30 | 38.2 |
| $C_2(NO_2)_6$ | 17.30 | 35.8 |

二甲基硝胺的气相热分解是一级反应，反应也不受 NO 影响，因此它的初始分解反应也同样可能是：

$$(CH_3)_2N—NO_2 \longrightarrow (CH_3)_2N^{\cdot} + NO_2$$

这个反应的活化能值是（53±5）kcal/mol，它与 N-$NO_2$ 的键离解能（55 kcal/mol）相当接近。

硝酸酯热分解的研究也说明，热分解是由下述反应开始的。

$$RCH_2ONO_2 \longrightarrow RCH_2O + NO_2$$

由此说明热分解开始时，是由 O-N 键处断裂而放出初始反应产物 $NO_2$。

气相硝基化合物的热分解，可以认为是由 C-N、N-N、O-N 等键断裂开始的。气体的特点是气体分子间距离与气体分子本身大小的比相当地大，也就是说，气体分子间的影响比较小。

但是，凝聚相（液、固相）内分子的情况与气体分子的情况不同，此时，分子间的作用相当强。对固相来说，分子间距离更小，彼此间的分子间键作用就相当强。因此，由于凝聚相分子间键、固相体系的几何性质和局部化学性质等因素的影响，尽管这时炸药热分解的初始产物仍是 $NO_2$，但初始反应的活化能数值就不可能与相应的 C-N、N-N、O-N 等键的离解能相近，有时甚至还相当大。在分析气相热分解反应时，曾认为气相热分解的活化能与上述键的离解能相近，就其数值来说也较高。而已有的固相热分解活化能值与气相的相比，都比较低，因此由气相、液相转化为固相时，不但热分解速度明显地变化，且活化能值也发生变化。几种炸药不同相态时的活化能值（表 3-12）即可说明这一点。

表 3-12　几种炸药的活化能值

| 炸　药 | 温度范围/℃ | 相　态 | 活化能/(kcal·mol$^{-1}$) |
|---|---|---|---|
| 黑索今 | 171～198 | 晶态，部分熔解 | 49.4 |
| | 130～180 | 晶态 | 39.5 |
| 奥克托今 | 181～210 | 晶态 | 67.0 |
| | 150～170 | 晶态 | 41.0 |
| 重（三硝基乙基氮硝基胺基）乙烷 | 70～130 | 晶态 | 35.8 |
| | 130～170 | 晶态 | 52.1 |
| 三硝基乙基氮硝基甲胺 | 55～75 | 晶态 | 13.1 |
| | 130～150 | 熔态 | 40.1 |
| 三硝基丁酸三硝基乙脂 | 5～585 | 晶态 | 32.3 |
| | 130～170 | 熔态 | 42.7 |

最近，研究黑索今晶体热分解的机理时，认为黑索今分子间的 O-C 键分子间键对于生成反应核心是有作用的。因此，Г. K. 克里缅科提出决定固相炸药热分解的主要因素是分子间互相作用的位能。对黑索今来说，该位能值是 27 kcal/mol，而奥克托今则是 35 kcal/mol。另外，不但分子间相互作用的位能对热分解的初始反应有影响，而且分子的流动性、晶体的缺陷等对热分解的初始反应都有影响。

4. 炸药热分解的第二反应

在气相中，炸药热分解的初始反应形成 $NO_2$、碳氢化合物的自由基。由于这些化合物或自由基化学性很活泼，它们之间可以进行一系列的反应。通常将炸药初始反应产物之间的一切反应叫作炸药热分解的第二反应。

以硝基甲烷为例，可以看出热分解的第二反应相当复杂。具体反应如下：

$$CH_3NO_2 \longrightarrow CH_3^{\cdot} + NO_2$$

第二反应可能有以下几个途径：

$$CH_3^{\cdot} + CH_3NO_2 \longrightarrow CH_4 + {}^{\cdot}CH_2NO_2$$

$${}^{\cdot}CH_2NO_2 + NO_2 \longrightarrow CH_2O + NO + NO_2$$

$$CH_2O + NO_2 \longrightarrow CO + NO + H_2O$$

$$2CH_3^{\cdot} \longrightarrow C_2H_6$$

$$CH_3^{\cdot} + NO \longrightarrow CH_3NO \longrightarrow CH_2{=}NOH \rightarrow HCN + H_2O$$

对于分子结构远比硝基甲烷复杂的硝酸酯来说，反应机理自然更为复杂。

斯维特洛夫等提出在凝聚相中第二反应的概况，大致可分为下面几个步骤：

（1）初始反应形成的烷氧自由基被 $NO_2$ 氧化为醛，进而又氧化成酸类（反应活化能～20 kcal）。

（2）醛类分解为自由基与甲醛

$$RCH_2O \longrightarrow R\cdot + CH_2O \text{（活化能 15～30 kcal）。}$$

（3）自由基与 NO 反应成为亚硝基化合物（活化能 10 kcal）。

（4）将硝酸酯分子中的硝基原子团以亲电子取代方式变为亚硝基原子团。如：

$$RCH_2ONO_2+N_2O_4 \longrightarrow RCH_2ONO+N_2O_5。$$

（5）硝酸酯的酸性分解，如：

$$RCH_2ONO_2+HA \longrightarrow RCH_2OH+ANO_2。$$

（6）C-O 键断裂的中性水解，如：

$$RCH_2ONO_2+H_2O \longrightarrow RCH_2OH+HNO_3 \quad （活化能 30 kcal）。$$

（7）在醇类作用下，硝酸酯发生碱性皂化反应，并伴有 O-N 键的断裂。如：

$$RCH_2ONO_2+OH \longrightarrow RCHO+H_2O+NO_2 \quad （活化能 20～25 kcal）。$$

液相炸药的第二反应很复杂，而固相炸药的第二反应更复杂。这是因为后者还会出现气相—固相间的异相反应。例如黑索今分解后形成的 $NO_2$ 与固相残渣（可能其化学结构是 N-羟基-N-甲基甲酰）之间的反应就是一例。此外，有时这类固相分解产物由于化学原因（催化原来炸药的分解反应）或者物理原因（与原来炸药形成低共熔点混合物，如特屈儿分解形成的苦味酸）也会使炸药热分解加快。总之，对于固相炸药热分解来说，其热分解第二反应的机理更加复杂。

5. **炸药热分解的活化能**

在气相反应中，受热的分子处在强扰动的状态，同时分子本身的各个键也处在振动状态。由于形成各个键原子团的体积、原子团之间的空间配置以及各个键的生成焓不同，在振动时，各个键都会有不同程度的拉长，此时就会出现某些键的松弛，甚至断裂。这就是气相分子热分解初始反应的本质。这时该分子热分解的活化能值就认为和该键（一般是 C-N、N-N、O-N 键的断裂）的键能相近。因此，气相热分解的活化能值的含义是清楚的。

由共价键构成的液体和固体的热分解初始反应同样是上述键的断裂，放出 $NO_2$。但是，由于凝聚相分子间相互作用很强，因此液相，尤其是固相热分解的活化能要比气相、液相热分解的活化能小。

另外，还可将活化能的值作为热分解反应的温度系数。每当温度升高 10 ℃时，炸药热分解的速度增加 2～4 倍。在两个温度下，热分解速度常数（一级反应）可按下式计算：

$$k_2 = Ae^{-\frac{E}{RT_2}} \tag{3-17}$$

$$k_1 = Ae^{-\frac{E}{RT_1}} \tag{3-18}$$

当 $T_1$ 与 $T_2$ 相差 10 ℃时，

$$\frac{k_2}{k_1} = \frac{e^{-\frac{E}{RT_2}}}{e^{-\frac{E}{RT_1}}} \tag{3-19}$$

$k_2/k_1$ 是反应速度的温度系数，对式（3-19）两边取对数，得出：

$$\ln\frac{k_2}{k_1} = -\frac{E}{RT_2}+\frac{E}{RT_1} = \frac{E}{R}\left(\frac{1}{T_1}-\frac{1}{T_2}\right) = \frac{E}{R}\left(\frac{T_2-T_1}{T_1T_2}\right) \tag{3-20}$$

整理式（3-20），得

$$E = R\ln\frac{k_2}{k_1}\left(\frac{T_1T_2}{T_2-T_1}\right) \tag{3-21}$$

由式（3-21）可知，若 $k_2/k_1$ 值大，而气体常数 $R$ 是常数，$T_1T_2/(T_2-T_1)$ 值又应是个变化不大的值，所以活化能值自然与 $k_2/k_1$ 值成正比。这样，也就可以说，活化能值代表着热分解反应的温度系数。表 3-13 中列有常见炸药的热分解活化能值，表中所列的炸药热分解活化能值在 30～60 kcal/mol。由实验求出的这些炸药热分解活化能值有两个含义：

（1）该值表示炸药分子的热安定性相当好。

（2）该值表示炸药热分解反应速度的温度系数大。

表 3-13　常见炸药的活化能、指前因子和半分解期

| 炸药 | 温度范围/℃ | 活化能/(kcal·mol$^{-1}$) | 指前因子 $\log A$ | 半分解期③（120 ℃）/h |
|---|---|---|---|---|
| 硝化甘油 | 150～190 | 50.0 | 23.5 | 3.81 |
| 硝化甘油 | 125～150 | 45.0 | 19.2 | 129 |
| 硝化甘油 | 90～125 | 42.6 | 18.0 | 95 |
| 硝化甘油 | 75～105 | 40.3 | 17.1 | 40 |
| 硝化甘油 | 90～120 | 43.7 | 18.64 | 80 |
| 硝化甘油① | 80～140 | 43.7 | 18.4 | 140 |
| 硝化甘油② | 80～140 | 39.3 | 15.4 | 540 |
| 太安 | 160～225 | 47.0 | 19.8 | 421 |
| 太安 | 145～171 | 39.0 | 15.6 | 230 |
| 太安（溶液） | 171～238 | 39.5 | 16.1 | 124 |
| 1 号硝化棉（13%N） | 90～135 | 49.0 | 21.0 | 342 |
| 1 号硝化棉（13%N） | 140～155 | 48.0 | 20.0 | 954 |
| 一硝基苯 | 390～415 | 53.4 | 12.65 | $17\times10^{12}$ |
| 二硝基苯 | 346～355 | 52.6 | 12.7 | $6\times10^{12}$ |
| 三硝基苯 | 270～355 | 59.1 | 13.6 | $3.4\times10^{11}$ |
| 三硝基苯（液） | 250～310 | 43.0 | 10.9 | $1.9\times10^{9}$ |
| TNT（汽） | 280～320 | 34.5 | 8.45 | $10^{7}$ |
| TNT（液） | 193～250 | 26.2 | — | — |
| TNT | 220～270 | 53.5 | 19.0 | $5.8\times10^{6}$ |
| 苦味酸 | — | 57.5 | 23.0 | $18\times10^{4}$ |
| 乙烯二硝胺 | 184～254 | 30.5 | 12.8 | — |
| 黑索今 | 213～299 | 47.5 | 18.5 | $1.6\times10^{3}$ |
| 黑索今（溶液） | — | 41.0 | 15.46 | $4.2\times10^{3}$ |
| 黑索今 | 150～197 | 51.0 | 18.6 | $1.1\times10^{6}$ |
| 黑索今（溶液） | 150～197 | 41.3 | 15.3 | $8.2\times10^{3}$ |
| 奥克托今 | — | 52.7 | 19.7 | $7.8\times10^{5}$ |
| 奥克托今 | 176～230 | 36.5 | 10.7 | $7.2\times10^{5}$ |
| 奥克托今（溶液） | 176～230 | 42.6 | 14.9 | $1.1\times10^{5}$ |
| 特屈儿（液） | 129.9～138.6 | 60.0 | 27.5 | 142 |

注：① 低装填密度；
② 高装填密度；
③ 大部分为计算值。

### 3.2.4 常用热分析方法

根据炸药热分解的特征，研究炸药热分解的方法有测热、测气体产物压力、测失重和测定气体产物组成等。根据热分解过程中环境温度是否变化，又可分为等温、变温两大类。

**1. 量气法**

应用量气法的历史比较悠久，早在1920年就有人利用这种方法做过不少工作。20世纪50年代后，发表了用量气法研究炸药热分解的大量工作。目前，该法仍是广泛应用的重要方法。

量气法的一个重要特点是要保持反应器空间为恒温，这样系统内不会有温差出现，因而也就不会出现物质的升华、挥发、冷凝等现象。但是，有些量气法却不能严格保证这一点，这样，由于可能出现物质转移现象，对分解过程有影响。

就反应器的温度控制来说，可分为恒温、变温两种。真空安定性测试、布氏计法属于前一种。恒温热分解一般要求把环境温度控制在一定范围内，根据热分解气体产物的压力或体积与时间的关系（曲线或者图表）研究炸药热分解的过程。

**2. 真空热安定性法**

这是一种国外使用较多的工业检验方法。

### 3.2.5 火炸药的热安定性

**1. 概论**

炸药（晶体状态或制成品，如药柱、弹药装药中的炸药）是要长期存放的。由于长期存放的条件（例如温度、湿度、堆放体积和通风等）各不相同，炸药会发生各种不同程度的变化。例如，有些炸药会变色、放出$NO_2$。有时，这种变化会相当激烈，可使炸药的温度逐渐上升，最后产生自燃或者爆炸，这种变化统称为化学性变化。这种化学性变化的发生是由炸药内发生化学变化特性引起，并受这种特性所制约。在存放过程中，炸药的某些物理性质会发生变化。例如，炸药变脆、结块，某些浆状炸药的胶体状态变化等。由于这些性质变化，使炸药不再适宜于使用，甚至完全失效，这种变化统称为物理性变化。

近来，发现上述的炸药变化与存放条件有明显的关系。例如，在玻璃瓶中存放的三硝基乙基氮硝基甲胺经过11年保存后，它的外观没有变化，热分解曲线与刚合成的同种样品的热分解曲线完全相同。在描图纸包中存放了同样时间的三硝基乙基氮硝基甲胺则已变成黄色，并有明显的气味。由此可见，存放的条件很重要。

研究炸药发生的上述变化属于炸药的安定性问题。炸药的安定性是指在一定条件下，炸药保持其物理、化学、爆炸性质不发生可觉察的或者发生在允许范围内变化的能力。炸药的安定性是由炸药的物理、化学以及爆炸性质随时间变化的速度所决定的。这种变化的速度越小，炸药的安定性就越高。反过来，当这种变化速度越大时，则炸药的安定性就越小。

一般说，硝酸酯类炸药的安定性较差，硝基化合物类炸药的安定性最好，而硝基胺炸药则居中。

测定炸药安定性的方法很多，一般以真空安定性测定法为最常用。

**2. 炸药热安定性理论**

炸药化学变化的因素很多，例如，辐射、热、机械能等。在热作用下，炸药保持其物理化学性质不引起明显改变的能力叫作炸药的热安定性。

炸药在热作用下（热源温度比该炸药的 5 s 爆发点低）能发生一定速度的热分解。单体炸药热分解的初始反应速度只随炸药本身性质（化学结构、相态、晶型及其颗粒大小、杂质的多少即纯度的高低）和环境温度而变化。在固定温度下，一般而言，炸药的热分解初始反应速度决定其最大可能的热安定性，这是单分子反应，则可进行如下的计算，以硝化甘油为例：

单分子反应速度常数 $k$ 可用下式表示：

$$k = A\mathrm{e}^{-E/RT} \tag{3-22}$$

则硝化甘油的 $k$ 值为

$$k = 10^{18.64} \times \mathrm{e}^{-43\,700/RT} \tag{3-23}$$

半分解期：

$$\tau = \frac{1}{k}\ln 2 = \frac{\ln 2 \times \mathrm{e}^{43\,700/RT}}{10^{18.64}} \tag{3-24}$$

根据式（3-22）、式（3-23）计算的 $k$ 值与半分解期列于表 3-14。由表 3-14 的数据可知，作为最不稳定的炸药代表——硝化甘油仍是相当稳定的。但这种计算是不够全面的。其原因之一是炸药实际上不允许分解到这种程度，因为这样炸药已失去了使用价值；其二是这种计算考虑了单分子反应，实际上硝化甘油热分解是加速进行的，并伴随有自催化反应——第二反应的发生。

**表 3-14　硝化甘油在不同温度下的反应速度常数和半分解期**

| 温度/℃ | 速度系数/($s^{-1}$) | $\tau_{1/2}$/年 |
| --- | --- | --- |
| 0 | $10^{-16.34}$ | $4.5\times10^{8}$ |
| 20 | $10^{-13.95}$ | $2\times10^{6}$ |
| 40 | $10^{-10.93}$ | 1 870 |
| 60 | $10^{-9.2}$ | 35 |

前面章节中已经介绍过，炸药热分解的第二反应是加速进行的，它在初始反应的基础上发展起来并受初始反应产物（如 $NO_2$）和其他许多物质（如水、酸、碱、高分子材料）的影响。考虑到上述的第二反应发展，对硝化甘油热分解进行的计算结果是：不同温度下，硝化甘油出现加速分解的时间为 20 ℃时是 3.2 年；60 ℃时是 550 h。不考

虑第二反应只考虑单分子反应，热计算的分解速度是大不相同的。很明显，当炸药热分解已经发展到自加速阶段时，热安定性将明显地降低。

因此，可以说研究炸药的热安定性问题就是研究炸药热分解延滞期的规律、第二反应（自加速反应）发展的可能性和特点。由于这种自加速反应速度随温度变化的程度较小，因此，在低温下自催化反应的比重将更大。但是，自催化反应的发生、发展与热分解进行时的条件有关，因此自加速反应与初始反应（在定温下，它的反应速度是定值，并不能利用外界条件来改变该值）不同，是可以控制的。实际工作中，常采用下列措施来保证硝酸酯的最大热安定性。一种措施是将硝酸酯精制，细心地除去那些加快硝酸酯热分解的少量杂质，例如水、硝酸、不稳定的硝化中间产物等。另一种是向硝酸酯中加入少量的安定剂，例如二苯胺、中定剂等。

当代经常使用多组分组成的混合炸药，而多组分混合炸药的热分解过程就更复杂，可能出现下列几种现象：

（1）炸药分子自身的热分解。

（2）不同炸药分子间的相互作用。

（3）炸药分子或热分解产物与混合炸药的其他组分（例如高分子黏合剂）之间发生的化学反应。

（4）炸药之间或是炸药与混合炸药其他组分间形成低共熔点混合物。

当（2）、（3）、（4）现象出现后，总结果是使混合炸药热分解过程比单体炸药热分解速度快得多。因此，研究混合炸药热安定性时，除了应该研究其各个组分自身的热分解特性外，还应该研究配成混合炸药后的热分解特性。

**3. 炸药热安定性分析**

现有的常用的测定炸药热安定性的方法（如真空安定性试验、阿贝尔试验、维也里试验等）都是用某一固定参量（如加热一定时间后，观察放出的气体产物数量，试纸是否变色等）表示，而不能说明在这段加热时间内炸药热分解的发展过程。前面已经介绍过，炸药热分解的过程是很复杂的，只用某一点的参量不能全面表述某一炸药的热安定性。图 3-16 中列有两种热分解性质截然不同的炸药。由图可知，炸药Ⅰ的分解速度较小，但是速度在不断加快，到达某一瞬间则开始剧烈地加速。相反，炸药Ⅱ在刚开始热分解时速度较快，但是加快的趋势小，当炸药Ⅰ已开始剧烈加速时，Ⅱ还处在以较低速度平稳热分解的阶段。如果只选某一固定参量（加热时间或分解量）来表示炸药的热安定性，那么随着所选的具体参量值的变化，会出现对这两种炸药的不同评价。因此，在评定新的炸药（单体或者混合炸药）热安定性时，一定要研究该炸药的热分解过程。

### 3.2.6 火炸药与相关物的相容性

第二次世界大战以后，混合炸药的品种日益增多，品种中的组分数也有增多趋势。例如，常见的塑料黏结类炸药就包含了主体炸药（占 95%～99%质量比）、高分子材

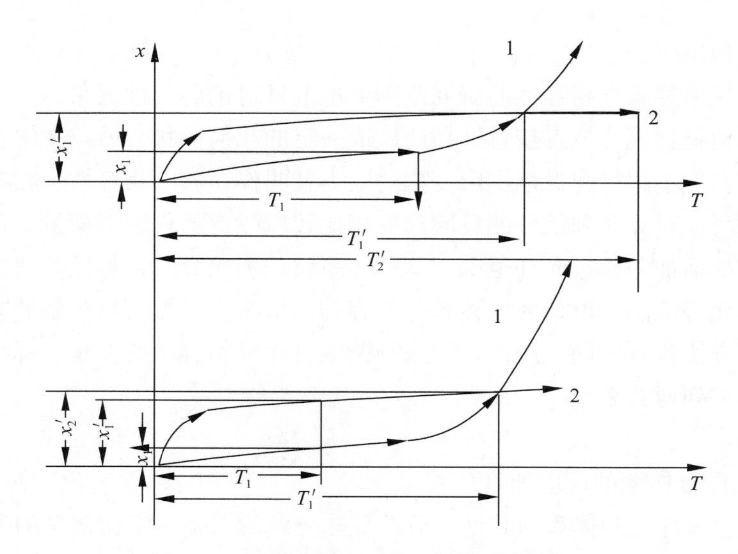


**图 3-16　分解规律不同的炸药热安定性评价**

1—按固定分解量 $x$ 评价；2—按固定时间 $T$ 评价

料（1%～3%）、钝感剂（1%～2%）以及其他组分。这种多元混合体系的热分解速度通常都比主体炸药本身的热分解速度快。以 1，3，3，5，7，7-六硝基二氮杂环辛烷（HDX）为例，可以说明这一点，其数据列于表 3-15 中。此外，在 160 ℃时，硝化甘油和过氯酸铵都分别能平稳地分解。当二者以 1∶1 质量比混合时，则猛烈爆燃。这说明混合体系的反应速度要比各组分单独热分解时的速度要大。即各种组分混合后，混合体系的总反应能力有增加的趋势。

**表 3-15　六硝基二氮杂环辛烷与高分子材料混合物热分解**

| 高分子材料 | $\tau_{80}$/min① |
|---|---|
| 六硝基二氮杂环辛烷 | 57.6 |
| 聚缩丁醛② | 3.3 |
| 羧甲基纤维素 | 5.6 |
| 聚酯酸乙烯酯 | 11.3 |
| 有机玻璃 | 19.3 |
| 低压聚乙烯 | 24.3 |
| 聚丙烯 | 38.6 |

注：① 取分解放气量是 80 $cm^3 \cdot g^{-1}$时所需的时间；
② 炸药与高分子质量比 1∶1。

军用炸药通常装填在各种炮弹、水雷、鱼雷、导弹的战斗部内。因此，作为炸药柱整体要和金属、油漆以及其他材料相接触，在炸药柱、材料的表面上发生一定的化学作用。其表现为金属腐蚀、材料变色、老化等。因此，也应该考虑炸药和这些材料接触时可能发生的各种反应。

所有这些现象都属于相容性的研究范围，本节只讨论前一种现象。

炸药与其他材料混合或者接触（炸药做成一定的几何形状）后，在混合体系内或相接触物质之间发生不超过允许范围内变化的能力就叫作炸药的相容性。相容性用混和体系的反应速度与原有炸药和组分的反应速度相比较所改变的程度来衡量。凡混合体系的总反应速度明显增加并超过允许范围，这种体系就是不相容的；相反，混合体系的反应速度变化少于允许范围，就认为该体系是相容的。由于测定炸药热分解的方法很多，反应速度的表示方法各有不同，所以，用来判断混合体系相容性的参量、标准也不同。总的说来，可用下列通式表示。

$$v = v_{混} - v_{炸+材料} \tag{3-25}$$

式中 $v_{混}$——混合体系的反应速度；

$v_{炸+材料}$——炸药和体系的其他组分单独热分解时（按一定比例）的反应速度和。

在讨论炸药相容性时，要区分下列两种现象。凡是研究主体炸药与其他材料混合后反应速度变化情况的现象属于组分相容性的课题。这是从混合炸药的角度来研究混合炸药中的各个组分是否适宜于应用。有时，常把这种相容性问题叫作内相容性。另一种则是把混合炸药作为整体，研究炸药与其他材料（包括金属、非金属材料）接触后可能发生的反应情况，这是属于接触相容性的问题，接触相容性又叫作外相容性。

相容性又可分为物理相容性、化学相容性两类。凡是炸药与材料混合或接触后，体系的物理性质变化（如相变、物理力学性质等）的程度属于物理相容性的研究范围，而关于体系化学性质变化情况的研究则是化学相容性的研究范围。实际上，这两种现象是有联系的。物理性质变化往往可能促进化学性质的变化；反之，化学性质变化也能加快物理变化的过程。

炸药热分解时，伴随着放热、生成气体产物（凝聚相重量减少）等过程，即

$$炸药 \longrightarrow 气体产物 + 热$$

当炸药与其他材料混合后，如果彼此之间不相容，势必表现在生成气体、放热速度等加快，甚至分解产物的组分也明显改变等各方面。此外，有时还出现混合体系的机械感度增加、爆发点降低、燃速改变以及其他现象。根据莱彻（L. Reich）的数据，体系不相容还表现在分解的活化能增大。表 3-16 中列出了黑索今与某些高分子材料混合后的活化能数值。由表可知，当体系不相容时，例如，黑索今与 EPON828（用酸酐熟化）混合，则活化能值增大 27 kcal/mol，同时放热峰温度约降低 20 ℃。

表 3-16 黑索今与高分子材料混合体系的活化能与放热峰温度

| 高分子化合物 | 放热峰温度/℃ | 活化能/(kcal · $mol^{-1}$) | 相容性 |
|---|---|---|---|
| 聚乙烯 | 237 | 81 | 相容 |
| EPON828 | 220 | 107 | 不相容 |

续表

| 高分子化合物 | 放热峰温度/℃ | 活化能/(kcal·$mol^{-1}$) | 相容性 |
|---|---|---|---|
| 聚苯乙烯 | 241 | 84 | 相容 |
| 有机玻璃 | 239 | 66 | 基本相容 |
| 聚甲基丙烯酸乙酯 | 238 | 70 | 基本相容 |

炸药与混合炸药之间可能发生的反应情况、反应速度的大小是和炸药本身热分解的机理、各个组分对于该炸药热分解第二反应的影响，炸药热分解产物与其他组分或者组分裂解产物之间的反应速度等一系列因素有关。所以，研究炸药的相容性就是研究炸药热分解的一部分。

根据通常混合炸药各组分间可能出现的反应情况，可分为下列几种机理：

(1) 主体炸药与混合炸药其他组分间发生物理性变化。不少混合炸药中的组分（例如梯黑炸药中的 TNT）能和主体炸药（如梯黑炸药的黑索今）组成低共熔点固体溶液，结果温度在远低于主体炸药的熔点时，就可能出现主体炸药的熔态。另外，有些组分能够将主体炸药溶解而构成组分和炸药的溶液。这种变化是属于物理性的变化。但是，由于炸药溶解或熔融变成液态后，热分解速度要几十倍地增加，于是混合炸药的热分解速度（在高于一定温度时）就明显增加。奥克托今能在熔态的 TNT 中溶解，在 227 ℃时，纯 TNT 的爆发延滞期大约是 $4\times10^{4}$ s，而奥克托儿（75/25 奥克托今/TNT）在 227 ℃的延滞期则只有 $3\times10^{3}$ s。

如果炸药能和高分子材料中的增塑剂互相溶解，会使增塑剂从高分子材料中分离出来与炸药组成溶液。但是，由于高分子材料中的增塑剂减少，引起该材料物理性质的改变，表现为高分子材料的老化加快。例如，将 TNT、特屈儿分别与某些高分子化合物相混，在定温下，保存一段时间后再检验高分子化合物的性质时，则出现明显不同的反应。表 3-17 中列出了这种试验结果。

**表 3-17　TNT、特屈儿与高分子化合物、橡胶的相容性**

（60 ℃，混合物保存 1 年）

| 材　料 | 变化情况 | | |
|---|---|---|---|
| | 无反应到轻微反应 | 中等程度反应 | 剧烈反应 |
| 聚苯乙烯 | TNT | | |
| 聚丙烯 | TNT | | |
| 尼龙 66 | TNT、特屈儿 | | |
| 聚羧醛 | | | TNT |
| 聚砜 | 特屈儿 | TNT | |
| 天然橡胶 | | | TNT |
| 腈橡胶 | | 特屈儿 | TNT |
| 氯丁橡胶 | 特屈儿 | | TNT |
| 丁烯橡胶 | TNT | | |

（2）主体炸药与混合炸药其他组分间发生化学反应。这种反应包括有混合物的组分（如高分子材料）与炸药热分解产物之间反应，混合物组分催化炸药热分解的第二反应等类型。例如，大部分醛类很容易和炸药热分解的初始反应产物 $NO_2$ 反应，按下列通式进行

$$RCHO+NO_2 \longrightarrow NO+CO_2+H_2O+CO$$

其结果是使混合体系热分解气相产物的 $NO_2$ 含量减少，而 NO、CO 含量增加。所以，硝胺类炸药（如黑索今）与醛类混合时，反应速度明显加快。例如，在 196 ℃时，黑索今在延滞期的分解速度是 0.25%/min，但充以 53 mmHg 的甲醛蒸气时，则分解速度增大到 0.378%/min。

反应激烈进行的另一些表现是放热量增加和差热图谱中的放热峰温度降低。例如，环氧树脂 EPON828（用酸酐熟化）与黑索今混合后可使差热图谱中的放热峰由 240 ℃降到 220 ℃。

混合炸药组分与主体炸药间的反应也可能是催化性质的，例如，许多金属能催化炸药的热分解，锌催化硝酸铵，伍德合金催化硝胺类炸药等。

### 3.2.7 相容性的测试与评价标准

测定炸药与其他材料的相容性，就是测定混合体系反应速度与炸药、各组分单独热分解时反应速度之间的差别。因此，凡是测定炸药热分解的方法都可用于炸药相容性的测定。

**1. 测定气体产物组成的方法**

如前所述，当混合体系的组分不相容时，往往表现为热分解产物中的 NO、CO 等气体产物含量增加。通常用气相色谱仪来测定炸药混合体系的气相产物组成。

把欲测的混合体系、炸药、混合体系的组分分别在一定温度（如 100 ℃、120 ℃）下，加热一定时间（如 48 h），而后将热分解的气体产物分别输入到气相色谱仪中分析，根据气体产物变化情况来分析该混合体系的相容性。

表 3-18 列出塑料黏结炸药 PBX-9404 与几种材料的相容性。由表可以看出，当组分彼此相容时（例如，PBX-9404 与 RTV-501），无论是气体产物组分的含量，还是总的气体产物量，对于混合加热的值来说是与分别加热后的总数值相近的。但当体系不相容时（如 PBX-9404 和铅），则混合加热时的总气体产物大量增加，同时产物中的氮、氧化亚氮含量也明显增加。

有时只用一定条件下［如温度 (120±1)℃，加热时间 (22±0.5)h］的分解产物的总量比，即混合加热时生成的气体产物量与分别加热时气体产物量总和的比来表示。即

$$k=\frac{V_{混}}{V_{炸}+V_{材}} \tag{3-26}$$

式中 $V_{混}$——物质混合共热时放出的气体量；

$V_{炸}$——炸药单独受热时放出的气体量；

$V_{材}$——材料单独受热时放出的气体量。

并且规定，当：$k<1.5$ 时，体系相容；

$3>k>1.5$ 时，体系介乎不相容；

$k>3$ 时，体系不相容。

表 3-18　炸药 PBX-9404[1] 与某些材料的相容性

| 样品名称 | 数量/g | 分解产物/mL | | | | | | |
|---|---|---|---|---|---|---|---|---|
| | | $O_2$ | $N_2$ | NO | CO | $N_2O$ | $CO_2$ | 总和 |
| PBX-9404 | 0.25 | 1 | 43 | 215 | 0 | 12 | 121 | 392 |
| RTV-501 | 0.25 | 3 | 12 | 0 | 0 | 0 | 0 | 15 |
| PBX-9404+RTV-501[2] | 各 0.25 | 4 | 55 | 215 | 0 | 12 | 121 | 407 |
| 上述物质混合加热 | 0.5 (1∶1) | 3±0 | 57±2 | 220±10 | | 28±1 | 133±5 | 441±18 |
| 有机玻璃 | 0.25 | 1 | 18 | 0 | 0 | 0 | 55 | 74 |
| PBX-9404+有机玻璃[2] | 各 0.25 | 2 | 61 | 215 | 0 | 12 | 176 | 466 |
| 混合加热 | 0.5 (1∶1) | 1 | 425 | 70 | 0 | 233 | 479 | 1 208 |
| 铅[3] | 1.00 | 8 | 45 | 0 | 0 | 33 | 30 | 116 |
| PBX-9404+铅[2] | 0.25+1 | 9 | 80 | 252 | 50 | 18 | 200 | 659 |
| 混合加热 | 0.25+1 | 2±1 | 233±77 | 272±4 | 8±2 | 1 070±429 | 123±4 | 1 709±498 |

注：① PBX-9404 的成分是奥克托今（94%），硝化棉（含氮 12%）（3%），三（β-氯乙基）磷酸酯（3%）；
② 本栏数值表示两种组分单独热分解后放出气体产物的总和；
③ 铅加热出现气体产物的原因不详，可能是仪器装置带来的。

### 2. 测定气体产物压力的方法

目前常采用真空安定性方法来测定混合体系的相容性。实验时采用的条件，温度 100 ℃（或 120 ℃），加热 40 h（或 48 h），混合物组成比取为 1∶1 或 19∶1（即 4.75 g∶0.25 g）。而后根据组分混合共热与分别加热时放气量的差值来判断体系是否相容。表 3-19 中列有利用量气法判断相容性情况的一些标准。例如，阿马托（TNT 与硝酸铵混合物）与 MF881（甲基丙烯酸酯的高聚物）的多余放气量是 4.25 mL，属于反应较明显的一类。阿马托与甲基丙烯酸混合酯 MF875 的多余放气量只有 0.03 mL，则属于反应可忽略的一类。阿马托与香豆酮树脂 MF874 的多余放气量竟达到 10.02 mL，则是反应强烈的代表。

表 3-19　判断体系相容性的标准

| 多余放气量[1]/mL | 反应等级 | 多余放气量[1]/mL | 反应等级 |
|---|---|---|---|
| <0.0 | 无反应 | 2.0～3.0 | 轻微 |
| 0.0～1.0 | 可忽略 | 3.0～5.0 | 较明显 |
| 1.0～2.0 | 很轻微 | >5.0 | 强烈 |

注：① 指二种加热情况的总放热量差值。

3. **测定反应放热的方法**

常采用各种热分析（如差热分析 DTA、差示扫描量热 DSC）方法测定反应放热的情况。

用差热分析方法测定混合体系相容性时，常分析混合体系和主体炸药放热峰值的变化情况。如果体系不相容时，体系反应速度变快，则放热峰温度向低温方向移动。当反应激烈时，放热峰向低温方向移动得更多。在表 3-20 中列出一种根据混合体系放热峰移动的数值来分析体系的相容情况的参考标准。

**表 3-20 体系相容性的标准**[①]

| 放热峰移动值/℃ | 体系相容程度 | 体系的可用性 |
|---|---|---|
| <2 | 相容 | 可用 |
| 3～5 | 轻度增感 | 短期可用 |
| 6～15 | 敏感 | 不能用 |
| >15 | 危险 | 不许用 |
| 注：① 本表只供参考，不同设计的 DTA 仪器可能给出不同的温度值 | | |

图 3-17 表示黑索今、黑索今与 EPON828（酸酐熟化）混合物的差热图谱。由图可知，混合物的放热峰温度向低温移动 20 ℃，这属于危险体系，不能使用。较为精确的判断热分析曲线是否相容的方法是对曲线进行动力学分析，求出动力学参数值，而由这些值的变化来分析体系是否相容。

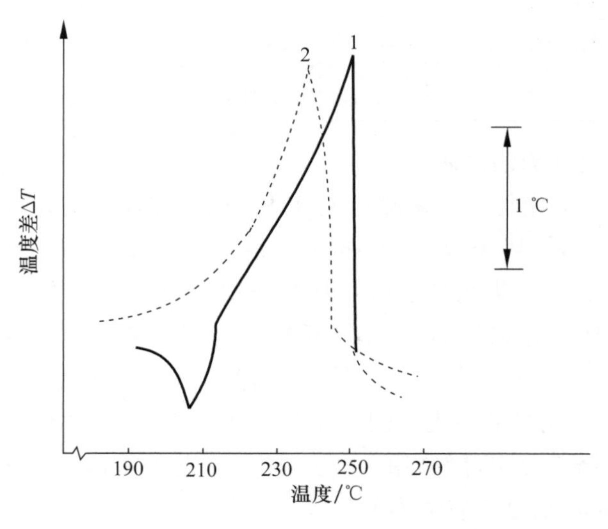


**图 3-17 黑索今、黑索今和 EPON828 混合物的差热图谱**

1—黑索今；2—黑索今＋EPON828

## 3.3 火炸药的热爆炸理论

火炸药是一类具有放热性质的反应性物质。

几乎所有的放热反应都有一个共同的特征，即这类放热反应具有从一种反应过程（“平静反应”）到另一种反应过程（“爆炸反应”）突然转变的可能性。在某个初始条件（温度、压力）下，这类反应以很慢的速度“平静地”进行，即随时间变化缓慢，但从另一个稍微不同的初始条件开始，仍然是同一个反应就可能导致激烈加速和随之而来的急剧变化，这种急剧变化就会导致燃烧爆炸事故的发生。

热爆炸理论就是研究这些放热系统产生热爆炸的可能性和临界条件，以及一旦满足了临界条件以后发生热爆炸的时间等问题。所谓热爆炸的临界条件，就是指在单纯的热作用下，能引起放热系统自动发生爆炸或燃烧的最低条件（如温度、压力等）。

热爆炸不仅仅是火炸药具有的现象，对于所有能进行放热反应的体系都可以出现自行引燃甚至爆炸的现象。就研究的重点来看，热爆炸理论可分为稳定理论和非稳定理论两部分。稳定与否即指温度与时间的相互关系。稳定热爆炸理论是研究发生热爆炸的条件，而非稳定热爆炸理论则是研究具备热爆炸条件后，过程发展的时间、速度以及反应物消耗的影响等。

关于火炸药热爆炸的事例很多，下面略举一例，供参考。

1964 年 7 月 14 日在东京，一批露天堆放的硝化棉桶发生自燃（每桶装 80 kg 湿硝化棉，其中 60 kg 为干硝化棉，20 kg 为酒精），烧掉了大约 2 300 桶硝化棉，而且火灾蔓延到仓库内，引爆了 1 t 左右的有机过氧化物催化剂，在灭火中有 19 名消防队员被炸死。经分析，其原因认定为硝化棉桶在露天堆积 100 多天的期间，受到太阳光的照射，桶上部被加温，而桶底温度基本不变，因此连续几天的蒸馏作用，使硝化棉的一部分因干燥而发生自燃。同时，发生事故的那一天正好是晴天，中午前后的太阳直射硝化棉桶，表面最高温度可达 60 ℃～70 ℃，足以促进干硝化棉的分解，由于分解热的积聚，直到晚上 10 点左右达到了燃点温度，从而引起自燃。

### 3.3.1　火炸药热爆炸的稳定状态理论

#### 1. 均温系统热爆炸稳定理论

1）热图

首先，我们假设系统内的温度不随空间位置的变化而变化，即整个系统温度均匀分布，简称均温假设。在实际情况中，接近这一假设的情况有充分搅拌的液态炸药、被气体环境所包围的固体炸药的小颗粒等。

设体积为 $V$ 的均温系统中的放热反应为

$$nX——mY$$

式中　$n$、$m$——反应物和产物的分子数。

那么热量产生的总速率为

$$q_G = VQ\frac{dC_Y}{dt} \tag{3-27}$$

式中 $Q$——消耗每 mol 的 X 所产生的热量；

$C_Y$——产物 Y 的摩尔浓度；

$dC_Y/dt$——反应速度。

根据质量作用定律

$$dC_Y/dt = kC_X^n \tag{3-28}$$

式中 $k$——速度常数；

$C_X$——反应物 X 的摩尔浓度；

$n$——反应级数。

根据 Arrenius 公式有

$$k = Ae^{-E/(RT)} \tag{3-29}$$

式中 $A$——频率因子，并假设与温度无关；

$E$——反应的活化能；

$R$——通用气体常数。

将式（3-28）和式（3-29）代入式（3-27），得

$$q_G = VQC_X^n Ae^{-E/(RT)} \tag{3-30}$$

式（3-30）是系统的热产生速率公式。

另一方面，系统通过容器壁向外界的散热速度可表示为

$$q_L = xS(T - T_0) \tag{3-31}$$

式中 $x$——给热系数；

$S$——容器的表面积；

$T$——系统温度；

$T_0$——环境温度。

设给热系数 $x$ 是常数，即 $x$ 不随温度变化而变，此时式（3-31）是线性方程。如果将式（3-30）和式（3-31）画在坐标图上，可以得到如图 3-18 的曲线，又称为热图。

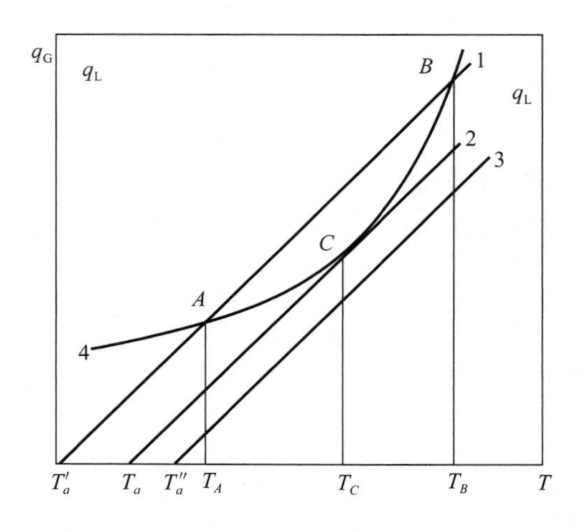


图 3-18 $q_G$ 和 $q_L$ 与 $T$ 的关系（热图）

图中直线 1、2、3 分别表示同一炸药几何尺寸固定时，在不同的外界环境温度 $T'_a$、$T_a$、$T''_a$下的散热速度曲线，对应式（3-31）。曲线 4 为化学反应的放热速度曲线，对应式（3-30）。

由图 3-18 可以看出，这两种线可以组成三种情况：

（1）$T''_a > T_a$。直线 3 与曲线 4 根本不相交，热产生曲线永远位于热损失曲线之上，即放热速率大于散热速率。这时化学

反应产生的热不能及时散失，而在炸药中积聚，使炸药温度不断上升。随着炸药温度的上升，放热速率又不断加快，最后必然产生突然的爆炸。

(2) $T_a'<T_a$。直线 1 与曲线 4 相交于 $A$、$B$ 两点，对应的炸药温度为 $T_A$ 和 $T_B$。炸药温度等于 $T_A$、$T_B$ 时，放热速率与散热速率数值相等。当温度低于 $T_A$ 时，由于放热速率大于散热速率，所以炸药可以自动升温至 $T_A$。当由于某种原因使炸药温度上升至大于 $T_A$ 时，又因散热速率超过放热速率，则温度又要自动下降到 $T_A$。因此，当环境温度（如加热炸药器壁的温度）为 $T_a'$时，炸药可以自动地在 $A$ 点保持恒温，在这一点，放热过程与散热过程保持动态平衡，故 $A$ 点称为恒定热平衡点。在 $B$ 点，虽然放热过程与散热过程也达到平衡，但由于 $T_A$ 升温到 $T_B$ 要经过一段很长的放热速率小于散热速率的范围，因此，除了外界作用外，它不能自动达到。$B$ 点称不恒定点，不对应于实际情况。

(3) 直线 2 与曲线 4 相切于 $C$ 点。$C$ 点所对应的 $T_C$ 处放热速率和散热速率相等，处于热平衡，但只要稍微偏离 $T_C$，则该反应放热速率将超过散热速率，此时就破坏了放热过程与散热过程的热平衡，因此，将 $C$ 点称为临界点。处于临界点的系统称为临界系统，此时的状态称为临界状态，临界状态所对应的环境温度和炸药尺寸称为临界条件。若环境温度较 $T_a$ 稍低，则出现直线 1 和曲线 4 的组合情况；而当环境温度较 $T_a$ 稍高，则出现直线 3 和曲线 4 的组合情况。此时，在任一温度，由化学反应产生的热都超过了散热，不可避免地要出现热爆炸。

综上所述，产生热爆炸的根本原因是体系的放热速率大于散热速率，在体系内出现热积聚。对于放热速率等于散热速率的 $C$ 点对应着热爆炸的临界状态。炸药热爆炸的稳定状态理论，主要是研究热爆炸的临界条件。

2) 热爆炸临界条件的确定

在热爆炸的稳定状态理论中，假设反应物的初始浓度保持不变，即不考虑反应物的消耗（实验表明，在达到临界条件后，出现热爆炸前，炸药一般只分解百分之几的量）。这时，对于图 3-18 所表示的临界状态 $C$ 点来说，化学反应放热速率 $q_{\mathrm{G}}$ 应该等于散热速率 $q_{\mathrm{L}}$，即：

$$q_{\mathrm{G}}\mid_{T=T_C}=q_{\mathrm{L}}\mid_{T=T_C} \tag{3-32}$$

又因在 $C$ 点，散热速率直线 2 与放热速率曲线 4 相切，因此又有

$$\left.\frac{\mathrm{d}p_G}{\mathrm{d}T}\right|_{T=T_C}=\left.\frac{\mathrm{d}p_L}{\mathrm{d}T}\right|_{T=T_C} \tag{3-33}$$

将式（3-30）和式（3-31）代入式（3-32）和式（3-33），得

$$VQC_0^nA\mathrm{e}^{\frac{-E}{RT_C}}=xS(T_C-T_a) \tag{3-34}$$

$$VQEC_0^nA\mathrm{e}^{\frac{-E}{RT_C}}/RT_C^2=xS \tag{3-35}$$

由式（3-34）和式（3-35）合并，得

$$\Delta T_C = T_C - T_a = \frac{RT_C^2}{E} \tag{3-36}$$

即

$$T_C = \left(\frac{E}{2R}\right)\left[1 \pm \left(1 - \frac{4RT_a}{E}\right)^{\frac{1}{2}}\right] \tag{3-37}$$

对于普通反应，活化能通常大于 160 kJ，而 $T_a$ 通常低于 1 000 K，因此$\frac{RT_a}{E} \approx 0.05$，是很小的。对于式（3-37），仅需考虑两个临界温度中较小的一个稳态点，即公式取负号。因为公式取正号时，$T_C \approx \frac{E}{R}$，即有 $10^5$ 以上的数量级，这在实际情况中是不能达到的，故不作考虑。

又因

$$\left(1-\frac{4RT_a}{E}\right)^{\frac{1}{2}} = 1+\frac{1}{2}\times\left(-\frac{4RT_a}{E}\right)+\frac{\frac{1}{2}\left(\frac{1}{2}-1\right)}{2!}\left(-\frac{4RT_a}{E}\right)^2+ \frac{\frac{1}{2}\left(\frac{1}{2}-1\right)\left(\frac{1}{2}-2\right)}{3!}\left(-\frac{4RT_a}{E}\right)^3+\cdots$$
$$=1-\frac{2RT_a}{E}-2\left(\frac{RT_a}{E}\right)^2-4\left(\frac{RT_a}{E}\right)^3-\cdots$$

代入式（3-37），得

$$T_C = \left(\frac{RT_a}{E}\right)\left\{1-\left[1-\frac{2RT_a}{E}-2\left(\frac{RT_a}{E}\right)^2-4\left(\frac{RT_a}{E}\right)^3-\cdots\right]\right\}$$
$$= T_0 + \frac{RT^2}{E} + 2\left(\frac{R^2 T_a^3}{E^2}\right)+\cdots \tag{3-38}$$

当$\frac{RT_a}{E} < 0.05$时，式（3-38）可近似为

$$\Delta T_C = T_C - T_a \approx \frac{RT_a^2}{E} \tag{3-39}$$

式（3-39）表示稳定状态时热爆炸前升温数值。

上式表示如果系统的升温 $\Delta T_C < RT_a^2/E$，则热爆炸是不可能的；反之，如果 $\Delta T_C > RT_a^2/E$，则热爆炸应当发生。$\Delta T_C$ 值一般在 10～20 K。

例如，使黑索今炸药在 $T_a = 277$ ℃（550 K）时发生爆炸，根据黑索今的活化能 $E = 208.5$ kJ/mol，则它达到爆炸时的临界温度条件，按式（3-39）可得

$$T_C = T_a + \frac{RT_a^2}{E} = 550 + \frac{8.314 \times 550^2}{208\,500} = 562\ (\mathrm{K})(289\ ℃)$$

$$\Delta T_C = T_C - T_a = 12\ \mathrm{K}$$

由此可知，环境温度 $T_a = 277$ ℃时，若黑索今发生爆炸，则此时炸药温度为 289 ℃，炸药爆炸前升温 12 ℃。

下面进一步推导热爆炸判据。

因为

$$\frac{1}{T_C}=\frac{1}{T_a+\Delta T_C}=\frac{1}{T_a}\left[\frac{1}{1+\frac{\Delta T_C}{T_a}}\right]\approx\frac{1}{T_a}\left(1-\frac{\Delta T_C}{T_a}\right)$$

所以
$$\frac{E}{RT_C^2}\approx\frac{E}{RT_a^2}\left(1-\frac{\Delta T_C}{T_a}\right)^2\approx\frac{E}{RT_a^2}\left(1-\frac{2\Delta T_C}{T_a}\right)\tag{3-40}$$

将上式代入式（3-35），得

$$\frac{VQEAC_0^n}{RT_a^2}\left(1-\frac{2\Delta T_C}{T_a}\right)\exp\left[-\frac{E}{RT_a}\left(1-\frac{\Delta T_C}{T_a}\right)\right]=xS\tag{3-41}$$

又因

$$\frac{\Delta T_C}{T_a}=\frac{RT_a}{E}\ll 1,\quad \frac{2\Delta T_C}{T_a}\ll 1$$

$$\exp\left[-\frac{E}{RT_a}\left(1-\frac{\Delta T_C}{T_a}\right)\right]\approx \mathrm{e}\cdot\mathrm{e}^{-\frac{E}{RT_a}}\quad（指数近似）$$

所以式（3-41）可写为

$$\frac{VQEAC_0^n\mathrm{e}^{-\frac{E}{RT_a}}}{xSRT_a^2}=\mathrm{e}^{-1}\tag{3-42}$$

式（3-42）表征了热爆炸即将来临时，反应物浓度 $C_0$、环境温度 $T_a$ 及其他参数间的关系。临界系统必须满足上式，它是均温系统热爆炸的基本判据。如果定义

$$\varphi=\frac{VQEAC_0^n\mathrm{e}^{\frac{-E}{RT_a}}}{xSRT_a^2}\tag{3-43}$$

则 $\varphi<\varphi_C=\mathrm{e}^{-1}$，热爆炸不会发生；$\varphi=\varphi_C=\mathrm{e}^{-1}$，临界状态；$\varphi>\varphi_C=\mathrm{e}^{-1}$，热爆炸将发生。式（3-39）和式（3-42）是两个重要的公式，这就是著名的谢苗诺夫（Semenov）理论。$\varphi$ 称为谢苗诺夫数。

下面来进一步研究临界条件，式（3-37）为一元二次方程的解，当它的判别式 $1-\frac{4RT_a}{E}>0$ 时，才与临界条件相对应。如果 $1-\frac{4RT_a}{E}<0$，则所研究的系统不再具有爆炸性质。也就是说临界状态必须满足

$$1-\frac{4RT_a}{E}\geqslant 0$$

而 $1-\frac{4RT_a}{E}=0$ 叫作临界状态消失的界限，称为转变点。此时

$$(RT_0/E)_{\mathrm{tr}}=1/4$$

下标 tr 表示转变值。此式表示如果 $RT_0/E>1/4$，则任何均温系统都不会发生爆炸。代

入式（3-37），得 $T_C=E/2R$。又因为在转变点 $E/R=4T_0$，所以 $T_{tr}=2T_0$，谢苗诺夫第一个指出临界状态必须满足上式。

### 2. 非均温系统热爆炸稳定理论

谢苗诺夫理论的基本前提是均温假设，即假设炸药各处温度相同。这一假设适用于研究强烈对流或搅拌的气体或液体炸药，以及薄层固体炸药的热爆炸。但是，在实用条件下，大多数炸药的散热过程主要是热传导，并且由于热传导现象存在，在药柱内部将自然出现温度分布，有温度场存在，这样，均温假设就不能适用了。为此，许多科学家致力于非均温体系热爆炸的研究，在这方面福兰克—凯曼德斯基（Frank-Kamenetskii）和索马斯（Thomas）两位科学家作出了突出的贡献。现分别介绍如下。

1）Frank-Kamenetskii（F-K）理论

根据福尔埃（Fourier）定律，有

$$\mathrm{div}k\cdot\mathrm{grad}T+q'=c_V\sigma\partial T/\partial t \tag{3-44}$$

式中 $k$——导热系数，或导热率；

$c_V$——比热容；

$\sigma$——密度；

$q'$——体系里单位时间单位体积产生的热量；

$\mathrm{div}k\cdot\mathrm{grad}T$——由导热流入体元素的净热量；

$c_V\sigma\partial T/\partial t$——物体升温热。

当物体内的温度差别不大，或者导热系数随温度变化不很敏感的情况下，导热系数可近似地认为是常数，式（3-44）可写成

$$k\cdot\mathrm{div}(\mathrm{grad}T)+q'=\sigma c_V\partial T/\partial t \tag{3-45}$$

或

$$k\nabla^2T+q'=\sigma c_V\partial T/\partial t \tag{3-46}$$

式中 $\nabla$——拉普拉斯算子。

式（3-46）称为福尔埃方程。该方程的适用条件是：物体是均匀的；各向是同性的；物理量 $k$、$\sigma$、$c_V$ 是常数；场内没有温度的突跃或物体的相变。

根据 Arrhenius 定律，有

$$q'=QC^nA\mathrm{e}^{-E/(RT)}$$

这样，式（3-46）可以改写为

$$k\nabla^2T+QC^nA\mathrm{e}^{-E/(RT)}=\sigma c_V\partial T/\partial t \tag{3-47}$$

对于无限大平板、无限长圆柱和球这样的对称几何形状，拉普拉斯算子具有如下形式

$$\nabla^2=\frac{\partial^2}{\partial r^2}+\frac{j}{r}\frac{\partial}{\partial r}$$

式中 $j=0$，1，2 分别对应于无限大平板、无限长圆柱和球。

式（3-47）可写为

$$k\left(\frac{\partial^2 T}{\partial r^2}+\frac{j}{r}\frac{\partial T}{\partial r}\right)+QC^n A\exp[-E/(RT)]=\sigma c_V\frac{\partial T}{\partial r} \tag{3-48}$$

其中 $j=0$，1，2。

对式（3-48）进行无量纲化处理。

令　　　　无量纲温度　$\theta=(T-T_a)/\dfrac{RT_a^2}{E}$　　(3-49)

$$\varepsilon=\frac{RT_a}{E} \tag{3-50}$$

无量纲时间　$\tau=\dfrac{t}{t_{ad}}$　　(3-51)

无量纲坐标　$\rho=\dfrac{r}{a_0}$　　(3-52)

$$\delta=\frac{a_0^2 QEC_0^n A\exp\left[\dfrac{-E}{RT_a}\right]}{kRT_a^2} \tag{3-53}$$

其中，$t_{ad}=\dfrac{\sigma c_V RT_a^2}{\{QEC_0^n A\exp\ [-E/(RT_a)]\}}$为绝热爆炸的爆炸延滞期；忽略反应物消耗，$C=C_0$；$a_0$ 是反应物的特征尺寸，对于平板，$a_0$ 是其半宽；对圆柱和球，$a_0$是半径。

由式（3-49）和式（3-50），有

$$\exp[-E/(RT)]=\exp[-E/(RT_a)]\exp[\theta/(1+\varepsilon\theta)]$$

记　　$f(\theta)=\exp[\theta/(1+\varepsilon\theta)]$　　(3-54)

得　　$\exp[-E/(RT)]=f(\theta)\cdot\exp[-E/(RT_a)]$

式（3-47）可写为

$$\delta\frac{\partial\theta}{\partial\tau}=\nabla^2\theta+\delta f(\theta) \tag{3-55}$$

对于稳定态，$\dfrac{\partial\theta}{\partial\tau}\left(或\dfrac{\partial T}{\partial t}\right)=0$，所以有

$$\nabla^2\theta+\delta f(\theta)=0 \tag{3-56}$$

导热方程式（3-47）和式（3-55）不可能由积分简单求解，其原因是它包含非线性很强的 Arrhenius 项，即 $k=A\exp\ [-E/(RT)]$，为此，对它作以下近似。

（1）惰性近似。

$$k=k_a=A\exp[-E/(RT_a)]=\text{Const}$$

或　　$f(\theta)=1$　　(3-57)

即假定反应速度不受温度变化的影响。

（2）线性近似。

$$k=k_a(1+\theta)\ 即\ f(\theta)=1+\theta \tag{3-58}$$

（3）指数近似。

F-K 根据谢苗诺夫（Semenov）的结果，指出了指数近似，即在临界状态时，反应物自加热而引起的温度差 $T-T_a \approx RT_a^2/E$。他把反应速度常数 $k$ 的指数形式以 $(T-T_a)/T_a$ 展开为泰勒（Taylor）级数，即

$$E/(RT) \approx E/(RT_a)[1-(T-T_a)/T_a+(T-T_a)^2/T_a^2-\cdots]$$

然后忽略第三项以后的各项，得到

$$k \approx k_a \exp[(T-T_a)/(RT_a^2/E)] = k_a e^\theta$$

即

$$f(\theta) = e^\theta \tag{3-59}$$

（4）二次多项式近似。

$$f(\theta) = 1+(e-2)\theta+\theta^2 \tag{3-60}$$

或

$$f(\theta) = (e/2)(1+\theta^2) \tag{3-61}$$

二次多项式近似是 Gray 和 Harper 对 $f(\theta)=e^\theta$ 提出来的，在温度区间 $0 \leqslant \theta \leqslant 2$，二次多项式近似能很接近地表示 $\exp[-E/(RT)]$。

（5）Squire 近似。

$$f(\theta) = [1+(e-2)\theta]/(1-\theta/e) \tag{3-62}$$

在随后的研究中，将要对以上所列举的近似有代表性地进行讨论。

F-K 处理系统边界条件为

$$T = T_a,\quad r = a$$

或

$$\theta = 0,\quad \rho = 1 \tag{3-63}$$

这个边界条件的直观意义表示，边界上反应物表面的温度等于环境温度。

F-K 另一个边界条件是由反应物几何形状的规则性得到的，即对于对称加热的反应物，其中心处的温度梯度应为 0，即

$$dT/dr = 0,\quad r = 0$$

或

$$d\theta/d\rho = 0,\quad \rho = 0 \tag{3-64}$$

这个边界条件表示反应物内最高温度出现在反应物中心，在该点上没有热流。

F-K 边界条件的物理意义是假定反应器（反应物边界）是良热导体，热流阻力全在反应物内的传导过程中。

在非均温系统热爆炸判据的数学分析中，指数近似是最成熟的一个方法，它给出平板和圆柱形反应系统的分析解，用表列函数给出了球形反应系统的解。

指数近似下，稳定态无量纲热平衡方程式为

$$\nabla^2\theta + \delta e^\theta = 0$$

$$d\theta/d\rho\,|_{\rho=0} = 0$$

$$\theta\,|_{\rho=1} = 0$$

下面不详细讨论方程式的求解过程，而直接给出其求解结果，如表 3-21 所示。

表 3-21　三种规则形状热爆炸判据

| 形　状 | $\delta_C$ | $\theta_{0,C}$ |
|---|---|---|
| 无限大平板（$j=0$） | 0.88 | 1.19 |
| 无限长圆柱（$j=1$） | 2 | 1.39 |
| 球（$j=2$） | 3.32 | 1.61 |

式（3-57）和表 3-21 是福兰克—凯曼德斯基（Frank-kamenetskii）的解。它说明，当炸药几何形体固定时，则集合体的尺寸 $\alpha_0$ 与临界温度 $T_a$，$T_C$ 间有一定的关系。对常见的炸药来说，如果取一般的平均量（如 $A=10^{13}$，$E=146$ kJ/mol），则可计算出温度与炸药几何尺寸的关系。

式（3-57）还说明另一关系，即当处理某一固定尺寸的炸药时，当该炸药的所有物理、化学［指式（3-57）中所涉及的］参量已知时，那么就可根据表 3-21 中的 $\delta_C$ 值计算加工温度，或者按式（3-57）和预定的加工温度计算是否会发生热爆炸。如果计算结果小于相应的 $\delta_C$ 值，则没有达到热爆炸条件；反之，若计算的 $\delta$ 值大于 $\delta_C$ 时，将出现热爆炸，此时应该缩小制品的几何尺寸或者降低处理的温度。

应该补充一点，表 3-21 中的 $\delta_C$ 值是在理想传热条件下（即无限大平板、无限长圆柱）推导出来的，实际中的集合体总是有限的，因此 $\delta_C$ 值也是理论值。因此，在实际应用式（3-57）时，常采用一定几何形体的炸药，需先通过实验求出其爆发温度，然后再返回来计算实验 $\delta$ 值后，就可用来计算其他条件时的可加工尺寸或爆发温度。

处理实际问题（非无限）的另一有效办法，是采用当量球的概念。这一概念的关键是把所考虑的反应物看成是具有半径 $R$ 的一个当量球。半径 $R$ 定义如下

$$R = Na_0$$

其中，$N$ 是一个常数，$a_0$ 是所考虑的反应物的一个特性线性量纲。

可推得：

$$\delta_{\text{当量球}} = 3.32/N^2 \tag{3-65}$$

表 3-22 给出了几种常见形体反应物的 $N$ 值和 $\delta_C$ 值。

表 3-22　非无限形体热爆炸判据

| 形　状 | $N$ 值 | $\delta_C$ |
|---|---|---|
| 立方体（半宽 $a_0$） | 1.16 | 2.47 |
| 高度等于内截圆直径的八面棱柱（内截圆半径 $a_0$） | 1.11 | 2.70 |
| 等高圆柱（半径 $a_0$） | 1.096 | 2.77 |

当然，对于四面绝热的有限平板和两端绝热的有限圆柱，应按视为无限大平板和无限长圆柱处理。

以上讨论了 F-K 放热系统的热爆炸判据，即讨论了不同情况下的临界参数 $\delta_C$ 和 $\theta_C$。

其中
$$\delta = \frac{\alpha_0^2 QEC_0^n A\exp[-E/(RT_a)]}{kRT_a^2} \tag{3-66}$$

将这一方程转化成直线形式

$$\ln(\delta_C T_{aC}^2/a_{0C}^2) = M - E/(RT_{aC}) \tag{3-67}$$

式中 $T_{aC}$——临界环境温度；

$a_{0C}$——临界反应物特征尺寸；

$M$——一个仅仅由反应物体的物理和化学性质所决定的量，$M=\ln\left(\frac{QEC_0^n A}{kR}\right)$；

$\delta_C$——一个仅仅取决于系统几何形状的常数，以上已讨论了它的值。

式（3-67）是一直线方程。对于所研究的实际体系，往往先通过爆炸试验，求出$T_{aC}$与$a_{0C}$之间的关系，然后在$\ln(\delta_C T_{aC}^2/a_{0C}^2)$-$\frac{1}{T_a}$坐标上作一直线，通过该直线方程求得$M$值和$E/R$值，再代入式（3-67）来预测不同环境温度下的临界尺寸或不同尺寸下的临界环境温度。

某些反应物的$M$和$E/R$值列于表3-23。

表3-23 某些反应物的$M$和$E/R$值

| 反应物 | $M$ | $E/R$ |
|---|---|---|
| 特屈儿（熔化状） | 46.320 | 16 300 |
| 活性炭 | 49.718 | 11 670 |
| 固体过氧化苯甲酰 | 69.960 | 22 050 |

下面给出几个应用式（3-67）的例子。

例1：曾经经常发生满载活性炭的远洋船只在经过热水域时发生起火，起火是因为自燃。在热爆炸理论的基础上，人们对起火原因做出了解释。

活性炭是先用多层纸袋装起来的，并以25 kg为单位装入粗麻布袋，起火时的总量多在4～14 t，密度约为370 kg/m³。起火一般发生在装船后3～4星期。

活性炭点火试验是在实验炉中以立方体形进行的，立方体的大小为25～610 mm。实验得到的结果如图3-19所示。

图中直线方程为

$$\ln(\delta_C {T_a}^2/{a_0}^2) = 49.718 - 1.167\times10^4/T_a$$

船只起火时处于什么样的环境温度并不知道。但根据热带水域的气候，人们认为起火前的环境温度可能是29 ℃～38 ℃偏上，而且这样的温度保持了若干个星期。如果多层纸袋是以近似于立方体在船内堆积的，那么$a_0$的数值为1.1～1.7 m。把这些数字以及$\delta_C$=2.47代入上面的点火直线方程，那么即可算出临界点火温度$T_{aC}$约在31 ℃～39 ℃。如果堆积物构成长方体，则$\delta_C$的数可能有所变动，但最终的点火温度$T_{aC}$将是差不多的。因此，由实验室的结果外推后，完全显示了货船中活性炭自加热

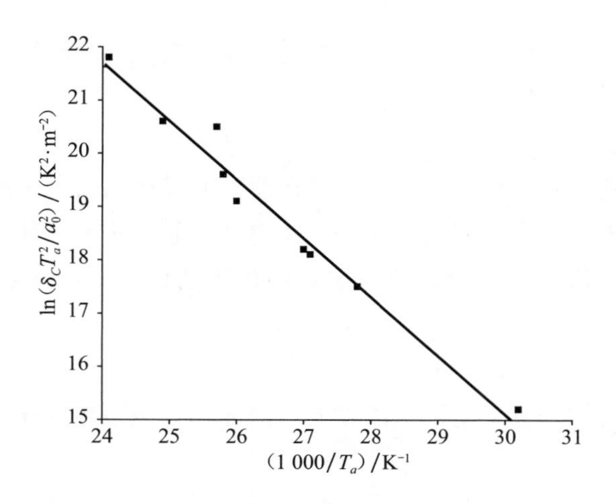


图 3-19　活性炭点火曲线

导致点火的可能性。

例 2：某工厂准备生产新的动物饲料，并希望知道这种饲料在贮存时的自燃危险性。贮存器形状为 3 m×3 m×10 m 的长方体，当地最高气温 38 ℃。

对该饲料以立方体进行点火实验，所得实验结果如表 3-24 所示。

表 3-24　动物饲料的点火实验结果

| 立方体大小 $a_0$/mm | 点火温度/℃ | 立方体大小 $a_0$/mm | 点火温度/℃ |
|---|---|---|---|
| 51 | 157 | 152 | 113 |
| 76 | 138 | 303 | 84 |

将实验结果按式（3-67）绘制成图，如图 3-20 所示（注意此时 $\delta_C$=2.47）。图中直线方程为：

$$\ln(\delta_C T_a^2/a_0^2) = 39.129 - 8\,045/T_a$$

对于长方体反应物，$\delta_C$ 的表达式为（各边长的比为 1∶$p$∶$q$）

$$\delta_C = 0.873[1 + (1/p^2) + (1/q^2)]$$

注意此时 $a_0$ 为各边中最短边的半长。

本题中，$p$=1，$q$=3.3，所以有

$$\delta_C = 1.8$$

将此值及 $a_0$=1.5 m 代入直线方程，可求得临界环境温度 $T_a$=287 K（14 ℃）。由此可见，如果按原容器贮存，点火危险是肯定的。

因此，要防止该饲料贮存时的自燃

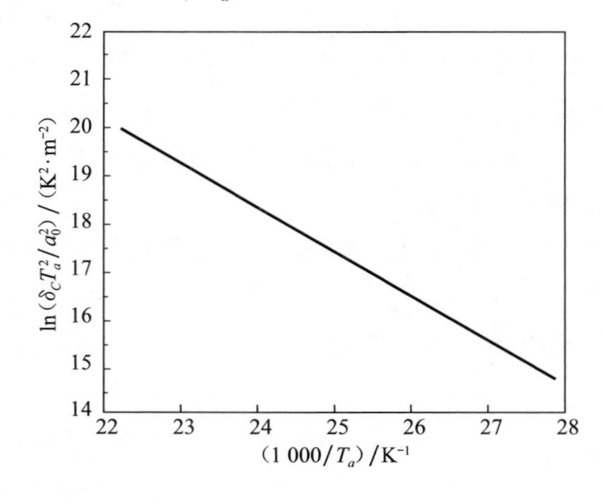


图 3-20　动物饲料的点火曲线

危险，就必须改变贮存器形状、减小贮存器的尺寸。按照实验所得的点火直线方程反算回去，即可求得最大贮存器尺寸。

2）Thomas 理论

F-K 边界条件基于一个通常的假设，即在器壁上或在表面上，反应物温度等于环境温度。这就是说热流的阻力全部集中在反应物内部。而实际情况往往是热阻不但出现在内部，而且也出现在边界，这就必须考虑新的边界条件。Thomas 在 1958 年提出了以下边界条件

$$k\mathrm{d}T/\mathrm{d}r + x(T - T_a) = 0,\quad r = a_0 \tag{3-68}$$

这个边界条件的物理意义是：在边界上，内部热到达边界的速率等于热从边界传递到环境中去的速率。

用无量纲量来表示，式（3-68）可写为

$$\mathrm{d}\theta/\mathrm{d}\rho + (Bi)\theta = 0,\quad \rho = 1 \tag{3-69}$$

其中，$(Bi)$ 为 Biot 数。

另一边界条件为

$$\mathrm{d}\theta/\mathrm{d}\rho = 0,\quad \rho = 0 \tag{3-70}$$

Thomas 边界条件实际上包含了 F-K 边界条件。因为当 $(Bi)\to\infty$ 时，$1/(Bi)\to 0$，改写式（3-69）可看出

$$1/(Bi)\cdot \mathrm{d}\theta/\mathrm{d}\rho + \theta = 0,\quad \rho = 1$$

第一项为 0，此时有 $\theta=0$，这就是式（3-63）。

另外，当 $(Bi)\to 0$ 时，式（3-69）为

$$\mathrm{d}\theta/\mathrm{d}\rho = 0,\quad \rho = 1$$

和式（3-70）联系起来，我们看出，反应物中心和边界上都没有温度梯度。

而对于稳定态，反应物内（$0<\rho<1$）有

$$\nabla^2\theta = -\delta f(\theta) < 0$$

由于 $\delta>0$，$f(\theta)>0$，即系统的二阶导数小于 0，表示反应物内梯度不改变符号。这就说明反应物内梯度处处为 0，整个系统是均温系统，这就是 Semenov 假设。

由以上分析可如，F-K 边界条件和 Semenov 边界条件仅仅是 Thomas 边界条件的两个极限情况。

下面就可求解稳定态无量纲热平衡方程

$$\mathrm{d}^2\theta/\mathrm{d}\rho^2 + (j/\rho)\mathrm{d}\theta/\mathrm{d}\rho = -\delta \mathrm{e}^{\theta}$$

相应于边界条件式（3-69）和式（3-70）的临界分析解。

$$\nabla^2\theta + \delta \mathrm{e}^{\theta} = 0$$

$$\mathrm{d}\theta/\mathrm{d}\rho + (Bi)\theta = 0,\quad \rho = 1$$

$$\mathrm{d}\theta/\mathrm{d}\rho = 0,\quad \rho = 0$$

由于求解过程比较复杂，在此仅给出无限大平板（$j=0$）和无限长圆柱（$j=1$）两

种情况的求解结果。

（1）无限大平板（$j=0$）。

$$\theta=\ln\left(\frac{2D^2}{\delta}\right)-2\ln\cosh(\rho D) \tag{3-71}$$

$$\ln\delta=\ln(2D^2)-2\ln\cosh D-(2D\tanh D)/(Bi) \tag{3-72}$$

$$(Bi)=\frac{D_C\sinh D_C\cosh D_C+D_C^2}{(1-D_C\tanh D_C)\cosh^2 D_C} \tag{3-73}$$

当（$Bi$）→∞，有 $1=D_C\tanh D_C$，解得 $D_C=1.199\,679$，

当（$Bi$）→0，有 $D_C=0$。

这就是 $D_C$ 可取的范围（$0\leqslant D_C\leqslant 1.199\,679$）。

确定一个（$Bi$）的值，式（3-73）可用来计算 $D_C$，式（3-72）可用来计算 $\delta_C$，式（3-71）可用来计算 $\theta_C(\rho)$。

（2）无限长圆柱（$j=1$）。

$$\theta=\frac{4G}{(Bi)(1+G)}$$

$$\ln\delta=\ln\frac{8G}{(1+G)^2}-\frac{4G}{(Bi)(1+G)}$$

$$(Bi)=\frac{4G_C}{1-G_C^2}$$

这样，确定一个（$Bi$）值→$G_C$→$\delta_C$→$\theta_C(\rho)$。

上述结果如图 3-21 和图 3-22 所示。

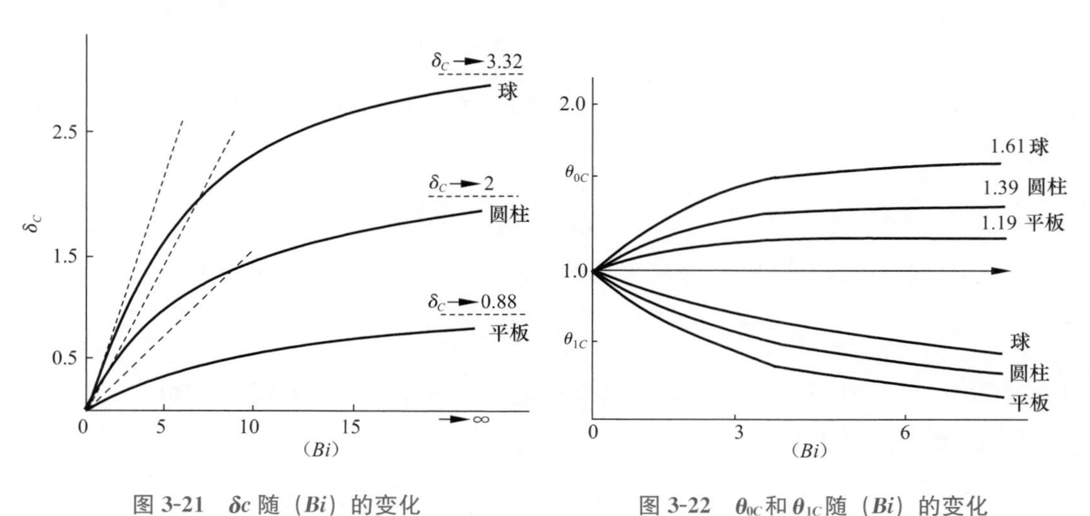


图 3-21　$\delta_C$ 随（$Bi$）的变化　　图 3-22　$\theta_{0C}$ 和 $\theta_{1C}$ 随（$Bi$）的变化

## 3.3.2　火炸药热爆炸的非稳定状态理论

前已叙及，热爆炸的非稳定理论是研究体系具备热爆炸条件后，过程发展的时间、

速度以及反应物消耗的影响等，它讨论的是一个动态的过程。因此，热爆炸的非稳定状态理论比上节所讨论的稳定状态理论复杂得多，在此，限于篇幅，我们仅就热爆炸的延滞期做一最简单的讨论，并给出一些重要的结果，详细讨论请参看相关专著。

**1. 均温系统的热爆炸延滞期**

1）不考虑反应物的消耗（零级反应）

对于均温系统，研究的对象可以用均温系统能量守恒常微分方程表示

$$Vc_V\sigma \mathrm{d}T/\mathrm{d}t = VQC_0^n A\exp[-E/(RT)] - \chi S(T - T_a) \tag{3-74}$$

初始条件为：$t=0$ 时，$T=T_a$。

首先研究最简单情况的绝热系统，即没有热量损失的系统，此时 $\chi S(T-T_a)=0$。

式（3-74）变为

$$Vc_V\sigma \mathrm{d}T/\mathrm{d}t = VQC_0^n A\exp[-E/(RT)]$$

上式的解表示均温系统的温度随时间的变化。上式所表示的系统一定会爆炸，因为化学反应所放出的热量，全部用于加热反应物，系统内的温度最终将达到临界状态。对上式通常的处理方法是计算系统达到某个预先选择的对应于爆炸的升温所需要的时间。绝热系统到达爆炸的时间可从上式得到

$$t_{\mathrm{ign}} = \int_{T_a}^{T_i} \frac{\sigma c_V \mathrm{d}T}{QC_0^n A\exp[-E/(RT)]} \tag{3-75}$$

式中，$t_{\mathrm{ign}}$和 $T_i$ 分别表示起爆时间和起爆时系统的温度。当 $T_i$ 用下式表示时，

$$T_i = T_a + m\frac{RT_a^2}{E} \quad [\text{参见式}(3\text{-}39)]$$

此式表示 $T_i$ 是在爆炸瞬间到来时使反应速度增加 $\mathrm{e}^m$ 倍的反应物温度。式（3-75）可写为

$$t_m = \int_{T_a}^{T_a+mRT_a^2/E} \frac{\sigma c_V \mathrm{d}T}{QC_0^n A\exp[-E/(RT)]}$$

其中，$t_m$ 是使反应速度增加 $\mathrm{e}^m$ 倍所经历的时间。当采用无量纲量表示时，上式为

$$t_m = t_{\mathrm{ad}}\int_0^{\theta_C=m} \frac{\mathrm{d}\theta}{f(\theta)}$$

上式中取 $m=1$，则 $\theta_C=1$，这就是热爆炸稳定理论指数近似的结果。$m$ 常取的值有 1，2。取指数近似，即 $f(\theta)=\mathrm{e}^\theta$，得

$$t_m = t_{\mathrm{ad}}\int_0^{\theta_C} \mathrm{e}^{-\theta}\mathrm{d}\theta = t_{\mathrm{ad}}\int_0^{m} \mathrm{e}^{-\theta}\mathrm{d}\theta = t_{\mathrm{ad}}(1-\mathrm{e}^{-m})$$

上式中，如果使 $m$ 具有很大的值，即 $m\to\infty$，则得到

$$t_m = t_{\mathrm{ad}}$$

这个式子给出了 $t_{\mathrm{ad}}$的物理意义，即 $t_{\mathrm{ad}}$是绝热体系（在指数近似情况下）的起爆延滞期。

上面讨论了绝热系统的爆炸延滞期。但在实际系统中，必须考虑热量总是有损失

的。现在，讨论一下非绝热系统的爆炸延滞期。这时必须考虑式（3-74），对它无量纲化，得到

$$\frac{\varphi \mathrm{d}\theta}{\mathrm{d}\tau}=\varphi f(\theta)-\theta$$

初始条件是 $\tau=0$ 时，$\theta=0$。

式中 $\varphi$ 和 $\tau$ 在前面已经定义过，参见式（3-43）和（3-51）。

F-K 取指数近似，并对式（3-74）进行如下无量纲处理，得到一个部分无量纲化的能量守恒方程

$$\frac{\mathrm{d}\theta}{\mathrm{d}t}=\left(\frac{B}{t_{ch}}\right)\mathrm{e}^{\theta}-\frac{\theta}{t_N}$$

式中　$B=QC_0^n E/(\sigma c_V R T_a^2)$

$t_{ch}=\{A\exp[-E/(RT_a)]\}^{-1}$

$t_N=Vc_V\sigma/(xS)$

从上述半无量纲化能量守恒方程，可以观察到三个不同的区域。

（1）如果 $\mathrm{d}\theta/\mathrm{d}t=0$，那么上式只有在 $Bt_N/t_{ch}\leqslant \mathrm{e}^{-1}$ 时有解。满足这两个条件，系统出现稳定平衡点。

（2）如果 $\mathrm{d}\theta/\mathrm{d}t\neq 0$，并且 $Bt_N/t_{ch}>\mathrm{e}^{-1}$，则稳定平衡点是不可能的。系统中热量的积累将导致热爆炸。

（3）临界参数由下式给出

$$Bt_N/t_{ch}=\mathrm{e}^{-1}$$

上式左边实际上就是 Semenov 数。

F-K 并没有考虑起爆延滞期的一般形式，它讨论了边缘超临界的情况（刚刚超临界情况）。

它使用了如下积分

$$t_{\max}=\int_0^{\infty}\left[\left(\frac{B}{t_{ch}}\right)\mathrm{e}^{\theta}-\left(\frac{\theta}{t_N}\right)\right]^{-1}\mathrm{d}\theta$$

积分上限取无穷大，是因为起爆延滞期以后，爆炸来得很快，几乎是一个瞬时时间，使得温度无限。

F-K 认为超临界参数在 $\theta_c=1=m$ 时，应符合下式

$$B\left(\frac{t_N}{t_{ch}}\right)=(1+W')\mathrm{e}^{-1}$$

同时，温度由下式给出

$$\theta=1+\varphi'$$

两式中 $W'$ 和 $\varphi'$ 都是很小的量，这是因为仅考虑边缘超临界系统。

$$t_{\max}=\int_{-1}^{+\infty}t_N[(\mathrm{e}^{\varphi'}+1)W'-(1+W')]^{-1}\mathrm{d}\varphi'\approx t_N\int_{-1}^{+\infty}\left[\left(\frac{\varphi'^2}{2}\right)+W'+W'\varphi'\right]^{-1}\mathrm{d}\varphi'$$

如果上式中 $W'$ 和 $\varphi'$ 的三次方以上各项都忽略不计，那么令 $y=(\varphi'+W')/(2W')^{\frac{1}{2}}$，可得

$$t_{\max}\approx t_N\left[\frac{\tan^{-1}(\varphi'+W')}{(2W')^{\frac{1}{2}}}\right]_{-1}^{+\infty}\approx \pi t_N\left(\frac{2}{W'}\right)^{\frac{1}{2}}$$

从上式可知，对于零级反应，起爆延滞期在接近临界点时将以 $(1/W')^{1/2}$ 的数量级无限地变长，其中 $W'$ 是离开临界点的一个很少的距离。下面将以二次多项式近似方法更详细地讨论这一结果。

如果采用二次多项式近似，有

$$\varphi \mathrm{d}\theta/\mathrm{d}\tau=(1/2)\mathrm{e}\varphi(1+\theta^2)-\theta \quad 即\ \varphi^{-1}\tau=\int_0^{\theta}\frac{\mathrm{d}\theta}{(1/2)\mathrm{e}\varphi(1+\theta^2)-\theta}$$

改写上式，可得

$$\tau=2\mathrm{e}^{-1}\int_0^{\theta}\frac{\mathrm{d}\theta}{\left(\theta-\frac{1}{\mathrm{e}\varphi}\right)^2+\left(1-\frac{1}{(\mathrm{e}\varphi)^2}\right)-\theta} \tag{3-76}$$

仔细分析上式，可以得到三种不同类型的情况：

（1）如果有大量的热损失，即 $\varphi<\varphi_C=\mathrm{e}^{-1}$，得到亚临界区域，上式中 $1-\frac{1}{(\mathrm{e}\varphi)^2}<0$，积分后得到

$$\tau=\frac{\varphi}{(\mathrm{e}\varphi)^{-2}-1}\left\{\coth^{-1}\left\{\frac{1}{[1-(\mathrm{e}\varphi)^{-2}]^{1/2}}\right\}-\coth^{-1}\left\{\frac{\theta-(\mathrm{e}\varphi)^{-1}}{[(\mathrm{e}\varphi)^{-2}-1]^{1/2}}\right\}\right\}$$

（2）如果热损失是临界的，即 $\varphi<\varphi_C=\mathrm{e}^{-1}$，那么系统处于临界状态，式（3-76）中 $\varphi\rightarrow\mathrm{e}^{-1}$，简化为：$\tau=\int_0^{\theta}\frac{\mathrm{d}\theta}{(1-\theta)^2}=\frac{\theta}{1-\theta}$ 或 $\theta=\frac{\tau}{1+\tau}$。

当 $\theta\rightarrow\theta_C=1$ 时，$\tau\rightarrow\infty$，即 $\theta$ 在临界点时，并不是趋于无穷大。进一步分析，在临界点，$\varphi=\varphi_C=\mathrm{e}^{-1}$，若采用指数近似或二次多项式近似，都有

$$\frac{\mathrm{d}\theta}{\mathrm{d}\tau}=\mathrm{e}^{\theta}-\mathrm{e}\theta,\quad \theta(0)=0$$

上式右边满足

$$(\theta-1)^2\leqslant \mathrm{e}^{\theta}-\mathrm{e}\theta\leqslant\frac{1}{2}\mathrm{e}(\theta-1)^2,\quad 0\leqslant\theta\leqslant 1$$

因此

$$(\theta-1)^2\leqslant\frac{\mathrm{d}\theta}{\mathrm{d}\tau}\leqslant\frac{1}{2}\mathrm{e}(\theta-1)^2,\quad 0\leqslant\theta\leqslant 1$$

把上式各项分别积分

$$\frac{2\theta}{\mathrm{e}(1-\theta)}\leqslant\tau\leqslant\frac{\theta}{1-\theta}$$

$$1-\frac{1}{1+\tau}\leqslant\theta\leqslant 1-\frac{2}{\mathrm{e}(1+\tau)}$$

此式给出了临界温度的上下限。

（3）如果只有少量的热损失，即 $\varphi>\varphi_C=\mathrm{e}^{-1}$，得到超临界区域。式（3-76）中$[1-(\mathrm{e}\varphi)^{-2}]>0$，积分后得到（记 $\mathrm{e}^{-1}$为 $\varphi_C$）

$$\tau=\frac{2\varphi_C}{[1-(\varphi_C/\varphi)^2]^{1/2}}\left\{\tan^{-1}\frac{\theta-(\varphi_C/\varphi)}{[1-(\varphi_C/\varphi)^2]^{1/2}}+\tan^{-1}\frac{\varphi_C/\varphi}{[1-(\varphi_C/\varphi)^2]^{1/2}}\right\}$$

使 $\theta\to\infty$，便可得到非绝热系统起爆延滞期的表达式

$$\tau_{\mathrm{ign}}=\frac{2\varphi_C}{[1-(\varphi_C/\varphi)^2]^{\frac{1}{2}}}\left\{\frac{\pi}{2}+\tan^{-1}\frac{\varphi_C/\varphi}{[1-(\varphi_C/\varphi)^2]^{1/2}}\right\}$$

对于边缘超临界的区域，$\varphi>\varphi_C$，$(\varphi-\varphi_C)\ll1$，上式右边第二项趋于 $\pi/2$，注意到，

$$\left(1-\frac{\varphi_C}{\varphi}\right)^2=\left(\frac{\varphi_C}{\varphi}\right)^2\left[\left(\frac{\varphi}{\varphi_C}\right)^2-1\right]\approx\left(\frac{\varphi}{\varphi_C}+1\right)\left(\frac{\varphi}{\varphi_C}-1\right)\approx2\left(\frac{\varphi}{\varphi_C}-1\right)$$

便得到

$$\tau_{\mathrm{ign}}=\frac{2\varphi_C(\pi/2+\pi/2)}{[2(\varphi/\varphi_C-1)]^{1/2}}=\frac{\sqrt{2}\pi/\mathrm{e}}{(\varphi/\varphi_C-1)^{1/2}}$$

或

$$\frac{t_{\mathrm{ign}}}{t_{\mathrm{ad}}}=\frac{1.634\,4}{(\varphi/\varphi_C-1)^{1/2}}$$

这是一个重要的公式，它的物理意义表示在边缘超临界区域，当 $\varphi\to\varphi_C$ 时，起爆延滞期将趋于无穷大。如果 $\varphi$ 大于 $\varphi_C$ 的数量级为 $(\lambda^2+1)\varphi_C$，其中 $\lambda\ll1$，$[\lambda=(\varphi/\varphi_C-1)^{1/2}]$，那么起爆延滞期就将延长 $\lambda^{-1}$倍。

以上的研究采用了指数近似和二次多项式近似，它们都假定 $\varepsilon=0$。对于这种情况，亚临界的、临界的和超临界的温度—时间历程如图 3-23 所示。

从图中可看到，对于绝热系统，起爆延滞期最短，反应物的温度在很短的时间内（约为 $t_{\mathrm{ad}}$）就达到无穷大。对于亚临界区域，反应物的温度在无限长的时间后，达到低于临界线的确定温度。当系统处于临界状态，那么只要经过相当于数量级为 $t_{\mathrm{ad}}$的短时间，反应物就从 $\theta=0$ 升温到约 99% 的稳定态临界值 $\theta_C$ 之后，$\theta$ 在 $\theta_C$ 附近“运动”，并在无限长的时间后趋于确定的临界值 $\theta_C$。

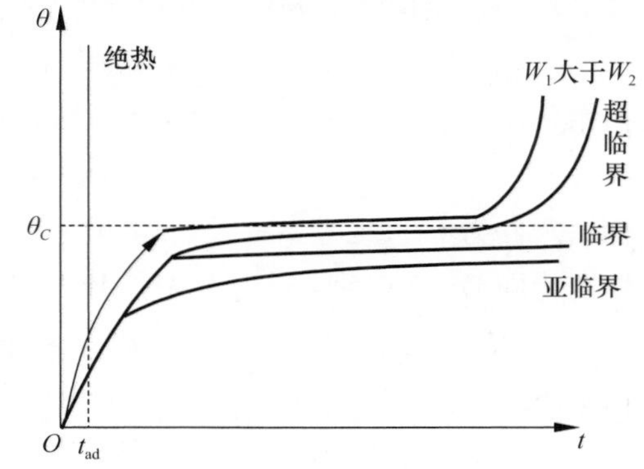

图 3-23　ε=0 时，“温度—时间”历程

对于非绝热均温系统的爆炸延滞期，可采用如下公式进行计算：

$$t_{\mathrm{ign}}/t_{\mathrm{ad}}=1.634\,4/(\varphi/\varphi_C-1)^{\frac{1}{2}} \tag{3-77}$$

其中 $\varphi$ 是 Semenov 数。这是一个重要的公式，它表示起爆延滞期正比于（$\varphi/\varphi_C-1)^{1/2}$ 的倒数。就物理意义而言，（$\varphi/\varphi_C-1$）代表超临界性的程度。公式（3-77）解释了在实验中当系统逐渐接近边缘超临界区域时，起爆时间越来越长的事实。

2）反应物消耗的影响

前面的讨论中，我们忽略了反应物的消耗，即假定为零级反应。这一假设对于具有大的活化能、反应能和反应热的反应物是合适的，如黑索今和 TNT 等炸药。关于这一点我们可通过如下讨论看出。

如无热损失时，有

$$\frac{\mathrm{d}T}{\mathrm{d}c}=\frac{Q}{c_0c_V} \quad 则 \quad \Delta T=\frac{Q}{c_0c_V}\int_0^1\mathrm{d}c$$

取一般值：

$$Q=200\,000\ \mathrm{J/mol},\quad c_0c_V=200\ \mathrm{J/(mol\cdot K)}$$

则

$$\Delta T=\frac{200\,000}{200}\int_0^1\mathrm{d}c=1\,000\ \mathrm{K}$$

即反应物消耗完，升温 1 000 K，而一般反应物爆炸前仅升温 $\Delta T_C=\dfrac{RT_a^2}{E}\sim10$ K，故爆炸前仅损耗 1% 左右，损耗可忽略。

从以上讨论可看出：反应物 $Q$ 越大，则 $\Delta T$ 越大，活化能 $E$ 越大，则 $\Delta T$ 越小，因此损耗越小。

但是，在实际情况中，对于起爆延滞期长达数天或者几个小时的反应以及热很低、活化能很小的反应，这种消耗对热爆炸的临界性有多大影响呢?

对于简单的反应，反应物消耗的影响是降低反应速度。但在理论研究中，一旦考虑反应物的消耗，就带来一个问题：能量守恒方程的每一个解 $\theta(t)$，都在到达一个确定的极大值后，渐近地趋于 0（$T=T_a$），不再能由“温度趋于无穷大”来定义爆炸了。

早期的热爆炸实验研究表明，反应物消耗的影响，仅仅是对临界参数的一个修正。下面对此进行讨论。

首先，能量守恒方程由下式给出

$$V\sigma c_V\mathrm{d}T/\mathrm{d}t=VQC^nA\exp[-E/(RT)]-\chi S(T-T_a) \tag{3-78}$$

初始条件是 $t=0$，$T=T_a$。浓度随时间的变化则为

$$\mathrm{d}c/\mathrm{d}t=-C^nA\exp[-E/(RT)] \tag{3-79}$$

初始条件为 $t=0$ 时，$c=c_0$。如果记 $W=c/c_0$，并用无量纲的普适函数 $g(W)$ 来表示浓度变化同 $W$ 的关系［对于上式 $g(W)=(c/c_0)^n=W^n$］，则式（3-78）为

$$\varphi\mathrm{d}\theta/\mathrm{d}\tau=\varphi f(\theta)\cdot g(W)-\theta$$

初始条件为 $\tau=0$ 时，$\theta=0$，式（3-79）变为

$$\mathrm{d}W/\mathrm{d}\tau=-B^{-1}f(\theta)g(W)$$

初始条件为 $\tau=0$ 时，$W=1$，$g(W)=1$。$B=Qc_0E/(\sigma c_0RT_a^2)$，是在绝热条件下由完全

反应所引起的无量纲温度上升。

式（3-78）和式（3-79）是一对描述反应物消耗的影响的方程。它的解可以给出三个关系：温度和时间；温度和浓度；温度和时间。实际上，只要知道其中两个，第三个关系也就清楚了。在热爆炸理论中，有两种不同的方法，一是求温度和时间的关系，另一种则是求温度和浓度的关系。这两种方法的本质是一样的，各有优缺点。

首先考虑绝热系统。

在热爆炸以前，反应物经历多长的起爆延滞期？需要消耗多少反应物？对这两个问题的最低估计，可以从绝热系统的讨论中得到。此时式（3-74）为

$$V\sigma c_V \mathrm{d}T/\mathrm{d}t = VQC^n A\exp[-E/RT]$$

在热容量为常数的绝热系统中，反应物浓度的相对变化是和系统的最大相对升温有关的，即 $c/c_0=(T_\mathrm{f}-T)/(T_\mathrm{f}-T_a)$，
其中，$T_\mathrm{f}=T_a+Qc_0/(c_V\sigma)$。

上式可从简单的积分得到。对于绝热系统（$x=0$），若采用“温度—浓度”曲线，则式（3-78）被式（3-79）除的结果为

$$V\sigma c_V \mathrm{d}T/\mathrm{d}c = -VQ + xS(T-T_a)\exp[E/(RT)]/(C_0^n A)$$

与阿累尼乌斯（Arrhenius）项无关。此时上式可写为

$$\sigma c_V \mathrm{d}T/\mathrm{d}c = -Q$$

两边积分，并利用初始条件，得

$$T-T_a = Q(c_0-c)/(c_V\sigma)$$

将上式代入式（3-78）消去 $C^n$ 就可求得“温度—时间”曲线。为此，Gray 等采用指数近似，设为一级反应（$C^n=C$），并使用上式，得到

$$\mathrm{d}\theta/\mathrm{d}t = (\theta_f-\theta)A\exp\left[\frac{-E}{(RT_a)\mathrm{e}^\theta}\right]$$

式中，$\theta_f=(T_f-T_a)/(RT_a^2/E)$

假设 $\theta_f$ 是一个很大的数（气相和固相炸药的 $\theta_f$ 通常很大），并用多项式对（$1-\theta/\theta_f$）展开，可以得到

$$t_m = t_\mathrm{ad}\{1-\mathrm{e}^{-m}+[1-(m+1)\mathrm{e}^{-m}]/\theta_f\}$$

下面再考虑非绝热系统。

（1）“温度—时间”曲线。

从式（3-78）和式（3-79）中消去浓度项，可得

$$\mathrm{d}T/\mathrm{d}u = \exp[-E/(RT)]\exp(-K_a c_V \sigma Vu/D) - (xS_m/D)T \tag{3-80}$$

式中　$u=AC_0^n t$，$D=QAc_0V$，$S_m=Dt/(c_V\sigma V)$

式中出现的因子 $D/(xS_m)$ 是对于气体反应物的压力的一个度量，它的值决定热爆炸是否发生。Rice 等人在数值迭代计算中先确定一个 $c_V\sigma/D$ 的初值，然后对式（3-80）反复迭代，得到典型曲线，如图 3-24 所示。

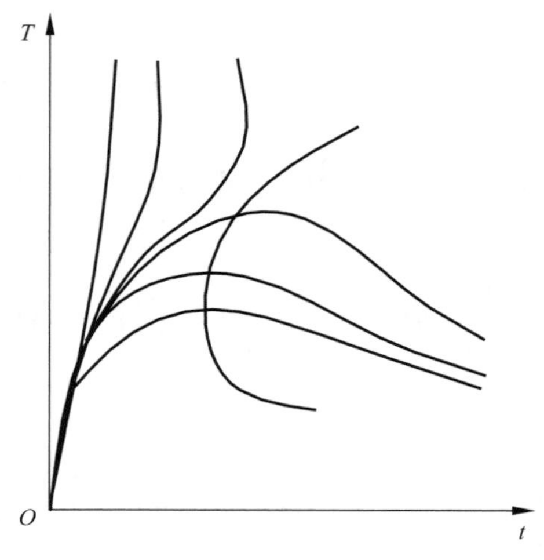

图 3-24 “温度—时间”曲线

(2)“温度—浓度”曲线。

温度和浓度的关系可以由式(3-78)除以(3-79)得到，

$$\sigma c_V \mathrm{d}T/\mathrm{d}c = -Q + (\chi S/V)(T - T_a)\exp[-E/(RT)]$$

上式可写成无量纲形式，即

$$\mathrm{d}\theta/\mathrm{d}W = -B\{1 - h\theta\exp[-\theta/(1+\varepsilon\theta)]\}/W^n \tag{3-81}$$

式中，$h = H/\delta$，$H = (j+1)\chi a_0/k = e\delta_j c$；$B$ 为临界参数。

参数 $h$ 将决定反应物是否爆炸。下面讨论临界状态时，$h$ 和 $B$ 的联系。

使用指数近似，式（3-81）写为

$$\mathrm{d}\theta/\mathrm{d}W = -B[1 - (h\theta \mathrm{e}^{-\theta}/W^n)] \quad \theta = 0,\quad W = 1 \tag{3-82}$$

为了从上式确定临界参数，有必要先考虑上式的积分曲线。艾德勒（J. Adler）等得到的一部分曲线示于图 3-25 中。

从这些曲线中可以看到，每一条曲线不是有两个拐点，就是没有拐点。早期的研究表明，只有超临界曲线才具有拐点，而在亚临界区域绝对找不到拐点。临界条件即为两个拐点合二为一。图 3-25 画出了拐点的轨迹。这条轨迹可由式（3-82）对 $W$ 求导，令 $\mathrm{d}^2\theta/\mathrm{d}W^2 = 0$ 得到，即

$$hB\mathrm{e}^{-\theta}[W(1-\theta)\mathrm{d}\theta/\mathrm{d}W - n\theta]/W^{n+1} = 0$$

因此，当曲线具有拐点时，有

$$n\theta = W(1-\theta)(\mathrm{d}\theta/\mathrm{d}W) \tag{3-83}$$

对照式（3-82），可得到拐点的轨迹为

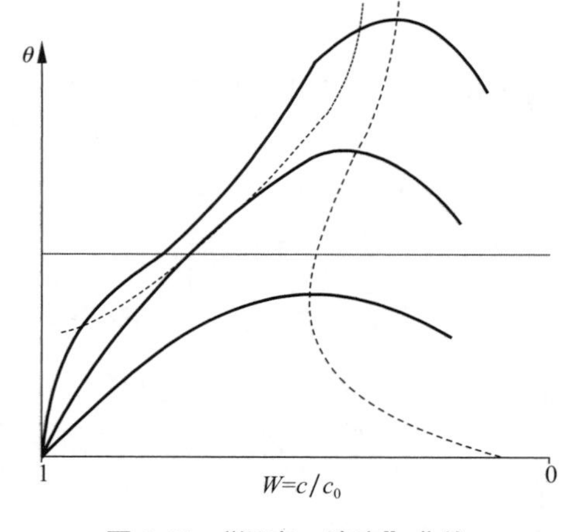

图 3-25 “温度—浓度”曲线

$$W^n - (n/B)[\theta/(\theta-1)]W^{n-1} - h\theta\mathrm{e}^{-\theta} = 0 \tag{3-84}$$

临界条件对应于临界曲线和拐点轨迹的相切，因此，上式对 $\theta$ 求导，并从上式得到 $W^n$ 的表达式，从式（3-83）得到 $\mathrm{d}\theta/\mathrm{d}W$，可得到

$$\theta_C = 1 + \sqrt{n} \tag{3-85}$$

将上式代入式（3-84），可得到相应的 $W$ 临界值 $W_C$。

在热爆炸非稳定理论中，式（3-85）是一个重要的公式，它给出了考虑反应物消耗时爆炸前的临界温差，使得前面对 $\theta_C = 1$，2 的取值合理化。

从以上讨论中知道，当考虑反应物的消耗时，参数 $B$ 和 $h$ 的确定具有重要意义，下面分析几个极端情况。

① $B=\infty$，这表示零级反应。于是得到谢苗诺夫（Semenov）结果。

$$h_C=(H/\delta)_C=\mathrm{e}$$

② $h_C=0$，这表示绝热反应。式（3-84）的解为

$$W_C=(n+\sqrt{n})/B$$

同时，式（3-82）的解为

$$W=1-\theta/B \tag{3-86}$$

如果 $(n+\sqrt{n})/B=1-(1+\sqrt{n})/B$，则式（3-86）曲线将通过由式（3-83）和式（3-84）确定临界轨迹，因此，对于绝热反应，有

$$B_C=(1+\sqrt{n})^2 \tag{3-87}$$

上式的重要性在于它定义了一个下限条件，一旦参数 $B$ 小于该极限，则反应不可能出现超临界性。对于一级反应，参数 $B$ 的极限性 $B_C=4$（$h_C=0$）。

**2. 非均温系统热爆炸延滞期**

前文研究了最简单的具有谢苗诺夫边界条件的系统，给出了对于超临界温度历程的渐近分析解。这些分析解表明，如果系统处于边缘超临界状态，其温度差十分迅速地升到稍低于临界值，并在该点维持很长时间，才进一步加速，实现起爆（如图 3-23）。在临界条件下（$\varphi=\varphi_C$），该时间趋于无限长，温度永不超越临界值。它们遵守“平方根反比律”，即：

$$\text{时间}\propto(\text{超临界的程度})^{-1/2} \tag{3-88}$$

下面将研究更为复杂但更为普遍的非均温系统，扩大上式的应用范围，使之对于所有边界条件 $[0\leqslant(Bi)\leqslant\infty]$，得到延滞期的表达式。

能量守恒方程仍为：

$$\sigma c_V\partial T/\partial t=h\nabla^2T+QAC_0^n\exp[-E/(RT)]$$

采用无量纲化形式

$$\delta\partial\theta/\partial\tau=\nabla^2\theta+\delta f(\theta) \tag{3-89}$$

边界条件为：

$$\delta\partial\theta/\partial\rho+(Bi)\theta=0,\quad \rho=1 \tag{3-90}$$

当 $(Bi)\to\infty$，得到 F-K 边界条件，当 $(Bi)\to 0$ 时，对应于 Semenov 边界条件。在两个极限之间是任意 Biot 数$[0<(Bi)<\infty]$，这一区间比两个极限更接近实际情况。

式（3-89）初始条件为：

$$\theta\,|_{\tau=0}=0,\quad(\text{所有 }\rho)$$

方程（3-89）在边界条件式（3-90）的解为：

$$\tau_{\mathrm{ign}}=\frac{t_{\mathrm{ign}}}{t_{\mathrm{ad}}}=\frac{M}{(\delta/\delta_C-1)^{1/2}} \tag{3-91}$$

式中 $M$ 值需要通过数值计算得到。某些代表性的 $M$ 值列于表 3-25。式中，$(\delta/\delta_C-1)$ 是对于系统的超临界性的度量。

表 3-25 和边界条件相对应的 $M$ 值

| 项目 | F-K 极端 | 中间 Biot 数（$Bi$） | | | 谢苗诺夫极端 |
|---|---|---|---|---|---|
| （$Bi$） | ∞ | 10 | 1 | 0.1 | 0 |
| 平板 | 1.534 | 1.540 8 | 1.612 5 | 1.634 4 | 1.634 4 |
| 圆柱 | 1.429 | 1.445 1 | 1.603 4 | 1.920 8 | |
| 球 | 1.316 | 1.342 0 | 1.600 8 | 1.612 4 | |

上式的意义在于把 F-K 的结果扩大到了温度具有空间分布的任何系统，两者的结果具有相同的函数形式（“平方根反比律”）。

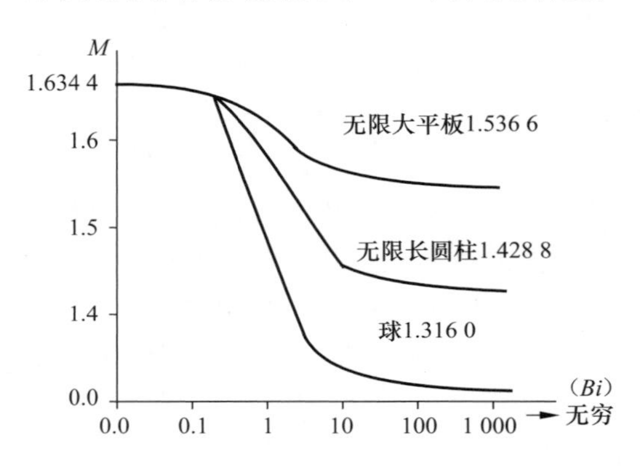


图 3-26 $M$ 值与集合形状及热传递条件的关系

$M$ 值随（$Bi$）的变化如图 3-26 所示。由图可以看出，在一个很大的 Biot 数范围内[$0<(Bi)<0.2$]，$M$ 非常接近 Semenov 极限值（$M\to 1.634\ 4$），并且与几何形状无关。随着（$Bi$）增加，$M$ 开始时下降很快，然后很快取接近于 F-K 极限的值[$20<(Bi)<\infty$]，此时 $M$ 值和几何形状有关。

在本节中仅就一些最简单的情况作了初步介绍，仅供大家入门，实际应用时请参看有关书籍。

## 3.4 火炸药的热分解转燃爆与燃烧转爆轰

### 3.4.1 火炸药的热分解转燃爆

**1. 温度对分解速度的影响**

前面已说过，温度对热分解反应速度影响很大。为什么温度对分解速度有很大的影响呢？这是因为对于凝固相单分子的物质来说，晶体中的原子在不断地振动。温度升高，振动增大；振动过大，键就会发生断裂，发生分解；温度升得越高，键断裂得就越多，分解速度就越快。因此，炸药的热分解是随温度的升高而加快的。

**2. 环境散热条件对热分解速度的影响**

炸药的分解反应都是放热性反应，如果环境散热条件很好，炸药分解反应所放出的热量就能完全散失掉，这样炸药就能稳定地平衡在缓慢分解反应的状态。反之如果环境散热条件不好，炸药分解反应所放出的热量就很难完全散失掉，结果就会出现热积累。使炸药温度升高，反应速度随之加快。随着反应速度的加快，反应所放出的热量不断增加，反应则不断地自动加速下去。当加速到一定程度时，温度达到炸药的燃点或爆发点，炸药就会发生燃烧或爆炸。

3. 堆积尺寸对分解速度的影响

正如上面所分析的炸药是否会发生热分解向燃烧和爆轰的转变，取决于炸药分解反应所释放的热量与向环境散失的热量是否能达到平衡。炸药堆积量越大，单位体积炸药与环境的散热面积就越小，这样越容易出现热积累。因此，炸药堆积尺寸越大，越容易发生燃烧或爆轰。

由上可见，炸药在热分解过程中，若环境温度过高，或环境散热条件不好，或炸药量太大，都会使炸药的热分解反应加速，而转变为燃烧或爆轰。因此贮存炸药及其制品时，必须保证一定的温度、尺寸及良好的通风条件，以保证炸药及其制品的贮存安全和质量。

### 3.4.2　火炸药燃烧转爆轰

研究炸药燃烧转爆轰的规律及特点，对于安全使用炸药及其制品具有重要的实际意义。在火炸药生产及处理过程中，有时会发生燃烧事故，若不及时扑救或扑救方法不当，都有可能由燃烧转变成爆轰，使损失扩大。在销毁废炸药时，有时可用烧毁法，如果处理不当，炸药可能由燃烧转化为爆轰，而造成意外的事故。

1. 燃烧转爆轰的条件

炸药的燃烧在什么条件下可以转化为爆轰呢？实验研究得出如下几点初步的结论。

燃烧气体平衡的破坏，是燃烧转变为爆轰的主要原因。只要燃速超过某一临界值，就会产生这种破坏。这种转变的关键条件是燃烧压力的增加。下面先分析一下混合气体由燃烧转变为爆轰的过程。在混合气体的管子开口端点火时，火焰才能做等速均匀传播。而在密封的管子中燃烧时，火焰则以不断增长的速度进行传播，燃烧不断产生的气体的膨胀使燃烧面前边的混合气体压力逐渐增大；而燃烧面压力越大，燃烧速度就越快，密度、温度也随之提高，这就使得后面各层气体反应速度更快，燃烧面前边的气体压力更高，从而形成一层一层的压缩波，这些压缩波叠加的结果，就形成了冲击波。随着燃烧传播而形成的冲击波强度的增大，燃烧越来越大，在冲击波强度达到某一临界值的瞬间就发生爆轰。

凝聚炸药的燃烧转变为爆轰的机理原则上和混合气体的燃烧转变为爆轰机理没有多大差别，但转变条件根本不同。设在燃烧的过程中，化学反应区内产生气体的速度为 $u_1$，排出气体的速度为 $u_2$，当 $u_1=u_2$ 时，燃烧是稳定的。如果 $u_1>u_2$，即产生的气体不能很快排出，这时平衡即开始被打破；到 $u_1\gg u_2$ 时，燃烧反应区内压力急剧增大，燃烧速度急剧加快，最后燃烧转变为爆轰。

炸药装入壳体中，有助于燃烧转变为爆轰。因为装入壳体后造成炸药的燃烧在紧密闭或半密闭环境中进行，产生的气体排出受到壳体的阻碍，燃烧气体平衡受到破坏，使燃烧反应区压力增高，燃烧加快，而有助于燃烧转变为爆轰。

燃烧面的扩大，可以破坏燃烧的稳定性，促使燃烧转变为爆轰。因为这时单位时间燃烧的炸药量也要成比例地增加，使燃速加快，燃烧温度增高。燃烧速度或燃烧温度达到某一程度时，燃烧就会转变为爆轰。风可使燃烧速度加快，也有助于爆轰的形成。

药量大时，易由燃烧转变为爆轰。这是因为药量较大时，炸药燃烧形成的高温反应区将热量传给了尚未反应的炸药，使其余的炸药受热而爆炸。

燃烧转变为爆轰更重要的因素是炸药的性质。一般说来，化学反应速度很高的炸药很容易产生爆轰。例如各类起爆药，特别是氮化铅，由于反应速度极快（爆轰成长期很短），只要一点燃，瞬时就能转变为爆轰。火药则相反，它的燃烧过程只有在极特殊的条件下，才发生向爆轰过程的转化，而一般的猛炸药则介于火药与起爆药之间。

因此，销毁炸药时，要根据炸药的性质选择适当的销毁方法，用燃烧法销毁炸药及其制品时，要注意防止燃烧转变为爆轰，以确保销毁过程的安全。

**2. 实验得到的凝聚炸药稳定燃烧的规律**

1）压力对燃烧速度的影响

（1）起爆药燃烧时，燃速与压力的关系。

根据对雷汞等一些起爆药的研究表明，大多数起爆药在压力高于 100 kPa 时不能稳定燃烧，燃烧很容易转变为爆轰。在压力低于 100 kPa 时，起爆药的燃速与压力呈线性关系，即 $u=a+bP$。

总之，一般起爆药的特征是，在低压下能进行稳定燃烧。例如，压制的雷汞在 $P=0.4$ Pa 的低压下，仍能稳定燃烧；而在高压下易由燃烧转变为爆轰。

对于上述特点，叠氮化铅是个例外，它在任何条件下均不能进行稳定的燃烧，几乎在点火的同时就立刻转化为爆轰。

（2）猛炸药的燃速与压力的关系。

由实验研究得知，大多数猛炸药在比大气压力稍高的压力下，仍可进行稳定燃烧。燃烧速度与压力的关系与起爆药相似，也可用 $u=a+bP$ 表示。

（3）火药燃烧速度与压力的关系。

对于无烟火药来说，由于它是胶质状态，结构密实，因而能够在很大的压力范围内进行燃烧。一般炮用火药在几千个大气压下，仍能稳定燃烧。

火药的燃速与压力的关系可用公式 $u=a+bP^{v}$ 表示。但由实验得出，压力范围不同，燃速表示也不一样。

（4）某些无气体药剂的燃烧。

某些由氧化剂与可燃物组成的无气体药剂，燃烧时几乎不产生气体，反应产物完全由液态或固态物质组成，因此，在真空下仍能进行稳定燃烧，其燃烧速度与压力无关。这种物质称为无气体延期药。用它的恒定燃速可以控制一定的作用时间。

这种物质燃速的特点为：

$$u = a = \text{常数}$$

（5）稳定燃烧的压力界限。

大多数炸药都有稳定燃烧的压力界限。稳定燃烧的压力上限为炸药能保持稳定燃烧（不转为爆轰）的最高压力，当超过此压力时，炸药就不能稳定燃烧，将由燃烧转变为爆轰。一般液态、粉状或低密度压装的炸药稳定燃烧的压力上限较低，而高密度压装、注装的，特别是胶质炸药的压力上限较高。例如，粉状太安和黑索今稳定燃烧的压力上限为 2.5 MPa；粉状 TNT 和苦味酸稳定燃烧的压力上限为 6.5 MPa；密度为 1.659 g/cm$^2$ 的太安稳定燃烧的压力上限大于 21 MPa；爆胶稳定燃烧的压力上限大于 120 MPa。

稳定燃烧的压力下限为炸药能保持稳定燃烧（不熄灭）的最低压力。几种炸药稳定燃烧的压力下限为：

| | |
|---|---|
| 硝化乙二醇 | 33 ～ 53 kPa |
| 黑索今 | 80 kPa |
| 1 号硝化棉 | 53 kPa |
| 硝化甘油 | 3.2 kPa |

2）影响燃速的其他因素

（1）炸药理化性质的影响。

燃烧的稳定性及其燃烧速度，首先决定于化学反应速度以及从反应区向原炸药层热传导的速度。如反应区中化学反应速度很大，而与它相对应的热传导速度很小，则燃烧立即增大，甚至立刻发生爆轰，如叠氮化铅，它几乎没有燃烧阶段而立刻转为爆轰，就是这种情况。如化学反应速度过小，反应放出的热量不能补偿由热传导造成的热损失时，则燃烧将逐渐减弱，以至熄灭。

炸药的导热系数对燃烧过程也有很大影响，如果炸药的导热系数过大，则大量的热量传入很深的未反应的炸药层中，增大加热层厚度使反应区的温度和化学反应速度降低，放热量减少，以至不能维持过程的自行传播。

炸药的挥发性对燃烧过程有很大的作用。易挥发性炸药，其沸点或升华点很低，因而燃烧反应在气相中进行，燃烧的性质决定于凝聚相的气化和蒸汽中化学反应的进展。这是沸点低的液态炸药的特有的形式。

（2）炸药装药密度的影响。

炸药的燃速随炸药装药密度的增大而减小。

（3）药柱直径的影响。

如果从炸药的一端引燃，则凝聚炸药的燃烧存在着临界直径现象。即当直径小于一定值时，不能维持稳定燃烧，燃烧熄灭。

燃烧的临界直径随炸药密度、燃速、外壳材料和厚度等条件而变化。

（4）初温的影响。

炸药的燃速也受药柱初温的影响，一般初温升高 100 ℃，各种炸药的燃速要增加 1.5～2 倍。

3）炸药稳定燃烧的顺序

在相同的条件下，测定炸药燃烧的稳定性，其结果列于表 3-26。

表 3-26 炸药稳定燃烧临界破坏压力

| 猛炸药 | 熔点/℃ | $P_{临}$/MPa | 炸药和起爆药 | $P_{临}$/MPa |
| --- | --- | --- | --- | --- |
| TNT | 80.2 | 200 | 硝化棉 | 20 |
| 苦味酸 | 122 | 80 | 过氯酸铵混合物 | 10.1～17.5 |
| 太安 | 141 | 55 | 雷汞 | 10 |
| 黑索今 | 202 | 25 | 叠氮化铅+石蜡 | 任何压力下都爆轰 |

由表可见，猛炸药燃烧稳定性最高，而起爆药最低，易熔炸药（熔点较低的）又比难熔炸药的稳定性高。这是因为在燃烧时，易熔猛炸药在反应区传来的热量作用下能熔化，形成薄层熔体。加上凝聚相的反应速度又较小，所以在药柱表面能形成密实的熔化层。在稳定燃烧时，这个熔化层起着阻碍气体渗入的隔断作用。因此，只要该层密实，燃烧始终就是稳定的。熔化层密实与否与药柱的多孔性有关，只要该层厚度比最大孔隙直径大，燃烧就稳定，例如实验曾测出在压力为 10 MPa 时，TNT、苦味酸、太安、黑索今的熔化层厚度分别是 50 μm、35 μm、12 μm、5 μm；在 30 MPa 时熔化层厚度分别减少到 18 μm、12 μm、3 μm、2 μm。所以在孔隙直径一定时，高压下燃烧就变得不稳定。熔化层厚度的排列顺序是和燃烧稳定性的顺序相同的。至于难熔炸药，在燃烧时不会生成熔化层，而凝聚相中的反应速度又相当大，气体产物容易渗入药柱，固相反应也促进了表面层中物质的迸裂，使燃烧的比表面积加大，这些都促使燃烧趋向不稳定。

总之，炸药燃烧的稳定性是和炸药的燃烧机理、药柱的物理结构、物化性质等都有关系。

4）炸药燃烧转爆轰的防止

由于爆炸带来的灾害比火灾要大得多，因此当火炸药发生火灾事故时，要及时正确处理，以免火灾蔓延甚至转化为爆炸。

在炸药生产工房内，除应设有消火栓以外，还应安装自动雨淋管网消防系统，并在室内外安装自动与手动两套开关。要求雨淋管网从开关动作到开始出水的时间越短越好。目前某些自动雨淋器的启动速度为 35 m/s，这样在火炸药产生初期燃烧火焰时，就能通过大量水抑制火焰传播蔓延或由燃烧转为爆炸。

当火药、炸药、民用爆破器材等发生火灾时，切不可用砂土掩盖，以免压力增加而由燃烧转化为爆炸，可用大量水扑救，同时将未燃烧的爆炸品迅速撤离火场。

采用燃烧法销毁炸药时，炸药堆积不要太厚，以免燃烧转爆炸。

存放火药的库房或盛装火药的各种容器强度和密封程度要合理，否则火药的意外着火会由于压力的升高而转化为爆炸。

如果发生较大火灾，就要设法把人员从危险区撤到安全区。为此，平时就要充分估计到事故发生的可能性，事先指定安全疏散区。这样，可减轻事故带来的损失。

## 3.5　冲击波对火炸药不安全引发机理

冲击波是引发火炸药不安全行为的另一种十分重要的外界能量。冲击波产生的方式很多，例如炸药在爆炸后，会在相邻的介质内产生冲击波；摩擦、机械振动、高速碰撞、粒子冲击等也均能产生冲击波。本章将较详细地叙述均相炸药和非均相炸药在冲击波作用下的起爆机理问题。

### 3.5.1　均相炸药的冲击起爆机理

所谓均相炸药，即气态、液态（不含气泡、杂质等）以及单晶体物理相完全均匀的炸药。例如硝基甲烷、硝化甘油液体、太安单晶等都是均相炸药。对这类炸药，多数学者认为在冲击波进入炸药后，在波阵面后面，炸药首先是受冲击整体加热，然后出现化学反应。在最先受冲击的地方，炸药将在极短时间内完成反应，产生超速爆轰，这种超速爆轰波赶上初始入射冲击波后，在未受冲击的炸药内发展成稳定的爆轰。这种起爆模型最早是由康培尔等学者提出来的。后来华尔克和华士莱发现，如果入射冲击波的持续时间较长，压力较低，则在冲击波阵面后的反应过程以低速率进行。热爆炸发生在初始冲击波入射面和冲击波阵面之间的区域内。当入射冲击波的压力较高时，热爆炸才出现在接近冲击波入射面的地方。

### 3.5.2　非均相炸药的冲击起爆机理

所谓非均相炸药，即炸药在浇铸、压装、结晶过程中所引起的密度不连续性（气泡、孔穴、杂质等）或是人为掺入一些杂质引起的不均匀性。因此，实际应用的固体炸药一般都是非均相炸药。对这类炸药的冲击起爆，目前大家所公认的是冲击作用在炸药中产生局部高温区，即在炸药中产生热点。

一般散装、浇铸、压装的固态凝聚炸药中，晶粒周围都保留有空隙。在单位质量的装药中，孔隙的总体积与装药的总体积比称为空隙度。散装装药的空隙度最大，可能达到 50%。压装主装药的空隙度为 1%～4%，传爆药的空隙度为 5%～10%，铸装装药的空隙度也可能为 2%～4%，因此，这些炸药装药都是不均相的。在冲击波进入这种装药后，这些空气或气泡在冲击作用下绝热压缩，由于气体的比热比炸药晶体的比热小，所以被压缩的气泡的温度较晶体的高，这就出现所谓热点。

热点的形成机理还可能由于下列一些物理过程：炸药晶体颗粒之间的摩擦，或炸药颗粒与杂质之间的摩擦；液态炸药（或低熔点炸药）高速黏性流动；微观粗糙的冲击波和冲击波的相互作用；弹塑性形变所产生的局部剪切或断裂；在孔穴附近的流动不连续引起的剪切；在颗粒界面上流动的不连续性；冲击加载时的相变；晶体缺陷；层裂或向孔穴内的喷射，等等。

### 3.5.3 非均相炸药的冲击起爆判据

对冲击波起爆均相炸药的机制，一般公认为热起爆，在前一章中已经阐明了这个问题。对非均相炸药的冲击起爆，则其说法不一。但根本的一点是普遍接受的，就是冲击波直接地不均匀地加热炸药，形成热点，然后使炸药分解，最后引起反应爆炸。所以对均相和非均相炸药之间的差别，在于前者是均匀加热，而后者是不均匀加热。但无论如何，它们加热的初始能量均来自冲击波本身。当冲击波进入炸药后，一部分能量变为冷能，一部分变为热能。如认为只有热能可以对炸药的起爆有贡献，并把这部分热能作为瞬时输入的能量 $\varepsilon$，那么来分析一下需要什么样的冲击波方能引爆。

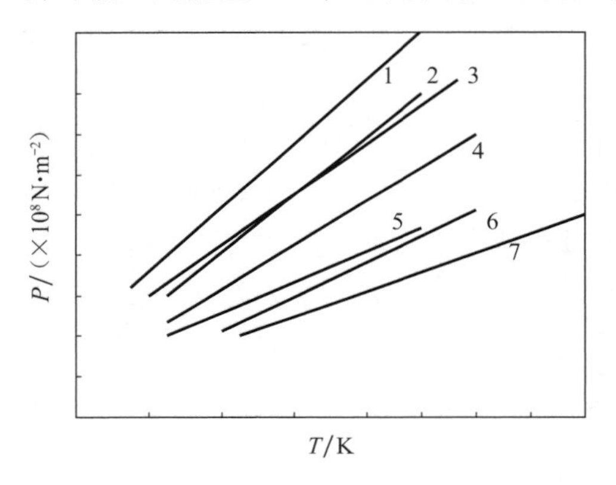


图 3-27 均相炸药内温度和冲击波的压力关系

1—黑索今；2—太安；3—特屈儿和 TNT；4—硝化甘油；5—四硝基甲烷；6—TNT 液体；7—硝基甲烷

根据前面所述的冲击波后温度计算方法，几种常用炸药冲击波后温度和冲击压力的关系如图 3-27 所示。

它们在这些压力范围内，几乎近似为线性关系。若炸药的初始温度为 $T_1$，压力为 0，则

$$T - T_1 = \beta P \tag{3-92}$$

其中，$\beta$ 对一种炸药是一个常数。所以，冲击波后进入炸药的热能为

$$\varepsilon_0 = c_p(T - T_1)t_0 D = \beta c_p P t_0 D \tag{3-93}$$

式中 $t_0$——飞板中冲击波来回传播的时间；

$D$——炸药中冲击波速度。

若以 $\varepsilon$ 作为瞬时输入炸药的热能，代入式（3-93），则立即可得

$$\delta_c = 4Ea\rho t_0{}^{1/2}/(\mathrm{e}R\beta P t_0 D) \tag{3-94}$$

因为只有 $P$、$D$、$t_0$ 为变量，所以炸药起爆的临界条件为

$$P^2 D^2 t_0 = \text{常数} \tag{3-95}$$

通过对各种炸药的大量计算，在一定压力范围内，当 $P$ 变化达 5～6 倍时，$D$ 的变化不到 20%，这对 PBX-9404、Comp B 等均是这样，所以一般认为，当 $P$ 稍有变化时，$D$ 是常值。这样就得到著名的非均相炸药的起爆判据。

$$P^2 t_0 = \text{常数} \tag{3-96}$$

如把 $D$ 凑成 $P$ 的幂函数，则对一般高能混合炸药，$P$ 的指数约为 0.15，所以高能混合炸药的起爆判据为：

$$P^n t_0 = 常数 \tag{3-97}$$

式中 $n>2.3$。这和弗雷等的试验结果 $n=2.6\sim2.8$ 的判据是接近的。

一些文献利用能量守恒定律证明了用飞片冲击非均相炸药的上述引爆判据。认为 $P^2t$ 的概念隐含着输入单位体积炸药内的能量达到某一临界值时，炸药即起爆。从本节的证明也可说明这一点，即炸药的起爆必须先给予一定的最少能量，这个能量就称为临界起爆能量。国内外学者在测定各种炸药的临界能量值方面已经做了大量的工作。表 3-27即为一些常用炸药的临界起爆参量，为了比较和参考起见，同时列出了所谓临界起爆压力和粒子速度的值。目前已经知道临界起爆压力和粒子速度的概念是不全面的，显然起爆还和压力脉冲的持续时间有关，但如应用临界起爆能量的概念就无需加上时间这个参量。

**表 3-27　非均相炸药的临界起爆条件**

| 炸　药 | 密度/$(kg \cdot m^{-3})$ | 临界起爆压力/$(\times10^8 Pa)$ | 起爆乘积 $P^2t/(\times10^{10} Pa^2 \cdot s)$ | 临界起爆能量/$(J \cdot m^{-2})$ | 临界起爆粒子速度/$(\times10^3\ m \cdot s^{-1})$ | 备　注 |
|---|---|---|---|---|---|---|
| PETN | 1.60 | 9.1 | 125 | $16.8\times10^4$ | 0.30 | 太安 |
| PETN | 1.40 | ～2.5 | 41 | | 0.30 | 太安 |
| PETN | 1.00 | | 5 | $8.4\times10^4$ | | 太安 |
| PBX9404 | 1.84 | 64.5 | 470 | $58.8\times10^4$ | | HMX94%，硝化纤维 3%，三氯代乙基磷酸酯 3% |
| LX-04 | 1.86 | | 925 | $109\times10^4$ | | HMX85%，VitonA15% |
| TNT | 1.65 | 104 | 1 000 | $142\times10^4$ | | TNT |
| RDX | 1.45 | 8.2 | 100 | $80\times10^4$ | | 黑索今 |
| HNAB | 1.60 | | 200 | $142\times10^4$ | | 六硝基偶氮苯 |
| HNS-Ⅰ | 1.60 | 2.5 | 220 | $155\times10^4$ | ～0.56 | 六硝基芪 |
| NONA | 1.60 | 19.5 | 230 | $155\times10^4$ | | 九硝基联三苯 |
| HNS-SF | 1.30 | ～9 | 130 | $118\times10^4$ | | MDF 中的 HNS |
| HNS-Ⅱ | 1.60 | 23.2 | 260 | $176\times10^4$ | | 六硝基芪 |
| Comp B-3 | 1.73 | 56.3 | | $122\times10^{10}$ | | TNT/RDX=40/60 |
| Comp B | 1.715 | | | $122\times10^{10}$ | | TNT/RDX/WAX=36/3/1 |
| Tetryl | 1.655 | 18.5 | | $46.2\times10^{10}$ | 0.40 | 特屈儿 |
| TATB | 1.93 | | | $302\sim370\times10^{10}$ | | 三氨基三硝基苯 |
| NM | 1.13 | | | | | 硝化甲烷 |
| HNS-SF | 1.00 | | 230 | $160\times10^{10}$ | | MDF 中的 HNS |

续表

| 炸药 | 密度/(kg·$m^{-3}$) | 临界起爆压力/(×$10^8$Pa) | 起爆乘积$P^2t$/(×$10^{10}$$Pa^2$·s) | 临界起爆能量/(J·$m^{-2}$) | 临界起爆粒子速度/(×$10^3$ m·$s^{-1}$) | 备注 |
|---|---|---|---|---|---|---|
| LX-09 | 1.84 | | | 1 700×$10^{10}$ | | HMX93%PDNPA4.6%FEFO2.4% |
| A-5 | | | | 97×$10^{10}$ | | RDX98.5%，硬脂酸1.5% |
| DATB | 1.676 | | | 55×$10^{10}$ | | 二氨基三硝基苯 |
| 叠氮化铅 | 4.93 | | | 12.6×$10^8$ | | |

胡双启等人通过研究还发现，非均相炸药的冲击起爆不仅与冲击压力及压力脉冲的持续时间有关，而且还与起爆面积有关。起爆面积越大，起爆能力则越大。关于这方面的定量判据还有待进一步研究。

## 参考文献

[1] 炸药理论编写组．炸药理论［M］．北京：国防工业出版社，1982.
[2] 冯长根．热爆炸理论［M］．北京：科学出版社，1988.
[3] 胡双启，张景林．燃烧与爆炸［M］．北京：兵器工业出版社，1992.
[4] 章冠人，陈大年．凝聚炸药起爆动力学［M］．北京：国防工业出版社，1991.
[5] 胡双启，谭迎新，张景林．凝聚炸药的冲击起爆［J］．中国安全科学学报，1995，5（4）：57-61.
[6] 胡双启．主装药——传爆药间冲击起爆若干问题的研究［D］．北京：北京理工大学，1997.

# 第 4 章　火炸药生产过程中的安全性

火炸药首先是一种物质，然后是一种产品，成为产品需要经过一系列的工艺过程，主要包括原材料的合成、加工成型、装药三个部分。由于火炸药的特殊能源本质特性，在任何时候都具有分解、燃烧、爆炸等安全隐患。而这三个工艺过程各不相同，需要根据相应的原理、特点研究其安全技术。

## 4.1　原材料合成与生产过程中安全性

火炸药组分中的含能基团主要有 $C\text{-}NO_2$、$N\text{-}NO_2$、$O\text{-}NO_2$，这些基团的存在通常需要化学过程来实现，该化学过程被称之为“硝化”，在硝化体系中有氧化剂、可燃物质共存，硝化过程有（热）能量的交换，具有分解、燃烧、爆炸等不安全的基本条件。经硝化而得到的爆炸物还需经过处理才是合格的火炸药原材料，在处理的工艺中同样具有分解、燃烧、爆炸等不安全的基本条件。所以，在了解工艺过程的基本特性的前提下，需要具备必要的安全技术措施。

### 4.1.1　硝化基本原理

硝化是最早的有机化学反应之一，在炼金术者的著作中就已有叙述。现在，硝化是应用最广泛的直接取代反应之一，这是由于：硝化反应容易进行；产物与废酸易于分离；无论作为中间体还是最终产品，硝基化合物都具有广泛而实际的用途。

根据硝化产物的化学结构，硝化反应可以分成以下三种形式：

（1）C-硝化，硝基连接在碳原子上，形成“真正的”硝基化合物。

$$-\overset{\diagdown}{\underset{\diagup}{C}}-NO_2$$

（2）O-硝化，硝基连接在氧原子上，形成硝酸酯化合物。

$$-\overset{\diagdown}{\underset{\diagup}{C}}-O-NO_2$$

（3）N-硝化，硝基连接在氮原子上，形成硝胺化合物。

$$\overset{\diagdown}{\underset{\diagup}{N}}-NO_2$$

这三种硝化反应分别用于三大系列的单质炸药：硝基化合物（硝基与碳原子相连）、硝胺（硝基与氮原子相连）、硝酸酯（硝基与氧原子相连）。除了上述的以硝基取代化合物中氢原子的直接硝化法以外，有时也用硝基置换化合物中的其他原子或官能团以形成硝基化合物，或通过氧化、加成等反应向化合物中引入硝基，这类方法称为间接硝化法。这里不做详述。硝化理论是针对硝基化合物合成研究形成的有机合成理论，其中包括硝化加成或置换机理、硝化剂混合酸碱理论等；其中混合酸碱理论是针对火炸药制造工艺研究得到的特殊有机合成理论基础。

1）硝化加成或置换机理

实验发现，在与硝化酸（$HNO_3$ 或硝—硫混酸）接触之前，苯与甲苯在硝酸蒸气中生成棕色的物质，溶入酸后立即消失。被认为这是硝酸蒸气与烃形成的加成物。所以，许多研究者认为，硝化反应与氯化反应相同，首先是加成，随后是裂解。例如，用硝-硫混酸硝化烃得到加成物：

$$C_6H_6 \xrightarrow{NONO_2} C_6H_6(OH)(NO_2) \xrightarrow[+H_2SO_4]{-H_2O} \underset{\mathrm{I}}{C_6H_5NO_2} + H_2SO_4\cdot H_2O \qquad (a)$$

$$C_6H_6 + HO{-}NO_2 \longrightarrow C_6H_6(OH)(NO_2) \longrightarrow C_6H_5NO_2 + H_2S \qquad (b)$$

产物Ⅰ发生分解，OH 基团以水的形式与 $H_2SO_4$ 连接。水可以将加成物水解，生成一硝基或多硝基化合物。

C. K. Ingold 认为，硝化反应是置换反应，就是最简单的亲电取代反应。

如果是 O-或 N-取代，（a）和（b）仍以同样的方式进行。如果是 O-硝化，随后的反应按下面的方式进行：

$$CH_3OH + NO_2^+ \longrightarrow CH_3O^+(H)(NO_2) \qquad （慢） \qquad (c')$$

$$CH_3O^+(H)(NO_2) \longrightarrow CH_3ONO_2 + H^+ \qquad （快） \qquad (d')$$

对于 N-硝化，有下面的例子：

$$(NO_2)_3C_6H_2N(H)(CH_3) + NO_2^+ \longrightarrow (NO_2)_3C_6H_2N^+(NO_2)(H)(CH_3) \qquad （慢） \qquad (c'')$$

$$(NO_2)_3C_6H_2N^{+}(NO_2)(CH_3)—H + NO_3^- \longrightarrow (NO_2)_3C_6H_2N(NO_2)(CH_3) + HNO_3 \quad (快) \quad (d'')$$

所有这些反应中，失去质子都是反应的最后一步。

2）混酸理论

混合酸碱理论可以归结为以下几个关键论断：

（1）硝化在本质上是以-$NO_2$ 引入，硝酸是基础的硝化剂。

（2）混合酸的存在作用在于使硝酰阳离子 $NO_2^{2+}$ 的浓度大幅度地升高，其中硝酸—硫酸和硝酸—醋酸酐是常用的混酸配比。

（3）$N_2O_5$ 是最好的硝化剂。

（4）可以根据不同的分子结构选择相应的混合酸及配比。

（5）根据硝基位置选择进入原理与方法。

### 4.1.2　硝化工艺特点分析

工业中的硝化工艺实际包括整个有机合成过程，其中有反应、产物分离、废酸处理等步骤。在整个硝化过程中有可能的与危险性相关的特点有：

（1）反应为一个可燃烧、爆炸体系。

大多数硝化反应的起始阶段为（含水或不含水）有机化合物溶液，就其反应特性而言，为可燃物质体系，在一定的条件下，可以与空气混合燃烧或者爆炸。随着硝酸或者混合酸的加入，体系中氧化剂成分不断增加，整体上具有在密闭容器中发生燃烧、爆炸的基本条件。特别是随着硝化反应的不断进行，硝基产物含量的增加，这种条件越来越充分。

（2）大多反应为放热过程。

首先，硝酸或者硝—硫混酸向有机化合物溶液加入的过程，本身就是一个稀释的过程，具有放热效应，在极端情况下可以使局部溶液爆沸。绝大多数 O-硝化反应为放热过程，并且反应时间极短，小于 1 s；各类多元醇硝化时，与混酸存在异相界面，就是具有醇滴表面膜的存在，硝化反应必然发生在膜表面。如果没有必要和有效的散热条件，该过程的热效应足以使体系温度上升到反应与产物分解温度，甚至燃烧爆炸。

（3）废酸为产物分解催化剂。

废酸是指硝化反应完成后，或者产物经过分离后，未反应的混酸、水、反应副产物的混合物。在绝大多数情况下，废酸对硝化产物的安定性具有催化分解作用。例如，硝化甘油在混酸中的爆发点见表 4-1。

**表 4-1　硝化甘油在混酸中的爆发点变化**

| 废酸组成（水/硫酸） | ∞ | 1.02 | 1.24 | 1.49 | 1.85 | 2.11 | 2.67 |
|---|---|---|---|---|---|---|---|
| 硝化甘油爆发点/℃ | 180 | 155 | 121 | 110 | 107 | 95 | 75 |

纯硝化甘油在 180 ℃沸腾并分解。而随着混酸的变化，其爆发点发生很大的改变。

几乎所有的O-硝化产物均有类似的特性。

（4）废酸、废水中含有爆炸产物。

硝化产物在废酸中都具有一定的溶解特性，其中以O-硝化产物的溶解度为高。例如，硝化甘油在废酸中溶解度见表4-2。可以看到，硝化甘油在废酸中具有一个不小的溶解度，并且随着废酸组分的变化而改变，这为在产物分离时使废酸中具有最小硝化产物提供依据。

表4-2 硝化甘油在混酸中的溶解度 %

| 混酸组成 | Ⅰ | Ⅱ | Ⅲ | Ⅳ | Ⅴ | Ⅵ |
|---|---|---|---|---|---|---|
| $HNO_3$ | 10 | 10 | 10 | 15 | 15 | 15 |
| $H_2SO_4$ | 70 | 75 | 80 | 80 | 75 | 75 |
| $H_2O$ | 20 | 15 | 10 | 5 | 10 | 15 |
| 100份混酸中硝化甘油含量 $wt$ | 6.00 | 3.55 | 3.33 | 4.37 | 2.60 | 2.36 |

在结晶体的硝化产物分离过程中，除了产物在废酸中具有一定溶解度之外，还因为过滤或其他物理分离方法，不可避免地在废酸中还留有一定量硝化产物。

废酸中含有硝化产物，就具有潜在的危险性。主要是不适当的处理与排放，可能的局部累计，在一定的条件下发生分解、燃烧或者爆炸。

### 4.1.3 硝化过程中的安全技术

#### 1. 连续化自动硝化工艺与设备

在硝化工艺的发展历史过程中，除了成本和自动化程度提高的因素以外，更多地考虑生产的安全因素。例如，硝化甘油的生产从原始的滴加法，经过Nobel、Nathan、Thomson、Rintoul等人的连续改进，间断生产达到较高的工业化水平，主要的技术着眼于硝化反应热的快速散失、废酸与硝化产物的有效分离。Schmid发明了连续化硝化甘油制造工艺，其中包括产品的连续分离与洗涤。Meissner在Schmid发明的基础上，广泛地采用测量装置和转子流量计；Raczynski进一步利用自动化机械装置精确计量混酸和甘油。这是现代硝化工艺的前身。Nilssen等人在1950年提出硝化甘油制造新方法，该方法是喷射器进行甘油硝化和在分离机内进行产物分离。这是现代安全的、工业化的硝化技术基础。在此基础上，发展成为全自动工业化的硝化工艺流程，其中包括反应物的精确、自动计量，反应系统物理参数精确测量与自动控制，连续流体质量传递，工业电视监视与控制，分段式安全隔离措施等。

其他炸药生产也逐步发展成为自动化连续生产程序。

#### 2. 在线自动检测技术

在线自动检测技术是综合自动化生产线的关键技术。该技术采用先进的分析仪器，与计算机连接，安装在连续化生产线上，对重要的工艺参数进行自动采样和测量，并发出比例信号，自动反馈，调节和修正工艺参数至规定范围，实行实时质量控制。这种在线自动检测技术对危险有毒炸药的生产和装药自动化更为重要。

20 世纪 60 年代末，美国引进了加拿大的 TNT 连续生产工艺技术，在雷德福陆军弹药厂建立了第一批 TNT 连续生产线。为实现综合自动化生产和满足特殊的安全要求，70 年代初，开始在匹克汀尼兵工厂研制 TNT 生产和装药的在线自动检测分析器和控制器。现已研制成功了 3 种 TNT 生产在线自动检测分析器，安装在雷德福陆军弹药厂的 TNT 生产线上，采用数字计算机控制系统，实现了工艺条件最佳化。还研制成功一种熔融炸药泵的故障检测和控制器，安装在匹克汀尼兵工厂的熔融炸药自动浇注中试线上。目前仍在继续研制其他的在线自动检测仪器。

在线检测分析器的研制在美国分两个阶段：第一阶段，获取充分的数据，作为设计依据，使在线自动检测分析器具有自动采样、测量和控制能力。第二阶段，利用光电传感器和最新仪器，研制成先进的试制型的分析器和控制器，安装在雷德福陆军弹药厂中，进行调试和评价。评价完成后，安装在雷德福和渥伦提尔陆军弹药厂中的 TNT 生产线上。所用的传感器是专门为遥控自动化炸药生产线研制的特种传感器，是市场上买不到的。

光度计和电子部分试验表明：这种分析器具有长期的稳定性和再现性，长达几小时的输出信号变化仅在全量程的 5%之内，或在实际浓度的 0.005%以内。

硫酸/硝酸比率液相色谱分析器：硫酸/硝酸比率是 TNT 生产中另一个重要参数。硫酸/硝酸比率液相色谱分析器的主要部件有 1 台高压泵、1 个分离柱、1 个探测器和信号的电子部分。分析结果比较精确，误差比现行的滴定法少一半。

TNT 凝固点自动测定器：凝固点是 TNT 生产过程中质量控制的代表性指标。自动测定器由采样室、振动器、石英温度计、旋塞采样阀组成，测定精度为 0.011 2。

熔融炸药送料泵故障检测控制器：这是自动浇注熔融 TNT 和 B 炸药装药线上所用的送料泵，主要部件包括：1 个可见的放射光源，1 个分叉的纤维光导和联结成桥式电路的 2 个光电传感器；纤维光导带有 1 个反射传感头。试验表明：如泵发生泄漏，液压油中有 0.5%TNT，泵便自动停止。

#### 3. 预警、报警系统

无论是在反应中，还是在产物分离、后处理过程中，发生分解、燃烧、爆炸的前期总是可以预知的，主要体现在体系内或所在环境中的物理参数（主要温度、压力）的不正常变化，在连续、自动化生产中需要多个温度、压力传感器，由恰当的数据处理识别与控制，必要时尽快组织人员撤离。

#### 4. 隔离防护措施

任何火炸药加工、生产工房，都必须按照批量设计防护墙，以形成相对独立的单元，减少意外的人员伤亡与财产损失。避免危险的操作工序，设计安装特殊的防火防爆设备。

## 4.2　火炸药工厂的常规安全性措施

火药制造的工艺过程，基本上是一个物理过程，是将原材料加工成为一定结构、一定密度、一定形状尺寸的产品。与一般材料加工相比，物理过程没有大的差别。最大的差别在于，火药无论是原材料还是成品，对于外界的物理能量具有特殊的敏感性，这就是火药制造的安全性之所以重要的原因。所以火炸药工厂在生产中的安全性措施具有普遍性。

火炸药发生燃烧爆炸事故的起因是多方面的，根据历年来统计结果，在火炸药生产过程、贮运过程、生产线停工检修期间以及废药销毁等各个环节上，造成燃烧爆炸事故的起因以热作用、机械作用、静电作用为主。其他起因，如雷击、交通事故等，本质上仍然是特殊形式的热作用和机械作用。本节重点对热作用、机械（撞击、摩擦）作用、静电作用等三个因素进行讨论，研究在这三个因素作用下发生事故的规律及主要预防措施。

### 4.2.1 热作用下燃烧爆炸预防措施

**1. 火炸药在热作用下引发燃烧、爆炸的几种情况**

（1）外界火源（明火）加热。火炸药通过外界火源（如火焰、火花、灼热桥丝等）而引起的燃烧或爆炸，往往使某一局部的物质先吸收能量而形成活化中心（或反应中心），活化分子具有比普通分子平均动能更多的活化能，所以活动能力非常强，在一般条件下是不稳定的，容易与其他物质分子进行反应而生成新的活化中心，形成一系列连锁反应，使燃烧得以持续进行。由于燃烧速度受外界条件的影响，特别是受环境压力的影响而迅速加快，当传播速度大于物质中的音速时，燃烧就转为爆轰。历史上由于在火炸药工房内随便吸烟点火引发的燃烧爆炸事故很多。在工房内焊接设备、管道，若设备、管道内残存的药料未清理干净，在焊接当中很可能引起燃烧，当燃气不能通畅流通，造成压力剧升时，即引起爆炸或爆轰，这样的事故例子也不少。

除了明火，当设备、管道表面形成高温与火炸药或其粉尘接触，也可能引起局部的加速分解直至自燃。

（2）火炸药受热源整体加热。当环境温度过高时，火炸药自身分解产生的热量不能全部从系统中传递出去，使系统得热大于失热，热量不断积累，火炸药自身温度进一步上升，如此循环直至热自燃或热爆炸。历史上曾发生过库房中堆放的火药，由于库内温度过高，药堆散热条件不好，终于使火药自燃导致爆炸。

（3）火炸药生产过程中使用多种易燃溶剂（如乙醚、乙醇、丙酮等），当空气中上述可燃性气体的浓度处于爆炸浓度极限时，遇到明火也会发生爆炸。由于火焰瞬间传播于整个混合气体空间，化学反应速度极快，同时释放大量的热，生成很多气体，气体受热膨胀，形成很高的温度和很大的压力，具有很强的破坏力。

**2. 防止热作用下火炸药燃烧爆炸的主要预防措施**

（1）严禁在火炸药生产区内出现与生产无直接关系的烟火，如吸烟、生火取暖、任意焚烧废品等。当需要检修设备、动火焊接时，必须事先采取严格清理措施，将被焊接件及其周围的爆炸品彻底清理干净，焊接过程中也要防止火花飞散。

（2）进入火炸药工房的热工艺管道（如蒸汽管道）需采取保温措施，以防止表面形成高温，接触火炸药引起自燃自爆。工房采暖宜用热风，若使用散热器采暖，应使用热水作为加热介质。散热器表面应光滑，以便于清洗落在其上的爆炸性粉尘。火炸药存放应与热源保持一定距离，以防局部温度过高造成分解自燃。

（3）火炸药生产工房的电器设备应采用防爆型，并保持良好状态，避免由于接触不良或绝缘破坏、漏电、超负荷运转、短路等引发火花。

（4）保证水电供应，防止由于断水、断电造成的在制物料升温而引起事故。

（5）使用的运输工具需注意防止漏电产生电火花，对汽车排烟管带出火星也需防范，如改变排烟管方向并在管口增设安全罩等。

### 4.2.2　机械作用下燃烧爆炸预防措施

**1. 机械作用（撞击、摩擦）是主要起因**

（1）火炸药生产加工过程中，常处于受挤压（如压延、压伸）、搅拌、流动（如管道输送）等状态中，由于工艺的需要，药料不断处于撞击、摩擦作用下。若设备出现故障或工艺条件不当时，药料受到的非正常摩擦和撞击如超出其感度许可的程度，就会引发燃烧爆炸事故。

（2）多数情况是在非正常操作或违章操作的情况下，火炸药受到强烈的冲击、摩擦而燃烧，由局部少量物料燃烧，进而引爆整个工房内的药料，酿成灾难性的事故，这种事故在国内已不止一次发生。

（3）另一时常发生的情况是在停产检修期间，由于设备内外未按规定清理干净，检修过程中由于工具撞击、摩擦，使药料引起燃烧爆炸事故。例如某工厂双基药压延工房停产检修压延机，由于硝化甘油蒸气冷凝聚集在机器表面，虽然事先用醇醚溶剂进行了清擦，但个别螺帽和缝隙处未处理干净，结果检修人员用铁锤敲击螺帽时发生硝化甘油爆炸，检修人员当场死亡。

（4）火炸药生产中混入杂质、异物，例如，砂粒、玻璃、金属碎屑，甚至螺钉、螺帽。设备检修后螺栓、垫圈等遗漏在设备内，上述这些坚硬的带棱角的杂质、零件与产品混在一起，加料过程中因摩擦发热致使局部温度过高达到爆发点以上，引起着火，甚至发生爆炸，尤其是在火炸药连续工艺中（如火药螺压成型），因为药粒中混入杂质或异物，造成爆炸事故时有发生。

（5）违章使用黑色金属工具碰撞、摩擦产生火花，进而引起药料燃烧爆炸。

**2. 主要预防措施**

（1）历年来，由摩擦、撞击而引起的燃烧爆炸事故，多数是由于设备运转不正常、维修不及时、凑合生产所造成。因此必须严格执行检修制度，保证检修质量。在停工检修设备之前，必须严格执行清扫制度，危险工房内的工具应使用有色金属、木质、橡胶等软质材料，以减少发火概率。

（2）为防止火炸药生产中混入杂质异物，一方面严格强化管理，例如包装物、周转容器等保持清洁，设备检修后要彻底清理；另一方面在加工流程中采用有效技术措施，例如，加入除铁、除渣设备，自动去除药料中的金属、非金属杂质。

（3）通过对操作人员的安全教育，做到文明操作。

### 4.2.3 静电作用下燃烧爆炸预防措施

静电放电火花有可能引起火炸药产品（及其原料）的引燃、起爆，所以火炸药生产过程中的静电问题是安全生产的重大问题之一。

**1. 静电电荷的积累和放电**

药料、服装和人体在火炸药生产和操作过程中，要经常与容器壁或其他介质摩擦并产生静电荷。由于火炸药、穿化纤和绝缘胶鞋的人体、胶木、牛皮器具等均为不良导体，当未采取有效措施时，就会使静电荷积累起来，这种积聚的电荷表现出很高的静电电位（最高达几万伏）。一旦存在放电条件，就会产生火花，当放电火花的能量大于药料的最小发火能量时，就会发生燃烧爆炸事故。静电积累而导致火炸药燃烧爆炸事故需同时具备以下 5 个条件，消除其中任何一个条件，均有可能阻止事故的发生。

（1）具备产生静电荷条件。

（2）实现静电积累，并达到足以引起静电火花放电的静电电压。

（3）有能引起火花放电的合适间隙。

（4）静电火花作用范围内有一定量的爆炸性物质存在。

（5）静电放电的火花能量达到和超过易燃、易爆物质的最小点火能量。

**2. 控制、消除静电积累和事故的预防**

（1）设备、工艺控制。选用导电性能好的材料制造设备，以限制静电积累。对摩擦频繁的部分，如皮带轮、皮带等，除使用导电性能好的材料制作外，也可在其表层喷涂导电材料。火药的光泽工艺就是通过火药表面涂覆石墨，以改变药粒导电性。在管道内输送易燃液体（如乙醚）时，应尽量降低流速。

（2）接地法。这是目前应用最广而且最切实可行的方法。应用时将导体一头接到带电载体上，另一头接入大地，把药料、设备、人体所带静电通过导电体导入大地而消除静电。在确定接地电阻时，应根据工装设备和物料性质综合分析确定。如果工装设备和物料所带不同电荷都比较容易通过接地导走，则其接地电阻越小越好，一般规定不大于 4 Ω。但是火炸药物料是绝缘性的电介质，其电阻率大都在 $10^{13}$ Ω·cm 以上，其静电荷不易通过简单的接地线导走，此时倘若工装设备的接地电阻很小，反而容易造成工装与火炸药物料之间产生急剧的放电火花，增加了危险性。所以必须将接地电阻控制在一定数值上。一般情况下，泄放静电的接地电阻为 $10^6$ Ω 以下即可满足使用要求。当泄放静电地线还兼有防止设备漏电所造成的电击危险时，此时接地电阻应不大于 10 Ω。我国和英国都规定静电接地电阻不大于 100 Ω，还需定期对接地的完好状况进行检查。

（3）消除人体静电。由于衣着等原因，人体可能带电，为消除人体带电危害，在危险工房门口装设导静电金属门帘、接地导电扶手、导电铜板，工房内铺设导电橡胶板，操作人员穿导电工作服、导电工作鞋，禁止穿着化纤工作服和携带金属物件等。

（4）增湿。提高空气中相对湿度，有利于消除生产场地存在的静电，这也是消除静电有效而最简单的方法之一，它可以使物体表面吸收或吸附一定的水分，从而降低了物体表面的电阻系数，有利于静电电荷导入大地。当然，增加空气湿度应以不损坏人员健康、不损坏机器设备及不危及产品质量为原则。在实施增湿消除静电时，一般相对湿度70%左右，静电积累会很快减少。但对一些憎水物质收效甚微，如 $R\text{-}CH_3$、$R\text{-}C_6H_5$ 等，单靠湿度控制，难以消除静电积累。

（5）使用静电中和器。按其原理，可分为感应式静电中和器、放射线中和器等，也可将它们联合使用，取长补短，获得良好效果。

（6）添加抗静电剂。产品中加入抗静电剂，可降低带电体的体积电阻和表面电阻，从而达到消除静电聚集的目的。但加入抗静电剂，会改变产品的组成。因此，应在不影响产品性能的前提下使用。抗静电剂的种类很多，主要有无机盐类、表面活性剂类、无机半导体类、电解质高分子成膜物类、有机半导体高聚物类等，根据需要可灵活选用。其中表面活性剂类抗静电剂应用最多，它的分子上同时有亲水和亲油基团，加入到其他物质和喷涂于易产生静电的工装、设备表面，使它们的表面性质变成亲水性，增加表面导电性能，使静电易于泄漏。

## 4.3　典型火炸药生产安全措施

### 4.3.1　黑火药生产燃爆事故的预防措施

黑火药生产中的燃烧、爆炸事故，主要发生在黑火药造粒前加工及黑火药粉运输过程，如三料混合、筛药、潮包药、压药、药板粗碎、造粒及工序间半成品运输等过程。这是因为，以上工序中被加工的物料均已具有了黑火药的易燃易爆性能，而且这些工序存在较高浓度的黑火药粉尘，当这些药粉及药尘受到外界高于其爆发所需最低激发能作用时，就不可避免地会发生燃烧爆炸事故。

三料混合工序采用机械混合工艺，远距离隔离操作，物料依靠木球［$\phi(55\pm5)$ mm，比重大于 0.9］、桶壁和物料间的撞击及研磨作用粉碎混合。混合中对物料加工作用时间长（具体混合时间由具体产品品种而定，一般为 2～5 h），机内三料会逐渐升温，其感度也会相应提高。另外，药粉与木球，以及皮革桶壁不断摩擦产生静电，带电量随混合时间的延长而增大，混合 4 h 接近饱和。因此，当三料混合机局部发生故障而使药粉受到强烈摩擦，药粉、药尘受到外界突然的猛烈撞击（如网盖、密封盖未完全拧紧而运行中自动掉落或金属工具掉落等），物料中混入了坚硬杂质（如砂粒、碎玻璃渣、铁钉、铜球等），都有可能导致爆炸事故的发生；如混合时间较长，没有采取防静电措施或虽有防范措施但不可靠，也极有可能导致爆炸事故的发生。所以，黑火药三料混合工序所发生的事故在黑火药生产事故中占首位。

黑火药造粒是将粗碎后的药板经过专门造粒机机械挤压、破碎、筛选，得出大小不同的黑火药药粒。造粒机主要由三对轧辊、送料箱、输送装置及机动筛等部件组成，由于造粒机机械传动部分多而复杂，机器维护保养较困难；药片、药粒在造粒过程中始终处于被挤压或摩擦状态；造粒采用远距离隔离操作，设备发生故障时难以及时发现和排除。如送料不均造成药片蹦落而发生“卡车”（造粒机运转过程中，较大药片落入存料箱内，致使传送带停止转动的现象，习惯称之为“卡车”），或杂质、杂物混入机器等，均有可能导致爆炸事故的发生。所以，在黑火药生产中，造粒工序发生的爆炸事故仅次于三料混合工序发生的爆炸事故。

潮包药及压药装卸料中发生的爆炸事故虽然较其他工序要少得多，但因其生产均属人工直接操作，一旦发生爆炸，人员必将受到伤害，事故后果严重。我国黑火药生产中发生的爆炸事故，一次死亡人数最多的工序首数潮包药，其次为压药装卸料。发生事故原因大多是人工操作中致铝质材料（如包药铝板，运输手推车、药箱表面包覆的铝板等）发生剧烈摩擦和撞击作用而引起爆炸（过去曾认为是工人违章作业所致）。国内有关资料介绍过铝质材料也可能发火（见《劳动保护》1990 年第 8 期《铝不是无火花材料》），有些发生事故的厂家也提出了同样的见解。因此，潮包药及压药装卸料过程中发生的燃烧爆炸事故，与铝质材料相互摩擦碰撞的关系究竟有多大，还有待进一步研究论证。

另外值得提出的是，我国黑火药生产除了所采用的工艺、设备还不够先进，本质安全程度较低之外，还存在安全教育培训不够、安全技术素质较低、生产现场管理不善、动用明火管理不严、防范措施不力等问题。因此，这都是引起燃烧爆炸事故的重要原因。

为解决黑火药生产过程中的安全技术问题，避免发生重大燃烧爆炸事故，减轻工人的劳动强度，确保操作者的安全与健康，我国从瑞典鲍福斯公司引进了一条黑火药自动生产线（以下简称引进线），已建成投产。现将该生产线采取的安全技术措施简要介绍如下：

1）引进线突出体现了对人的保护作用

黑火药是一种机械混合物，其制造工艺纯属物理加工过程，只是将硫黄、木炭、硝酸钾按一定比例机械混合在一起。目前，我国大都采用转鼓—热压工艺，属于间断法生产。生产过程任一工序都离不开人工直接操作，即使三料混合、压药、造粒等工序实行了远距离隔离操作，但投料、出料也需人员进入工房直接操作。工序间存药量大，所需操作人员多，仅以年产 250 t 黑火药生产线计，就需配备基本生产工人近百名，生产线上存药量可达百余吨，其中任何一道工序发生爆炸都有可能造成人员伤亡和较大的经济损失。

引进线采用气流磨粉碎混合、湿法冷压自动连续生产工序，全线实现全自动程序控制、监视，实现连续化生产。每班只需配备基本生产工人 6 名，生产线存药量一般为

3～4 t，最高时也只有 4～5 t，加上成品转手库存量也不足 10 t。这样，即使发生了燃烧爆炸事故，也能使人员伤亡降低到最低限度。

2）引进线采取的安全技术措施大多已达到或接近“本质安全”要求

黑火药生产中，造成事故的原因是多方面的，除了人的不安全因素外，物的不安全状态则是主要原因。引进线不但充分考虑到了人的不安全行为带来的后果，全线采用高水平自动化连续生产，最大限度地减少了人工直接操作，避免了现有生产线的人员操作出现的大量失误，而且从物的方面采取了一系列有效防治措施。

（1）采用金属分离器。

黑火药生产中，无论原材料还是半成品一旦混入金属异物，均会明显提高黑火药的摩擦感度，构成危险的摩擦起火源，这是黑火药生产事故中不容忽视的一个重要原因。在整条引进线上各物料入口处均装设有金属自动分离器，它可以准确地将 1 mm 以上的各种金属物（包括有色金属）探出，并能自动从原材料或半成品中把金属物剔除、分离，从而从根本上控制了金属异物的混入。

（2）采用保护性气体——$CO_2$。

黑火药生产中，静电危害主要来自硫黄。由于硫黄属于高绝缘材料，导电性极差，其电阻率为 $10^{27}$ $\Omega/cm^3$，在摩擦或撞击时最易产生静电引火。在引进线中，对硫黄所产生的静电除采用静电接地、铺设导电地面、传送带选用导电材料及工房控制适当的相对湿度外，主要从消除硫黄燃烧的必然条件入手，在硫黄粉输送过程中压入足够量的 $CO_2$，通过 $O_2$ 浓度检测控制装置，使硫黄粉所在系统内的氧含量稀释，并始终控制在 7% 以下，使硫黄粉和氧的比例下降到爆炸极限浓度的下限以下，从而消除了硫黄粉燃烧的必要条件，控制了由硫黄产生静电所带来的燃烧爆炸危害。

（3）药板采用湿法冷压工艺。

我国大多数工厂的黑火药药板压制采用热压工艺。热压时，药粉含水量为 2% 左右，热压温度一般控制在 95 ℃～107 ℃，由于热压在高温条件下操作，黑火药敏感度有所提高。热压时在工装间常有浮药存在，遇到强烈摩擦撞击易形成发火原点，在装卸药板过程中发生爆炸事故。另外，热压后的药板密度大，药板坚硬，给以后的药板破碎、造粒等工序也增加了危险性。

引进线的药板压制采用湿法冷压工艺，药粉含水量保持在 4% 左右，压制温度为室温，这就使黑火药药板压制中的敏感度较热压法低，再加上工装间易积有浮药，对以后粗碎、造粒不增加新的危险性。

（4）装设了定期自动冲洗地面装置。

及时冲洗地面药尘和人员出入工房带入的沙土，对防止浮药撞击、摩擦发火有着积极的预防作用。

引进线中每一座生产工房均装设有自动冲洗地面装置，根据需要由控制中心控制，定时启动自动冲洗地面，随时可保证工房地面无药粉积尘。人员一旦进入工房，只要一打开门，自动冲洗地面装置便会自动喷水冲洗，保证了人员进入工房带入的沙土及时得到清理，避免了人员行走时对药尘的摩擦。同时，用水冲洗地面还可以经常保持室内有足够的湿度，从而起到防静电危害的作用。

（5）采用人造环境小气候。

火炸药生产中，对温湿度要求很严格，尤其是在黑火药生产中，粉尘大、浮药多、静电危害严重的特殊情况，更不容忽视。

引进线各工房采用自动空调系统。按照工艺要求，使室内温湿度始终控制在所需范围内，形成人造环境小气候，不受外界自然环境气候变化的影响。一年四季保证工房内的相对湿度不小于65%，不仅可以防止静电危害，同时也减少了室内的药粉飘尘。

（6）采用湿式除尘装置。

黑火药粉尘不仅易受摩擦撞击发生燃爆事故，而且对操作者的身体健康也有一定影响。

引进线在保证室内相对湿度大于65%的同时，对工房内每处有可能散发黑火药粉尘的地方，均装设有湿式除尘装置，药粉一旦从设备内散发，即可以及时收集处理。即使室内有飘散的少量药尘，与空气混合后也不会形成爆炸性混合物。

3）在防止操作失误、设备故障和工艺异常方面，引进线采取了应急处置措施

（1）采用全自动程序控制、自动监视。

引进线将黑火药生产过程的各类工艺参数全部编入程序输入控制中心，实行程序自动控制和自动监视。生产过程中，任一工艺参数超出控制范围即自动调节；某一部位发生故障（包括操作失误和工艺异常），不论操作人员是否发现，均可及时报警；出现严重故障或达到危险状态时，会立即安全停运，并根据操作人员的要求，及时、准确地打印出所需文字资料，便于研究解决。

（2）装设了快速自动消防雨淋灭火系统。

引进线采用瑞典萤火虫工厂生产的红外线快速自动消防雨淋灭火系统，每个易燃易爆工房的投料口，出料口，药剂加工设备的内、外工房及工房间的运输通道遍布雨淋喷头。在近300 m长的生产线上，就装设80余个红外线探头和300余个雨淋喷头。其动作时间工艺要求小于40 ms，经试用一般可达20 ms，全线各工房虽然使用皮带运输机，但可有效防止工房之间传火、传爆。

（3）防护土堤的形式为“定向泄爆”。

在用运输通道分割为五个生产工房的引进线上，采用三面覆土防爆，面向开阔地泄爆。防爆一侧采用了钢砼结构并覆土，泄爆一侧则采用双层合金铝中间充填保温难燃介质材料的轻质墙体。万一发生爆炸时，工房本身及邻近建筑物不会被破坏，室内冲击波及爆炸飞散物将由轻质墙一侧泄爆、飞散。

综上所述，引进黑火药自动生产线所采取的多重安全保护措施，大大减少了生产过程中各环节的危险因素，有效地提高了事故预防能力，解脱了危险工序的操作人员，极

大地改善了黑火药生产的劳动条件，对黑火药安全生产提供了可靠的保证。

引进黑火药自动生产线所采取的各项安全技术措施，在国际黑火药生产中也属先进水平，很值得我们借鉴、消化、吸收，它将成为我国原有生产线安全技术改造的方向，以不断提高我国黑火药生产的安全技术水平。

## 4.3.2　硝化棉生产燃爆事故的预防措施

### 1. 棉纤维素硝化反应的特点

棉纤维素与混酸中的硝酸作用，生成棉纤维素硝酸酯，俗称硝化棉，其反应式如下：

$$[C_6H_7O_2(OH)]_m+nHNO_3\xrightleftharpoons[\text{脱硝}]{\text{硝化}}(C_6H_7O_2)_m(OH)_{m-n}(ONO_2)_n+nH_2O+Q$$

棉纤维素硝化后，其化学结构发生了变化，纤维素大分子上的羟基不同程度地被硝酸酯基所取代，聚合度下降，纤维发生膨润，定向区被破坏或产生新的定向区，但仍然保留着棉纤维原有形态结构的特征。

从以上反应式可看出，棉纤维素硝化反应是可逆反应。即增加硝酸的浓度可使反应向右进行。随着反应生成的水逐渐增加，反应速度逐渐减慢，如往里加水，可使反应向左进行，就是通常所说的脱硝。因此棉纤维素被硝酸硝化的反应速度取决于正反应速度和逆反应速度的比值。

棉纤维素硝化反应是放热反应，含氮量在10%～13.5%，每克分子硝酸与羟基反应，放出的热量为 1 170 cal。

棉纤维素硝化时，除主要的硝化反应外，还发生纤维素的氧化、水解等副反应。而且当硝化时混酸中水和硫酸含量越高、温度越高、纤维越不易被混酸所浸润时，这种副反应越厉害。

根据纤维素硝化时的特点，在硝化棉的生产中都采取了必要的措施，如：硝化剂中加入脱水剂——硫酸，在硝化前根据反应温度将混酸冷却，控制混酸中硫酸和水的量，以及硝化温度等，以减少纤维素氧化水解的副反应。

### 2. 硝化棉制造工艺流程

（1）1 号、2 号、3 号及混合硝化棉制造工艺流程如图 4-1 所示。

（2）赛璐珞、喷漆用硝化棉制造工艺流程如图 4-2所示。

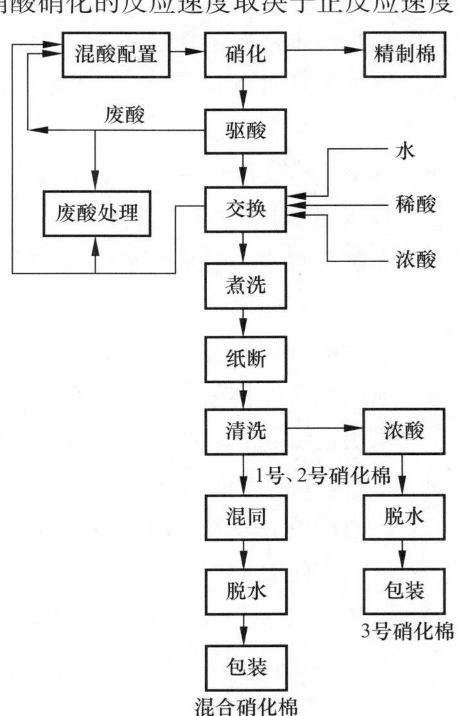


图 4-1　1 号、2 号、3 号及混合硝化棉制造工艺流程

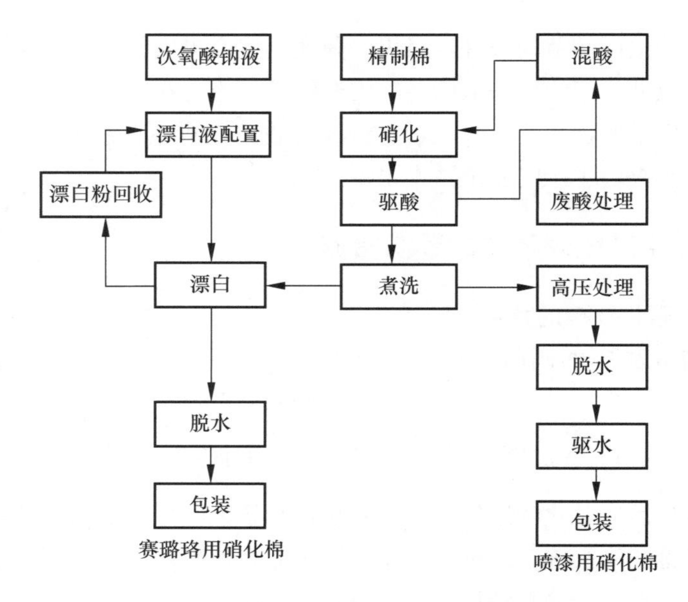


图 4-2 赛璐珞、喷漆用硝化棉工艺流程

3. **混酸配制工序安全技术**

硝硫混酸是制造硝化棉的主要硝化剂，其成分为硝酸、硫酸和水的混合物。其中的硝酸是与纤维素起硝化反应的主要成分，硫酸是脱水剂，用以吸收硝化反应时生成的水，以保证纤维素硝化反应的顺利进行，硫酸的存在还可减少硝酸对纤维素的氧化作用。

根据生产实践，调整混酸中各成分的比例，可制得不同含氮量的硝化棉。

1）混酸配制

配制混酸，一般采用硝化废酸加浓硫酸和硝酸（若废酸量不够时，尚需加入置换酸的浓酸）在配酸机中进行。

配酸机有机械搅拌和泵循环等形式，泵循环由于效率低，易漏酸，检修和维护较复杂，与机械搅拌相比不安全因素较多，因而逐渐被机械搅拌所代替。

采用连续配酸，使硝酸、硫酸和废酸在同一管道中流动时即进行混合，如果采用这一工艺，将使配酸操作更为安全。

配制硝硫混酸时，硝酸与硫酸之间作用会放出大量的热，其反应比较复杂，可以用下列反应式代表：

$$HNO_3+2H_2SO_4 \longrightarrow NO_2^+ +2HSO_4^- +H_3O^+$$

当有水存在时，硝酸和硫酸之间的反应热低于无水时的反应热。

2）混酸调温

在硝化棉生产中，一般采用调整混酸的温度来控制硝化温度，不同品号的硝化棉要求不同的硝化温度，例如，1 号硝化棉，要求硝化温度低；3 号硝化棉，要求硝化温度高。调整混酸温度的控制方法，随地区和季节的不同而异，如南方较热地区需用冷冻盐水降温；而北方较冷地区，有时用地下水就可以降温，有时甚至需要加温。

一般的冷却设备有列管式、套管式和伞板式等多种。列管式冷却器管子小，而管数多，相对冷却面积大，冷却效果好，但由于管径小，容易被混酸中央带的硝化棉堵塞；套管式冷却器冷却面积相对较小，但流速快，管内不易产生堵塞。

置换酸是用雨淋酸和水配制的，配制时也必须用冷却装置调整置换酸的温度，以保证驱酸的安全和减少硝化棉脱硝。但冷却水的温度不能太低，以免在管内冻结，胀裂冷却设备。

3）废酸收集

硝化工序来的硝化废酸，经过专门的过滤装置除去废酸中夹带的硝化棉后，进入废酸收集贮存槽，然后打入配酸机中进行配制混酸的操作。硝化棉废酸收集贮存槽要有安全容量，其底部沉积的硝化棉要定期清洗，否则，时间过长，硝化棉会发生分解燃烧，甚至爆炸。其原因主要是酸性硝化棉本身就不安定，当集存过多时，其自行分解放出的热量会加速硝化棉分解，最终会导致硝化棉的燃烧或爆炸。如果酸性硝化棉暴露在空气中，则更易分解，所以废酸收集贮存槽内的酸不能抽尽，以免酸性硝化棉暴露在空气中分解燃烧。

此外，还要特别注意防止水和稀酸进入废酸槽中，因为废酸被稀释时也会放出热量，使槽内温度升高，促进硝化棉沉渣分解燃烧。

**4. 硝化、驱酸工序安全技术**

1）硝化、驱酸工艺设备简介

硝化棉生产是将疏松后的精制棉，通过二次烘干，以一定的速度吹送到硝化工房的旋风分离器接棉斗内，同时在旋风接棉斗底部连续不断地、均匀地喷入一定量的混酸，使混合后的棉料与酸一同流入硝化机内进行硝化反应。目前采用的硝化机有U形管式、五室串联式、六室圆筒串联式等多种形式。它们所具有的共同特点是：生产能力大，产品质量可靠，能实现连续化，安全性较好。采用连续硝化工艺后，操作工远离硝化现场，而在仪表间隔离操作，本质安全化程度有了很大提高，冒料、中毒及酸烧伤事故比间断法生产时大为减少。

随着硝化工艺的连续化，驱酸工艺也相应有了改变。由原来的悬吊式驱酸发展到现在的连续自动驱酸，生产效率大大提高。目前各厂采用的卧式往复推料离心机主要有$WH_2$-800型、$WH_2$-1000型、$WH_2$-1200型三种。这些设备具有一定的优点，如生产连续化，改善了劳动条件，但由于设备密闭，故易发生硝化棉爆炸事故。近年来，为保证驱酸机的安全运行，各厂进行了相应的改造：将驱酸机门改为轻质活动门，使驱酸机一旦分解气体，易于泄出，起到减压泄爆作用；将较厚的布料斗改薄，增大布料斗和推料盘的间隙，防止因积棉而堵塞；改进油路系统的油封，用粉末冶金含油轴瓦代替铜瓦，防止油酸互窜造成事故；采用置换工艺，减少硝化棉分解，避免了事故的发生。又因采

用了 $WH_2$-800 型二级驱酸机，使驱酸的安全状况有了较大的提高。

2）硝化棉在硝化和驱酸过程中经常发生分解、燃烧，严重时甚至爆炸

其主要原因为：

（1）棉纤维被混酸浸润不均匀。

（2）驱酸后的酸性棉与水滴接触或夏季气温升高，发生局部过热，温度升高，引起酸性硝化棉分解。

（3）硝化棉驱酸后，吸附的硝酸和硫酸引起二次硝化。

（4）离心机布料斗堵塞。

（5）设备上的原因。

（6）其他原因。

3）硝化操作中的安全注意事项

（1）停车时，应按规定顺序停车，先停止供给纤维素再停酸，然后从前到后停止硝化机的搅拌，最后停止离心机，以免造成物料的堵塞。

（2）如停工时间较长，硝化机内的物料必须放净。放料前，先加入一定量的混酸，将物料稀释至一定程度。从后到前依次打开泄料阀门，将物料放入离心机中。由于物料浓度较稀，在放料时，应注意不使离心机发生振动。

（3）离心机工作时，机门不许闩紧，以便硝化棉分解时门能自动被推开，形成泄爆孔。

（4）生产时，离心机门前不允许站人和停留，以免硝化棉分解或爆炸时，造成人身伤亡事故。

（5）工人清理离心机时，应集中注意力，当发现有分解现象时，立刻从离心机门正面离开，退至机旁，并迅速离开现场。

（6）在操作或发生故障清理时，不允许带水的或带油的工具与酸性硝化棉接触，也不允许用工具敲打。

（7）散落在地面上及水沟内的硝化棉，必须彻底清理干净，以免含酸硝化棉分解。

（8）当硝化机或离心机内的硝化棉发生分解时，应立即开动事故排风机，操作工人迅速离开现场，待氧化氮气体排出后，才能进入工房处理，以避免中毒。空气中氧化氮的中毒浓度（换算成 $N_2O_5$）为 0.4 mg/L。

**5. 安定处理工序安全技术**

1）安定处理的意义

精制棉进行硝化时，除主要生成硝化棉外，同时还伴随有一系列的副反应，例如，纤维素被硝硫混酸硝化生成纤维素硫酸酯和硝硫混合酯；纤维素中的杂质如多缩戊糖、多缩己糖及氧化水解纤维素等，经硝硫混酸硝化后生成硝化糖类低级硝化物。这些副反应的产物，以及主反应生成的硝化棉虽经驱酸和水洗等工序，但在其纤维毛细管中还吸附有少量的游离硫酸和硝酸。所有这些物质都是不安定的杂质，会影响硝化棉的安定

性，导致硝化棉分解、燃烧，甚至爆炸。历史上，在硝化棉生产的初期，人们对以上杂质认识不足，尤其是不能除尽吸附在纤维毛细管中少量游离的硝酸和硫酸，因而曾发生过重大燃烧爆炸事故，造成了严重的人员伤亡和巨大的财产损失。因此，硝化棉安定处理非常重要，其主要目的就是要除去副反应产物和残留的酸等不安定杂质，以保证硝化棉和以硝化棉为主要成分的无烟药在生产、使用和长期贮存中的安全。

2）安定处理方法

安定处理，就是通过煮洗、细断和精洗等工序除去硝化棉中所含的杂质。

（1）煮洗工序。

煮洗即通过酸煮和碱煮分解破坏夹杂在硝化棉纤维中间的不安定杂质，并降低和控制硝化棉的黏度。从已发生的事故看，煮洗主要存在以下几方面的不安全因素：一是桶漏或未加足水，造成干煮，引起煮洗桶内的硝化棉着火爆炸；二是煮洗蒸汽管道和阀门发生故障，造成烫伤事故；三是检修设备、管路，开关之前未刷洗干净，里面含有残存的硝化棉，检修动火焊接时发生着火或爆炸事故。

煮洗的方法采用先酸煮后碱煮。煮洗工艺有常压煮洗、加压煮洗和高压煮洗。常压煮洗设备比较陈旧，而且生产周期长、生产能力小、蒸汽消耗多、劳动强度大，已逐步被加压煮洗和高压煮洗所代替。加压煮洗的压力一般控制在 1 kg/cm$^2$ 以下，采用蒸汽喷射器用蒸汽直接加热。由于加压煮洗的温度较高，加速了不安定杂质除去的速度，因而可以缩短煮洗时间。高压煮洗设备主要为高压管煮器，大约为 19.00 m 的蛇形长管道，内径 100 mm，外面是蒸汽套管加热，硝化棉在此管道的 0.5% 的稀酸溶液中进行蒸煮，使硝化棉中的不安定杂质，如硝化糖等低级硝化物在酸性溶液中煮沸分解。由于高压，可使煮洗时间大为缩短，一般 8～13 min 即可完成酸煮。

酸煮之后再进行碱煮，因为硫酸酯和硝硫混合酯在浓度 0.1% 以下的碳酸钠的稀溶液中碱煮会分解得更快，吸附在硝化棉纤维毛细管中的少量硝酸和硫酸在碱溶液中被中和，这样就可达到除去全部杂质的目的。

加压煮洗桶上的泄爆安全装置是防爆片，高压煮洗锅上的泄爆安全装置为安全阀。防爆片大都采用铜和铝板制成。其厚度可按下式计算，

$$\delta = \frac{pd}{4\sigma_{cp}} \tag{4-1}$$

式中　$\delta$——防爆板的厚度，cm；

$p$——应能使防爆板剪切的压力，kg/cm$^2$；

$d$——防爆板的直径，cm；

$\sigma_{cp}$——抗剪强度，kg/cm$^2$。

煮洗工序的主要安全问题，是注意煮洗桶内的硝化棉必须全部浸没于煮洗水介质中。酸性硝化棉，特别是干的酸性硝化棉，极不稳定，容易分解着火、燃烧爆炸。因此，散落在煮洗桶蒸汽管道、桶盖和桶壁与保温层缝隙间的硝化棉必须及时清理，冲扫

干净。对煮洗桶、出料阀、废水阀要经常检查，不允许泄漏，否则，由于泄漏而使桶内煮洗水量减少，使部分酸性硝化棉露出水面，就可能带来危险。所以，煮洗桶上应安装水位计，经常检查水位的高低。

高压管煮器可分为三段：第一段为加热段，把硝化棉加热到煮洗要求的规定温度；第二段为保温段，使硝化棉在规定温度下保持一定温度；第三段为冷却段，将硝化棉冷却到 100 ℃以下，以便于出料。高压煮洗设备的蒸煮压力为 7～9 $kg/cm^2$*，要按压力容器规范加强管理。其保温段温度为 130 ℃～140 ℃，要防止高压蒸气泄漏喷出烫伤人员。因此，高压煮洗设备在投入生产前需作耐压试验，使用过程中对压力表、安全阀、温度计、指示灯、报警器等定期进行校验，发现有不正常时，要及时修理或更换。

在煮洗过程中经常发生的故障为管道堵塞，其原因是多方面的，如供料泵停车、供料泵进入杂质、制动泵被棉料堵塞等，发现这种情况要停止供料，同时打开安全水电动阀，启动安全水泵，用安全水冲洗管道。如采取以上方法处理无效时，只好停工，找出堵塞部位，拆卸管道，用供料泵或制动泵分段疏通或人工掏管。

预热槽、供料槽之间输送管堵塞的原因为预热槽棉料浓度过大，输送泵发生故障或操作不当，这时要调整棉料浓度，用水冲洗；冲洗无效时，人工掏管排除故障。

（2）细断工序。

细断就是通过细断机的机械作用，将煮洗后的硝化棉长纤维切短至 0.2～0.5 mm，使纤维毛细管内的残酸易于扩散出来，并被洗去，从而获得有足够安定性的硝化棉。同时，经过细断，还有利于硝化棉的溶解和混同。

硝化棉的细断设备有多种，早期用过郝氏细断机，但因生产能力低，劳动强度大，后来多采用圆筒细断机、锥形细断机和圆盘磨细断机。

所有细断机主要部分都是由辊刀和底刀（或称转子和定子）组成的。辊刀快速旋转，底刀固定不动，硝化棉通过辊刀和底刀之间被切断。

连续式细断由 5～8 台机组串联组成，台数的多少根据细断度的要求而定。

连续式细断机工作过程中不得缺水，如果缺水，则硝化棉在辊刀与底刀之间干磨，会产生大量的热使硝化棉分解燃烧。另外，在细断过程中，棉料和辊刀、底刀之间摩擦产生的热会使硝化棉浆温度升高，硝化棉纤维变软，切断的细度不够，所以要控制细断温度，一般不超过 60 ℃。

在细断过程中，操作人员不能离开工作岗位，要经常检查细断情况和电动机的负荷电流，调整辊刀、底刀之间的距离，如发现有异常情况，要及时处理，排除故障。

为防止金属杂物（如螺栓、铁钉、铁丝、焊条头等）进入细断机内而打坏设备，应在硝化棉进入细断机前通过除铁装置，并要经常清理除铁装置。

细断机工房内所有的电机和电气开关都应是防潮防爆式，以免硝化棉粉尘进入电机

---

* 1 $kg/cm^2$＝0.1 MPa。

或开关内引起分解燃烧。

配电室与工房要隔开，总电缆沟不应铺设在工房内，以防硝化棉尘聚集在电缆上引起着火。

（3）精洗工序。

精洗是安定处理的最后一道工序，一般采用常压精洗桶进行精洗，也有的采用加压精洗方式，以缩短精洗时间。

精洗的目的是在一定的碱度和温度下进一步除去硝化棉纤维管内部的残酸及杂质，并调整硝化棉的碱度，使硝化棉具有一定的弱碱性，达到安定性要求。采用加压精洗时，要从蒸汽喷嘴加入冷水降温，待机内温度降至 100 ℃时停止进水，并停止搅拌，打开废气阀。待压力降至 0 时，才能打开机盖。加冷水时，不能从上部加入，因为这会造成上部棉浆局部降温，而机内下部棉浆的热量传至上部，温度升高或成沸腾状，棉浆液位升高，溢出机外伤人。此外，检修精洗机前，必须严格执行刷洗和焊接制度，防止硝化棉燃烧爆炸。

精洗时棉浆浓度控制在 11%～13%，碳酸钠溶液浓度控制在 0.01%～0.03%。精洗温度控制在 90 ℃～125 ℃，精洗时间随精洗温度不同而不同，可为数小时至几十分钟。精洗完毕后，要对硝化棉所有质量指标进行全面取样分析，合格后送往混同工序。

对硝化棉浆料输送泵应随时进行检查，及时更换密封填料，填料压盖位置必须正确，以防止硝化棉浆进入密封腔内，与泵轴和填料压盖摩擦发热，引起硝化棉分解或爆炸。

**6. 硝化棉混同、脱水工序安全技术**

1）混同

混同的目的是将安定处理后的不同含氮量的硝化棉，按单基药各种品号的要求，混合成质量均匀的大批量的混合硝化棉。

混同机一般为钢制立式圆筒形容器，容器的大小根据批量而定，一般能装 20～50 t。混同机内装有螺旋桨式搅拌。

此工序应注意混同机的搅拌轴承套与轴之间的缝隙，间隙太大时，搅拌轴容易摆动，不安全；间隙太小时，水进入太少，轴转动时摩擦生热，使硝化棉粉尘分解燃烧。发现这种情况时应及时更换轴承套。

混同机开车时，应先搬动联轴器，防止因硝化棉沉淀过紧和附着牢固而在开动搅拌时电机负荷过大而被烧坏。

混同合格的硝化棉，经除铁、除渣和浓缩升温后再送去脱水。

2）脱水

脱水工序使用的脱水机有卧式刮刀间断脱水机和卧式活塞推料连续脱水机两种。

脱水后的硝化棉水分一般在 25%～35%，含水分低的硝化棉机械感度大，容易燃烧和爆炸，因此要避免硝化棉水分蒸发变干，这是本工序安全技术的关键问题。例如，离心机、脱水机离合器的摩擦片长期不换，易摩擦产生火花，引起硝化棉粉尘燃烧；离心机刹车太快摩擦生热，也能引起硝化棉粉尘的燃烧；用刮刀出料时，刮刀过紧或刮刀过钝，使摩擦力增大而发热，或者刮刀安装位置不正确与筛框摩擦发热，都会引起硝化棉分解燃烧。所以，必须严格控制脱水工房内的硝化棉量，如果药量大、粉尘多，往往是造成事故发生和扩大的根源。

硝化棉脱水工序要特别注意整洁文明生产，经常清理打扫硝化棉粉尘，定期大扫除，严格禁止穿带钉子的鞋进入工房（鞋钉与地面碰撞摩擦会产生火星），这些都是保证安全生产的必要条件。

### 4.3.3 单基药生产燃爆事故的预防措施

单基药（硝化棉无烟发射药）的生产流程有 9 个主要工序，各工序燃爆事故的预防措施如下。

#### 1. 驱水

因为干硝化棉很敏感，易爆炸，所以运输和贮存时均含有 30% 左右的水分。但 30% 水分会影响硝化棉在醇醚溶液中的胶化和以后的压伸，因此含水的硝化棉必须驱水，以使其含水量不超过 4%。

硝化棉的驱水是在离心机上用乙醇置换水的办法进行的。操作时，将含水的硝化棉装入布袋中，再将布袋放入离心机的筐内，然后加入 95% 的乙醇，开动离心机，使硝化棉中含水量到 2%～4%，含乙醇量达到 26%。

驱水工序的主要安全防范措施，就是预防酒精（乙醇）和硝化棉的着火事故，包括酒精挥发后其蒸气与空气形成燃爆性混合物燃烧爆炸，以及回收管道内积存的硝化棉着火爆炸。例如 19731211# 事故案例，10# 离心机新换的轴承转动不灵活，致使生产过程中轴承摩擦造成轴温升高，引起机内酒精气体燃烧爆炸。

#### 2. 胶化

胶化的目的是将硝化棉和溶剂、安定剂以及其他成分进行细致的混拌，使各成分充分混合得到一种均匀的可塑性胶体物质，以便根据使用条件做成各种药形。胶化是在捏合机中进行的，药料在捏合机中的搅拌时间约为 1 h。

胶化工序的主要安全防范措施，就是预防杂质混入药料中，以免在捏合时发生摩擦而引起药料燃烧爆炸。同时，胶化时使用的乙醇、乙醚溶剂是易燃液体，容易挥发，因而预防明火、电火花、静电火花和摩擦撞击火花非常重要。19791029# 事故案例中胶化筛选工房着火事故，是工人偷偷在提升机前吸烟扔的烟头引起的。19890124# 事故案例胶化工房火药燃烧事故，是操作人员倒药速度过快，药粒之间互相激烈摩擦产生静电，放电火花引燃了胶化机内溶剂气体和成品单基药造成的。

#### 3. 压伸

压伸包括压药和拉伸两个意思。它是在压力机上或在水压机上通过一定的模子来进行的。模子的形状应与所制火药的形状相适合，由于在以后的预烘、浸水、烘干等工序还要排除其中的溶剂，使火药尺寸缩小，所以在选取模子的内尺寸时，应将这种“收缩”考虑在内，以便得出规定的药形和尺寸。压药的压力一般为 300～400 kg/cm$^2$。

4. 晾药与切药

晾药的目的是为了排除过多的溶剂，等溶剂含量在 25%～30%时即可送去切药。

切药的目的是使火药成为一定长度的药形。切药是在切药机上进行的，要求切刀锋利，否则切好的药粒会带有毛刺，但切刀动作的速度不应过快，否则会引起火药燃烧。

晾药与切药工序的主要安全防范措施有：预防切药机发生机械故障，或刀片与药料摩擦生热，引起药料燃烧。例如 19721024# 事故案例切药机着火引起的火灾，就是切药机刀片与药料长久摩擦所致。再加上工房内酒精、乙醚气体浓度较高，药料着火后消防雨淋管网未及时喷水，使得火焰迅速蔓延成灾。

5. 预烘

预烘的目的在于使火药中溶剂的含量达到一定程度，以便浸水时不致损坏它的胶质结构。预烘在干燥柜中进行，要控制溶剂含量为 15%～18%，达到浸水最合适的含量。

预烘工序的主要安全防范措施有：干燥柜的结构要适合单基药烘干的安全要求；温度控制要准确；烘干室内的药粉要经常清理；采取预防静电火花的措施，包括工人必须穿着导静电工作服和鞋袜。

6. 筛选及浸水

火药烘干以后进行筛选剔除废品，随即进行浸水。火药浸水的目的是为了排除残余溶剂，以免影响火药的弹道性能，同时火药含溶剂较多时使火药做功能力降低。火药浸水是将药粒放入浸水池中，定期换水，浸水时间根据溶剂含量的多寡而改变。

筛选工序的主要安全防范措施有：筛选机必须接地良好，以导出药料筛分摩擦产生的静电；筛选工房必须经常清理药粉粉尘，操作工人必须穿着导静电工作服和鞋袜。

7. 烘干

烘干就是使用 50%～70%的干燥空气通过火药层，以排除火药表面上吸附在毛细孔中的水分。烘干前火药的含湿量通常为 25%，烘干后火药的含湿量为 1%～1.5%。

烘干工序的主要安全防范措施与预烘工序的相同。

8. 混同

实践证明，每小批火药（同一个浸水池中的火药量）的性能并不是完全一致的，因此要通过混同工序将多个小批的火药混合成质量均匀、理化性能与弹道性能一致的一个大批。

混同工序的在制品药量大、时间长、操作人员多，一旦发生燃烧爆炸事故，其后果非常严重。19690428# 事故就是单基药混同过程中发生燃烧爆炸，造成 27 人死亡、35 人重伤、200 余人轻伤的严重后果。所以混同工序的主要安全防范措施，就是避免设备摩擦使局部温度升高而引起火药燃烧爆炸；采取完善的防静电措施，以避免静电火花引起药粉、药粒燃烧和由燃烧转化为爆炸；预防人为破坏事故的发生，如 19740412# 事故案例。

9. 包装

包装的目的是为了防止火药受到湿气作用以及运输保管的方便。一般是将定量的火药装在一定尺寸的镀锌铁皮密封箱中。

包装工序也要采取完善的防静电安全措施。

### 4.3.4 双基药、三基药生产燃爆事故的预防措施

1. 双基药生产燃爆事故的综合分析

双基药生产发生的主要事故为压延着火、切割着火、烘干燃爆、压伸爆炸四个方面。

1）压延着火事故

压延着火在螺压生产上是经常发生的。因为药料在压延过程中受到高温挤压，所以很容易引起着火。此外，与生产条件、操作水平、设备状况以及药料性质等也有直接关系。压延着火造成事故主要有两种情况：一是火窜入前工序，引起二次驱水着火；二是火窜入烘干、螺压工序，引起燃爆事故。

压延着火的原因有以下几个方面。

（1）设备方面。

① 压延机安装精度差。重车时造成两压辊不平行，甚至两辊相碰撞而引起药料受力不均或撞击、摩擦着火。

② 压延机工作时产生强烈振动。其原因大致如下：设备陈旧，齿轮轴瓦磨损；地脚螺丝松动；辊筒轴瓦缺油；冷却水不够或未通冷却水，产生粘瓦现象；机器底座不稳固或地基不平。

③ 辊筒沟槽过深或过浅。过深时工作辊沟槽内的药料会发生局部停滞现象，使药料长时间处在高温高压下，易产生分解着火。沟槽过浅，则辊筒吃料困难，中间易形成大块，若不能及时取出，则易产生摩擦着火。

④ 空转辊两端与工作辊上面的成型环间的间隙太小，易摩擦着火。

⑤ 成型环变形。成型环有铜质、钢质两种，钢质成型环强度高、变形小，但着火频率高。此外，成型环变形还与加料速度有关。加料过快，辊距太大时，辊筒上的药料不能有规律地通过成型环，使成型环承受过高的压力而变形，变了形的成型环与药料摩擦，增加了着火频率。

⑥ 圆盘刀安装不合适，与成型环间隙太小，摩擦起火。

⑦ 接地装置不符合要求，导电不良，因静电聚集放电，引起着火。

⑧ 仪表指示失灵。如辊筒温度过高，仪表却不能做出正确的指示，也能引起着火。

（2）工艺及操作方面。

① 塑化过度，药料产生急剧分解着火。

② 加进大块的硬料或冷料，因强烈摩擦或局部过热引起着火。

③ 加料中断，药料在辊筒上停留时间过长，造成分解着火。药料内卷入气泡，受到绝热压缩，引起局部过热，药粉分解着火，着火的预兆是先发出“叭叭”的响声。

④ 加料速度过快，辊筒中部药料积存形成大块，而未及时取出，摩擦着火。

⑤ 辊距未调好，两端相差过大，造成两辊不平行。

⑥ 辊筒沟槽清理不干净。积存有干药料，造成开始投料即着火。

⑦ 中途停车时间过长，药料在辊筒上微量热分解，而后重车起车引起着火。

⑧ 辊筒温度过高，在压延时局部药料温度超过 100 ℃，分解着火。

⑨ 生产过程中混入机械杂质，如金属屑、沙粒、玻璃、金属零件等硬质杂物掉入辊筒间，由于剧烈摩擦引起着火。

⑩ 使用黑色金属工具，摩擦或撞击产生火星引起药料着火。

⑪ 使用存放时间过长的驱水药料，药料结块，辊筒吃不进，摩擦着火，或因强力挤进将辊筒撑开，而后辊筒又骤然复位，撞击着火。

（3）药料性质方面。

① 药料水分过小。主要是吸收药放置时间过长，水分降低到 3%～4%或更低，这样的药料压延时易发生着火。

② 硝化甘油含量高的药料和可塑性小的药料着火率高。

2）切割机着火事故

切割机着火事故的原因有以下几个方面。

（1）切割机排出时堵料着火。其原因有：投料时加料过多；压延出连刀药；压延跑片进入螺旋，清理不净；超负荷自动停车等。此外，在排出堵料过程中，如抠药料时，金属工具与切割机发生撞击、摩擦，也能引起药料起火。

（2）硬杂质进入切割机内引起着火。在压延到切割之间的药料输送过程中，掉入螺钉、螺帽等，进入切割机之后与刀片摩擦，撞击，引起药料着火。

（3）轴承磨损引起着火。如每次着火时雨淋雨幕下水，水进入轴承使润滑油破坏，而轴承缺油得不到及时补充，轴承被磨损，刀辊产生颤动，刀辊间产生摩擦，引起着火。

（4）梳形板、刀片之间摩擦引起着火。切割机切冷药后刀片变形，或长时间堵料造成梳形板，挡轴变形，刀片互相摩擦，引起着火。

（5）药料漏在伞形齿轮上，经摩擦起火。

3）烘干机燃爆事故

烘干机燃爆事故的原因有以下几个方面。

（1）压延、切割着火传入烘干机。根据双基药生产线安全技术检查资料汇编记载，压延平均每生产 433 t 药着火一次，即使雨淋系统能及时下水，也有时传入烘干机，引起燃爆。

（2）压伸机爆炸传入烘干机。压伸机平均每生产 2 484 t 药爆炸一次，虽然频率较小，但由于后工序雨淋系统灭火作用不够显著，压伸机爆炸有时传入烘干机，导致烘干机燃爆。

（3）烘干机本身着火。烘干机内的药粒、药粉流动到出料口附近，积存时间过长，引起分解自燃。

（4）设备长期磨损失修，使驱动部分与固定部位摩擦，引起药料着火。

（5）诱导排风出口处产生冷凝的硝化甘油和DNT凝结物，如长期得不到处理就会受热分解起火，或被外界火源引燃，导致烘干机燃爆。

4）压伸机爆炸事故

药料在螺旋压伸时，螺压机和模具内的压力可达30～60 MPa，总的轴向推力约165 t。药料温度应为65 ℃～85 ℃，但由于药料在螺压机内受到剪切、压缩、混合等作用后摩擦生热，故药料在模具内的温度可达90 ℃～100 ℃。负荷高，温度高，机头压力也比较大，因而爆炸点往往集中在机头部位。分析引起压伸机爆炸的原因，主要有以下几个方面。

（1）药料中混入硬杂质。常见的硬杂质有黑色金属和碎玻璃，其形状复杂，有棱角。体积小者威胁较大，混入的主要原因是管理不善，操作人员责任心不强或操作失误，如设备上的螺丝、垫圈、弹簧及破碎的刀片等零件失落后，未及时发现和查找；焊渣清理不净，未被电磁除铁机排除；测量药温用的玻璃温度计忘记取出被加入压伸机内等，均可引起爆炸。

（2）断料、倒料。若断料后加料斗处已露出螺杆，再继续加料就会使空气进入，并被绝热压缩，温度升高，药料就会很快分解，引起爆炸。倒料一般表现在药料内摩擦阻力过大，或设备光洁度太差，使正常流动的药料受阻，药料在压伸机内不是向前推进而是倒流；有时是由于珠盘破裂、螺杆后座造成倒料，或铜套沟槽长期磨损造成倒料。倒料时，药料在压伸机内摩擦时间被延长而引起分解爆炸。

（3）前工序着火引燃压伸机。压延机、切割机或烘干机着火后，由于雨淋雨幕系统失灵，或动作迟缓，使火焰窜入压伸机内，引起压伸机爆炸。

（4）断剪力环。由于压伸机负荷高，模具受压过大，或模具与压伸机头对接不平正，使剪力环受力不均，造成剪力环断开，药料受摩擦撞击，引起爆炸。

（5）违反工艺规程，如采用过多的返工品压伸；拆卸模具时用铁器敲打；用钢刀切模具中的药块；设备长时间超负荷运转等，都可能造成压伸机燃爆。

**2. 预防双基药生产中发生燃烧爆炸事故的主要措施**

1）加强设备的维修和保养

（1）认真执行设备的清洗制度。在双基药生产中，挥发的硝化甘油蒸气冷凝后附着器壁上或死角处，以及药料与设备摩擦产生的少量药粉，遇检修中的敲打、振动、焊接火花等均可能发生爆炸。因此，坚持定期清洗十分必要。

（2）加强设备的维修和保养。做到设备每年大修，每月中小修。这是控制设备带病运转，保持均衡生产，保证安全生产的有力措施。

（3）做好设备的润滑。把设备润滑当成设备维护保养的重要一环。

（4）提高维修人员的技术素质，以提高设备的维修质量和正确处理设备故障的能力。

2）加强雨淋系统的管理和维护

雨淋雨幕是双基药生产线主要的隔火、灭火装置，一旦出现失误，就可能使事故扩大。在双基药生产中，为及时扑灭火焰，切断并隔离火源，防止火势蔓延，对防火雨淋雨幕有以下三点要求。

（1）必须采用反应灵敏的光、电自动控制装置，即自动快速雨淋灭火系统。

（2）加强对雨淋雨幕系统的管理。要有专人负责，定期进行检查，定期进行维护，以保证其处于正常工作状态。

（3）生产前必须对雨淋雨幕进行试验，工作压力不足（必须保证在 0.4 MPa 以上）或运行不正常不准进行生产。

3）加强对职工的安全技术培训

严格岗位操作合格证制度，杜绝无证操作，严禁违章作业。

4）应用安全系统工程的管理方法，提高安全管理水平

对火化工的重要工序、关键设备采用安全检查表、故障类型分析、事故树分析、危险性预先分析等方法，分析生产中存在的主要危险因素，编制相应的安全检查表，定时、定点、定人，按照检查表的项目、内容、方法、标准进行监督检查。

5）正确穿戴劳动保护用具

**3. 硝基胍三基药生产燃爆事故的预防措施**

1）硝基胍三基发射药工艺安全措施

就硝基胍三基发射药生产所使用的原材料看，它比单基药多了危险性更大的硝化甘油和硝基胍；它比双基药又增加了有机溶剂。这就决定了硝基胍三基发射药加工工艺的复杂性和生产的危险性。从过去已发生的爆炸事故来看，压伸成型工序较多，其原因都是由于压伸机压药缸内溶剂气体排出不及时、造成溶剂混合气体绝热压缩而导致爆炸事故。所以，我国在总结硝基胍三基发射药三种生产工艺利弊的基础上，主要发展以半溶剂法和溶剂法为主的连续化生产线，并实现了一线多用，这种连续化、自动化生产线采用了硝化甘油安全输送技术、钝感技术和隔爆技术，以防止爆炸燃烧事故的发生。

2）半溶剂法生产硝基胍三基发射药的安全要点

（1）正确选用溶剂及其比例，保证胶化时间和胶化药质量。

（2）认真检查、清理胶化机内壁和搅拌翅死角黏结的药块。

（3）胶化机运转过程中，任何人不准进入工房；压药过程中，任何人不准进入压伸工房和接药工房。

（4）压伸药缸不得超过规定，装入药块不能太大。

（5）胶化药或过滤药条分几次装入缸内，每次装入后用预压冲杆小心压实。

（6）压伸前要向压伸缸内充入足够的 $N_2$，以驱除缸内溶剂气体和空气，防止产生气体绝热压缩而发生爆炸事故。

（7）按规定正确使用药饼。

（8）按规定严格掌握压伸压力，并保持压药速度均匀一致。

（9）压伸药条应在压出两小时内切药，禁止切过干、过硬药条。

（10）烘干过程中禁止任何人进入烘干室。需进入取样或烘干后出料时，必须往烘干室吹入冷风，烘干室温降至 35 ℃以下，相对湿度达到 65%以上方准进入。

（11）各工房的设备、管路，包括烘干室烘车，必须有良好的接地线。

（12）胶化、压伸、切药、光泽、筛药、混同等各工房室温须在 15 ℃以上，相对湿度不低于 65%。

（13）各工房要定期清洗和处理，防止药粉和硝化甘油蒸气的凝结。

### 4.3.5 炸药生产燃爆事故的预防措施

现以民用炸药——粉状乳化炸药为例，简述炸药生产过程中预防燃爆事故发生的控制措施。

民用爆炸物品企业的生产安全，要遵照《民用爆破器材工厂设计安全规范》（GB 50089—2007）和《民用爆破器材企业安全管理规程》（WJ 9049—2005）的要求，从厂址选择、建筑结构、生产工艺、设备设施、作业场所、运输与储存、试验与销毁、事故应急救援预案等方面做好工作。

**1. 粉状乳化炸药生产工艺过程简述**

粉状乳化炸药生产工艺分为三个阶段，即乳化制药（乳胶基质制备）阶段、喷雾制粉阶段和装药包装阶段。乳化制药部分的工艺与胶状乳化炸药生产工艺相同；装药、包装和纸管生产工艺与铵梯炸药生产线的同类工序相同；只有喷雾制粉部分是新增工艺和设备。粉状乳化炸药生产工艺过程如图 4-3 所示。

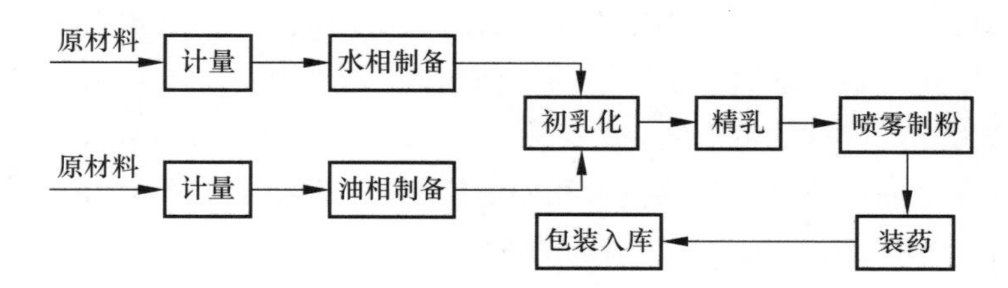


图 4-3 乳化炸药工艺生产流程图

1）乳化制药工序

将破碎后的硝酸铵通过螺旋输送器按设定的比例加入到水相罐内，原料水经计量仪表加入水相溶化罐，在压力为 0.4 MPa 的蒸汽间接加热的条件下进行搅拌。待完全溶解后在 140 ℃下保温备用。

称量后的复合油加入到油相罐内，在压力为 0.4 MPa 的蒸汽间接加热的条件下进行搅拌。待全部熔化并达到 90 ℃～100 ℃后，加入计量好的乳化剂，经充分搅拌使其均匀混合，并达到设定的工艺温度后备用。

配制好的水相溶液由水相输送系统输送，经水相管路及阀门、水相过滤器、水相流量计，进入乳化器。

配制好的油相溶液由油相输送系统输送，经油相管路及阀门、油相过滤器、油相流量计，进入乳化器。

水相和油相溶液按工艺配比连续进入乳化器中，两者在高速旋转的转子与定子的强烈研磨、剪切和分散作用下，被充分混合和乳化，形成“油包水”型乳胶体，这就是乳胶基质。

2）喷雾制粉工序

用螺杆泵将“油包水”型乳胶基质输送至制粉塔，在制粉塔内经喷枪高速喷射出来，被雾化成粉，经旋风分离器将粉状物料与水蒸气分开，从下部出口出来的粉状物料即粉状乳化炸药，送往装药包装工序；从上部出口出去的为水蒸气和少数细粉，经净化后排空。

3）装药、包装工序

将专用药卷纸切成一定规格后，经过卷纸筒机卷制成两层的带有窝心的纸筒备用。

喷雾制粉工序制成的粉状乳化炸药用手推车送到装药工房，通过加料平台将炸药加入到 ZY-6 型装药机的药斗内，随着机器的运转，粉状乳化炸药被缓慢地加入到装药机中，自动包装成一定形状的药卷。

药卷按一定的数量码放在药夹中，经粘蜡、包中包纸、套塑料袋、抽真空封口后装箱，打包机捆扎后装车入库。

**2. 生产过程安全控制措施**

总体安全条件（厂址选择、安全距离、规划分区、总图运输、防护屏障等）、建筑结构（厂房类型、承重结构、耐火等级、门窗地面、轻质屋盖、抗爆间室、抗爆屏院等）、电气安全（防爆电器、导静电设施、防雷设施）、消防设施和报警系统等已有专篇论述，这里只谈生产过程的安全控制措施。

（1）水相、油相制备和贮存工位应设置可靠的温度、蒸汽压力控制装置和自动报警装置，同时应设置应急灭火设施。

（2）水相、油相物料进入记录泵前应经过严格过滤，除去固体机械杂质。

（3）乳化器是影响乳化炸药生产安全的关键设备之一，因此，必须对乳化器的制造、安装、调试和维护进行严格控制。应有超压、超温、断水、断料和过载自动保护装置。在可能条件下，应尽量减少乳化器级数设置、降低转速、扩大转子与定子间隙，降低乳化器机械剪切强度，并选择转子和定子的合适材质。探讨紧急情况下乳化器自动泄爆泄压技术措施。

（4）乳胶输送泵也是影响安全生产的关键设备，应与乳化器一样设置安全防护装置。如尽量降低转速，设置超压、超温、断料和过载自动保护装置。

（5）制粉塔也是影响粉状乳化炸药生产安全的关键设备，应选择合理的喷雾装置，喷嘴、制粉塔应采用不易产生静电的材料或导静电材料制作，并保证设备接地良好，防止雾化过程中塔内粉体物料产生静电积累和放电火花。

（6）选用装药设备时，宜采用压缩空气或液压为动力源的驱动设备；若使用自动装药机，应经常在传动部件处加注润滑油；还应防止外露机械转动部件对药尘的长时间摩擦。

（7）重点危险工序的工装设备，如乳化器、喷嘴、输送泵等设备及其传送装置应制订科学合理的定检维修计划，易损件应建立强制性淘汰管理制度。

（8）尽可能采用较多的自动化、程序化、远程控制等技术。做好防尘防毒与职业卫生工作，减少人员直接接触危险源和人的误操作给生产过程带来的潜在隐患。自动控制系统应包括机电安全联锁、自动检测报警装置。

（9）炸药的输送必须有可靠的隔爆措施，防止发生殉爆。

（10）严格执行定员定量和危险物品定置管理制度，不许超量、超时、超凭照、超能力生产。

## 4.4 炸药装药过程中的安全性

装药过程是根据弹药的战术技术要求，采用特定工艺将散粒炸药加工成具有一定强度、密度和一定形状的药件的过程。该药件一般称为“炸药装药”，简称装药，它是各类军用弹药（榴弹、破甲弹、航空炸弹等）和民用弹药（震源弹、射孔弹、聚能切割器等）的核心部件，对于确保弹丸对目标作用的威力及勤务、储运、发射过程的安全性至关重要。由于装药过程是对危险程度很高的炸药进行再加工的过程，因此安全性的问题非常突出。本节在分析几种典型装药工艺的基础上对炸药装药过程中的事故原因和安全技术问题进行了分析。

### 4.4.1 几种装药工艺过程描述

装药工艺一般分为直接装药和间接装药两大类，前者指药件直接在弹体中制成，后者指预先制成药件后固定于弹体药室中。通常采用的装药方法主要有压装法、注装法、螺旋装药法、塑态装药法。实际应用中，应根据弹丸的作用和结构、选用的炸药、装药的生产效率等方面综合考虑选择适当的装药方法。

#### 1. 压装法

压装法是指在压力机上，通过冲头施加一定强度的压力将散粒状炸药在模具（如图 4-4）或弹腔中压制成具有一定形状、密度和强度的药件或装药的方法。

1）压装法的分类及其工艺过程

按照装入炸药的方法不同，可分为直接压装法和药柱分装法。直接压装法是将散粒炸药直接压入弹腔，一般适用于弹壁较厚的穿甲弹和其他小口径弹丸。在采用与弹体外形尺寸配合较精密的模具时，弹壁较薄的破甲弹也可采用直接压装法装填，其工艺流程如图 4-5 所示。

药柱分装法是先将散粒炸药在专用模具中压制成药柱后，再用黏合剂将药柱固定于药室中，其工艺流程如图 4-6 所示。

按控制药柱尺寸的方法，可将压装法分为压到位法和压压力法。压到位法即在压药时控制冲头的行程，压力控制在一定范围内。此法压制的药柱尺寸较精确，而药量误差反映在药柱的密度误差上。压压力法即压药时只控制压力，此法压制的药柱密度能得到保证，而药量误差反映在药柱的尺寸上。

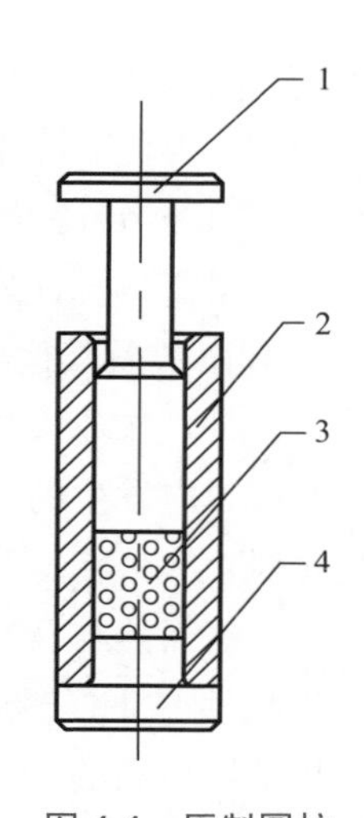

图 4-4　压制圆柱形药件的模具

1—冲头；2—模套；3—药件；4—底座

按压药时冲头加压方式，可将压药方法分为单向压药法和双向压药法。单向压药时，冲头从一个方向将炸药压实，压药模具由上冲、模套和底座组成。双向压药时，模具的底座改为下冲头，冲头从上、下两个方向将炸药压实。当药柱高度与直径之比大于 2 时，一般采用双向压药法。

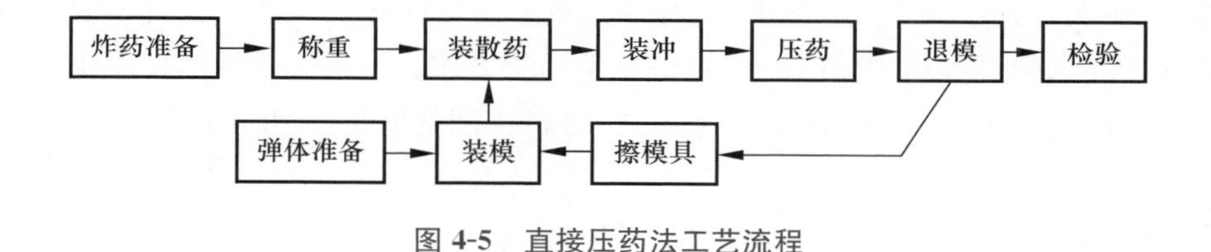

图 4-5　直接压药法工艺流程

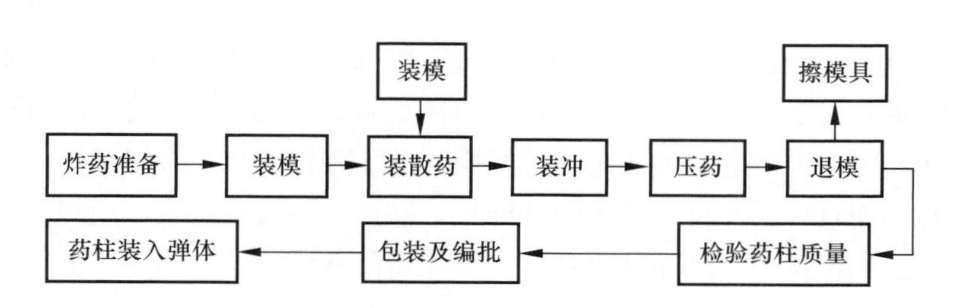

图 4-6　药柱分装法的工艺流程

2）压装法的适用范围

压装法适用于药室无曲率或曲率较小的中、小口径榴弹、穿甲弹、破甲弹，以及航弹、鱼雷、水雷、核武器等弹药的传爆序列元件。工兵使用的 200 g、400 g TNT 药块，各类弹药的扩爆管装药也可用压装法制备。

由于压装过程是机械挤压过程，除要求炸药的机械感度较低外，还要求炸药具有较好的成型性。适用的炸药有 TNT、特屈儿、钝化黑索今、钝化太安、8701、JH-17C、JO-9C 等。实际中根据弹径大小，经常选择群模压药，以提高生产效率。

3）压装法导致爆炸事故的原因

据资料统计，压装法的爆炸事故概率是几种常用装药方法中最高的，从国内发生的 31 起事故及其他事故案例的分析，导致压装事故的发生有以下特征及原因。

（1）作业人员思想麻痹。

国内发生的 31 起压爆事故中，TNT 被压爆 16 次，特屈儿 3 次，钝黑铝 8 次，烟火剂 4 次。在这几种药剂中，TNT 的撞击感度和摩擦感度均最低，但发生的事故却最多。这当然与 TNT 有关的产品任务多有关，更主要的是人们在思想上的麻痹，认为 TNT 是一种安全的炸药。然而，对 TNT、苦味酸、特屈儿、太安、黑索今和硝基胍这些常用炸药的静压试验表明，当压药压力达 4 800 MPa 时，除了硝基胍外，都在最高压力发生爆炸，分不出危险的次序，也就是说只有撞击感度为 0 的硝基胍较为安全，而撞击感度为 4%～8%的 TNT 压药时并不安全。某些单位的人员为了追求高的生产效率，在退模时不在油压机上隔离操作，而是人工敲打退模，产生很强的机械撞击，也是导致事故发生的原因之一。

（2）压药压力的影响。

在调查到的 31 次压爆事故中，未压到位时爆炸了 3 次；保压时爆炸 1 次；压到位时爆炸了 24 次，其中有 10 次是因为过压引起的；退模时爆炸 3 次。也就是说，在达到工艺条件所要求的最大压力值时，最容易发生爆炸事故。但是未压到位、保压、退模等工序中也可能发生事故，因此从压药到退模均属特别危险的作业，必须在防爆小室内进行。

（3）模具装配和间隙不当。

模具装配不到位或设计、制造的模冲配合间隙太小，容易导致模套与冲头互啃，在上述 31 起事故中，与模套冲模互啃直接有关的达 8 起。但模冲间隙过大，压成的药柱翻边又过于严重，给模具清渣带来较大困难，因此设计合理的模冲配合间隙非常重要。此外，由于压药时会在模套和冲头定心部黏附一薄层残药，如不及时清理，不仅影响模冲的正常配合，而且残药受反复的挤压和摩擦，易产生不安全因素，所以在每次退模后应使用沾石蜡油的擦拭棒、纱布认真清擦模具，清除残药。

（4）坚硬杂质。

炸药混入坚硬杂质会使其机械感度增高，比如：含砂子 0.1%时，TNT 的标准落锤感度由 4%～8%提高到 20%，如果坚硬杂质卡入模冲配合间隙中，在压药时会与间隙中的炸药一起经受激烈的摩擦和挤压，增大事故发生的可能性，因此炸药准备工序十分重要。

近期等静压炸药装药工艺得到了人们的广泛关注，其成型原理是将装入橡胶模套中的物料放入高压容器舱内，在一定温度和压力下对介质施加压力，通过介质均匀挤压橡胶模套中的物料，使物料均匀受力，以获得致密而均匀的产品。这种方法通过改变药柱的受力方式和受力环境，使装在模套中的炸药装药在液体环境中均衡受力，不仅可提高装药的密度及均匀性，而且可以改善装药的内在质量、尺寸稳定性和力学性能。

为了保证等静压炸药装药工艺的安全性，并提高装药的内在质量，需要对炸药的装料工艺采取必要的预处理措施，尽可能排除装料中的气体，以满足等静压装药的工艺安全性。

**2. 注装法**

注装法，指将炸药熔化后，经一定处理后注入弹腔或模具内，再经冷却凝固而成为符合战术技术要求的装药的方法。注装法所用设备简单，能装各种形状和尺寸的弹药，多用于大型弹药和药室较为复杂的弹种装药，如鱼雷、水雷、地雷、航弹、大型火箭弹、破甲弹等。图 4-7 为破甲弹的注装示意图。

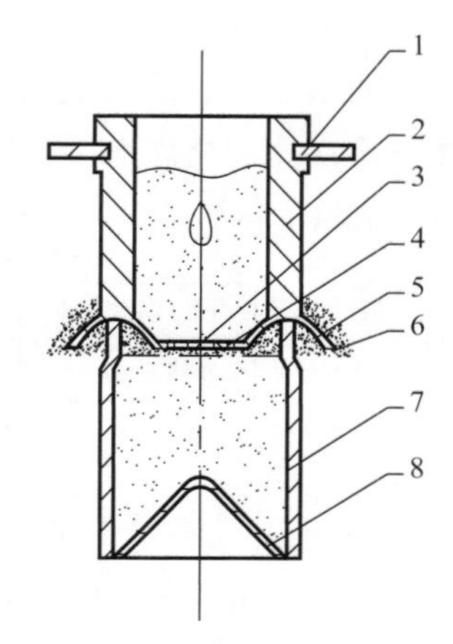


**图 4-7　破甲弹注装示意图**

1—拔漏斗柄；2—帽口漏斗；3—补药孔；4—排气孔；5—沟槽；6—保护套；7—弹体；8—药型罩

1）注装法的分类及其工艺过程

（1）普通注装法。

该方法主要指 TNT 注装，也称普通注装法，其流程如图 4-8 所示。

弹体准备的任务是得到内膛涂漆的清洁弹体。预热是为了减少装药的热应力，通常是把弹体预热到工房温度，一般方法是提前一天将弹体运至注药车间。对于弹径较大的弹体，可用热空气预热至 40 ℃～50 ℃。

炸药的熔化可采用间断式或连续式熔药釜。釜的外壳带有通蒸气的夹套，内有搅拌桨。

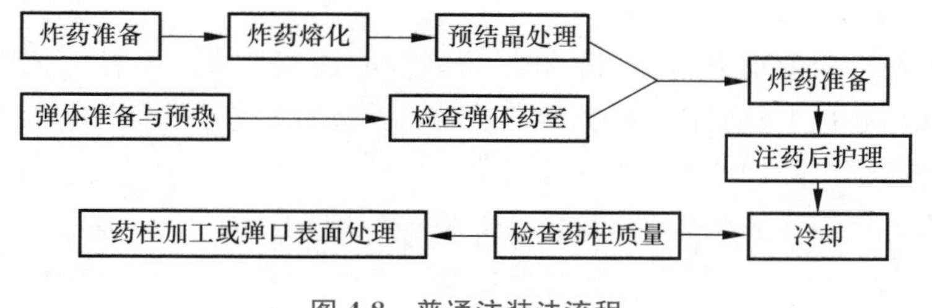


**图 4-8　普通注装法流程**

（2）悬浮液炸药注装。

将熔点较高、不能单独注装的高爆速高爆压炸药（如黑索今、奥克托今等）以固体微粒的状态，悬浮分散于熔融态炸药（如 TNT）中后，注入弹腔或模具内，再经冷却凝固而成为符合战术技术要求的装药的方法称为悬浮液炸药注装。图 4-9 为梯黑炸药的注装流程。

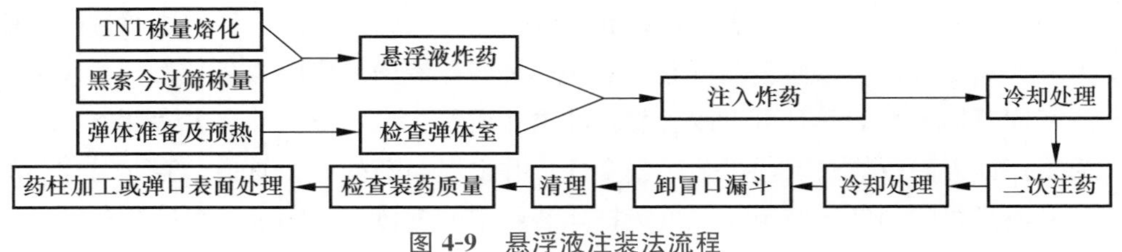


图 4-9 悬浮液注装法流程

(3) 块注装法。

所谓块注装法就是将熔融态的 TNT 或梯黑类型的悬浮炸药预先浇注成药块，然后按一定次序与熔融态 TNT 先后装入药室中，制成符合弹药战术技术要求的装药。其流程如图 4-10 所示。

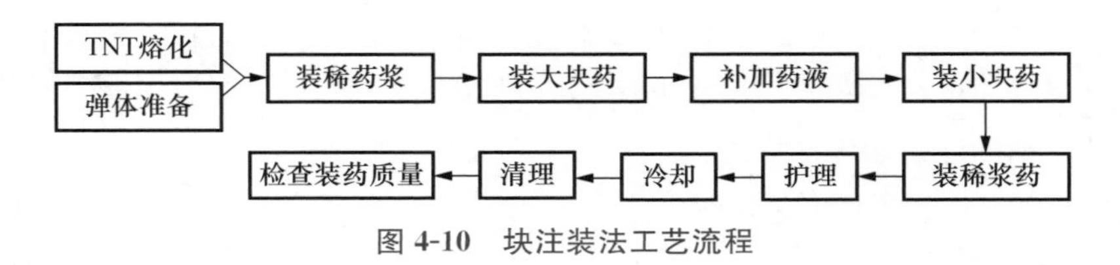


图 4-10 块注装法工艺流程

熔态 TNT 或悬浮态混合炸药的制备，可采用间断式或连续式熔药釜进行。间断式熔药釜是带蒸汽夹套的半球形釜；蛇管式熔药釜、康米沙洛夫双锥面夹层熔药釜属于连续式熔药釜，尤以康米沙洛夫釜应用最广。现在也有应用自动连续熔药釜的，其工作特点是药量自动连续称量，液位、密度、流量、温度均用自动化仪表控制，整个熔药系统较为先进。

(4) 改良的注装方法。

为了提高装药质量和生产效率，改善作业环境，近些年来人们对传统的注装工艺进行了改进，先后开发了离心注装、压力注装和真空振动注装等方法。

① 离心注装。

离心注装还可分为垂直离心注装和悬臂式离心注装。在前一种工艺中，弹体装药后，垂直放在离心机上，使弹体绕其轴心旋转，在重力和离心作用下，悬浮液中的分散相颗粒向弹腔底部沉降，该工艺有利于提高一些特定弹种的威力。比如以梯黑炸药装填破甲弹，常规方法浇注的炸药中 TNT 与黑索今的比例为 40∶60，而采用垂直离心注装工艺后，冒口漏斗中心处的黑索今仅为 45%～50%，药型罩锥顶处的黑索今含量为 68%，药型罩底部的黑索今含量可达 75%以上，因此可使破甲弹的威力得到提高。

在悬臂式离心注装工艺中，弹体装药后外装保温套，然后垂直悬挂在离心机的悬臂上，弹体在离心力的作用下绕离心机的主轴在水平方向上旋转，当离心加速度大于重力加速度时，悬浮液中的分散相颗粒将向弹底沉降，弹腔内分散相炸药的含量可达 70%以上。可见，采用离心注装可获得比普通注装质量好、能量高的装药。此外，离心注装省去了人工护理工序，减轻了作业人员的劳动强度和有害气体对人体的危害。

② 压力注装。

压力注装种类较多，如筛网式压力注装、网式振动压力注装、活塞式压力注装等，其中筛网式压力注装应用较多，其工作原理是在加热状态下，通过外界压力的推动作用使分散相炸药组分在熔态的连续相组分中充分沉降，从而使药室底部的高能组分含量较高。

③ 真空振动注装。

在振动和抽真空的条件下完成炸药的注装称为真空振动注装，这种方法是为了适应分散相含量高的高能装药而产生的。

当悬浮液中的固体颗粒比例过高时，药液变得很黏稠，无法采用普通的注装工艺进行装药。但是如果将弹体置于振动台上，在振动的能量作用下可以克服颗粒间的摩擦阻力和黏附力，提高药液的流动性。另外，振动可加速炸药的传热速度，还可加快连续相炸药晶核的成核速度，从而获得细小的晶粒。此工艺中，抽真空的作用是为使气泡易于上升逸出，减少装药的缩孔和疵病。

2）注装法的适用范围

注装法对炸药有如下要求：连续相炸药的熔点不高于 130 ℃，最好在 110 ℃以下，以便用热水或蒸汽来加热容器；炸药在高于熔点 20 ℃～25 ℃时，应能保持数小时不分解；炸药蒸气无毒或毒性较小。

满足上述要求并可用于注装的常用和在研炸药主要有以下几类。

（1）TNT 及其混合炸药。

这是目前应用最多的注装类药剂，如早期的梯黑炸药（B 炸药）、梯黑铝炸药、TNT 与硝酸铵（按 50∶50 或 40∶60 混合）、TNT 与二硝基萘，近期发展的则有 TNT 与奥克托今（如 Octol）、TNT 与 3-硝基-1,2,4-三唑-5-酮（NTO）等。另外，为了改善装药性能，晶形改善剂、钝感剂等辅助添加剂的选择也是人们非常关心的研究内容。

（2）1,3,3-三硝基氮杂环丁烷（TNAZ）类药剂。

TNAZ 由美国于 1984 年首次合成，其熔点为 99 ℃～101 ℃，密度为 1.83 g/cm$^3$，爆速为 8 740 m/s，比黑索今更稳定，其能量相当于奥克托今的 96% 或 TNT 的 150%，与硝胺类炸药如黑索今和奥克托今相容性好，是较理想的 TNT 替代物。以 TNAZ 替代 TNT 为基的熔铸炸药，如 B 炸药，爆速和爆压可提高 30%～40%，而且塑性更好。但目前成本较高，另外还存在液相蒸气压高、容易升华和固化时体积收缩率较大、易形成孔隙等缺点。在熔融的 TNAZ 中加入一定量的 N-甲基-4-硝基苯胺可以降低过高的蒸气压，减小装药孔隙率。用结构相似的 1,3-二硝基-3-（1',3'-二硝基氮杂环丁烷-3'-基）-氮杂环丁烷（TNDAZ）与 TNAZ 形成二元低共熔物也可以降低蒸气压，减小升华和降低熔点。

（3）3,4-二硝基呋咱基氧化呋咱（DNTF）熔注炸药。

DNTF 是 20 世纪 90 年代开发出的新型高能量密度材料，其密度为 1.937 g/cm$^3$，理论爆速为 9 250 m/s，能量水平高于奥克托今，尽管其熔点为 110 ℃，接近注装法的上限，但可与 TNT、特屈儿、太安、TNAZ 等形成低共熔混合物，表 4-3 为 DNTF 与 TNT 不同配比时混合物的共熔点、理论密度 $\rho_{TMD}$ 和爆速 $D$。

**表 4-3 DNTF/TNT 共混物的性能**

| DNTF/% | TNT/% | 共熔点/℃ | $\rho_{TMD}$/(g·cm$^{-3}$) | $D$/(m·s$^{-1}$) |
|---|---|---|---|---|
| 0 | 100 | 81 | 1.654 | 6 970 |
| 38 | 62 | 57 | 1.748 | 7 752 |
| 62 | 38 | 80 | 1.819 | 8 297 |
| 79 | 21 | 92 | 1.870 | 8 709 |
| 90 | 10 | 100 | 1.904 | 8 986 |
| 100 | 0 | 110 | 1.937 | 9 250 |

表中可见，当 DNTF/TNT 的配比为 90∶10，其爆速可超过压装奥克托今类炸药的水平，目前关于此类注装药的研究刚刚起步，但其前景非常好。

除上述品种外，目前还有多种熔铸炸药载体得到了人们的关注，主要有 2，4-二硝基苯甲醚（DNAN），3，4-二氰基氧化呋咱（DFCO），4，4-二硝基-3，3-呋咱（DNBF），1-甲基-2，4，5-三硝基咪唑（MTNI），1-甲基-4，5-二硝基咪唑（MDNI），3，4-二硝基吡唑（DNP），1-甲基-3，4，5-三硝基吡唑（MTNP），1-甲基-3，5-二硝基-1，2，4-三唑（MDNT），2，4，6-三叠氮基-1，3，5-三嗪（TTA），二硝基四硝酸酯（TNE），1-硝氨基-2，3-二硝酸酯基丙烷（NG-N1）。

3）注装法爆炸事故的原因剖析

据资料记载，近半个世纪来国内采用注装法装药时，发生的事故很少，国外共发生过 10 余起爆炸事故，说明注装法较压装等其他装药方法安全。但绝不能因此产生麻痹思想，因为注装时的药量比较大，一旦发生事故，后果将非常严重。为引起大家注意，下面将结合实例对注装法装药时发生事故的后果和主要原因进行分析。

（1）1918 年 10 月 4 日，在美国新泽西州发生了一次严重的爆炸事故，摧毁了当时世界上最大的一个弹药厂。这个按照当时最新规章原则建设的新型工厂由 13 条装弹生产线和 41 个主要弹药库组成，弹药库的间距为 150 m，在爆炸瞬间有 7 条生产线在运行。

装药时，首先对硝酸铵进行磨碎、干燥、筛选，把约 590 kg 的 TNT 装进熔药釜中，在 92 ℃下熔化。待 TNT 全部熔化后，将约 590 kg 的硝酸铵陆续加入熔药釜中并不断搅拌，混合均匀后再将阿马托再生炸药也加入其中，机械混合均匀后，通过釜底卸料阀装填弹体。

有一个装药工段的熔药釜在 7 时 30 分发生爆炸，随后一辆装有 800 发弹药的卡车爆炸，并切断了水源。后来，另一个装药工段被殉爆，并将其他弹药运输卡车引爆，之后库房中的 500 t 硝酸铵发生爆炸，随后一个装有 10 万发弹药的弹药库也爆炸了。最后，工厂中的 15 000 t 炸药大约有 6 000 t 因燃烧或爆炸被毁掉，100 万发弹药中有 30 万发炸毁。事故中共有 64 人死亡，100 余人受伤，摧毁建筑 325 栋。此事件的原因至今不明，可能是阿马托再生炸药中有异物，当然也不排除蓄意破坏的可能。

（2）1921 年 12 月 6 日，在德国，TNT 在蒸气夹套釜中加热到 100 ℃时，操作人员看到液面上有火焰后拉响了警报，所有工人违反规章向出事地点跑来，突然发生爆炸，有 13 人死亡。

（3）1942 年，在比利时一家军用炸药厂，使用熔融法从废弹药中回收 TNT 的过程中，约有 50 t TNT 爆炸，有 20 人被炸死。

（4）1954 年 9 月 15 日，在瑞典一工厂的黑索今和 TNT 混合车间，悬浮液炸药在加热釜中发生爆炸，导致 2 人死亡。

（5）1959 年 9 月 3 日，德国一个 TNT 熔化釜发生爆炸，因其他人员撤离及时，仅导致 2 名操作人员死亡。

（6）20 世纪 70 年代初，我国某厂在熔化倒空 20TNT/80 黑索今时也曾发生爆炸。

从上面的事故案例可以看出，注装生产和弹药倒空时所发生的事故大多发生在熔药工序。其原因是温度升高后炸药的机械感度也升高，比如 TNT 在药温为 99 ℃～110 ℃时，摩擦感度达到 100%，药温 115 ℃～120 ℃时，撞击感度达到 88%～100%，比常温下黑索今的摩擦感度（76%±8%）和撞击感度（80%±8%）高得多，也就是说，在温度升高的条件下，20TNT/80 黑索今的机械感度超过了黑索今，因此熔药工序易产生爆炸事故。

需要强调的是，注装法装填的每一个环节均属危险操作，而且挥发的 TNT 蒸汽有较大毒性，必须认真对待。

3. **螺旋压装法**

1）螺旋压装的原理

螺旋压装法是在螺压机螺旋杆的转动下，通过螺旋的输送和挤压作用，将散粒体炸药在弹体中压实为具有一定强度和密度要求的装药的方法。根据弹体安放的位置，螺压机可以分为立式和卧式两类。立式螺压机主要用于装填炮弹，卧式螺压机主要装填带尾翼的弹药。其原理基本相同，如图 4-11 所示。螺旋压装装药的形成过程可以分为装填和压实两个阶段。在装填阶段，由螺杆输入的炸药进入弹腔后，因离心力的作用而离开螺杆向四周散落，当炸药填满弹腔后，螺杆继续向弹腔输药，从螺旋面下挤出的炸药产生的应力逐渐加大，当压力超过机器的压力时（由反压开关控制），弹体被迫向后移动，于是装填阶段结束而压实阶段开始。

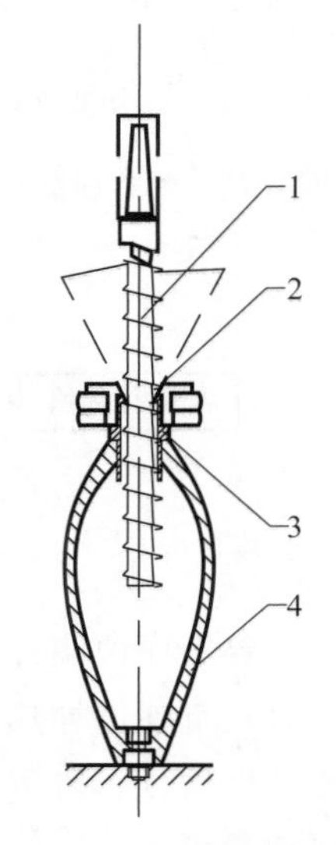

**图 4-11　螺旋压装示意图**

1—螺杆；2—漏斗；3—保护套；4—弹体

在压实阶段，炸药除受螺杆端面的挤压作用外，还受螺杆最后一扣变螺距的螺旋面的挤压作用，由于炸药的不断输入产生的压力一直大于机器的压力，弹体均匀向后移动，直到螺杆退出弹体药室，压实阶段结束，一发弹的装药过程完毕。

以上可见，螺旋压装法的机理是小药量逐层压实，而压装法则是一次装药、一次压实，有人称螺旋压装为微分压装。螺旋压装法将压装法的称药、倒药、放冲头、压药、退模等工序合为一体，因此生产效率比压装法高得多。如120 迫弹装药，每 60 s 可压 1～2 发。

2）螺旋压装法的适用范围和特点

螺旋压装法适合于 TNT、铵梯、梯萘等机械感度不高的炸药的装填，通常用于装填中等口径的弹药，如：82～160 mm 迫弹、85～155 mm 榴弹和 100 kg 以下的航弹等。原因是在螺旋压装中，螺杆与炸药间存在摩擦和挤压作用，特别是在装药中心及螺杆周围摩擦很激烈，因此机械感度高的炸药不能采用此法装药；当弹径较大时，距螺杆较远的炸药仅受螺杆侧向压力的作用，压力较低，所以装药中心与周边密度差较大，如果弹径过大，而螺杆又受弹口限制，这就会出现装药中心与周边密度相差过于悬殊，甚至使装药与弹腔结合不牢产生松动，所以螺旋压装仅适合上述弹径。

螺旋压装法生产效率高，和平时期用 TNT 装药，到战时可迅速改用廉价的硝铵炸药，而且在螺旋压装车间的炸药存放量比同等生产能力的注装车间要小好几倍，较为安全。但是，该方法也有较大缺点，典型的是炸药密度不均匀，特别是径向密度差大（螺旋压装药柱密度分布如图 4-12 所示）；适用炸药品种少，机械感度稍高的高能炸药多不能使用；设备较其他方法复杂，装药时细长的螺杆扰动厉害，易划弹壁产生技安事故。

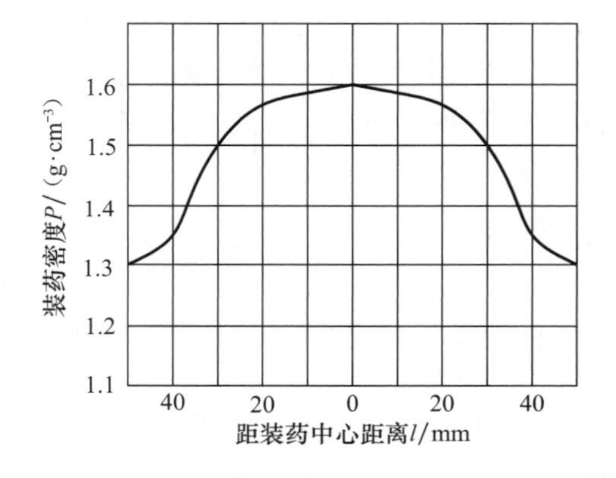


图 4-12 螺旋压装径向密度分布曲线

3）螺旋压装的工艺过程

各厂螺旋装药的工艺中在药温、弹温、室温方面略有差别，但主要工序变化不大，图 4-13 为典型的螺旋装药工艺流程。

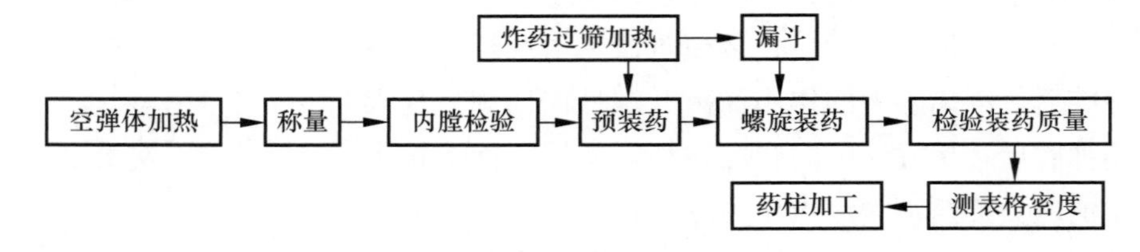


图 4-13 螺旋压装的典型流程

主要工序说明：

（1）空弹体加热。其目的有三：一是便于清擦防锈炮油；二是经加热，药室内壁沥青漆发生软化，可提高装药与弹壁的结合牢固性；三是减小装药的热应力，防止装药产生裂纹。

（2）弹体称量。目的是为了测定炸药的装填质量，以便测定装药表格密度与实际平均密度。

（3）内膛检验。装药厂所用的弹体一般是由外厂提供的，在装药车间要喷第二次沥青漆。漆层不得有漏涂、流痕、堆积、皱褶、发白等，药室内也不得有砂石、金属等坚硬杂质，否则在发射时易产生早炸或膛炸，内膛检验的目的就在于消除隐患，保证安全。

（4）预装药。目的是为缩短装填时间，提高装药生产效率。此点对大口径弹药尤为重要。为了提高弹腔边部炸药的可塑性，便于压实，预装药的温度应比漏斗药高些。

（5）弹体和炸药温度。在人们习惯将螺旋压装时室温、弹（模）温、药温称为“三温”，“三温”对装药的质量影响很大。提高弹温、药温有助于提高装药密度，并使装药与弹腔结合牢固。但温度过高会使炸药和弹腔漆层熔化，使炸药与金属壳体直接接触，并可能造成卡壳，即螺杆继续转动，但却失去了输送和压紧炸药的能力，出现反压压力表的指示为 0 的现象。如果温度过低，则导致炸药塑性差，压制困难，不仅造成周边密度过低，而且易使装药松动。室温太低时，螺压机的液压油黏度增大，从而使反压力增加，反压力过高也易引起卡壳。室温过低时，还会造成装药密度减小，并可能使装药产生裂纹。室温过高时，在螺压中炸药易熔化，也出现卡壳。室温、弹温和药温均需通过试验确定。

（6）药柱检验。主要是检验装药的平均密度、局部密度和装药疵病。

对平均密度进行 100% 的检验是非常困难的，生产中常采用“表格密度”法来检验。即首先制一“平均密度表”，一般是从一批产品中抽出 100 发具有代表性的弹体，用 16 ℃～18 ℃的水测定弹腔的容积，再从 100 发弹体中抽出 50 发容积最大的，并求出它们的平均体积，然后按照要求，每变化一个密度，求出一个装药量，这样就制成了一个密度对应一个装药量的“平均密度表”。由于每发弹的装药量都是已知的，此时每发弹对应表上的密度为弹体的装药表格密度。

局部密度的测定和装药疵病的检查是采用开合弹的方式进行的，开合弹的数量一般占产品数量的 2%～3%，先检查疵病后将装药锯开，按规定检查装药各部位的局部密度。密度的测定用排水法。

4）螺旋压装法爆炸事故的原因

从 20 世纪 50 年代从苏联引进螺旋压装法以来，我国曾发生事故 20 余起，事故的原因主要有以下几个方面。

（1）炸药中混入坚硬杂质。炸药中混入砂粒、碎玻璃、金属等坚硬杂质后，会导致装药过程中螺杆与杂质剧烈摩擦，引起炸药爆炸。

（2）装药机陈旧，维修、更新工作跟不上。由于设备精度不符合工艺要求，致使螺杆与弹体碰撞、螺杆与弹壁或弹口螺纹的保护套管相摩擦，另外小车不到位，操作手柄失灵等情况也时有发生，均易造成爆炸事故。

（3）装药工艺制定不合理。有些工厂为了追求生产效率盲目提高螺杆转速（从 360 r/min提高至 900 r/min），转速增大后反压力也增大，当超过某一临界值时，会给装药过程带来很大危险。此外，螺杆转速加大后，螺杆的扰动加剧也是导致爆炸事故的直接原因。

#### 4. 塑态装药

塑态装药就是使待装炸药处于塑态，装入弹腔后再变为固态的方法。这种方法具有生产效率高、作业面积小、劳动条件好，能装填任何形状的弹腔，对炸药适用性广等优点。一般分为冷塑态装药和热塑态装药。

1）冷塑态装药

冷塑态装药就是将液态高聚物或可聚合的单体（连续相）与炸药（分散相）混合，而后注入或压伸到弹腔内固化，形成符合战术技术要求的装药。冷塑态装药的主要工序为捏合、注入、固化三阶段。

塑态炸药通常由主体炸药、黏结剂、固化剂、催化剂、引发剂、增塑剂等组成。

主体炸药多数采用高威力的黑索今、奥克托今等炸药，其含量一般为70%～80%，为了提高主体炸药含量，一般还采用适当的粒度级配。

黏结剂通常采用聚酯、聚氨酯、环氧树脂、丙烯酸酯和聚硅酮树脂等，黏结剂应当满足如下要求：

（1）确保产品具有足够的机械强度，与主体炸药相容并有较强的降低感度的能力。

（2）固化反应温度较低或在室温下即可固化，固化速度适中，固化时不产生副产物。

（3）成型工艺简便，产品无疵病，附加组分少，无毒或低毒。

随着钝感弹药的发展，此类炸药得到了世界范围的广泛重视，与前面的几类注装药不同，用这种工艺装药不需要像TNT那样以熔化的炸药作为连续相，不存在类似TNT结晶的问题，而且高聚物的强度和韧性远优于TNT等药剂，因此使装药的安全性和力学性能得到较大提高。比如美国的PBXN-110，它的分散相是奥克托今炸药，含量为88%，连续相为端羟基聚丁二烯（HTPB），含量为12%；法国的B2248炸药则以46%的NTO和42%的奥克托今作为分散相，12%HTPB作为连续相。由于此类炸药中惰性成分含量较高，为了降低对装药的能量损失，近期国内外投入了大量人力和物力研究含能黏结剂及添加剂，研究较多的主要有：聚叠氮缩水甘油醚（GAP）、聚3-硝酸甲酯基-3-甲基氧杂环丁烷（聚NIMMO）、聚硝化缩水甘油（聚GLYN）和3,3-二（叠氮甲基）氧丁环/3-叠氮甲基-3-甲基氧丁环（BAMO/AMMO）等含能热塑性弹性体，国外已开始在武器中应用。

2）热塑态装药

热塑态炸药是指含有低熔点炸药和高熔点炸药组分的，在加热时呈塑态（黏稠状，也称半流体），冷凝后呈固态的混合炸药。

热塑态炸药的特点是低熔点炸药（如TNT）含量较低，高威力、高熔点的炸药

（如黑索今、奥克托今）含量较多，一般占总量的 80% 左右。但也有不使用高能炸药的，比如震源弹药柱主要成分是硝酸铵。

热塑状态装药是由注装和螺装引申发展起来的一种装药方法，主要用于迫弹、海榴、震源弹装药，其装药原理如图 4-14 所示。

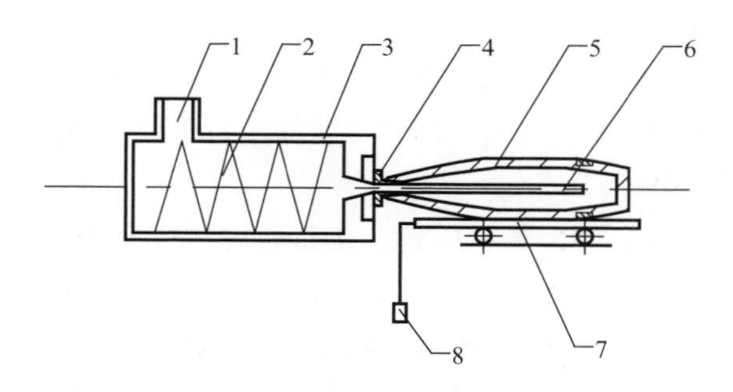


图 4-14　热塑态装药示意图

1—漏斗；2—螺旋注塑器；3—蒸汽夹套本体；4—套管；5—弹体；6—输药管；7—小车；8—重锤

首先将上述混合炸药加热，温度控制在低熔点炸药的熔点以上，使混合炸药呈塑态，并将其装入带有蒸汽夹套的螺旋注塑器内，使用夹套保温。把待装弹体固定在小车上，并使输药管进入弹腔。装药时，在旋转螺杆的压力作用下，炸药通过输药管进入弹腔，装药小车克服重锤阻力渐渐离开装药机，装药完毕螺杆自动停转。

然后把带中心孔的成型压冲（如图 4-15 所示）压入装药完毕的弹体口部，使炸药装药密实成型，并由成型压冲的中心孔排出多余的装药，然后在保压条件下，缓慢冷却到塑态药固化为止。

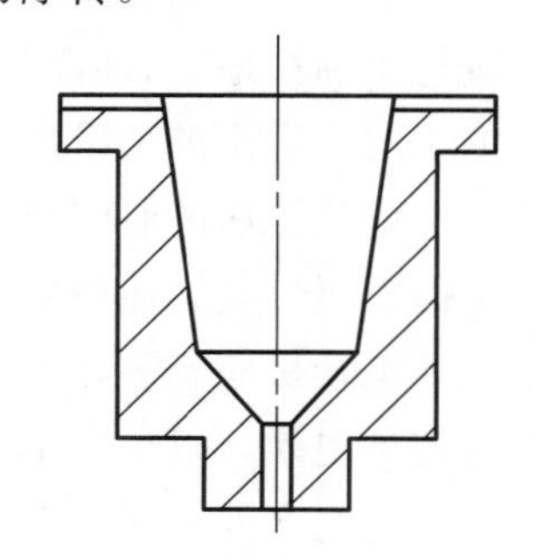

图 4-15　成型压冲示意图

热塑态装药具有设备简单、生产率高、适用弹种广、装药质量较好的优点。但也存在炸药的混合、塑化工艺要求严格的缺点。此外，由于装药过程中有相变发生，加之装药的线膨胀系数大，极易产生弹底底隙和废品，而且废品弹体的熔化倒空也比较困难。

### 4.4.2　安全防护技术

#### 1. 装药通用安全防护技术

1）装药工房的危险等级、设防安全距离及建筑结构安全设计

详见第 7 章。

2）防火与消防技术

在防火和消防方面，除要求装药场所的建筑、电气、人员的行为等符合有关规定外，还必须配备相应的阻火、灭火设施。

阻火设施主要有安全液封、水封井、阻火器和阻火闸等，其作用是防止外部火焰窜入有着火爆炸危险的设备、管道，阻止火焰在设备和管道间的扩展。

灭火设施除常规的灭火机、消防栓等外，还应根据工序的特征配备自动翻水斗、水幕、自动雨淋和抑爆、泄爆装置等。

3）设备的安全防护技术

在工房使用的工具和设备的零部件应采用摩擦、撞击不产生火花并与产品不起化学反应的材料制造。设备的管道应光滑，结构尽量简单，连接采用法兰，禁止用螺纹，以防形成积存危险品的死角。

设备的机械传动部位，如齿轮、链轮、皮带轮等，应有密封防护罩，并正确选择润滑油，凡接触产品能引起危险的，必须采取隔离密封措施，噪声超过规定的设备应采取消声措施。对于温度、流量和液位的控制应有自控信号装置，并能和安全放料、停料、消防雨淋、雨幕或水斗等安全装置联锁。安全装置的开关应有手动和自动两套。

4）电气安全技术

装药作业场所的电气设计首先考虑将电气设备和线路，特别是正常运行时发生火花或产生高温的电器设备布置在危险场所以外。如在有爆炸性粉尘、可燃性气体的工房内，所有电气设备均应是防爆型的。

引入的供电线路应采用铠装电缆或将导线铺设在密闭的铁管内，并在工房的进口处进行单独接地。有防爆土围墙的工房，其电缆、导线应绕行引入，具有爆炸、火灾危险的工房上空不准架设任何电缆或电线。

危险工房的照明装置应根据药尘的性质和产生的情况，采用室外透光灯、斜照灯和室内防爆灯具，还应备有事故照明灯具。

电动机应安装在牢固的机座上，周围严禁堆放易燃易爆的物质。电机轴承的润滑油应定期更换，以免发生过热时引起落在上面的粉尘着火。电动机严禁过载使用。

对突然停止运转有发生火灾爆炸危险的设备，要配有两套电源，并能自动切换，同时发出危险报警信号。

5）避雷设施

从雷电危害的角度考虑，雷击的方式可分为直接雷击和感应雷击，针对不同的雷击应采取不同的预防措施。

（1）直接雷击的预防。

雷云与地面上较高物体之间直接放电称为直接雷击。预防直接雷击，一般可采用避雷针、避雷线、避雷网，其中避雷针应用最多。对于低于 15 m 的工房，可用独立的避雷针保护，接地电阻不大于 10 Ω，引线下距墙面及接地极板距金属管道和电缆不小于 3 m。当建筑物高于 30 m 时，避雷针可装在建筑物上，建筑物的钢筋和金属设备均彼此连接和接地。避雷针应离开具有爆炸危险的管道 5 m，并高出 7 m。

（2）感应雷击的预防。

由于雷云的静电感应或放电时的电磁感应作用，使地面金属物体上聚集大量电荷，构成对地很高的电位差，当高电位向低电位物体发生火花放电时，就有可能引起严重后果，这种雷击现象称为感应雷击。

对建筑物的非金属屋面，可用避雷网预防感应雷击，也就是在屋面上放置 4～5 m 网孔的金属网，并沿墙铺设接地引线，接地引线与接地极板相连接，所用金属网导线和接地引线的断面均不小于 16～25 $mm^2$。对金属和钢筋混凝土屋面，可采用直接接地措施预防。接地装置应沿建筑物环形铺设，接地电阻不大于 5 Ω。室内一切金属管道及设备均须接地。管道出口处以及每隔 15 m 处接地一次，管道接头处用导线跨接后接地。应特别注意，接地极板埋入深度不小于 3 m。为了减小接地电阻，允许与地下水管道连在一起。

另外，还可采用半导体消雷器和安全性引雷火箭预防雷电的危害。半导体消雷器具有两大功能，建筑物上空出现强雷云时，它发出长达 1 m 的电晕火花，中和天空电流，起到消减雷击的作用；万一雷击下来，半导体消雷器上的有关装置，可以把雷击放出的强大电流挡住。我国于 1989 年研制成功的半导体消雷器，其防雷效果经验证远超过避雷针。安全性引雷火箭在发射时能够一边升空，一边准确地放下一根直径仅 0.2 mm 的特种钢丝，并一直延伸到 1 000 m 左右的高空，起到将空中雷电引至地面释放的作用。

6）防静电措施

为消除静电，常采取接地、保持工房内的湿度、用导电材料铺地板、添加抗静电剂、采用静电消除器等方法消除静电。

**2. 压装法装填安全技术**

炸药压装工房属爆炸危险性工房，其建筑、照明、采暖、通风、电力设备、消防设施、避雷、防静电以及生产组织等应遵守有关安全法律、法规和规范。为使压装法装填能够安全地进行，根据对事故及压爆机理的剖析，应当采取以下安全技术措施。

1）压药、退模隔离操作

压药和退模时，炸药要承受高达数百兆帕的静压力，而且冲头与模套，炸药与模具之间的摩擦总是存在，夹在模具滑动部分间隙中的炸药难免受到很大的挤压力，因此压药和退模是压装工艺过程危险程度最高的工序，必须在防爆小室中进行，使压药、退模工序与工房内人员、设备和炸药隔离，以降低可能发生的事故的波及范围。

2）正确设计模具

模具通常按基孔制设计，材料一般选用碳素钢（T8～T10）或优质碳素工具钢（T8A～T10A），模套硬度一般为 56～62 HRC，底座或冲头的硬度为 45～52 HRC，这样可以防止模套和冲头硬碰硬产生火花，而且经济。冲头与模具的间隙和粗糙度可参照表 4-4 和表 4-5。

表 4-4 压装不同炸药时的建议模冲配合间隙与粗糙度

| 炸药名称 | 模冲配合间隙/mm | 粗糙度/μm |
| --- | --- | --- |
| TNT | 0.08～0.19 | <0.4 |
| 特屈儿 | 0.07～0.17 | <0.2，最好<0.1 |
| 钝化黑索今 | 0.07～0.17 | <0.2，最好<0.1 |
| 钝化太安 | 0.07～0.17 | <0.2，最好<0.1 |
| 钝黑铝 | 0.06～0.14 | <0.2 |
| 8321 | 0.07～0.17 | — |
| 8701 | 0.08～0.19 | — |
| 烟火剂 | 0.06～0.14 | — |

表 4-5 不同尺寸的模冲配合间隙

| 项目 | 偏差代号 | 基本尺寸/mm | | | |
| --- | --- | --- | --- | --- | --- |
| | | 6～18 | 18～24 | 24～50 | 50～100 |
| 模套 | + | 0.040 | 0.045 | 0.050 | 0.060 |
| 冲头 | − | 0.040 | 0.045 | 0.050 | 0.060 |
| | − | 0.070 | 0.085 | 0.100 | 0.120 |
| 配合间隙 | 大 | 0.110 | 0.130 | 0.150 | 0.180 |
| | 小 | 0.040 | 0.045 | 0.050 | 0.060 |

在模套内孔的药柱退模方向上，应给出一定的锥度，以保证退模时的安全，防止药柱产生裂纹。退模锥度可按下式计算：

$$d_1 = d + 0.0015s \tag{4-2}$$

式中 $d_1$——模套退模口部内径，mm；

$d$——模套内径，mm；

$s$——药柱上端距退模口部的距离，mm。

冲头与模套的不同轴允差在 0.01～0.02 mm，尖棱倒圆 $R$=0.1～0.2 mm。

3）合理改进压药设备

炸药压装主要采用油压机，普通的油压机柱塞行程过快，会对装药产生冲击，因此必须重新设计机器的液压管路。改装时应注意以下问题：

（1）改装的管路应尽量短，适当加大管径，并在管路上加蓄能器，以防出现液压冲击。

（2）当液体压力低于空气的分离压力时，溶于液体中的空气就将游离出来形成气泡，这种现象称为空穴现象。如果有气泡随液流运动到高压区，在高压流体的冲击下，迅速破裂并液化，使体积减小形成局部真空，周围的高压油便高速来补充，那么就会引起局部液压冲击而产生振动，同时液流的连续性受到破坏，使柱塞出现脉冲式工作状态，所以管路中应避免出现狭窄或急弯，保证管路中各处压力不低于液体的饱和蒸气压。低压回路油管应埋入油箱油面以下，以防空气卷入液压系统，从而避免出现空穴现象。

（3）控制柱塞运行速度。因柱塞的运行速度与进入缸体的液压油的流量成正比，为使柱塞运行平缓，可在进入液压缸的高压管路中装一溢流阀，使部分高压油经溢流阀流回储油箱，减缓柱塞运行速度。

4）严格执行安全规程

除有关危险品生产的防火防爆的通用条文外，压药作业过程中还必须遵守以下规程。

（1）压药前仔细检查压机，确定其运行平稳，无脉冲和振动等异常。

（2）炸药应有合格证，不得混有杂质，特别是坚硬杂质，作业场所药量符合规定。

（3）模具装配应准确到位，若发现模具工作面有划痕、毛刺，应及时修复，严禁工装带病工作。

（4）压药、退模必须在防爆小室内隔离操作，严禁人工敲击退模。

（5）及时清理压机台、工作台和地面的洒药。

**3. 注装法装填安全技术**

1）炸药熔化

熔药工序出现的技术安全事故最多，为使作业安全进行，必须切实注意熔药釜用低压饱和蒸气间接加热炸药。一般蒸气压力不超过 245 kPa（2.5 kgf/cm$^2$），温度不超过 130 ℃。正常作业时的熔药温度一般不超过 100 ℃。

应特别强调，严禁使用过热蒸气加热炸药。因为过热蒸气的压力与温度没有一定的对应关系，不能依靠控制蒸气压来控制温度。否则，一旦错误使用，就很容易使 TNT 炸药或其他混合炸药在熔药时受高温作用而引发事故。低压饱和蒸气压和温度的对应关系见表 4-6。

**表 4-6　低压饱和蒸气压和温度关系表**

| 低压饱和蒸气压/kPa (kgf/cm$^2$) | 47.3 (0.48) | 105.2 (1.04) | 198.5 (2.03) | 232.1 (2.37) | 270.1 (2.76) |
|---|---|---|---|---|---|
| 温度/℃ | 80 | 100 | 120 | 125 | 130 |

为了防止出现高温熔化，应对加热熔药釜的蒸气进行控制，如设置自动控温、控压装置等。假如暂时无条件采取自动控温、控压装置，也必须采用控制温度的警铃装置，当气温一旦升到工艺条件限定的最高温度时，警铃就响，便可提醒操作者采取措施，也有的工厂在蒸气管道上安装安全阀，使其压力在超过额定值时能自动泄压。

另外，还应注意下班后，把熔药釜内的剩余炸药及时放掉，以免供气系统失灵时，使炸药长时间加热而带来危险。

2）严防杂质混入炸药

如果炸药混入坚硬杂质，机械感度就会明显增大，为避免杂质混入药内应采取相应的措施。

（1）向熔药釜倒药前，炸药应先筛选。炸药在拆箱、拆袋时，应将其铅封，铁丝、铁别针等放在专门盛具内。操作人员的工作服最好不要用硬纽扣，采用系带为好。工作服不要有口袋。在熔药釜流药口下面设过滤器，以过滤液态炸药内的杂质。

（2）在风沙大的地区，刮风天应关紧工房的门窗，防止风把砂土吹到药中。工人进入工房要换鞋，换上工作服，防止将砂土带入工房。工房内外的运输工具也应明确分开，防止因混用而把砂土杂物带入工房。

3）注装作业应注意的问题

严禁使用黑色金属撞击炸药，以防因撞击而产生火花；及时清扫洒在蒸气管道、加热器片及地面上的炸药粉尘，尽量减少工房内的存药量。目前多数工厂还是人工卸注药漏斗，特别是破碎漏斗里的药时，还常用木槌或铜锤将药砸成碎块。这种操作方法，不仅使炸药承受了较大的冲击力，而且还容易混入木屑或金属碎屑等杂质。当混入高熔点、高硬度的杂质时，会提高炸药的机械感度。为了安全，上述操作应在隔离工房用机械化方式进行，国内有些工厂已实现了自动化隔离操作。

4）注装工房

注装工房存药量比其他装药工房大得多，而且熔药工房又易产生燃烧和爆炸事故。所以按照有关安全规范的要求，注装工房被定为 A1 级工房，在设计施工中必须严格按照规范要求执行。一般应注意以下几点。

（1）工房周围要设有防爆土围，并与其他工房或车间保持一定的安全距离。

（2）房顶应做成轻型，在发生意外爆炸事故时，可作为泄爆面以达到泄爆的目的。

（3）工房的门窗一律向外开启，便于遇特殊情况时人员的疏散。窗台离地面高度不应超过 0.5 m，门的数量应以工房内任意点到门的距离小于 15 m 确定，而且不少于两个出口，以便作业人员在必要时能迅速撤离现场。

（4）工房内应有完善的雨淋装置和其他的消防设施。地面应铺软沥青，而且应平整不得留有缝隙，并按规定给出一定的坡度，便于冲洗。

（5）工房内的照明和其他电器一律采用防爆式。取暖设施宜选用光滑的暖气片，便于对爆炸粉尘的清理和冲刷。

目前，国内对具有爆炸危险的工房结构，准备采用新方案。此方案的要点是：用高强度钢板卷成筒形，墙筒分内筒和外筒，内筒比外筒厚些，两筒间充以砂粒。模拟实验证实，工房内爆炸墙壁完好无损，所产生的破片击穿内筒而被两筒间的砂粒所吸收，冲击波强度也因砂粒作用而衰减，外筒基本无损，轻型房顶被垂直抛起，使之对邻近工房或车间的危害降到最低限度。

5）稳定人员的专业思想

从目前注装工艺过程看，除少数厂引进了国外的先进生产线外，多数厂还是以人工作业工序居多。众所周知，TNT 炸药蒸气以及炸药粉尘对人体十分有害，而就多数厂而言，机械化、自动化程度较低，尚难以做到密闭式工作。由于思想不稳定使事故苗头时有所见。另外，有时为突击任务而临时抽调其他车间的工人来增援，由于岗位的变换，操作不熟练，技术安全规定不熟悉，也易引发技术安全事故。

稳定人员专业思想应从以下方面入手。

（1）在现有条件下，尽快提高生产线的机械化和自动化程度，使作业人员做到隔离操作，从而消除思想不稳定的根源。如果难以做到这一点，也应做到换班疗养制。还应考虑，在注装线工作一定年限的工人，要永远调离生产线，以保证身体健康，这些措施有利于工人的思想稳定。

（2）开设短训班，对在职人员进行安全生产、防毒等方面的技术培训，提高在职人员的思想素质和专业技能。

（3）强化管理体系，制定符合生产实际情况的技术安全规定，杜绝不经培训随意上岗的现象。定期对在职工人进行考核，使之牢固地树立起安全第一的思想，自觉地、认真地执行各项技术安全规定和各项规章制度。

**4. 螺旋压装安全技术**

由于工艺本身的特性，螺旋压装法装药工艺的危险程度还是很高的，为防止事故发生和减轻可能事故的后果，以下技术措施是必须采取的。

（1）螺旋压装采用机械方法将松散炸药压实成药柱，螺杆在转动过程中与炸药的摩擦不可避免，与弹口保护套管和螺杆下端部周围的炸药摩擦更为剧烈，甚至可以达到熔化的程度，因此装药必须在防爆小室中进行，并严格控制工房内的药量。

（2）每班工作前应检查装药机的转动部分，开空车应无杂声，防止因螺杆或漏斗中的搅拌翅安装不正，而与漏斗或弹腔发生摩擦。定期对设备进行检查和维护，严禁设备带病运转。

（3）在装药前一定要将炸药过筛，防止混入玻璃碴、砂粒、金属屑等坚硬的杂质。

（4）装药机主轴的转速应严格控制在规定范围内，若要提高转速一定要经过科学实验。

（5）出现卡壳现象时应立即停车，然后人工转动主轴皮带轮使螺杆推出药室，严禁开动电动机来排除卡壳。待查清卡壳原因并排出故障后方可重新操作。

## 4.5　典型安全防护装置

### 4.5.1　阻火装置

阻火装置包括安全液封、阻火器、阻火闸门及速动火焰切断器等，它们可以防止火焰或火星作为火源窜入有燃烧爆炸危险的设备、管道或容器，也可阻止火焰在管道间扩展。

**1. 阻火器**

在容易引起燃烧爆炸的高热设备，燃烧室，高温反应器和输送可燃气体、易燃液体蒸气的管线之间，以及相应的容器、管道、设备排气管上，多用阻火器进行阻火。阻火器的原理是猝熄作用：当火焰通过狭小孔隙时，由于热损失突然增大，以至燃烧不能继续下去而熄灭。另外，器壁效应终止链反应也是阻火器阻止火焰的主要机理。管道阻火器分为阻爆燃型和阻爆轰型两类，能够阻止亚音速火焰传播的阻火器称为阻爆燃型管道阻火器；能够阻止超音速火焰传播的阻火器称为阻爆轰型管道阻火器，简称为阻爆轰器，或阻爆器。按阻火器的构件不同，分为粒状填料式阻火器，缝隙式阻火器，筛网式阻火器，多孔陶瓷、烧结金属或金属丝制阻火器。

填料式阻火器如图 4-16（a）所示，其外部是筒体 1，筒体内的隔板 3 上放置填料 2。填料采用玻璃、砾石、刚玉、金属管或其他粒状材料，也可用拉西环。

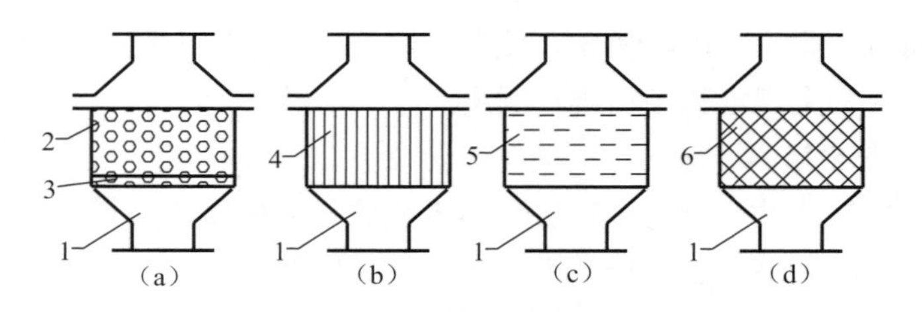


**图 4-16　阻火器**

（a）填料式阻火器；（b）缝隙式阻火器；（c）筛网式阻火器；（d）多孔陶瓷或烧结金属阻火器

1—筒体；2—填料；3—隔板；4—阻火构件；5—筛网；6—金属陶瓷板

缝隙式阻火器如图 4-16（b）所示，其筒体 1 内的阻火构件 4 是由一层波纹金属带和一层平金属带紧贴在一起卷绕而成，在两层金属带之间形成许多垂直的小窄缝，可燃混合物可自由通过，而火焰则受到阻止无法通过。这种阻火器还有一种结构形式，即其阻火构件是由许多平行放置的金属平板组成，板间严格保持一定距离。

筛网式阻火器如图 4-16（c）所示，筒体 1 内放置一叠筛网 5，这种阻火器制造简单，气体阻力小，但阻火构件的机械强度差，遇到火焰时有可能很快被烧尽，因而应用不多。

多孔陶瓷或烧结金属阻火器如图 4-16（d）所示，筒体 1 内是用一块多孔性金属陶瓷板 6 作为阻火构件，这种阻火器主要用于气体火焰加工金属的场合，因为可燃气体与氧的混合物所产生的火焰只有在 0.05～0.07 mm 的孔隙内才能熄灭，这样小的空隙只能采用多孔性陶瓷、烧结金属或金属纤维才能获得。

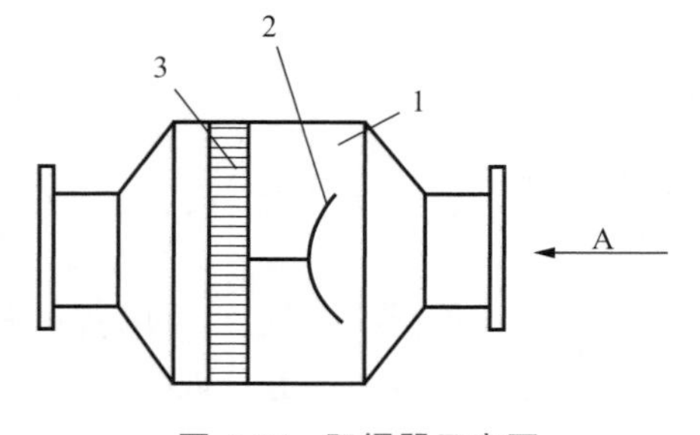


**图 4-17　阻爆器示意图**

1—扩张腔；2—缓冲隔离板；3—波纹板；A—爆轰波方向

图 4-17 是阻爆器的示意图。阻爆器的空隙比阻火器的更小，而且还必须采取其他措施尽可能衰减进入阻爆器波纹板阻火芯之

间的爆轰波强度。阻爆器的扩张腔就具有这样的功能。一般阻爆器的扩张腔直径是管道标称通径的 2 倍左右。当爆轰波从管道进入阻爆器扩张腔后，前驱激波强度在扩张腔中稀疏波的作用下被衰减，也降低了爆轰波火焰面的速度，从而当爆轰火焰面进入阻火芯后就比较容易被猝熄。一般说来，扩张腔直径越大，爆轰波被衰减的程度也越大。但无限增大扩张腔就意味着阻爆器的体积和制造成本的无限增大，同时也带来安装使用的不便或根本不允许。

**2. 阻火闸门**

阻火闸门是防止火灾沿通风管道或生产管道蔓延的一种装置。自动阻火闸门可用金属铅、锡、锑等或赛璐珞、尼龙带等控制。易熔金属制成环状、条状。遇火灾时，易熔金属、赛璐珞、尼龙等很快被熔断，闸门自行关闭，阻止火焰蔓延。常用的有旋转式自动阻火闸门及跌落式自动阻火闸门。

## 4.5.2　自动灭火装置

火炸药类物质的火灾事故往往发生突然，发展迅速。为在刚开始着火时就能及时补救，避免重大事故的发生，必须采用各种自动灭火装置，如在容易起火的岗位上安设翻水斗、水幕及自动喷水雨淋等。

**1. 自动雨淋装置**

自动雨淋一般由管网、火灾敏感元件、控制部分和喷头组成。根据控制方式，自动雨淋分为低熔点合金自动雨淋、光敏电阻自动雨淋和紫外光敏自动雨淋。其中紫外光敏自动雨淋在火炸药生产领域应用较多。

典型的紫外光敏管以镍或钼作为电极，管内充以氮、氩等惰性气体。当火光或其他紫外线照射紫外管时，它的两个电极间产生淡蓝色弧光而导通，线路电流增加，配以相应的电子放大电路、灵敏继电器、电磁阀等就组成紫外光敏管自动雨淋控制器。为了提高系统的反应速度，可采用爆炸装置控制雨淋。图 4-18 是一种快速雨淋喷嘴。

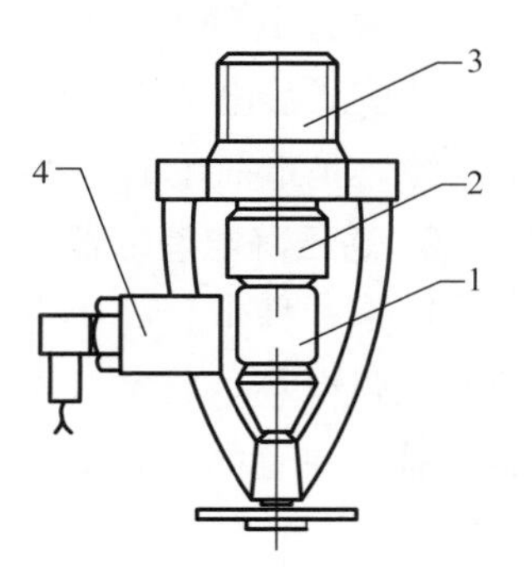

**图 4-18　带玻璃泡和电雷管的雨淋喷嘴**
1—玻璃泡；2—喷嘴；3—管接头；4—电雷管

当探测器接收到火情信号时，有控制系统将信号转换、放大，输出一个强电脉冲，使电雷管爆炸，击碎充满水的玻璃泡，喷嘴便开始喷水，其启动过程仅需 35 ms,可以有效扑灭火炸药的初期火灾，抑制火焰蔓延或由燃烧转为爆轰。

**2. 自动翻水斗**

翻水斗是容积约为 1 $m^3$ 的斗形槽，槽的两端装有轴和支架，轴的位置偏于其重心的一侧，平时将水斗充满水，利用易熔融的金属丝的拉力使其保持平衡。

当起火时，易熔金属丝被烧断，水斗失去平衡自行翻转，大量的水浇向起火处，使火扑灭。为了提高翻水斗的动作速度，可用其他自动装置来控制翻水斗，如用光电管或紫外光敏管监视火灾的发生，用电磁铁开启固定插销。

**3. 水幕消防系统**

水幕消防系统是将水喷洒成幕状，用以隔绝火源，或冷却防火隔断物，或阻止火焰窜过门窗、孔、洞，阻止火势蔓延。水幕消防系统由水幕喷头、网管和控制阀组成。管网内平时不充水，发生火灾时，通过自控或手控使控制阀打开，水流入管网内从喷头喷出形成水幕。

## 4.5.3 抑爆装置

抑爆就是在爆炸的初始阶段能够约束和限制爆炸燃烧的范围。图 4-19 为一典型的自动抑爆系统原理图。一旦容器内可燃气体发生燃烧爆炸，在爆炸初期传感器即可发现爆炸信号，并迅速打开抑制剂系统向容器内喷洒抑制剂，同时命令位于气体进口和出口位置的隔爆装置动作，将容器内燃烧火源与所有相连管线隔离，同时将火焰扑灭，控制爆炸的发生。

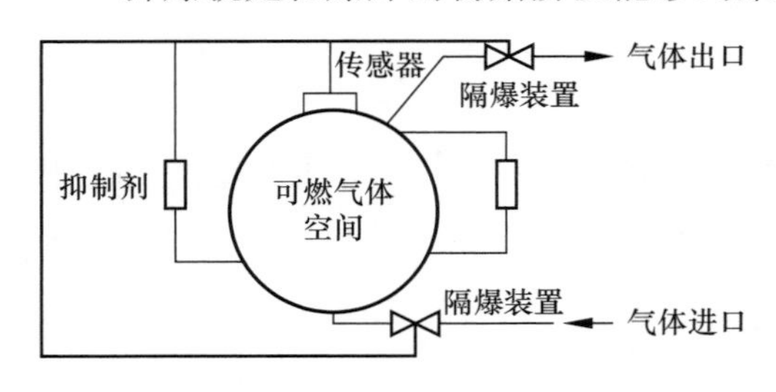


图 4-19 抑爆原理

## 4.5.4 静电消除器

静电消除器是一种能产生电子或离子的装置，借助电子或离子中和物体上的静电，从而达到消除静电危害的目的，具有不影响产品质量、使用比较方便等优点。常见的有下列四种。

**1. 感应式静电消除器**

感应式静电消除器由若干支放电针、放电刷或放电线及其支架等附件组成，设有外加电源，是最简单的一种静电消除器。

**2. 高压静电消除器**

这是一种带有高压电源和多支放电针的静电消除器，利用高压电使放电针尖端附近形成强电场，将空气电离来达到消除静电的目的，使用较多的是交流高压静电消除器。需要注意的是，直流高压静电消除器会产生火花放电，不能用于有爆炸危险的场所。

**3. 高压离子流静电消除器**

它在高压电源作用下，将经电离后的空气输送到较远的需要消除静电的场所，作用距离较远，距放电器 30～100 cm 均有满意的消电效能，一般取 60 cm 比较合适。它采用了防爆型结构，可用于有爆炸危险的场所。

**4. 放射性辐射静电消除器**

它利用放射性同位素使空气电离，产生正负离子去中和生产物料上的静电。它不要求外接电源，结构简单，工作时不产生火花，适于有火灾和爆炸危险的场所。

## 参考文献

[1] 张金勇，胡双启，曹雄. 两种新型装药工艺 [J]. 工业安全与环保，2006，32（4）：56-57.

[2] 温玉全，焦清介. 同步起爆网络精密压装装药技术研究 [J]. 兵工学报，2006，27（3）：410-413.

[3] 孙建. 等静压炸药装药技术发展与应用 [J]. 含能材料，2012，20（5）：638～642.

[4] 罗一鸣，王浩，王晓峰，等. 精密爆炸网络自动装填装置及工艺技术 [J]. 兵工自动化，2012，31（8）：29-30.

[5] 曹端林，李雅津，杜耀，等. 熔铸炸药载体的研究评述 [J]. 含能材料，2013，21（2）：157-165.

[6] 肖忠良，胡双启，吴晓青，等. 火炸药的安全与环保技术 [M]. 北京：北京理工大学出版社，2006.

[7] 刘欣，王凤英，陈凯. 某榴弹弹丸装药生产过程的安全评估 [J]. 国防制造技术，2012（1）：28-33.

[8] 乌尔班斯基 T. 炸药的化学与工艺学 [M]. 2版. 北京：国防工业出版社，1976.

[9] 张树海，张景林. 压装高聚物粘结炸药湿法筛分的研究 [J]. 中国安全科学学报，2001，6：32～36.

[10] 刘光烈，朱啸宇，孟天财. 炸药与装药安全技术 [M]. 北京：兵器工业出版社，1995.

[11] 金泽渊，詹彩琴. 火炸药与装药概论 [M]. 北京：兵器工业出版社，1988.

[12] 混合炸药编写组. 猛炸药的化学与工艺学（下册）[M]. 北京：国防工业出版社，1983.

[13] 孙国祥. 高分子混合炸药 [M]. 北京：国防工业出版社，1985.

[14] 孙业斌，惠君明，曹欣茂. 军用混合炸药 [M]. 北京：兵器工业出版社，1995.

[15] 张树海，张景林. 含NTO的钝感炸药及其危险性评估 [J]. 中国安全科学学报，2001，增刊：35～41.

[16] Bécuwe A，Delclos A. Low-sensitive explosive compounds for low vulnerability warheads [J]. Propellants，Explosives，Pyrotechnics，1993，18：1-10.

[17] Smith M W，Cliff M D. NTO-based explosive formulations：a technology review [J]. DSTO-TR-0796，1999：21-31.

[18] 李洪珍，舒远杰，黄弈刚，等. 高能量密度材料1,3,3三硝基氮杂环丁烷研究进展 [J]. 化学研究与应用，2003，15（1）：111-122.

[19] 张光全. 1,3,3-三硝基氮杂环丁烷（TNAZ）的工业合成现状及其应用进展 [J]. 含能材料，2002，10（4）：174-177.

[20] Pavel Marecek，Kamil Dudek，Pavel Vávra. Laboratory testing of TNAZ mixtures [J]. Proc. 32nd Int. Annual Conf. ICT，June，2001，90/1-90/8.

[21] 张教强，胡荣祖. 1,3,3-三硝基氮杂环丁烷与几种材料的相容性 [J]. 含能材料，2001，9

(2)：57-59.

[22] Robert L，Mckenney Jr，Thomas G，et al. Synthesis and thermal properties of 1,3-dinitro-3-(1′,3′-dinitroazetidin-3′-yl) azetidine (TNDAZ) and its admixture with 1,3,3-trinitorazetidine (TNAZ) [J]. J. Energet. Mat.，1998，16：1-22.

[23] 王亲会. 一种新型熔铸炸药研究 [J]. 含能材料，2004，12 (1)：46-48.

[24] Arthur Provatas. Energetic polymers and plastics for explosive formulation—a review of recent advances [J]. DSTO-TR-0966，2000.

[25] 胡双启，张景林. 燃烧与爆炸 [M]. 北京：兵器工业出版社，1992.

[26] 汪佩兰，李桂茗. 火工与烟火安全技术 [M]. 北京：北京理工大学出版社，1996.

[27] 周凯元，李宗芬，周自金，等. 阻爆器扩张腔中心缓冲隔离板对气相爆轰波的衰减作用 [J]. 爆炸与冲击，2001，21 (3)：179-183.

[28] 解建光，邓玲. 超高速雨淋系统技术及其设计 [J]. 消防科技，1998，增刊：39-40.

[29] 喻建良，毕明树，王淑兰. 易燃易爆介质防爆抑爆技术研究进展 [J]. 大连理工大学学报，2001，41 (4)：436-441.

[30] 张景林. 气体、粉尘爆炸灾害及其安全技术 [J]. 中国安全科学学报，2002，12 (5)：9-14.

# 第 5 章　火炸药产品安全性

## 5.1 引　　言

火炸药产品的安全性能是保证研究、生产、运输、装药、加工、使用和贮存的重要指标，主要用感度来表示。通常把炸药在外界作用下发生爆炸的难易程度称为炸药的感度。能引起炸药爆炸反应的能量有热、机械（撞击和摩擦）、冲击波、爆轰波、静电、激光等。M. A. Cook 提出将感度分为实用感度和危险感度两类。前者表示炸药在使用时爆轰的难易程度；后者表示炸药在制造、运输、加工、贮存和使用中的危险程度。这是火炸药感度的两个概念，因此测试与表示方法也不相同。通常检测实用感度时，采用冲击波感度试验、爆轰波感度试验和激光感度试验等；检测危险感度时，采用撞击感度试验、摩擦感度试验和热感度试验等。火炸药产品的安全性检测就是测试其危险感度。

前文已介绍，能引起火炸药爆炸的能量形式有许多种。在引发火炸药爆炸过程中，这些能量是否有等效作用，可用表 5-1 的数据来说明这个问题。

表 5-1　炸药感度的对比

| 炸　药 | $t_E^{①}$/℃ | $h_{min}^{②}$/cm |
|---|---|---|
| 叠氮化铅 | 345 | 11 |
| 硝化甘油 | 222 | 15 |
| 黑索今 | 260 | 18 |
| TNT | 475 | 100 |

注：① 5 s 爆发点；
② 撞击作用下最小落高，锤重 2 kg，药量 0.02 g，10 次试验中对应于只爆炸一次的落高。

火炸药对热、机械作用的反应存在选择性，即对某种作用反应敏感，对另一种作用则不敏感，有选择地接受某一种作用。造成感度有选择性的原因在于引起炸药爆炸变化的机理复杂，而不同初始冲能引起炸药爆炸变化的机理不同。例如表 5-1 列举的数据表明，叠氮化铅相当耐热，爆发点高达 345 ℃；但是对机械撞击却非常敏感，在相同条件下，能使它引爆的高度只有 11 cm。硝化甘油的感度也表现出了类似的不协调。TNT 对于热和机械作用的感度都较低，但和叠氮化铅对比，也有其不一致处；5 s 爆发点相差 130 ℃，而最小落高却相差近 10 倍。

炸药感度的另一特性是其相对性，即炸药感度表示炸药危险性的相对程度。有人曾试图用某个最小能量值，例如最小撞击落高表示炸药的机械感度。但是，实践表明，随着炸药所处条件变化，最小撞击能不是常数。对于热作用来说，在同样温度下，尺寸小于临界值的炸药包或药柱是安全的，而尺寸超过了临界值的炸药包或药柱则可能发生热爆炸。这样，用一定条件下炸药发生爆炸的危险概率程度表示其感度大小，依据炸药感度的排列顺序评估其危险性。试图用某个值表示炸药的绝对安全程度是没有意义的。

由于炸药感度的选择性、相对性，使得评价感度变得复杂。早在 20 世纪 60 年代初，Андреев 提出过以炸药的燃烧临界直径、摩擦感度衡量其感度，即从热、机械作用两方面评价。随着军事技术的发展，现在采用多种方法综合评价炸药的感度，例如以撞击感度、大型滑落试验、苏珊（Susan）试验、烤燃试验、热爆炸特性参数等多方面参数综合评价某个炸药的感度。个别情况下，还得进行某些仿真性的感度试验，如大型跌落、模拟性的点燃等近似实际情况评价炸药感度。

## 5.2 固体火炸药安全性检测方法

### 5.2.1 火炸药热感度试验

热感度的经典试验有爆发点、火焰感度测试等，这类试验的试样量小，便于在实验室里测试，也能提供一定价值的数据。因此，目前各国仍然使用这些方法。应当指出，炸药由热作用而发生燃烧或爆炸时，药量的影响很大，加热的方式也有影响，故用经典试验方法所得的数据很难推断实际中所发生的问题。因此，近年来发展起来的许多模拟试验，试样量大，加热形式尽量接近实际情况，用这类试验得到的结果来鉴定炸药的安全性较为可靠。

**1. 热感度的经典试验**

热感度的经典试验即爆发点试验。通常采用 5 s 或 5 min 延滞期的爆发点相对比较炸药的热感度。炸药的爆发点不是一个严格的物理化学常数，即爆发点不仅与炸药的物理性质、化学性质有关，如炸药的熔点、挥发性、导热性和热容等，而且与测试条件有关，例如仪器的构造、装药量以及加热方式等。

炸药在热作用下从开始受热到发生爆炸有一段时间，这段时间称为延滞期。延滞期小到微秒级，大到分钟、小时级，或者更长的时间。相同延滞期，爆发点越低的火炸药，热感度越高。

1）试验原理

在一定的试验条件下，测试不同的恒定温度下试样发生爆炸的延滞期，将数据作图，即可求得一定延滞期的爆发点。若将试验数据按一定的程序输入计算机进行数据处理，求得的结果更精确。

2）试验装置

5 s 延滞期爆发点测定仪是一种比较简单的装置，由伍德合金浴和可调节加热速度的电炉组成。伍德合金浴为圆柱形钢浴，内径 75 mm，高 74 mm，钢浴外边包着保温套，钢浴内装有伍德合金。钢浴上面有带孔的盖子，一个孔安装着插温度计的套管，另一孔插入铜雷管。注意将雷管壳的底部与温度计的水银球保持在同一水平面上，试验装置如图 5-1 所示。计时采用秒表。改进的爆发点测定仪能自动计时、自动测温和控温。伍德合金组成（质量百分数）：锡 13%，铅 25%，镉 12%，铋 50%。

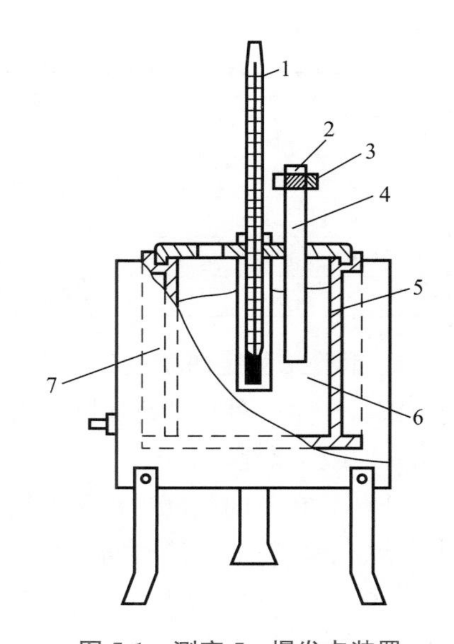

**图 5-1　测定 5 s 爆发点装置**

1—温度计；2—塞子；3—固定螺母；4—雷管壳；5—加热浴体；6—加热用合金；7—电炉

3）试验方法

每次取平底 8 号铜雷管壳 13～15 个，各拧上固定螺丝，以便使每个管壳浸入合金钢浴的深度保持一致，一般为 10～15 mm。然后称取干燥的试样，猛炸药为（50±2）mg；起爆药为（20±1）mg。装药时应先检查管壳是否清洁，然后将试样通过小漏斗装入管壳内。向管壳内装药时一定注意，不能漏装，更不能重复装。将装有炸药的管壳放在专门的管架上，再在管壳上塞上木塞或金属塞，塞的松紧程度要一致。

为了确定正式试验的开始温度，应先做预备试验，即把钢浴放在电炉上加热，当温度升到 100 ℃～150 ℃时，将试样管插入钢浴中；同时开动秒表，并继续加热钢浴，直到管壳内的试样发生爆炸；读出此时介质的温度 $t$ 和延滞期 $\tau$，参考此温度与时间，定出正式试验的开始温度。

正式试验可采用升温法或降温法的任一种。例如采用降温法，即控制试验温度由高到低逐渐下降，取不同的温度间隔，一般每下降 3 ℃～5 ℃投样试验一次。若用 $t$ 表示介质温度，$\tau$ 表示延滞期，则可在不同的恒定温度 $t_1$，$t_2$，$t_3$，…，$t_n$ 时，记录试样爆发时相应的延滞期 $\tau_1$，$\tau_2$，$\tau_3$，…，$\tau_n$。在取得延滞期为 1～30 s 的试验数据后，即可停止试验，测定次数 $n$ 值不应小于 6。表 5-2 列出了一些炸药的爆发点，试样量 20 mg。

**表 5-2　炸药的爆发点**

| 炸　药 | 爆发点/℃ | 炸　药 | 爆发点/℃ |
|---|---|---|---|
| 乙二醇二硝酸酯 | 257 | 硝化纤维素（13.3%N） | 230 |
| 丙二醇二硝酸酯 | 237 | 硝基胍 | 275 |
| 硝化甘油 | 222 | 黑索今 | 260 |
| 丁四醇四硝酸酯 | 225 | 奥克托今 | 335 |
| 太安 | 225 | 三硝基苯 | 550 |
| 甘露醇六硝酸酯 | 205 | TNT | 475 |

续表

| 炸　药 | 爆发点/℃ | 炸　药 | 爆发点/℃ |
|---|---|---|---|
| 苦味酸 | 322 | 雷银 | 170 |
| 苦味酸铵 | 318 | 结晶叠氮化铅 | 345 |
| 特屈儿 | 257 | 三硝基间苯二酚铅 | 265 |
| 黑喜儿 | 325 | 四氮烯 | 154 |
| 雷汞 | 210 | | |

**2. 钢管法测定热感度**

钢管法是一种更接近实际情况的模拟性试验。

1）试验原理

炸药装在不同程度半密闭的钢管里，用煤气灯加热。测定炸药从分解产生可燃气体到开始燃烧所需的加热时间 $\tau_1$，以及从燃烧到炸药爆炸所需的加热时间 $\tau_2$，用 $\tau_1$ 和 $\tau_2$ 与临界孔径 $d$ 的关系值 $\sqrt{\tau_1/d}+\tau_2/d$ 作为衡量炸药热感度的指标。临界孔径是指能发生燃烧和爆炸时压盖的最大孔径。

2）仪器设备

仪器设备由三个部分组成，即钢管、煤气灯和防护箱。

钢管：采用铬锰钢管，钢管外径 25 mm，内径 24 mm，长 75 mm。钢管上有螺母盖和压盖。两种盖的中心处都有孔。压盖的小孔直径分为 1 mm，1.5 mm，2 mm，2.5 mm，3 mm，3.5 mm，4 mm，5 mm，6 mm，8 mm，10 mm，12 mm，14 mm，16 mm，18 mm，20 mm 和 24 mm 数种。钢管与盖的装配如图 5-2 所示。当使用压盖的孔径小于 10 mm 时，螺母盖的孔径一律采用 10 mm；当使用压盖的孔径大于 10 mm 时，螺母盖的孔径一律采用 20 mm。当使用的压盖孔径为 24 mm 时，试验时应注意防止加热火焰进入孔内。

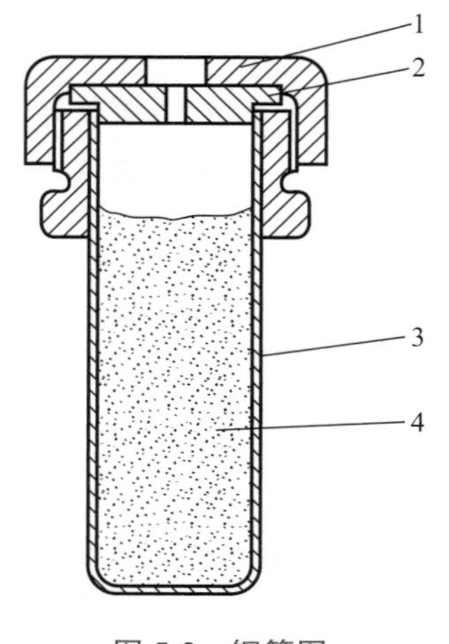


图 5-2　钢管图

1—螺母盖；2—压盖；3—钢管；4—炸药

煤气灯：用四个煤气灯加热钢管的底部。在底部另有一个小煤气灯供点燃煤气灯用。煤气的发热量为 16.74 MJ/m³，消耗煤气量为 0.6 L/s，因此供热量为 10.04 kJ/s，在这样的条件下升温速度约 15 ℃/min。

防护箱：煤气灯和钢管的固定架都安装在防护箱内，防护箱用 10 mm 厚的钢板焊接制成。防护箱上装有防爆玻璃的视窗，以便观察试验现象。

3）试验方法

采用原样物料作试样，不必粉碎、加压或熔化。药量 30 g，装药高度 60 mm，上面留有 15 mm 的自由空间，以防止试样熔化时堵塞小孔。装药后再将压盖和螺母盖依次装好并拧紧，然后将此钢管置于架上固定。

试验前，在防护箱前放好防爆玻璃，再点燃小煤气灯，然后人员离开防护箱的房间，到隔壁房内，打开煤气阀，点燃煤气灯，同时开始计时，并通过墙壁上和防护箱上的防爆玻璃窗观察试验现象。

试样受热后经过一定的时间会放出气体，气体在钢管盖的小孔处燃烧，从开始加热到可燃气体发生燃烧的时间记为 $\tau_1$；再由此时开始到炸药发生爆炸的时间记为 $\tau_2$。试验时应注意可能出现的两种情况，一是有些试样在发生爆炸之前分解生成的气体不发生燃烧，二是有的试样在长时间受热下，钢管已由暗红色变为亮红色，但试样还不爆炸。

试验完毕，先关闭煤气阀，再将室内排风打开，经过一定时间后，人员方可进入。如果发生了爆炸，应将碎片收集起来，以便对结果进行判断。事先在仪器的底部铺些砂子，便于收集碎片。

4）试验结果

临界孔径即三次试验中至少有一次发生爆炸的最大孔径。

本试验中所谓爆炸是指钢管至少破碎成三大块或许多小碎片，其他如变形和有裂纹都不作为爆炸。

$\tau_1$ 表示从开始受热至观察到发生燃烧（如火花、火焰、雾）的时间。

$\tau_1+\tau_2$ 表示开始受热至发生爆炸的总时间。由于试验的重现性不好，欲得到可用的数据，通常取数次试验的平均值。计算出 $\sqrt{\tau_1/d}+\tau_2/d$ 的数值作为衡量热感度的指标。一些炸药的试验和计算结果列在表 5-3 中。

**表 5-3　一些炸药的试验与计算结果**

| 炸　药 | $d$/mm | $\tau_1$/s | $\tau_2$/s | $\sqrt{\tau_1/d}+\tau_2/d$ |
|---|---|---|---|---|
| 硝化甘油 | 24 | 13 | 0 | 0.7 |
| 硝化乙二醇 | 24 | 12 | 10 | 0.12 |
| 硝化棉 13.4%N | 20 | 3 | 0 | 0.4 |
| 硝化棉 12.0%N | 16 | 3 | 0 | 0.4 |
| 黑索今 | 8 | 8 | 5 | 1.6 |
| 高氯酸铵 | 8 | 21 | 0 | 1.6 |
| 太安 | 6 | 7 | 0 | 1.1 |
| TNT | 5 | 52 | 29 | 9.0 |
| 二硝基甲苯 | 1 | 49 | 21 | 28.0 |
| 硝酸铵 | 1 | 43 | 29 | 35.6 |
| 六硝基二苯胺 | 5 | 15 | 3 | 2.3 |
| 苦味酸 | 4 | 37 | 16 | 7.0 |
| 硝基胍 | 2.5 | 49 | 7 | 7.2 |
| 黑火药 | 20 | 12 | 0 | 0.8 |
| 三硝基苯胺 | 3.5 | 50 | 23 | 10.4 |

续表

| 炸　药 | $d$/mm | $\tau_1$/s | $\tau_2$/s | $\sqrt{\tau_1/d}+\tau_2/d$ |
| --- | --- | --- | --- | --- |
| 乙撑二硝胺 | 2 | 14 | 16 | 10.6 |
| 二硝基萘 | 3.5 | 26 | 37 | 13.3 |
| 爆胶 | 24 | 8 | 0 | 0.57 |
| 硝酸铵胶质炸药 | 14 | 10 | 0 | 0.8 |
| 粉状硝铵炸药 | 1.5～2.5 | 24 | 40 | 24 |
| 铵油爆破剂 | 1.5 | 33 | 5 | 8 |
| 胶质许用炸药 | 14 | 12 | 0 | 0.9 |
| 粉状离子交换许用炸药 | 1 | 35 | 5 | 11 |
| 硅藻土代那迈特 | 24 | 13 | 0 | 0.74 |

### 3. 炸药的火焰感度

炸药火焰感度的试验方法很多，但令人满意的方法却不多，实际上测试火焰感度是很重要的。对于那些靠火焰引起爆燃的点火药、发射药和起爆药，要求它们的火焰感度适当，而对猛炸药又要求它们的火焰感度小。下面介绍几种火焰感度的试验方法。

1）导火索燃烧的火星或火焰为加热源法

这种试验方法简便，然而精度不高。

（1）试验原理。

导火索燃烧喷出的火星或火焰作用于不同距离的炸药试样上，观察试样能否被引燃。

（2）试验装置。

试验装置如图 5-3 所示。

（3）试验方法。

试验用的炸药应经过干燥和筛选，用天平称量 25 份，每份药量 20 mg，通过小的纸漏斗，将炸药装在 7.62 mm 的枪弹火帽壳内。测定装药密度对火焰感度的影响时，应将炸药在专门的压模内进行压药。

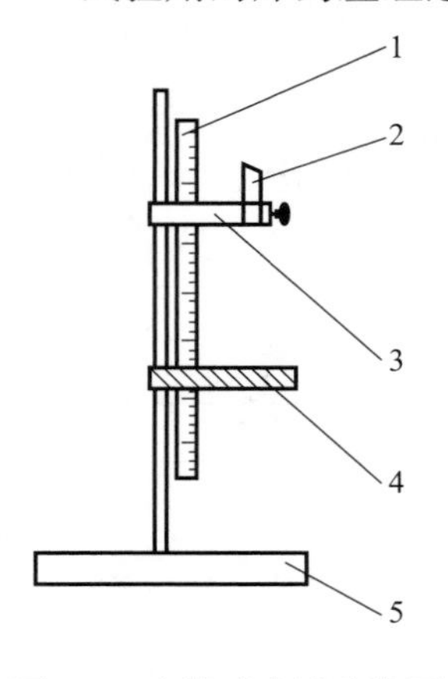

图 5-3　火焰感度试验装置

1—刻度尺；2—导火索；3—导火索夹；4—火帽台；5—钢台

切 40 段导火索，每段长约 30～40 mm，导火索的底部切平，上端宜切成斜形，便于点火，见图 5-3 中的导火索（燃烧时间为 100～125 m/s）。

先调节导火索夹，使其上的指针与尺面相接触，然后调节火帽台，使火帽台的凹槽对准导火索夹的孔，并控制火帽台保持水平，记录火帽台上表面所对的刻度尺数值。用镊子夹取已装好药的火帽，平放在火帽台的凹处，再将导火索插在导火索夹中，使导火索的底平面与导火索夹的底平面相平，再拧紧固定螺丝，使导火索固定住。最后点燃导火索，观察火帽中的炸药是否发火。

用 50%发火率的距离表示火焰感度时，可按“升降法”求出均值和标准偏差。操作程序参见撞击感度试验。试验步长取 5 mm，一组试验的次数不得少于 20 发。

用上下限表示火焰感度，先粗略地找到发火与不发火的交界点，然后从此点处每隔 5 mm 进行试验，每点平行试验 5 次，100%不发火的最小距离称为下限；100%发火的最大距离称为上限。

（4）试验结果。

黑火药的上下限为 70 mm/110 mm，硝化棉的上下限为 65 mm/100 mm，锆粉的上下限为 25 mm/60 mm，苦味酸钾的上下限为 20 mm/40 mm，二硝基甲苯磺酸钠的上下限为 15 mm/30 mm，丙酮精制二硝基甲苯磺酸钠的上下限为 25 mm/40 mm。

2）导火索燃烧的火焰为加热源法

过去通用的方法是用玻璃试管装炸药，炸药试样 1 g，装在试管的底部。试管的直径约 15 mm，高 100 mm。将长度 150 mm 的导火索安置在试管内，使导火索的下端面与炸药试样的表面相距 100 mm。点燃导火索的上端，观察导火索喷出的火焰是否引燃炸药。要求工业炸药在连续 6 次试验中均不发火。

注意：未发火的试样不得继续试验，每发试验都应该用条件相同的试样。

试验所用的导火索为普通导火索，燃速为 100～125 m/s。

现在联合国推荐的方法具体条件如下：玻璃试管为硼硅酸盐材料，外径（15±1）mm，壁厚（1.00±0.25）mm，长（125±3）mm。使用延期导火索，燃速（10±1）m/s。

试样一般为粉状，其他形状的试样可磨碎成粉状，通过 850 μm 筛孔，推进剂可以是通过 1 mm 大小的平板筛孔，也可以是直径 4 mm、厚 2 mm 的圆片。试样量 3 g，试样装在试管内的底部，表面装平。导火索长 23 cm，将导火索的下端平面与试样相接触。

点燃导火索，观察试样，若试样不着火，则为负结果；若试样着火并缓慢燃烧，或着火并快速燃烧，或试样爆炸，均为正结果。连续 5 次试验的结果为负者，则为“－”；反之，连续 5 次试验的结果为正者，则为“＋”。试验结果列在表 5-4 中。

**表 5-4 导火索火焰点燃试验结果**

| 试 样 | 观察现象 | 结 果 |
|---|---|---|
| 硝酸胍 | 不着火 | － |
| 水下用爆胶 | 着火并缓慢燃烧 | ＋ |
| 地震勘探用爆胶 | 着火并缓慢燃烧 | ＋ |
| 间位二硝基苯 | 不着火 | － |
| 硝酸铵 | 不着火 | － |
| 硝酸铵/燃料油 | 不着火 | － |
| 浆状炸药 | 不着火 | － |
| 叠氮化铅 | 爆炸 | ＋ |

续表

| 试　样 | 观察现象 | 结　果 |
|---|---|---|
| 柯达无烟药 | 着火并快速燃烧 | + |
| 枪药 | 着火并快速燃烧 | + |
| 压伸复合火箭推进剂 | 着火并快速燃烧 | + |

3）黑火药柱燃烧喷射火星或火焰为加热源法。

为了解决导火索喷出的火焰不均匀及火焰歪斜的问题，而采用黑火药柱燃烧喷射出的火焰或火星作为加热源。

黑火药柱的制作：称量黑火药（98.0±2.5）mg，装在专门的压模内，压制成一定密度的圆筒形药柱，其外径为 4 mm，高为 5.5 mm，内孔有一定的斜度，一端的孔径为 1.4 mm，另一端的孔径为 1.5 mm。此种黑火药柱燃烧时喷出的火焰很强烈，火焰也长，因此被试炸药采用压装。

压装试样：试样装在火帽壳内，然后在专门的压药模内进行压药，每发试样承受的压强应一致，以保证装药密度的一致性。

用上下限或 50%发火率的距离表示炸药的火焰感度。

**4. 热丝点火试验**

热丝点火试验是鉴定炸药安全性的试验方法之一，有的国家已标准化了。

1）试验原理

将细金属丝通电发热并作用于炸药上，观察炸药能否被引燃。

2）试验装置

试验装置如图 5-4 所示。

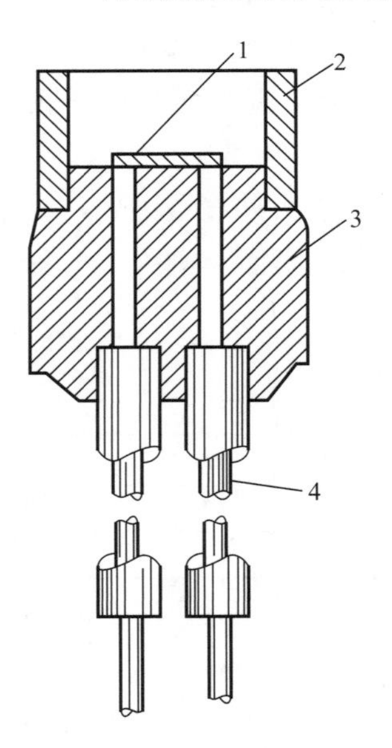

图 5-4　热丝点火装置

1—隔圈；2—桥丝；3—火花塞；4—极柱

3）试验方法

试样准备：要求炸药的颗粒必须小于点火丝的直径，因此炸药必须通过 325 目筛。如果炸药的颗粒有 90%不能通过 325 目筛，则应进行研磨。研磨时应注意安全，即研磨必须在有既不溶解炸药、又不与炸药反应的且不可燃的湿润剂存在的情况下进行。然后筛选，再在 55 ℃下干燥至恒重，最后进行装药。

装填程序：用 50 μm 的钨丝作桥丝，制成 40 个火花塞。钨丝应与火花塞表面平齐。在装有桥丝的火花塞上牢固地安上隔圈，再在隔圈内压入干燥过的炸药试样，压强为27.58 MPa 和 103.4 MPa，使试样与隔圈齐平（在±0.25 mm）。

点火程序：点火前必须用电阻表测量每个单元装置，检查钨丝是否完好。

用铝板作为验证板，尺寸 38.1 mm×38.1 mm×12.7 mm。

将试验的炸药面朝下，并与验证板接触。全套装置放在安全室内点火。点火电压应由容量至少 45 A·h 的铅蓄电池提供。

4）试验结果及判定标准

40 发试样中没有 1 发试样、试验单元或验证板上产生任何可见损伤，再用电阻表检查，钨丝也烧掉了，即可认为该炸药通过了热丝点火试验。

**5. 高温燃烧试验**

对多年来存放、运输炸药时所发生的事故进行分析，认为由受热或火焰而引起的居多。因此，模拟性的热感度试验很重要。下面介绍几种模拟试验。

1）排气容器法点火试验

排气容器法是测定炸药及危险物质燃烧特性的一种定性方法，还可以测定在加压情况下的加速燃烧是否会由爆燃转变成爆轰。

（1）试验原理。

试样装在钢管燃烧室中，钢管帽上有不同直径的小孔，用定量的火药燃烧来引燃试样，观察试样燃烧的特性。

（2）仪器设备。

钢管燃烧室由无缝钢管制成，外径 114 mm，内径 80 mm，长 1.22 m。两端用额定值为 206 kPa 管帽密封。上面的管帽上拧入可变化孔径的螺母，小孔直径变化范围由 3.2～19 mm。钢管燃烧室如图 5-5 所示。

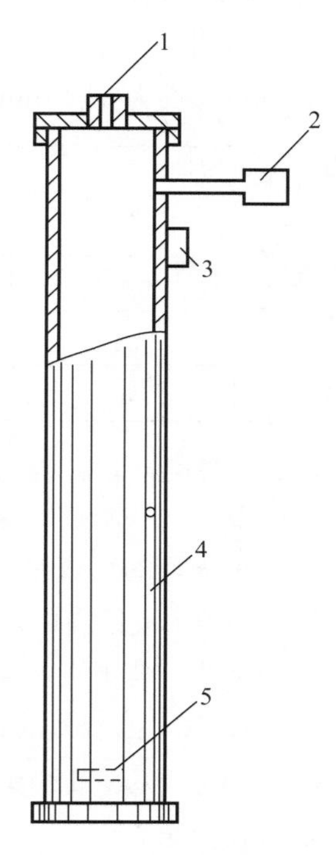


**图 5-5　钢管燃烧室**

1—小孔；2—石英压力传感器；3—应变片；4—钢管；5—电阻压力计

钢管燃烧室借助小孔排气以维持容器中的压力。石英压力传感器测定燃烧过程中的压力。当爆轰时，石英压力传感器可能被损伤或破坏。为了弥补这一缺陷，在钢管燃烧室装上测量其环形应力的应变片，在燃烧室的底部装一个消耗性的电阻压力计，如果发生爆轰，可记录产生的压力。

（3）试验方法。

试样量 500 g，在试样的顶部装入 30 g 高氯酸铵/铝/聚氨酯推进剂碎屑，用小型电点火引燃。

试验时，钢管燃烧室开始采用最大的孔径，以后逐渐减小孔径，直至转变为爆轰为止。

（4）试验结果。

试验结果以正或负表示。当 500 g 试样烧尽，燃烧压力上升后逐渐变平又慢慢地减小，结果为负；当燃烧室破成碎片，电阻压力计测出几百兆帕或更高的压力，结果为正。

2）外部燃烧试验

判断危险物质的包装件的危险等级，通常采用外部燃烧试验。试验时应进行单一包装或几个包装件。将包装件放在架子上，架子下面燃烧一定量的木材或燃料油。

危险物被燃烧后，或出现燃烧或出现爆轰。在距燃烧处一定距离的地点安装测压、测辐射热强度的传感器。

3）炸药爆燃性能试验

（1）试验原理。

在密闭的钢臼炮里，距炸药一定距离处燃烧黑火药，通过改变黑火药的药量，找出炸药爆燃率为50%时的黑火药的极限药量，这个极限药量可表征炸药的爆燃性质。极限药量值越大，炸药越不易爆燃。

（2）仪器设备。

如图 5-6 所示，钢臼炮为长 550 mm、外径 220 mm 的圆柱体，中间有一个直径为 38 mm、长为 450 mm 的炮膛，炮膛的两端密封着。前封盖是一个厚 2 mm 的铜板，用一个卡圈将铜板定位，并由一个能承受 38 MPa静压的螺纹密封圈压住，拧松密封圈，便可露出侧孔，使臼炮内部与外界通气。

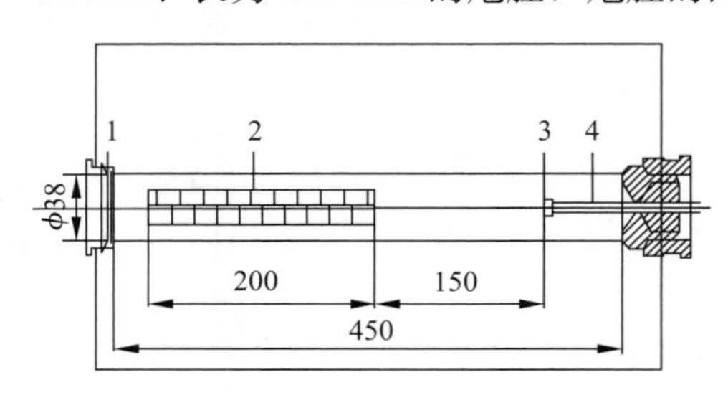


图 5-6 爆燃试验装置钢臼炮图

1—铜板；2—炸药；3—黑火药；4—点火装置

（3）试验方法。

试验用的炸药装在直径 30 mm、长 200 mm 的牛皮纸筒中，并做成药卷。装药密度为堆积密度。

黑火药的组成是硝酸钾 75%、硫黄 12.5%、木炭 12.5%。装在一个直径 15 mm 或 25 mm的牛皮纸筒中，装药密度为0.8 g/cm³。若黑火药量大于9.5 g，则用直径25 mm的纸筒装药。若黑火药量小于 9.5 g，则用直径 15 mm 的纸筒装药。黑火药量可以取 1 g，1.2 g，1.4 g，1.7 g，2 g，2.3 g，2.6 g，3 g，3.5 g，4 g，4.5 g，5 g，6 g，7 g，8 g,9 g，10 g，12 g，14 g，17 g，20 g，23 g，26 g，30 g，35 g 等。黑火药用低压电点火器点火。

试验时，炸药卷和黑火药卷都放进臼炮里。两个药包相距 150 mm，如图 5-6 中所示。再将臼炮密封起来，然后进行点火。

如果炸药发生爆燃，臼炮里的压力增大，超过一定的压力时，就会冲破铜板。某些炸药可能由爆燃转变为爆轰，则爆炸更剧烈。为了减少出现这种现象，可使用 0.5 mm 的薄铜板。为了避免由于爆轰出现的破片的冲击，试验时臼炮应安装在有防护措施的区域里。

一般情况下，从点火到铜板破裂需几秒到 3 min，如果 5 min 后还未发生任何现象，试验人员可以从侧面接近臼炮，拧松臼炮的前盖，使臼炮内部的压力恢复到大气压力，待臼炮内部的烟雾释放完毕后，再过 5 min 即可清理臼炮。

试验时找出最大黑火药量 $m_1$ 和最小黑火药量 $m_2$，取其平均值 $m=(m_1+m_2)/2$，

$m$ 称为极限药量。$m_1$ 为被试炸药连续三次试验都不发生爆燃时的黑火药量，$m_2$ 为被试炸药连续三次试验都发生爆燃时的黑火药量。

应将臼炮两端严格密封，才能使试验的重现性好。

(4) 试验结果。

试验结果列在表 5-5 中。

表 5-5　炸药爆燃试验结果

| 炸药名称 | 极限药量 $m$/g |
| --- | --- |
| 安全炸药 | |
| N66（5%硝化甘油，10%太安，55%食盐） | 1.3 |
| GC16（12%硝化甘油，49%食盐） | 2.4（1.7～3.5） |
| GC20（10%硝化甘油，33%食盐） | 3.4（2.6～4.2） |
| H3（32%硝化甘油，57%食盐，10%硫酸钡） | 5.2 |
| GDCI（20%硝化甘油，21%食盐） | 3 |
| N7（2）（15%TNT，10%食盐） | 5.3（4.5～6） |
| Energit A（西德Ⅱ级安全炸药，1968） | 6.5 |
| Carbonit B（西德Ⅲ级安全炸药，1968） | 6 |
| Carbonit C（西德Ⅲ级安全炸药，1972） | 8 |
| Dynagex（英国 P5 组炸药，1967） | 11 |
| 含水炸药 | |
| Hydrolite AP（15%水，27%黑索今—TNT） | 20 |
| Hyperlite（15%水，30%黑索今—TNT，25%高氯酸铵） | 8 |
| Iregel 406 SD [16%水，10%铝（经表面处理）] | 13 |
| Sigma 512（5%水，26%MAN，12%铝） | 12 |
| Sigma L（12%水，36%MAN） | 18 |
| Sigma 8（16%水，28%MAN） | 29 |
| Sigma 89（14%水，25%MAN，9%铝） | 30 |
| 铵油炸药 | |
| Anfotite 1（6%燃料油，粒度 1～2 mm） | 13 |
| Anfotite 2（6%燃料油，粒度 0.2～1 mm） | 11 |
| 其他 | |
| 硝酸铵 | 12 |
| 硝酸铵—氯化钠混合物 80∶20 | 6.5 |
| 硝酸铵—氯化钠混合物 50∶50 | 7 |

## 5.2.2　火炸药机械感度试验

在机械作用下，火炸药发生爆炸的难易程度称为火炸药的机械感度。机械作用的形式多种多样，撞击、摩擦或者二者的综合作用都可以引起炸药爆炸，因此相应地就有撞击和摩擦感度。由于在生产、加工、运输、贮存、使用条件下，很容易出现上述的机械作用，所以可以说机械感度是炸药的一种重要性质，也是决定能否安全使用炸药的关键因素。

由于机械作用形式复杂，测定机械感度的方法很多，大致可分为模拟型（模拟某些理想条件）、仿真型（模仿某些真实加工、操作条件）两大类；而经常测定的则有撞击感度、摩擦感度、苏珊（Susan）试验、大型滑落试验、鱼雷感度等。

**1. 撞击感度**

炸药在机械撞击作用下发生爆炸反应的难易程度叫作炸药的撞击感度。

在制造、运输和使用炸药的过程中，不可避免地要遇到机械撞击作用，如生产过程中机械的碰撞，运输中炸药箱偶然从一定高度落下，生产工具和设备砸在炸药上等。这些因素都可能引起爆炸，可见撞击感度是炸药最重要的一项感度特性，研究它有着重要的实际意义。

1）试验原理

将一定规格的炸药试样放在专门的试验装置中，承受一定重量的落锤从不同高度落下的撞击作用，观察试样是否发生分解、燃烧或爆炸。

2）仪器设备

测量炸药撞击感度的仪器一般都是落锤仪，下面介绍几种不同结构的落锤仪。

（1）卡斯特落锤仪。

这是常用的一种落锤仪，其外形如图 5-7（a）所示。落锤仪由导轨、基座、脱锤器、落锤及撞击装置五部分组成，三根导轨均安装在墙上，墙应为较厚的混凝土墙。导轨应严格垂直并互相平行，垂直度为 30 μm/m。中心导轨的下部装有齿板，上部装有起吊落锤装置。一定质量的落锤借助于装在中心导轨上的脱锤器而悬挂在两根 V 形导轨之间，悬挂高度可以任意调节。被试炸药装在撞击装置中。落锤上装有反跳装置，当落锤下落打击到撞击装置上时，由于惯性作用使得反跳装置的挂钩脱开向后弹出，当落锤反跳后再下落时，挂钩被齿板挡住就可防止落锤第二次打击在撞击装置上。落锤质量有 2 kg，5 kg，10 kg 三种。导轨长 2 m 左右。落锤仪的基础应牢固，混凝土地基约 1.5 m 深。

（2）BAM 落锤仪。

BAM 落锤仪是德国材料试验所发展的一种落锤仪。其结构与卡斯特落锤仪基本相同，如图 5-7（c）所示。其特点是采用框架结构，导轨的端面为长方柱形。全长 2.3 m，但实际使用的长度不到 1 m。落锤质量有 2 kg、5 kg、10 kg 和 20 kg 四种，落锤的升降和释放用电磁铁进行控制。

（3）三柱式落锤仪。

西欧和北美大都使用这种落锤仪，如图 5-7（b）所示。导轨由 3 根长粗钢圆柱组成，3 根钢柱互成 120°分布，直接固定在作为基座的粗圆钢上，落锤就悬挂在 3 根钢柱

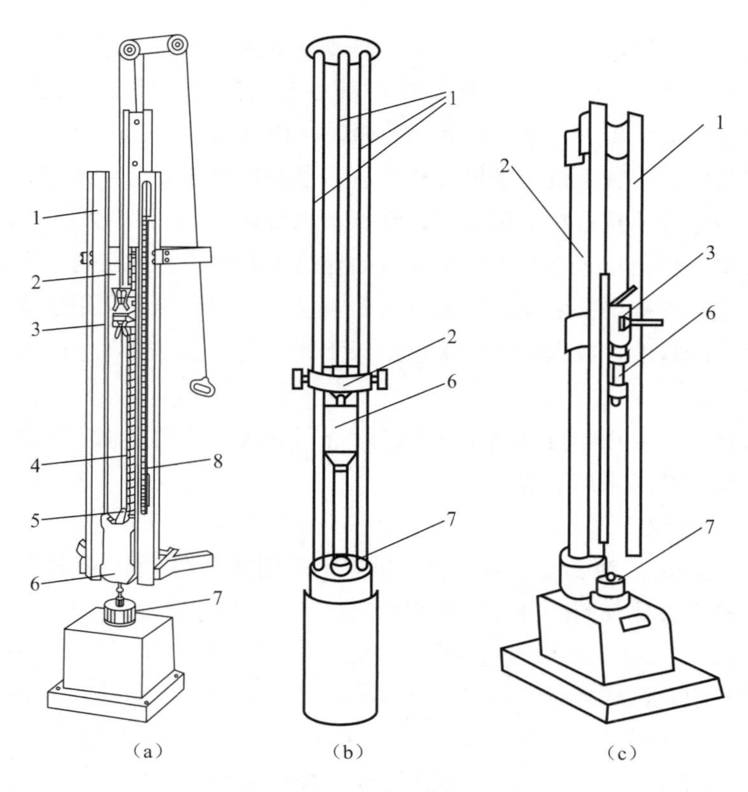


图 5-7　三种撞击感度落锤仪

(a) 卡斯特落锤仪；(b) 三柱式落锤仪；(c) BAM 落锤仪

1—导轨；2—支柱；3—落锤释放装置；4—齿板；5—固定落锤用杆；6—落锤；7—定位座；8—标尺

之间。这种落锤仪的优点是整体性好，不必安装在墙壁和其他基座上，便于搬运。

此外还有一种小型三柱式落锤仪，全部仪器高约 1 m，落锤质量 1 kg，可以随身携带，供危险品现场检验之用。

(4) 大型落锤仪。

近年来随着工业炸药的发展以及钝感炸药研究工作的开展，一般落锤仪已不能满足使用需要，因而发展了大型落锤仪。这类落锤仪使用的落锤为 20～30 kg，导轨高达 3～4 m。例如日本按法国煤炭研究公司设计制造的落锤仪，落锤为 30 kg，最大落高为 4 m。仪器机体高 5.3 m，宽 1.2 m，导轨间距为 19.5 cm。

苏联国家标准中采用的大型落锤仪，落锤为 24 kg，最大使用落高为 2 m，落锤用电磁铁进行释放，用电机带动上下运动。试样量 (3±0.1) g。除药粉外，还可测定成型药块的感度，试样夹在两块直径 (41±0.5) mm、厚 (10±0.2) mm 的钢片之间进行试验。钢片由工具钢作成，淬火至 150～200 HB，表面磨光至 $Ra$=0.8 μm。

(5) 自动落锤仪。

在进行炸药的撞击感度试验时，炸药爆炸产生很大的响声，并生成有毒气体产物，有害于操作人员身体健康，又由于每次试验时要将重锤提升到一定高度，劳动强度也很大。为了改善劳动条件，科学工作者研制了 ZCG-1 型自动落锤仪，该仪器由导轨、落锤、落锤提升和释放装置、自动送样和回收系统、检测系统 5 部分组成。导轨和落锤与一般的落锤仪相同，落锤由机械手提升和释放；自动送料部分有一摩擦盘，装好试样的撞击装置呈一圈整齐地排放在摩擦盘上，摩擦盘每旋转 15°，将一发装好试样的撞击装置推入送料轨道，再由滑车将其送到落锤仪的导轨下方定位。进行第二发试验时，已试验过的撞击装置即被推出并沿倾斜轨道滑入回收盘。检测系统则利用试验时产生的声响转换成电信号，经检波、放大后由记录仪记录下来。整个机械部分由一台电动机带动，整个系统是同步的。

目前这台仪器主要用于行动测量炸药的爆炸百分数。若测定临界落高时，仍需试验人员根据每次试验结果来调节落高。

（6）O-M 落锤仪。

1959 年，美国陆、海、空三军联合小组规定采用美国海军军械研究所设计的 O-M 落锤仪，作为测定液体炸药和液体推进剂撞击感度的标准仪器。

O-M 落锤仪系三柱式落锤仪，采用电磁铁作为落锤的释放装置，小量的液体炸药试样装入试样杯中，试样杯装有隔膜，试样杯受到撞击后，由隔膜的破裂来判断试样是否发生了爆炸。用 20 发试验测得的爆炸概率或临界落高表示炸药的感度。

O-M 落锤仪安装有测压仪器、电子仪器（双线示波仪、电位计、时间延滞线路）和高速摄影装置，可进行压力、时间的测量，也可用来研究撞击、引爆至爆炸过程。仪器还装有双线示波仪扫描触发装置，可用于测定落锤下落时间，计算落锤撞击速度，并可将撞击速度和自由落体速度（计算值）进行比较，用以校验落锤仪、导轨及释放装置工作是否正常。

3）撞击装置

撞击感度试验中，放置炸药试样的装置称为撞击装置。撞击装置的结构和尺寸对试验结果有很大的影响，有时结构完全相同的撞击装置仅配合尺寸稍有差别就能造成试验结果的很大差别。为了能正确地反映出炸药的撞击感度，设计、使用的撞击装置种类很多。

（1）标准撞击装置。

由底座、导向套和击柱 3 部分构成，如图 5-8 所示。击柱由滚珠轴承钢制成，导向套由工具钢制成。对击柱的直径和导向套内孔直径的尺寸公差要求很严，以保证在任意配合使用时都能达到间隙在 20～35 μm，对平行度、垂直度、加工表面粗糙度和击柱倒角尺寸也有严格的要求。

（2）2 号撞击装置。

2 号撞击装置如图 5-9 所示。苏联将此种装置定为国家标准装置之一。其结构与图 5-8 所示的标准装置相似。但在导向套内孔对着放置炸药试样的部位有一个 2 mm×

2 mm 的环形沟槽，在撞击过程中试样很容易被挤压流入沟槽中。装药时先将沟槽倒置，使沟槽被击柱挡住，这样试样就不会倒入沟槽中，然后用一定压力将试样压紧，试验时再将导向套及击柱颠倒过来，这样就使试样上升到对着沟槽的位置。

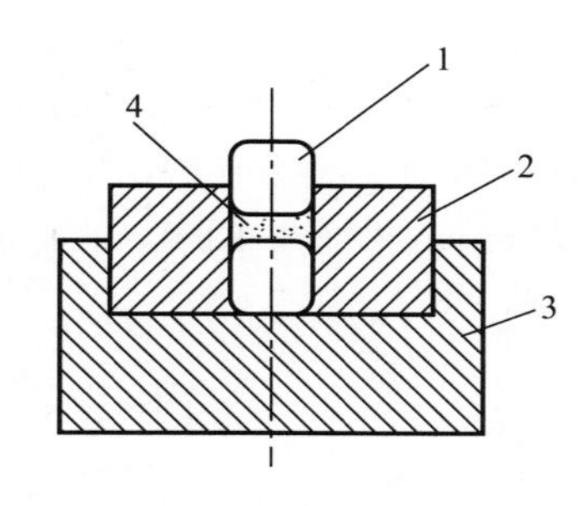


图 5-8　标准撞击装置

1—击柱；2—导向套；3—底座；4—样品

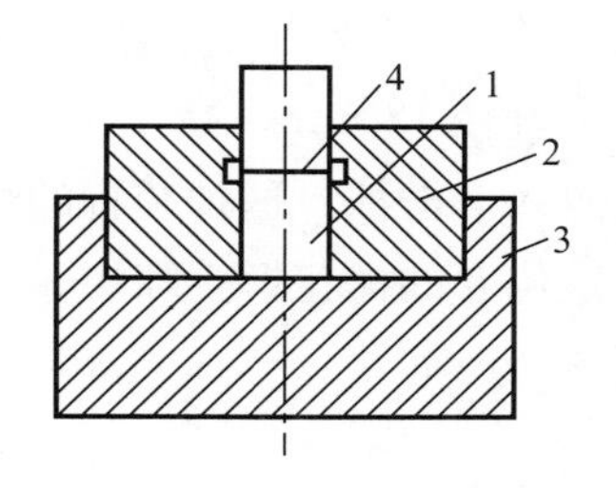


图 5-9　2 号撞击装置

1—击柱；2—导向套；3—底座；4—样品

（3）4 号撞击装置。

4 号撞击装置如图 5-10 所示，为苏联国家标准采用的测定液体炸药和黏性炸药的撞击装置。这种装置的击柱直径为 19 mm，开的槽比 2 号装置大得多。试验时将 7 mg 试样滴在下击柱的中心部位，上击柱则被一个弹簧碰珠固定在下击柱上方（5±0.5）mm 处，在落锤作用下，击柱才打击在试样上。用这种装置测定时，用 10 kg 或 2 kg 落锤的临界落高或感度曲线表示撞击感度。

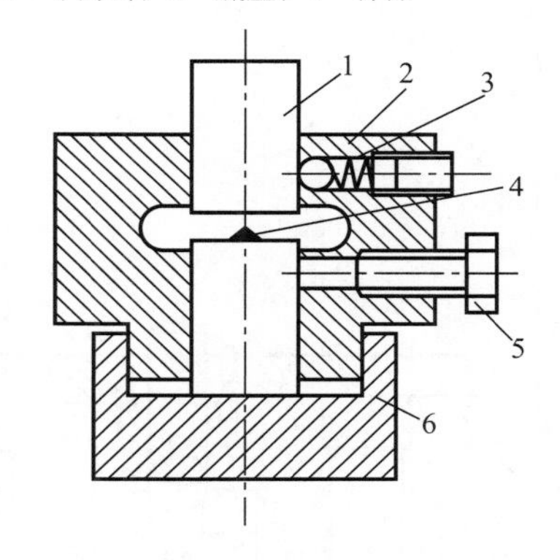


图 5-10　4 号撞击装置

1—击柱；2—导向套；3—弹簧碰珠；4—试样；5—紧固螺栓；6—底座

（4）BAM 撞击装置。

BAM 撞击装置为德国材料试验所采用。这种装置与标准撞击装置基本相同，区别是这种击柱的倒角很小，柱套间隙为 0～40 μm，导向套壁厚 3 mm，用无缝钢管加工而成，这样可以大大节省材料和加工费用，不过导向套的加工表面粗糙度要求很高。根据不同样品选用不同的柱套间隙，测定液体炸药时，配合间隙小，在 5～14 μm。

（5）12 型、12B 型和 13 型撞击装置。

这三种装置均为美国军事标准规定的。12 型撞击装置由击砧、击杆和砂纸 3 部分组成。击砧由工具钢制成，直径及高度均为 31.75 mm，表面淬火并磨光，击砧上放一张边长为 25.4 mm 的方形 5 号砂纸（相当于我国的 120 号砂纸），砂纸中心堆放 30～40 mg炸药试样，试样上再放上击杆，击杆也由工具钢制成，击杆直径 31.75 mm，长 88.9 mm，质量约 0.5 kg，表面淬火并磨光。击杆承受落锤撞击的头部为球形，这样可以消除撞击偏斜时造成的影响。击杆的横向上开有 1～2 个直径 6.35 mm 的圆孔。全部装配图如图 5-11 所示。

12B 型撞击装置与 12 型相同，但不用砂纸，而是在击砧和击杆端部表面喷涂上 40 号碳硅砂，使表面粗糙。13 型装置供试验液体试样用，试验时将一滴炸药放在击砧表面，击杆则用一个木制安全销固定在击砧上方约 3 mm 处。

（6）JIS 撞击装置。

图 5-12 为日本工业采用的规格，击柱直径为 12 mm，下击柱放入定位套中，在下击柱上放一个直径 12 mm、高 4 mm 的锡箔小皿，锡箔为 80～100 g/m²，试样放入小皿中，然后放入上击柱。这种装置的特点是试样不紧，当落锤落下时，小皿很快破裂，试样即挤入定位套的梅花形空隙中。

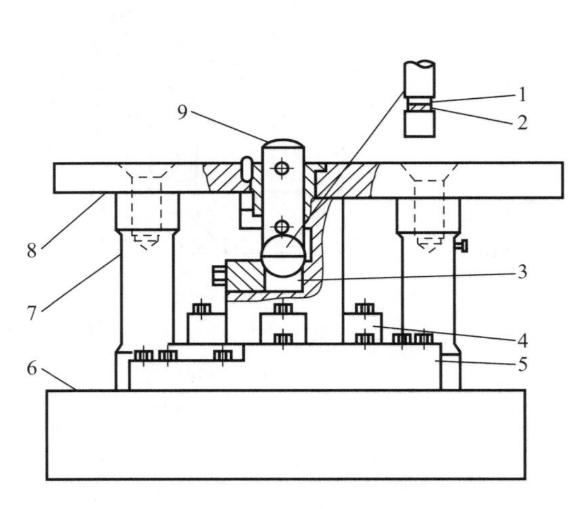


图 5-11　12 型撞击装置装配图

1—炸药试样；2—砂纸；3—击砧；4—夹具；5—基座；6—基座钢板；7—支柱；8—支撑钢板；9—击杆

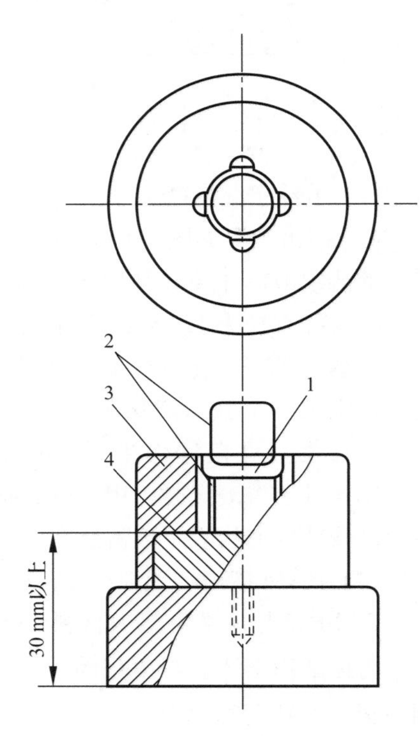


图 5-12　JIS 撞击装置

1—锡箔皿；2—击柱；3—定位套；4—底座

4）试验结果的判别

准确判断试验结果很重要，一般都是根据试验时的声响大小、是否有分解产物的气味、是否有火光和冒烟来判断是否发生了爆炸。当对试验结果有怀疑时，再检查试验后的撞击装置，看试样是否有分解痕迹。大部分军用炸药的分解很容易发展成为爆炸，出现巨大声响或火光，因而容易区别是否发生了爆炸。但是大部分工业炸药，如铵油炸药、水胶炸药及某些低感度的军用炸药，在撞击作用下只是局部发生分解，即使在很大的撞击能作用下，少量试样也不可能爆炸，因而很难凭声响、气味来判断是否发生了反应；有时由于试样从缝隙中高速向外挤出，也能出现较大的声响，这类现象应与爆炸声响加以区别。还有些炸药（如含橡胶类的炸药）在撞击下试样很容易产生黑点，但并未分解，这就使试验结果难以判别。

为了能准确地判别试验结果，目前提出了以下新的方法。

（1）利用声谱作为判别试验结果的工具。

利用仪器对试样爆炸时产生的声谱进行记录，不仅可以定量测定试验时不同频率的声压大小，而且可以得到试样爆炸或分解程度的定量概念，避免了用人耳判断的主观错误。

对于爆炸产生的噪声，不仅声响大（声压高），而且频率高，这是人耳不易准确分辨的。应用声谱测量，不仅可以判断试样是否发生了爆炸，还可以研究炸药的反应能力，测定由撞击到爆炸之间的延滞时间，进一步改进后还可研究超声声谱。

（2）根据试验时产生的分解气体判别试验结果。

最简单的方法是将一块滤纸用 1%淀粉和 0.1%碘化钾溶液浸湿后，悬挂在击柱侧面，试验时，放出 0.1 mL 反应气体就可以引起试纸变色，这一方法灵敏度高，重复性好。

英国采用测定气体放出量的方法来判别试验结果，规定放气量大于 1.0 mL 时就认为发生了爆炸。根据气体放出量不仅可以判别是否发生了反应，还可用于说明反应的传播能力，如试验黑索今时，试样出现不反应或反应两种情况，全部反应放出最大气体量，一般 0.03 mL 试样放出气体 16 mL，而往黑索今中加入蜡后，平均放出气体量为 2.7 mL，说明蜡能阻止反应的传播。

（3）测量压力变化判断试验结果。

在落锤头部牢固地固定一个压电元件，用示波仪记录撞击时产生的压力波形。惰性物质或没有发生爆炸的炸药产生一个特有的单峰波形，当炸药产生爆炸时，会产生一到两个振幅较大的波形。

5）试验方法和试验结果

（1）爆炸百分数表示撞击感度。

当一定质量的落锤（一般为 10 kg、5 kg 或 2 kg）从一定高度（一般为 250 mm）落下撞击试样时，试样可能爆炸或不爆炸，测定试样爆炸概率，用百分数表示，称为爆炸百分数法。

标准规定必须先用丙酮重结晶的精制特屈儿或黑索今对仪器进行标定。试验前撞击装置用丙酮清洗干净，装配后，先将上击柱取出，称取（50±2）mg 标定用炸药，倒入导向套内，将试样弄平，放入上击柱，然后放到落锤仪的击砧上，用落锤从 250 mm 高度落下撞击。一组试验 25 发。采用 10 kg 落锤时，用精制特屈儿标定，爆炸百分数应为 40%～56%才算合格。只有在对仪器标定合格后，才允许进行试样测定。

进行试样测定时，试验方法与标定时相同，一般进行两组平行试验，以其爆炸百分数的平均值作为试样的测定结果。

平行试验时，两组试验结果不可能总是完全相同的。如何确定两组结果是否平行一致，两组结果相差在多大范围内可以取平均值，过去一直没有科学的规定。要求严格时，规定两组结果相差不超过 8%；要求较宽时，规定两组结果不超过 24%，对不同的爆炸概率的试样要求都一样，这样人为的规定不尽合理，没有严格的科学根据。

在比较不同炸药试样的撞击感度试验结果时，也存在一个差异判别问题，不能因为两个试样试验结果有差别就轻易地作出感度高低的结论，应根据科学方法来判断试验结果。

撞击感度试验是随机试验，爆炸率服从二项分布规律，根据数理统计方法，科学工作者提出一个平行一致性判别准则。假如在某一试验条件下，某一炸药的爆炸率为 $P$，做了 $n$ 发试验，爆炸了 $k$ 发，但在同样的条件下重复试验，$k$ 并不是一个不变的数值，$k$ 的可能值为从 0 到 $n$ 共（$n+1$）个值中的任何一个值，但各个 $k$ 值出现的概率是不同的，$n$ 次试验中爆了 $k$ 次的概率 $B(k)$ 为

$$B(k) = C_n^k P^n (1-P)^{n-k} \tag{5-1}$$

式中系数

$$C_n^k = \frac{n!}{k!(n-k)!} \tag{5-2}$$

如二项分布参数 $P$ 的置信度为 95%，则 $P$ 的置信区间的上限 $P_{上}$ 和下限 $P_{下}$ 满足下列关系：

$$\sum_{i=0}^{k} C_n^i P_{上}^i (1-P_{上})^{n-i} = 2.5\% \tag{5-3}$$

$$\sum_{i=k}^{n} C_n^i P_{下}^i (1-P_{下})^{n-i} = 2.5\% \tag{5-4}$$

式（5-3）和式（5-4）是 $n$ 次高次方程，对于撞击感度试验 $n=25$，50，100，…，显然 $n$ 越大，系数 $C_n^k$ 的数值越大，必须用电子计算机才能直接求解，解法见参考文献 [14]。

当确定了置信区间（上限和下限之间的区间）后，就可以按下述准则来判别两组感度数据是否平行一致，两组结果中只要有一组结果落在另一组结果的置信区间内，就认为这两组结果是平行一致的。此时就可以用这两组结果的平均值作为该试样的感度值。如果试验的是两个不同的试样，则认为这两种试样的感度值没有显著性差异，再做更多的试验发数，才能确定感度值是否有显著差异。

表 5-6 列出了几种常用炸药的爆炸百分数测定结果。

**表 5-6 炸药的爆炸百分数**（落锤 10 kg，落高 250 mm）

| 炸药名称 | 爆炸百分数/% | 炸药名称 | 爆炸百分数/% |
|---|---|---|---|
| TNT | 4～8 | 钝黑-1 | 28～32 |
| 苦味酸 | 24～32 | 硝化甘油 | 100 |
| 特屈儿 | 44～52 | 奥克托今 | 72～80 |
| 黑索今 | 72～80 | 太安 | 100 |

（2）临界落高表示撞击感度。

一定质量的落锤使试样发生 50%爆炸的高度称为临界落高，用 $H_{50}$ 表示。

对于各种不同感度的试样均可测出临界落高，便于相对比较它们的感度，克服了爆炸百分数法可比范围较小的缺点，因而得到了日益广泛的应用。对于临界落高 $H_{50}$ 较高的炸药来讲，$H_{50}$ 的测定值相对误差很小，可以准确地表示炸药的撞击感度。

根据感度曲线求出爆炸概率为 50%时的落高，需要试验的工作量大，一般要进行 200～300 发试验才能测出一个结果。

狄克逊（W. J. Dixon）根据数理统计理论提出一种在平均值左右徘徊进行试验的方法，这种方法称为升降法，或上下法，或布鲁斯顿法。采用这种方法时，应按次序进行试验，将变量固定在按等差级数分布的一序列水平上，下一次试验水平应根据上一次试验的结果而定，因而可以把试验自动集中在平均值附近，大大减少了试验次数，通常可以减少 30%～40%，并能提高测试精度。在各种感度试验及其他测试工作中，这一方法已得到了越来越广泛的应用。

采用升降法进行试验的一个必要条件是所分析的变量必须是正态分布的，如果不是正态分布，应将其变换成具有正态分布的变量。已经有充分的理由证明在撞击感度测试中落高的对数是正态化变量，因而在试验时，落锤下落高度应按对数等间隔分布，落锤仪要带有用对数单位（以 10 为底）表示高度的刻度尺。

表 5-7 中列出常用炸药的临界落高，是不同实验室发表的数据。对于混合炸药，即使同一实验的数据，其变化范围也很大。两实验室使用的落锤都是 2.5 kg，撞击装置是两种类型。

**表 5-7　常用炸药的临界落高 $H_{50}$**　　cm

| 炸　药 | $H_{50}$① | | $H_{50}$② | |
|---|---|---|---|---|
| | 12 型 | 标准偏差 | 12 型 | 12 型 B |
| 叠氮化铅 | 4 | 0.12 | — | — |
| 太安 | 12 | 0.13 | 13～16 | 14～20 |
| 黑索今 | 24 | 0.11 | 28 | 32 |
| 奥克托今 | 26 | 0.10 | 32 | 30 |
| 特屈儿 | 38 | 0.07 | 37 | 41 |
| TNT | 157 | 0.10 | 148 | ～100 |
| 苦味酸铵 | 254 | 0.05 | — | — |
| 苦味酸 | — | — | 73 | 191 |
| 三氨基三硝基苯 | — | — | >320 | >320 |
| 二氨基三硝基苯 | — | — | >320 | >320 |
| 黑索今/TNT　64/36 | 60 | 0.13 | 49～85 | 98～300 |
| 黑索今/TNT　60/40 | — | — | 40～80 | 69～120 |
| 黑索今/蜡　91/9 | — | — | 81 | 245 |
| 黑索今/TNT　75/25 | — | — | 47 | 114 |

注：① $H_{50}$ 的数据出自参考文献［15］；
　　② $H_{50}$ 的数据出自参考文献［16］。

测试炸药的临界落高时，最常用的落锤质量有 2 kg、2.5 kg、5 kg 和 10 kg 四种。虽然有人证明对于不同质量落锤得到的临界落高可以按撞击能进行换算。但试验采用的落锤仍应能适用于大部分常用炸药，以避免不必要的换算及修正。如采用 2 kg 或 2.5 kg落锤，只能测定高感度炸药；如采用 5 kg 落锤，则可测定从太安到 TNT 的大部分常用炸药。

用临界落高表示炸药的撞击感度的可比范围较大，并能排列出炸药撞击感度的次序。现将落锤为 5 kg、药量为 50 mg、在标准撞击装置中试验的结果列在表 5-8 中。为了说明问题，引用了文献值和爆炸百分数的数值。虽然使用的仪器、撞击装置、落锤质量不同，但测得结果的排列次序一致。文献值的试验条件见表 5-7，爆炸百分数的试验条件是落锤为 10 kg、落高为 250 mm，在标准装置中试验的结果。

表 5-8　常用炸药的撞击感度

| 炸　药 | 临界落高/cm | | 爆炸百分数/% |
|---|---|---|---|
| | 试验值 | 文献值 | |
| 太安 | 12.5 | 12 | 100 |
| 重—三硝基乙基—N—硝基乙二胺 | — | — | 100 |
| 黑索今 | 23.0 | 24 | 70～80 |
| 奥克托今 | 15.8 | 26 | 100 |
| 特屈儿 | 43.2 | 33 | 40～56 |
| 黑索今/TNT　64/36 | 61.4 | 60 | 58 |
| 黑索今/蜡　95/5 | 125.0 | — | 32 |
| 黑索今/黏结剂　94/6 | 59.3 | — | 29 |
| 黑索今/黏结剂　96/4 | 112.0 | — | 28～32 |
| TNT | 158.5 | 157 | 4～8 |

（3）感度下限。

一定质量的落锤撞击试样，一次爆炸也不发生的最大下落高度称为感度下限。感度下限说明炸药能承受多大撞击能而不发生爆炸，因而是一种常用的表示撞击感度的方法。为了试验方便，有时感度下限指在试验条件下一个最小爆炸概率时的落锤下落高度。

有的国家将感度下限作为撞击感度的主要表示方法，而将爆炸百分数及临界落高作为撞击感度附加表示方法。试验方法是测定 25 发试验中不发生爆炸或不超过一次爆炸时的落锤最大下落高度。对于粉状、塑性、弹性和粒状炸药，采用 2 号撞击装置测定感度下限，试样量（100±5）mg，在 294.2 MPa 压强下压成薄片，对于塑性炸药的压药压强视具体情况定。先用 10 kg 落锤进行测定，如落高 500 mm 时仍不发生爆炸，就不再进行试验，而认为下限大于 500 mm；若感度下限小于 50 mm，则改用 2 kg 落锤进行试验。表 5-9 列出几种工业炸药的感度下限，试验条件：10 kg 落锤，2 号撞击装置。

表5-9　工业炸药的感度下限　mm

| 炸　药 | 感度下限 |
|---|---|
| 特屈儿 | 150 |
| 鳞片状TNT | 500 |
| 硝酸铵/铝/硝酸酯/硬脂酸钙　78/11/10/1 | 70 |
| 硝化甘油/硝化棉/硝酸钠/木粉　62/3.5/32/2.5 | 30 |
| 抗水硝铵/TNT/食盐　64/16/20 | 250 |
| 抗水硝铵/TNT/硝酸酯/木粉　65.5/12/9/1.5 | 100 |
| 硝酸铵/TNT/铝/黑索今　66/5/5/24 | 100 |
| 硝酸铵/TNT　79/21（粒状） | 500 |

用于感度下限的测试方法还有：

① 撞击试验值。

落锤从一定高度落下，10次试验中至少有一次爆炸，而从此高度再下降1 cm落下时，若全部不爆时，则此高度称为撞击试验值。

固体炸药试样20 mg，取48目到100目筛之间的颗粒，直接放到击砧上试验。液体炸药试样（7±2）mg，滴在一张直径9.5 mm的滤纸上进行试验，使用2 kg落锤，试验结果见表5-10。

表5-10　常用炸药的撞击试验值　cm

| 炸　药 | 撞击试验值 | 炸　药 | 撞击试验值 |
|---|---|---|---|
| TNT | 100 | 六硝基二苯胺 | 27 |
| 苦味酸 | 82 | 三硝基苯 | 46 |
| 特屈儿 | 26 | 乙撑二硝胺 | 43 |
| 黑索今 | 18 | 四硝基甲烷 | >100 |
| 奥克托今 | 32 | 六硝基甘露醇 | 8 |
| 太安 | 17 | 硝化乙二醇 | 56 |
| 硝化甘油 | 15 | 二硝化二乙二醇 | >100 |
| 硝基胍 | 47 | 丁四醇四硝酸酯 | 10 |
| 苦味酸铵 | >100 | 二季戊四醇六硝酸酯 | 14 |

② 1/6爆点。

用6次试验中发生1次爆炸的落高评价炸药的撞击感度。一般采用5 kg落锤在JIS撞击装置或其他形式的撞击装置试验，在落高5 cm，10 cm，15 cm，20 cm，30 cm，40 cm，50 cm下进行试验，测定或推算出1/6爆点。如某试样在20 cm时6次试验爆2次，而在15 cm时全部不爆，则1/6爆点为15 cm以上20 cm以下。用JIS撞击装置试验1/6爆点的结果分为8类感度，列在表5-11中。

表 5-11 炸药感度的分类

| 落锤感度等级 | 1/6 爆点/cm | 落锤感度等级 | 1/6 爆点/cm |
|---|---|---|---|
| 1 | <5 | 5 | 20～30 |
| 2 | 5～10 | 6 | 30～40 |
| 3 | 10～15 | 7 | 40～50 |
| 4 | 15～20 | 8 | >50 |

6）试验结果与讨论

撞击感度的测试自采用卡斯特设计的落锤仪以来，已将近一百年，各国对起爆机理、仪器结构、测试方法进行了大量的研究，但仍存在不少问题，下面主要讨论两个问题。

（1）撞击装置的结构对试验结果有决定性的影响。如何合理地设计撞击装置，使其更好地模拟实际炸药可能遇到的情况，正确地评定炸药的撞击感度，是感度测试中亟待解决的重要问题。各国采用的撞击装置各有不同，但从总的趋势来看，都是力求给试样创造一个能自由流动的条件，而不把炸药限制得过死，如上面介绍的大部分撞击装置，以及 BAM 后来发展的上下击柱和击柱一钢锉板装置都是这种结构。标准撞击装置，柱套间有一定间隙，击柱倒角较大，试样可在倒角造成的环形槽及柱套间隙间运动，但又不能无阻碍地自由运动，比较符合实际情况；但这样做造成对击柱和导向套的加工要求过严，又因为击柱与导向套之间密闭，试验时装置损坏率大，造成试验成本高，在我国一发试验约 10 元，一年要花数万元购买撞击装置。为了解决这一问题，曾采用聚氯乙烯塑料管代替钢导向套进行试验，塑料管的内径 10 mm，壁厚 1 mm,对大部分炸药能得到满意结果，但对低熔点和低感度炸药，未能测出结果，还有待进一步研究。试验用落锤为 5 kg，结果列在表 5-12 中，同时还列出标准撞击装置试验结果进行比较。此外，还有击柱—硅钢片装置的方法，其试验结果的重复性较好，对击柱加工精度要求可以降低，这种结构与击柱—砂纸装置接近，可以进一步研究。

表 5-12 塑料管导向套的试验结果

| 炸 药 | 重结晶溶剂 | 粒度/mm | 临界落高/cm | |
|---|---|---|---|---|
| | | | 塑料管导向套 | 标准导向套 |
| 硝化棉 | — | — | 17 | 19 |
| 太安 | 丙酮 | 0.20～0.28 | 18 | 13 |
| 黑索今 | 丙酮 | 0.20～0.28 | 29 | 23 |
| 奥克托今 | 丙酮 | — | 18 | 27 |
| 苦味酸钾 | — | — | 33 | 16 |
| 黑火药 | — | — | 22 | 24 |
| 特屈儿 | 丙酮 | 0.20～0.28 | ① | 42 |

注：① 10 kg 落锤，100 cm 落高下爆炸率 5%。

现行撞击装置的另一个缺点是重锤下落时有反跳，试样对能量的吸收率低，而且在一定范围内是变化的，因而对试验结果有很大影响。在击砧上放砂纸，可在一定程度上提高能量吸收率。雷克里（K. Recrer）等人用压电式测压仪研究了撞击过程中的试样受力情况，发现将上击柱改成质量较大的击杆，对提高能量吸收率有很大好处。当击杆质量与落锤质量相等时，能量全部传递给试样，因此美国矿务局提出的落锤试验试行标准草案（ASTM）中规定击杆与落锤的质量要相等。加拿大炸药研究实验室采用的击杆直径约 40 mm，质量 2.5 kg，其质量与落锤相同。

（2）目前的撞击感度测试方法大都只测定粉状炸药的感度，实际上除了制造和成型过程以外，使用中的炸药大部分是成型药柱，成型药柱的性质与粉状炸药有很大差别。例如钝感炸药的惰性包覆膜在成型过程中可能受到破坏，非均相铸装药柱中敏感的固相被不敏感的组分包围，又如成型炸药的能量易于传递，药块之间不易运动等，因而粉状炸药的测试结果不能完全反映成型药柱的危险性。实际工作中遇到某高强度炸药装填的导弹战斗部，从几千米高空摔下没有发生爆炸，但这种炸药粉碎后测定其机械感度却很高。因此不少国家都着手测定成型药柱或药片的撞击感度。一种简单的方法是在粉状炸药试验时将试样用一定压力压成药片再进行试验；另一种方法是用小药柱进行试验，如用 3 g 炸药压成直径 20 mm 的药柱，夹在两块钢板之间，在大型落锤仪上进行试验。布罗希（J. M. Brosse）用直径 10 mm 的药柱放在钢轴承座中的两个击柱之间进行试验，发现得到的落高与能量释放曲线和大型模拟苏珊试验的曲线相类似。

**2. 摩擦感度**

在实际加工或处理炸药的过程中，炸药不仅可能受到撞击，也经常受到摩擦，或者受到伴有摩擦的撞击。有些炸药钝化后，特别是有些复合推进剂，用标准撞击装置试验表现出不敏感，可是测定其摩擦感度时则很敏感，实际也因此发生过事故。所以从安全的角度出发，必须测定炸药的摩擦感度。另外，摩擦作为炸药的一种引燃、引爆的方式，人们早已知道并加以利用，如摩擦发火管等。

1）摩擦感度的测试方法

（1）柯兹洛夫摩擦摆测定摩擦感度。

这种摩擦摆由仪器本体、油压机及摆锤三部分组成，如图 5-13 所示。试样取 20～30 mg 均匀放在两个直径 10 mm 的钢滑柱之间，放入爆炸室中，开动油压机，通过顶杆将上滑柱由滑柱套中顶出并用一定的压力压紧，压强可由压力表读出，当到达所需压强后，令摆锤从一定角度沿弧形摆下，通过击杆打击上滑柱，使上滑柱水平移动 1～2 mm，试样受到强烈摩擦，观察试样是否发生爆炸。

试验结果的表示方法有两种：

① 一定试验条件下试样的爆炸概率。常用的试验条件为摆角 90°，挤压压强 474.6 MPa；或摆角 96°，挤压压强 539.2 MPa。常用炸药的摩擦感度在摆角 90°、挤压压强 474.6 MPa 的试验条件下的测定结果列在表 5-13 中。

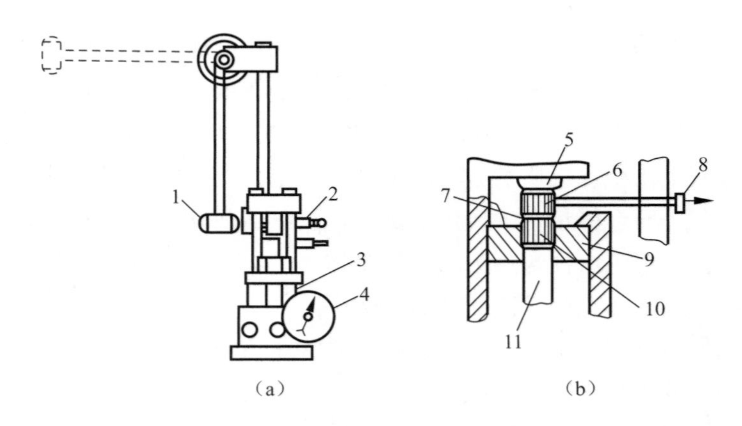


图 5-13 柯兹洛夫摩擦摆

1—摆体；2—仪器主体；3—油压机；4—压力表；5—上顶柱；6—上滑柱；
7—试样；8—击杆；9—滑柱套；10—下滑柱；11—顶杆

表 5-13 炸药的摩擦感度 %

| 炸 药 | 爆炸百分数 | 炸 药 | 爆炸百分数 |
|---|---|---|---|
| TNT | 2 | 六硝基芪 | 36 |
| 特屈儿 | 16 | 奥克托今 | 100 |
| 黑索今 | 76 | 三硝基丁酸三硝基乙酯 | 44 |
| 太安 | 100 | 重三硝基乙醇缩甲醛 | 43 |
| 硝基胍 | 0 | | |

② 除了测定爆炸概率外，还可以测定炸药与钢表面之间的外摩擦系数，并由此计算出炸药所承受的摩擦功。表 5-14 为试验测定的几种常用炸药的摩擦感度（摆角 90°，挤压压强 474.6 MPa 时的爆炸百分数），以及试样与钢表面的外摩擦系数。

表 5-14 几种炸药的摩擦感度及外摩擦系数

| 炸 药 | 爆炸百分数/% | 外摩擦系数 | 炸 药 | 爆炸百分数/% | 外摩擦系数 |
|---|---|---|---|---|---|
| TNT | 2 | 2.07 | 块状黑索今 | 60 | 0.16 |
| 特屈儿 | 8～24 | 0.12 | 球状黑索今 | 49 | 0.15 |
| 黑索今 | 48～64 | — | 奥克托今 | 76 | 0.21 |
| 粗针状黑索今 | 72 | — | 太安 | 100 | 0.18 |

（2）BAM 摩擦仪测定摩擦感度。

BAM 摩擦仪是一种直线移动式摩擦仪，在欧洲、日本均得到了应用。它由机体、摩擦板、托架和砝码四部分组成，如图 5-14 所示。试样 0.01 mL 放在机座的磁摩擦板上，将固定在托架上的一支特制磁摩擦棒与试样接触，磁棒运动时应使其前后的试样量约为 1∶2，在托架上挂好砝码，开动机器使磁棒以最大约 7 cm/s 的速度做 1 cm 的往复运动，观察试样是否发生爆炸，调节砝码的质量及悬挂位置，测量 6 次试验中发生 1 次爆炸时的最小负载，即以 1/6 爆点时的最小负载（牛顿）衡量炸药的摩擦感度。

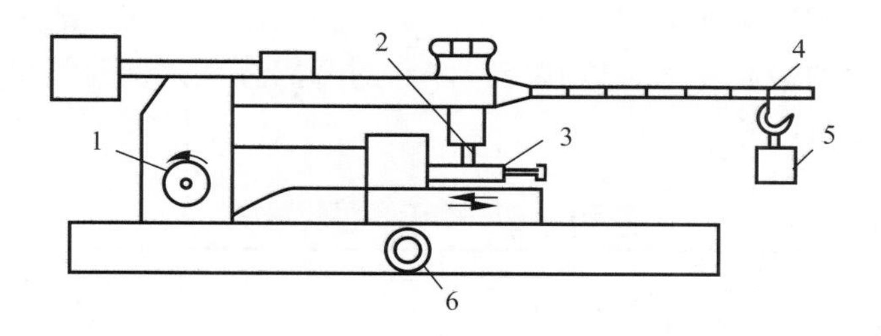


图 5-14　BAM 摩擦仪

1—主体；2—摩擦棒；3—摩擦板；4—托架；5—砝码；6—底座

砝码的质量有 9 种，悬挂位置有 6 个点，负载可以在 4.9～353 N 进行调节。表 5-15列出了用 BAM 摩擦仪测定的各种炸药的摩擦感度，以不发生爆炸时的极限负载表示。

表 5-15　炸药的摩擦感度　N

| 炸　药 | 极限负载 | 炸　药 | 极限负载 |
|---|---|---|---|
| 高氯酸肼 | 9.8 | 爆胶（75%硝化甘油） | 78.4 |
| 叠氮化铅 | 9.8 | 奥克托今 | 78.4 |
| 雷汞 | 9.8 | 黑索今 | 117.6 |
| 丁四醇四硝酸酯 | 29.4 | 黑索今（用水湿润） | 156.8 |
| 太安 | 58.8 | 硝化棉 13.4%N | 235.2 |
| 太安/蜡 95/5 | 58.8 | 六硝基芪 | 235.2 |
| 太安/蜡 93/7 | 78.4 | 奥克托今/TNT70/30 | 235.2 |
| 太安/蜡 90/10 | 117.6 | 苦味酸 | >352.8 |
| 太安/水 75/25 | 156.8 | TNT | >352.8 |
| 太安/乳糖 85/15 | 58.8 | 烟火药 | >352.8 |

（3）ABL 仪测定摩擦感度。

ABL 仪由油压机、固定轮、平台和摆锤组成，其作用原理如图 5-15 所示。

按照美国军标规定，用 ABL 摩擦仪测定炸药、推进剂及火药的摩擦感度。这种摩擦仪的固定轮及平台均由专门的钢材制成，平台表面具有一定的粗糙度。将试样放在平台上，均匀地铺成宽 6.4 mm、长 25.4 mm 的一条，其厚度相当于试样的一个颗粒。降下固定轮，使之与试样接触，并用油压机使固定轮给试样施加一定的压力，其压力最小为 44 N，最大为 8 006 N。当达到预定压力后，令摆锤从一定角度沿弧形下落打在平台的边上，使平台

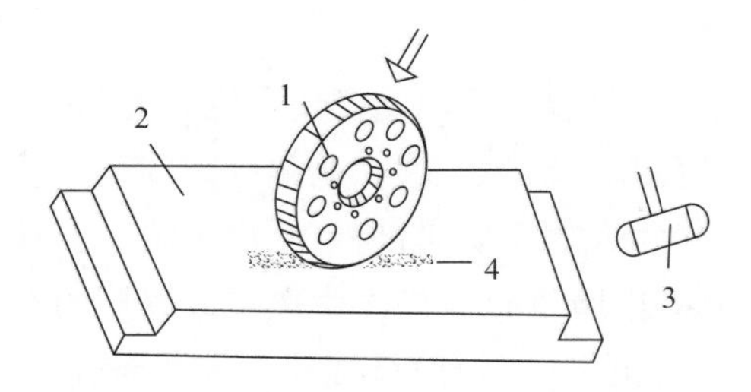


图 5-15　ABL 摩擦仪作用原理图

1—固定轮；2—平台；3—摆锤；4—试样

沿与压力垂直的方向、以一定速度滑移 25.4 cm，通常用的滑移速度为 0.9 m/s，如有火花、火焰、爆裂声，或测出反应产物，就认为发生了爆炸。测定在 20 次试验中，一次爆炸也不发生的最高压力，以其衡量炸药的摩擦感度，试验结果列在表 5-16 中，滑移速度为 0.9 m/s。

表 5-16　几种炸药的摩擦感度　　N

| 炸　药 | 不爆的最大压力 |
|---|---|
| 硝化甘油/硝基二苯胺　99/1 | 336 |
| 黑索今（16 μm） | 551 |
| 黑索今（12 μm） | 403 |
| 黑索今/蜡　91/9 | 1 724 |
| 太安（干的） | 184 |

（4）大型摩擦摆测定摩擦感度。

大型摩擦摆目前仍是评定工业炸药摩擦感度的一种方法。这种摩擦摆由支架、钢砧、摆三部分组成，如图 5-16 所示。摆长 1.85 m，装有可更换的摆头，可由钩将其提升到支架的任意高度，范围为 0.5～2.0 m，摆头有钢摆头和硬质纤维板摆头两种，质量 20 kg。

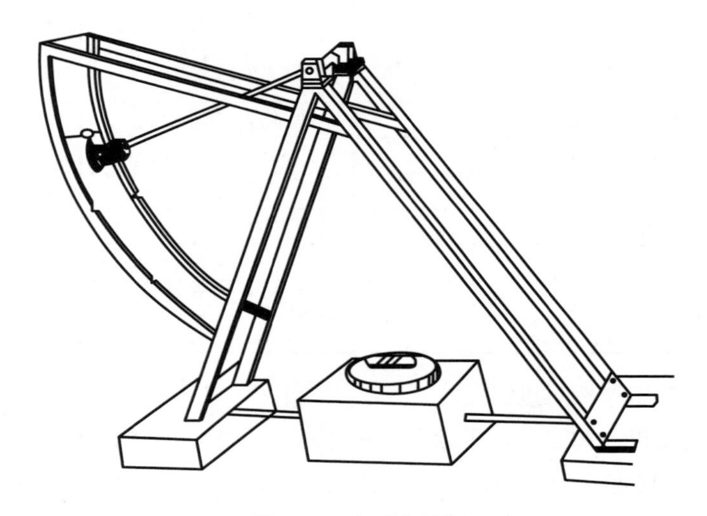

图 5-16　大型摩擦摆

试验前要调整摆角与钢砧的间隙，令摆从规定的高度摆下，要求摆在钢砧表面往复通过（18±1）次。调整好间隙后，将（7±0.1）g 试样均匀分布在钢砧的三条平行槽中，先用钢摆头进行 10 次试验。如发生燃烧或爆炸，就改用纤维板进行试验。试验结果用 10 次试验中发生燃烧或爆炸的次数表示。

（5）ROTO 摩擦仪测定摩擦感度。

ROTO 摩擦仪是一种新型的仪器，可用于测定引燃药、烟火剂、推进剂和炸药发生爆炸所需摩擦能的绝对值。此仪器由试样杯、转矩转换器、摩擦杆、电动机和砝码组成。试样杯由人造钢玉制成，安装在铝制凸轮矩转换器上，摩擦杆用钢制成，硬度58～60 HRC，用改变砝码的方法调节加在摩擦杆上的负荷。试验时，称取（20±1）mg 试样放入试样杯中，选定摩擦杆的转速和负荷，开动电动机，使摩擦杆下降至与试样接触，记录发生爆炸所需要的时间，按下式计算发生爆炸时的摩擦功 $E$。

$$E=\frac{\pi\omega t T}{30} \tag{5-5}$$

式中　$E$——摩擦功；

$\omega$——摩擦杆的角速度；

$t$——发生爆炸所需的时间；

$T$——摩擦杆上的转矩。

2）几种摩擦感度测试方法的比较

上面介绍的五种测试方法，其中前四种的试验原理基本相同，都是测定在一定载荷下试样水平移动产生摩擦。BAM 仪器最大负荷为 353 N，不少火炸药都不能测出定量结果，试样的放置位置、形式都不易严格控制，对试验结果有很大影响；也不适合测定液体炸药的摩擦感度。ABL 摩擦仪负载可在较大范围内变化，但试样位置、厚度同样不易严格控制。大型摩擦摆的负载无法测量，试样放置位置对试验结果影响更大，而且设备笨重，试样量大，较适合于测定工业炸药的摩擦感度。柯兹洛夫摩擦摆的试样置于两滑柱之间，接触面大小固定，试样形状也较易控制，载荷可在大范围内调节，同样可测定摩擦系数和计算发生爆炸的摩擦功，因而是这四种方法中比较好的一种方法，其缺点是不能测定液体炸药的摩擦感度。

ROTO 摩擦仪测试原理和上述四种不同，仪器结构比较简单，能测定发生爆炸所需摩擦功的绝对值，试验重复性较好，能测定液体火炸药的摩擦感度，因而也是值得提倡的一种方法。

**3. 苏珊试验**

苏珊试验是评价炸药在接近使用条件下相对危险性的一种大型撞击试验，主要模拟固体炸药在高速碰撞时的安全性能。试验时，将炸药装在一定规格的炮弹（苏珊试验弹）中，用炮将弹丸发射出炮口，如图 5-17 所示，当弹丸撞击到钢靶板上，会产生不同程度的反应，从分解、燃烧到完全爆轰。通过测定距靶板 3.1 m 处的超压等空气冲击波数据，计算出撞击时炸药释放的化学能相对值，即相对点源爆轰能。应用相对点源爆轰能对弹丸速度作图而得出的苏珊感度曲线来衡量被测炸药的苏珊感度。弹速一定时，释放能量越大，就表示炸药的感度越大。

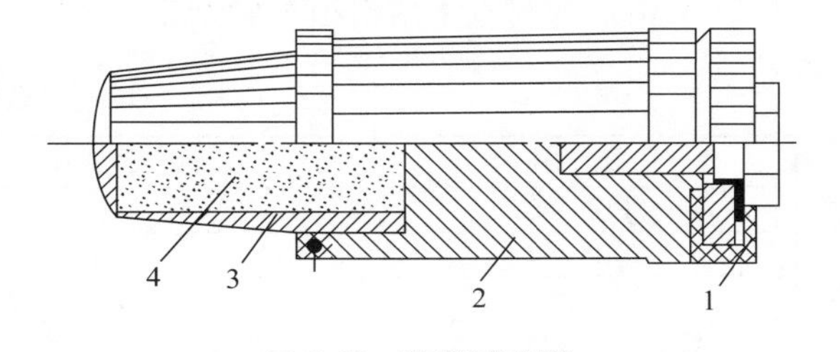


**图 5-17　苏珊试验弹**

1—密封环；2—炮弹本体；3—铝帽罩；4—炸药

苏珊试验弹约 5.44 kg。炸药试样

约 0.45 kg，直径 50.8 mm，长 101.6 mm。弹体由一门滑膛炮进行发射，靶板为63.5 mm 厚的装甲钢板，距炮口的距离为 3.66 m，采用调节发射药的办法改变炮弹速度。

一般情况下，对于一种新炸药至少要装配 8 发炮弹，其中 6 发炮弹的发射速度分别为 30.5 m/s，60.9 m/s，91.4 m/s，152.4 m/s，228.6 m/s 和 304.8 m/s。其余 2 发用于进行重复试验或补充试验。几种常用炸药的苏珊感度试验结果见图 5-18。

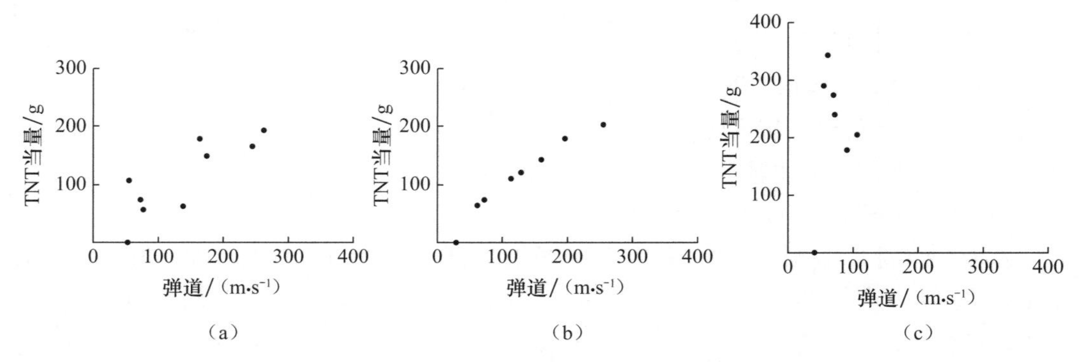


图 5-18 苏珊试验结果

(a) RHT-901 炸药；(b) JOB-9003 炸药；(c) JO-9159 炸药

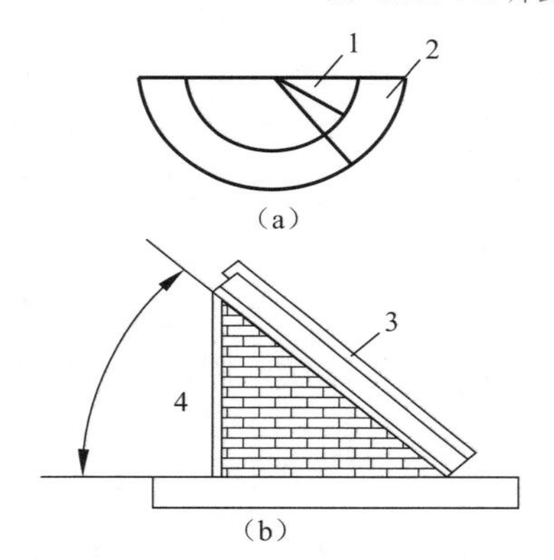


图 5-19 垂直下落的滑道试验示意图

(a) 试样半球；(b) 靶板

1—惰性物；2—炸药；3—钢板；4—砖座

### 4. 滑道试验

这是一种模拟处理炸药时炸药意外地以一个倾斜角撞击到一个硬表面的情况而设计的大型撞击试验。在滑道试验中，炸药同时受到撞击、摩擦及剪切力的综合作用。

最简单的一种试验方法是将一直径约 254 mm、质量约 4.59 kg 的半球形药柱吊到一定的高度，球形药柱的中间部分是 4.08 kg 的惰性物，将球形药柱从一定的高度垂直下落在一块与地平面成 45°、表面喷砂固化的钢板上部，如图 5-19 所示。用这种方法测定发生 50% 爆炸的高度，试验结果列在表 5-17 中，为垂直下落滑道试验结果。

表 5-17 滑道试验结果

| 炸 药 | 50%爆炸高度/m | 试验结果 | 相对次序 |
|---|---|---|---|
| PBX-9010 | 1.68 | 激烈爆炸 | 1 |
| PBX-9404 | 3.98 | 激烈爆炸 | 2 |
| 奥克托今/TNT 75/25 | 22.9 | 激烈爆炸 | 3 |
| 黑索今/TNT 75/25 | >45.7 | 不爆 | 4 |
| 奥克托今/TNT/蜡 75/25/1 | >45.7 | 不爆 | 4 |
| 黑索今/蜡 91/9 | >45.7 | 不爆 | 4 |

另外一种试验方法是将一个半球形试样悬挂在一定高度，然后沿弧形摆动下来，以一定角度撞击在表面涂有砂子的钢或铝板上，撞击角度一般为 14°或 45°，此角度是指炸药块移动路线与钢板水平表面之间的夹角。试样撞击钢板时，撞击力集中在一小块面积上，测定不同撞击角和不同垂直高度时试样的反应类型，反应分为 7 级。

0 级：没有反应，装药保持完整。

1 级：炸药或靶板上有燃烧或焦黑色痕迹，但装药保持完整。

2 级：冒烟，但高速摄影底片上没有可见的火焰和光，装药可能是完整的，也可能破碎成几大块。

3 级：有轻微的带有火焰和光的低级反应，装药破碎，散开。

4 级：有中等程度的带火焰和光的低级反应，装药大部分消耗掉。

5 级：剧烈爆燃，装药全部消耗掉。

6 级：爆轰。

**5. 大型跌落试验**

此方法是模拟大型药柱的跌落试验。其装置如图 5-20 所示。试验条件是采用直径为 152.4 mm，高为 101.6 mm，质量为 3.178～4.086 kg，密度为使用正圆柱体药柱时的密度，并将此药柱黏结在冲击阻抗特性与炸药相同的惰性塑料材料的平底钻孔中。该惰性材料是高为 222.25 mm、上部直径为 323.85 mm、底部直径为 222.25 mm 的截锥体。顶表面粘上一块厚为 12.7 mm 的胶木板，以固定绳吊环提升此装置。底表面粘上一块厚为 12.7 mm 的钢板，钢板中间有个直径为 19.05 mm 的孔，对着炸药的表面切割一个直径为 30.16 mm、厚为 6.35 mm 的平底扩孔，并将一个钢栓放入此孔中，钢栓的栓头直径为 28.575 mm，厚为 6.35 mm，栓杆长为 31.75 mm、直径为 19.05 mm。钢栓与炸药底面相距 0.35～0.5 mm，伸出钢板底面 25 mm。试验结果以产生 50%爆炸的落高及爆炸反应的大小来表示。部分炸药的大型跌落试验结果如表 5-18 所示。

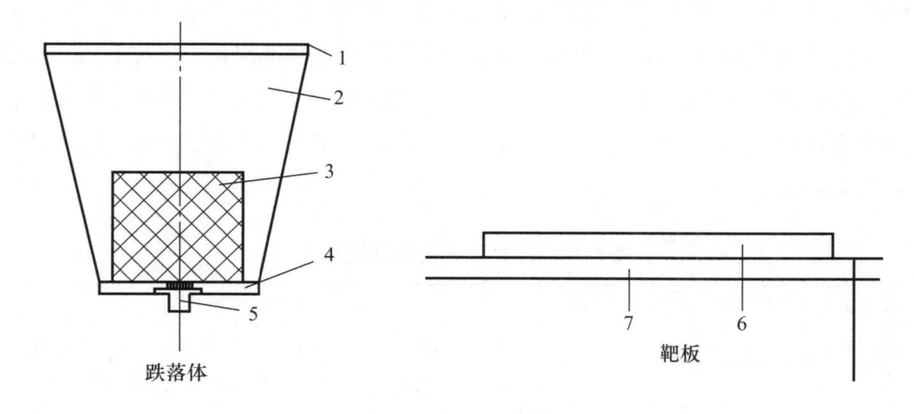


图 5-20　大型跌落试验装置示意图

1—胶木板；2—惰性材料；3—被试炸药；4—钢板；5—钢栓；6—软钢（12.7 mm×12.7 mm×12.7 mm）；7—水泥台

表 5-18 部分炸药的大型跌落试验结果

| 炸 药 | $\rho_0$/(g·cm$^{-3}$) | $H_{50}$/m | 备 注 |
|---|---|---|---|
| B-3 | 1.725 | 25.925 | 部分炸药爆炸，大部分炸药未反应 |
| 奥克托儿+1%石蜡 | 1.766 | 33.550 | 部分炸药爆炸，大部分炸药未反应 |
| 奥克托儿 | 1.810 | 13.725 | 部分炸药爆炸，大部分炸药未反应 |
| PBX-9011 | 1.773 | 29.280 | 部分炸药爆炸，大部分炸药未反应 |
| PBX-9404 | 1.835 | 14.945 | 爆炸，有些炸药未反应 |
| PBX-9404+1%石蜡 | 1.820 | ~33.550 | 爆轰 |
| PBX-9501 | 1.830 | >45.750 | 部分炸药爆炸，大部分炸药未反应 |
| LX-10 | 1.863 | 22.875 | 爆轰 |
| LX-09 | 1.842 | ~27.450 | 爆轰 |
| A-3 炸药 | 1.638 | >45.750 | 部分炸药爆炸，大部分炸药未反应；从 45.750 m 落下，18 发中 2 发爆 |
| PBX-9010 | 1.786 | 20.130 | 爆轰 |
| 70HMX/20DATB/V10iton | 1.839 | 39.650 | 爆炸，有些炸药未反应 |

### 6. 枪击感度

经典的落锤试验虽然能提供炸药撞击感度的数据，但这种测试方法有许多不足之处，如试样量少、影响因素多、判别爆炸的准则不统一。以撞击速度来划分试验类型时，落锤撞击炸药试样属于低速撞击。为了能更准确地评价炸药在运输或使用过程中的安全性，比如受到意外枪击时，常采用枪击感度来表示炸药装药对子弹或破片撞击的敏感性。

用常用的装药方法（铸装、压装或液体注装），将约 226 g 炸药装入一个长 7.62 cm（内径 5.08 cm，壁厚 0.16 cm）的螺管中，管的两端各用一个螺盖闭住。在标准试验中，这种装好药的螺管有一小空隙，必要时可插入一个蜡塞将空隙填满。将装好药的螺管垂直放置，用口径为 7.62 mm 的枪弹射击，枪弹是由 27.4 m 远处垂直于螺管长轴的方向发射。这样的试验至少进行 5 次，并记录爆炸的次数。

因样品尺寸一定，对于不同炸药，装药质量、自身能量均不同，所以一旦爆炸，形成的空气冲击波超压也不相同。因此，在处理枪击试验数据时，引入了 TNT 当量概念。根据枪击试验实测结果及 TNT 当量大小、试验现象以及回收的样品破片，即可对炸药枪击感度进行综合分析评定。用 7.62 mm 五六式半自动步枪射击的几种炸药枪击感度试验结果见表 5-19。

表 5-19 几种炸药枪击试验结果

| 炸 药 | 药量/g | 超压/kPa | TNT 当量/g | 实验现象 |
|---|---|---|---|---|
| RHT-901 | 257 | 3 | 10 | 声响小，火光小，烟雾大；壳体基本完好；有多半药柱残存 |
| JOB-9003 | 275 | 5 | 17 | 声响较大，火光小，烟雾小；收集到大块钢壳破片；有少量残存药块 |
| JO-9159 | 280 | 8 | 25 | 声响大，火光强；收集到少量碎钢片；无残存药 |
| JH-9105 | 275 | 11 | 37 | 声响大，火光强；收集到少量碎钢片；无残存药 |

### 5.2.3　火炸药冲击波感度试验

火炸药的冲击波感度是指在冲击波作用下，火炸药发生爆炸的难易程度。冲击波感度是火炸药一个十分重要的性能，不仅在安全方面考虑此性能，同样在引爆方面也是个非常重要的性能。

在现代武器中，例如导弹、航弹、鱼雷及各种大口径炮弹，为了提高战斗部的杀伤威力，对炸药装药提出了越来越高的要求。一方面要求炸药的能量尽可能高；另一方面要求炸药有很好的安全性能或有很好的低易损性能，也就是说要求炸药及其装药在现代战场的高温火焰、强爆炸冲击波及高速破片的作用下，具有良好的生存能力，即不易发生意外点火、燃烧或爆轰。另外，在武器的起爆系列中，在工业炸药的起爆和传爆过程中，则要求起爆准确、可靠。因此，正确评价炸药的冲击波感度十分重要。

近年来，凝聚炸药的冲击起爆已成为爆轰学研究中的一个重要课题，已采用了先进的试验技术，如电磁速度计、锰铜压力计等技术，对炸药的冲击波起爆过程及爆轰的增长过程进行了深入的研究，用轻气炮、电炮等加速飞片装置对冲击波起爆炸药的临界压强 $p_C$ 和临界能量进行了测量。此外，用电子计算机对冲击波起爆炸药的机理进行了数值模拟。所有这些研究，使人们对于冲击波起爆炸药的过程有了进一步的了解，并且正在逐步深化。但是，凝聚炸药的冲击波起爆过程十分复杂，它包含着非定常流体的流动，冲击波的碰撞、分离与加强，高速化学反应及快速燃烧等问题，需要进一步进行试验和理论研究。

测量炸药冲击波感度的方法有隔板试验、楔形试验、殉爆试验等。

#### 1. 隔板试验

隔板试验是测定炸药冲击波感度最常用的一种方法。隔板试验分为大型隔板试验和小型隔板试验两种。

1）试验原理

在作为冲击波源的主发装药和需要测定其冲击波感度的被发装药之间，放上惰性隔板，如金属板或塑料片，并通过改变隔板厚度以测定使被发装药产生50%爆发率时的隔板厚度来评价被测炸药的冲击波感度。

2）试验装置

小隔板试验装置如图5-21所示。大隔板试验装置与小隔板试验装置基本相似。

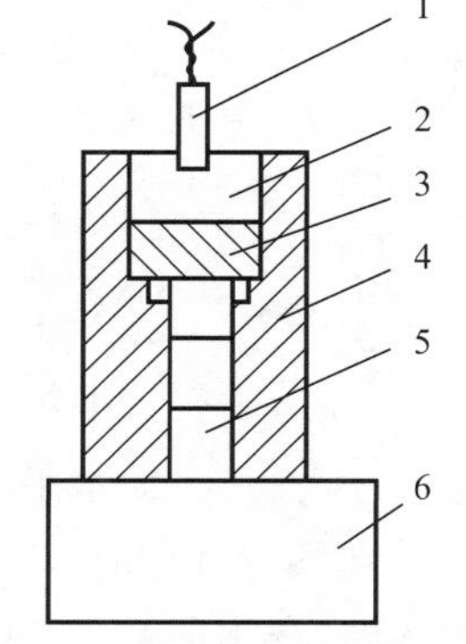

图5-21　小隔板试验装置

1—雷管；2—主发药柱；3—隔板；4—固定器；5—被发药柱；6—验证板

主发装药一般采用特屈儿或黑索今/蜡（95/5），装药密度、药量及药柱尺寸应严格控制，以保证冲击波源的稳定。隔板可用金属材料，如铜或铝，也可用非金属材料，如塑料、有机玻璃或醋酸纤维等制作，直径可与主发药柱相同或稍大些，厚度则根据试验的需要变换，它的主要作用是衰减主发装药产生的冲击波的幅度或压力，以调节输入被发装药中的冲击波强度；其次起阻挡主发装药的爆炸产物对被发装药的冲击加热作用。被发装药的直径可与主发装药的直径相同或小些，但必须等于或超过其极限直径，其长度应为装药直径的 2～3 倍，以保证在被发装药中形成稳定的爆轰；装药密度应严格控制，药柱密度差应不大于 0.005 g/cm$^3$。验证板可用普通钢制作，厚度约 30 mm，大小可根据具体情况确定，它的作用是用来判断被发装药是否爆轰。若试验后验证板上留下一个明显的凹痕，则可以确定被发装药发生了爆轰；若试验后验证板上没留下可见的凹痕，则证明被发装药没有发生爆轰；若试验后验证板上只留下一个不太明显的凹痕，则认为被发装药只发生了半爆。为了能更准确地判断爆轰的程度，可安装压力计，它能判别出被发装药发生了高速爆轰或低速爆轰。

3）试验方法

一般可按“升降法”进行试验，详见 5.2.2 机械感度试验中测定临界落高的试验程序。首先根据被发装药的爆轰性能，选一个适当的隔板厚度进行试验，若在此隔板厚度上被发装药发生了爆轰，下次试验则增加一个步长（或称为间隔）；若在此隔板厚度上被发装药没有发生爆轰，则下次试验应减少一个步长。如此增加或减小隔板厚度进行试验，共做 10～20 发，记录试验时的环境温度、每发试验的隔板厚度及装药密度，若有必要还应测量验证板上的凹痕深度。

4）数据处理

被发装药爆发率为 50% 时的隔板值，即临界隔板值 $\delta_{50}$，可由式（5-6）求得

$$\delta_{50} = \delta_0 + d\left(\frac{A}{N} \pm \frac{1}{2}\right) \tag{5-6}$$

式中 $\delta_{50}$——爆发率 50% 的隔板值，mm；

$\delta_0$——零水平的隔板厚度，mm；

$d$——步长，mm；

$A$——$\sum in_i$；

$N$——$\sum n_i$；

$i$——水平数，从 0 开始的自然数；

$n_i$——$i$ 水平时爆或不爆的次数。

在数据处理时，采用次数少的结果，如两种情况的次数相同，可任取一种，将数据代入式（5-6）中。凡取爆轰时的数据计算时取负号，凡取不爆轰时的数据计算时则取正号。

临界隔板值 $\delta_{50}$ 也可以用下面简单方法进行计算，若 $\delta_1$ 为能使被发装药 100% 发生爆轰的最大隔板厚度，$\delta_2$ 为使被发装药 100% 不发生爆轰的最小隔板厚度，则临界隔板

值可由下式求得

$$\delta_{50}=(\delta_1+\delta_2)/2 \tag{5-7}$$

5）试验结果

表5-20列出一些炸药的小型隔板试验的$\delta_{50}$值，主发装药为黑索今/蜡（95/5），装药直径为10 mm，装药密度为（1.673 0±0.008 9）g/cm$^3$，用0.5 mm厚的黄铜片作隔板测得的被发装药的$\delta_{50}$值。

**表5-20 一些炸药的隔板值**

| 炸 药 | 状 态 | 密度/(g·cm$^{-3}$) | 孔隙率/% | $\delta_{50}$值/mm |
| --- | --- | --- | --- | --- |
| TNT | 压装 | 1.608 | 3.31 | 3.44 |
| 特屈儿 | 压装 | 1.706 | 1.39 | 3.25 |
| 太安 | 压装 | 1.707 | 3.56 | 5.56 |
| 黑索今 | 压装 | 1.712 | 5.73 | 4.50 |
| 奥克托今 | 压装 | 1.815 | 4.58 | 3.75 |
| 黑索今/TNT 65/35 | 铸装，车制 | 1.698 | 3.46 | 2.49 |

6）讨论（试验方法的局限性及研究进展）

（1）小型隔板和大型隔板试验是测定炸药冲击波感度的一种简单易行的方法。测得的临界隔板值$\delta_{50}$的值比较精确，可以用它来相对地比较炸药的冲击波感度。但在此必须指出的是，$\delta_{50}$是一个相对值，它随试验条件的不同而改变，如主发装药的几何形状、尺寸、密度和包装外壳等；隔板材料的材质和规格；被发装药的颗粒度大小，压装或铸装，装药的密度或孔隙率，有无外壳及外壳的材料与厚度，装药直径及装药长度。此外，试验时的环境温度等也有影响。

（2）临界隔板值$\delta_{50}$只能表示炸药的相对冲击波感度，用冲击波起爆炸药所需的最小冲击波压强即临界压强，或冲击波的最小能量即临界能量，可以定量地表示炸药的冲击波感度。但这两个量的测量都比较复杂，需要专门的仪器设备，至于用什么数值来表示炸药的冲击波感度，主要根据工作的需要和所具备的仪器条件而定。

（3）定量测定炸药的冲击波感度时，可采用高速扫描照相、高速分帧照相、电探针—示波仪以及锰铜压力计等方法测定经隔板衰减后的冲击波压强与隔板厚度的关系。图5-22的曲线是用高速分帧照相法测得的改进的隔板试验标定曲线图，纵坐标表示冲击波压强，横坐标表示隔板厚度，隔板材料为有机玻璃，直径为70 mm。用升降法测定被发装药50%爆发率的临界隔板值后，就可从相应的冲击波压强与隔板厚度关系曲线上找到相应的冲击波压强或压强阈值。因此，隔板试验不再只给出$\delta_{50}$，而且能给出冲击波起爆的临界压强$p_C$，或给出爆轰阈值压强$p_{GD}$的范围。表5-21是用直径40 mm高100 mm的TNT/RDX（50/50）作主发装药，以5～30 mm铜板作隔板，测得的几种炸药的冲击波起爆的临界压强$p_C$值。

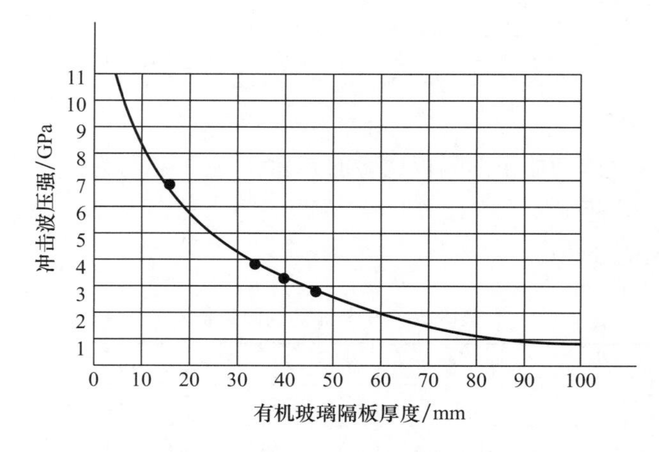


图 5-22 改进的隔板试验标定曲线

表 5-21 某些炸药的冲击波起爆的临界压强

| 炸 药 | 状 态 | 密度/(g·cm$^{-3}$) | $p_C$/GPa |
|---|---|---|---|
| 黑索今 | 晶体 | 1.80 | 10 |
| TNT | 铸装 | 162 | ~11.5 |
| TNT | 液态 | 1.46 | ~11 |
| 硝化甘油 | — | 1.60 | 8.5 |
| 硝基甲烷 | — | 1.14 | 9 |
| TNT/黑索今 50/50 | 铸装 | 1.68 | 3 |
| TNT/黑索今 50/50 | 压装 | 1.70 | 2 |
| TNT | 压装 | 1.63 | 2.2 |
| 黑索今 | 压装 | 1.74 | 1.5 |

(4) 隔板试验除了能给出被发炸药的冲击波起爆的临界隔板值 $\delta_{50}$ 以及临界压强 $p_C$ 等重要数据以外，还可以测量被发装药的冲击波起爆深度 $l$。从 $l$ 可以进一步了解炸药在冲击波起爆时爆轰增长的特性，利用它可以对炸药的冲击波感度进一步排队，从而为薄饼形武器装药选择合适的炸药。

测定起爆深度的方法，最简单的是侧向板痕法，即将被发装药侧向放在一块平整光滑的金属验证板上，验证板可用铜板、铝板或钢板。爆轰后，测量金属板上的印痕来确定被发装药的起爆深度。

2. **楔形试验**

楔形试验是因炸药试样做成楔形而得名。试验时将楔形试样引爆，测定其爆轰停止传播处的厚度，即失败厚度，以此研究爆轰在薄层试样中传播的程度，从而评价炸药的冲击波感度。

用楔形试验还可确定炸药装药的临界直径。在未研究楔形试验以前，确定炸药装药的临界直径的方法有两种：一种是引爆不同直径的炸药装药，直接测定能传播爆轰的最小直径，即临界直径，由于许多炸药的临界直径十分小，制作很小直径的药柱是不容易的，所以确定临界直径就比较困难；另一种是将炸药制成圆锥形药柱，测定引爆后爆轰传播停止处的直径，以确定临界直径，这种方法存在的困难同样是制作药柱难。将药柱加工成楔形相对来说比较容易，从楔形试验的失败厚度也可确定炸药装药的临界直径。

1）液体炸药的楔形试验

在制造、加工和使用各种物态的炸药时，敏感性的液体炸药膜的聚积具有严重的危险性，因此判别液体炸药的冲击波感度也十分必要。

（1）试验原理。

炸药试样制成楔形，由厚端处引爆，以爆轰停止传播处的液膜厚度表示冲击波感度的大小。

（2）试验装置。

用倾斜敞口的槽子装液体炸药，控制炸药试样成为楔形，如图 5-23（a）所示。槽子用聚甲基丙烯酸酯板制成，底部的板厚 12.7 mm，四边的板厚 1.6 mm。槽子的尺寸一般为长 305 mm，宽 305 mm，高 38 mm；或者长 914 mm，宽 102 mm，高 38 mm；或者长 457 mm，宽 102 mm，高 38 mm 等几种。在底板的中央磨出一个纵向凹槽，宽 0.8 mm，深 0.6 mm，将速度探针放在凹槽内，上面再用硅橡胶黏结剂盖住，并磨成与槽底部一样平。

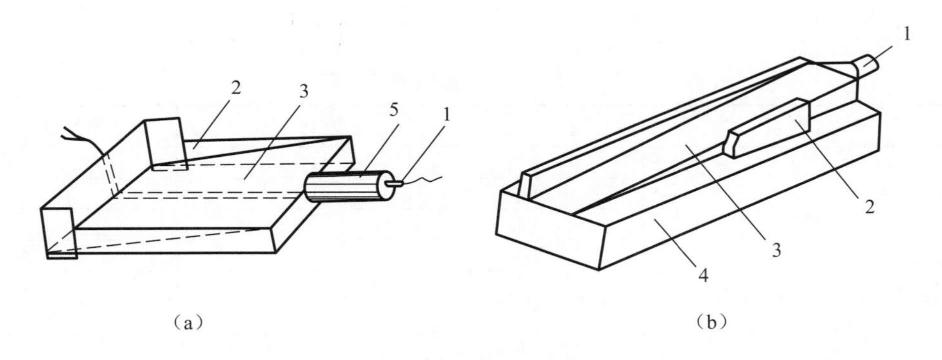


**图 5-23　测定冲击波感度用的楔形试验**

（a）液体炸药用楔形试验；（b）固体炸药用楔形试验

1—雷管；2—槽子或限制板；3—炸药；4—验证板；5—传爆药柱

传爆药柱为两个特屈儿药柱，直径为 41 mm，每个厚度为 12.7 mm，密度为（1.57±0.03）$g/cm^3$，总质量为 50 g。如果要求冲击压力比较低时，在传爆药柱和槽子之间可放上醋酸纤维隔板或聚丙烯酸酯圆柱衰减器。

（3）试验方法。

在槽内装上足够量的液体试样，当倾斜槽子时，液体由传爆药柱的一端逐渐向另一端流动，在传爆药柱端的深度应与槽子深度一样，由远及近逐渐变薄，其最小厚度由表面张力决定。传爆药柱用 8 号电雷管或更强的电雷管起爆。

由探针的扫描来计算爆速。最小液膜厚度就是爆轰停止传播处的厚度，可由速度探针的扫描轨迹中断看出。不论发生高速爆轰或是低速爆轰，都可确定出最小液膜厚度。

2）固体炸药的楔形试验

（1）试验原理。

将固体炸药压制成规定的装药密度，加工成楔形，从厚端处引爆，以爆轰停止传播处的厚度即失败厚度来表示冲击波感度的大小。

（2）试验装置。

固体炸药楔形试验的装置如图 5-23（b）所示。

楔形试样可由压装药柱铣加工而成，或者将矩形炸药块用胶粘剂粘在黄铜板上，然后磨成楔形。楔形一般宽 25 mm，应精确测量出各个部位的厚度。楔形试样的两侧用钢限制板约束在黄铜板上，黄铜板厚 25 mm，黄铜板下面应放上厚钢板。钢板厚度应为 6.4 mm。

（3）试验方法。

试验中关键的部分是制作楔形试样和装配楔形试验装置，其次是精确测量各个部位的厚度。当楔形试样被引爆后，黄铜板上显示出熄爆的痕迹，测出熄爆处对应的楔形试样的厚度，即熄爆厚度或称失败厚度。楔形顶角采用 1°、2°、3°、4°和 5°，得到的结果外推到 0°。

（4）试验结果。

试验结果列在表 5-22 中。

**表 5-22　炸药楔形试验的结果**

| 炸　药 | 状　态 | 密度/(g·cm$^{-3}$) | 失败厚度/mm |
|---|---|---|---|
| 苦味酸铵 | 压装 | 1.630 | 2.74 |
| | 压装 | 1.673 | 3.10 |
| | 压装 | 1.641 | 3.32 |
| | 压装 | 1.664 | 3.63 |
| | 压装 | 1.606 | 3.66 |
| TNT | 65 ℃压装 | 1.620 | 1.76 |
| | 65℃压装 | 1.568 | 1.82 |
| | 65℃压装 | 1.627 | 2.16 |
| | 72℃压装 | 1.631 | 2.00 |
| | 72℃压装 | 1.635 | 2.59 |
| | 72℃压装 | 1.635 | 2.86 |
| 黑索今/TNT　75/25 | 铸装 | 1.752 | 1.51 |
| 奥克托今/TNT　75/25 | 铸装 | 1.791 | 1.43 |
| 黑索今/TNT/蜡　64/35/1 | 铸装 | 1.713 | 1.42 |
| 太安/TNT　50/50 | 铸装 | 1.700 | 1.39 |
| 黑索今/TNT　60/40 | 铸装 | 1.729 | 0.785 |
| | 铸装 | 1.727 | 0.805 |
| | 铸装 | 1.727 | 0.813 |
| | 铸装 | 1.729 | 0.881 |

续表

| 炸　药 | 状　态 | 密度/(g·cm$^{-3}$) | 失败厚度/mm |
| --- | --- | --- | --- |
| 二氨基三硝基苯 | 压装 | 1.708 | 0.630 |
| | 压装 | 1.724 | 0.732 |
| 奥克托今/聚氨酯　90/10 | 压装 | 1.770 | 0.610 |
| 黑索今/蜡　91/9 | 压装 | 1.642 | 0.528 |
| | 压装 | 1.635 | 0.564 |
| | 压装 | 1.625 | 0.604 |
| 奥克托今/氟橡胶　85/15 | 压装 | 1.860 | 0.452 |
| 奥克托今/聚四氟乙烯　85/15 | 压装 | 1.634 | 0.267 |
| 特屈儿 | 压装 | 1.684 | 0.267 |

### 3. 殉爆距离

炸药爆轰时引起其周围一定距离处的炸药发生爆炸的现象，称为殉爆。通常称首先发生爆轰的炸药为主发炸药或主爆炸药，被殉爆的炸药为被发炸药或被爆炸药。主发炸药装药爆轰时使被发炸药装药100%发生殉爆的两装药间的最大距离，称为殉爆距离；主发炸药装药爆轰时使被发炸药100%不发生殉爆的最小距离，称为不殉爆距离，或殉爆安全距离。殉爆距离的大小反映了炸药在冲击波作用下引发爆轰的难易程度。因此，炸药殉爆距离的测定对于炸药的生产、储存及使用安全具有重要意义。

研究炸药的殉爆，一方面是为炸药生产厂或弹药生产厂的车间之间的布局提供安全距离数据，为工程爆破及控制爆破作业设计提供安全距离数据；另一方面是为保证工程爆破中爆轰传递的连续性提供数据。实际爆破工程中，炮孔内装入的炸药包之间很可能被砂子、碎石或空气隔开，使炸药包之间不能保证紧贴，为了消除爆破工程的失败，要求炸药殉爆距离适当地大些为好。

殉爆是很复杂的现象，引起殉爆的原因一般有三种。一是主发炸药的冲击波引起被发炸药发生殉爆：当主发炸药与被发炸药之间有惰性介质存在，如空气、水、砂石、土壤、金属或非金属板，主发炸药爆轰时冲击波经过惰性介质衰减，而其压力等于或大于被发炸药的临界起爆压力，就能使被发炸药发生爆轰。二是主发炸药爆轰产物直接冲击引起被发炸药发生殉爆：当主发炸药与被发炸药之间相距很近时，它们之间没有密实介质如水、砂土、金属或非金属板等阻挡，被发炸药的殉爆是由主发炸药的爆轰产物直接冲击而引起的。三是主发炸药爆轰时抛射出的物体冲击被发炸药而发生殉爆：当主发炸药有金属外壳包装，或掩埋在砂石中，爆轰时抛射出的金属破片、飞石以很高的速度冲击被发炸药，引起被发炸药殉爆。这三种作用往往难以分开，而是相互交织着起作用。

千克级以上的殉爆试验，一般在野外进行。在试验场地的不同地点布置药包，并安装各种探测器，用以测定空气冲击波超压、飞石速度、殉爆时间、爆炸场温度及地震效应等。然后分析所测数据，研究影响殉爆的因素，确定殉爆安全距离以及冲击波安全距离等。

千克级以下的炸药殉爆试验方法，通常采用国际炸药测试方法标准化委员会制定的殉爆标准测试方法，用爆轰传播系数（*C. T. D.*）来表示。

爆轰传播系数（*C. T. D.*）也可称为殉爆系数，是指 100% 殉爆的最大距离与 100%没殉爆的最小距离之和的算术平均值。

1）试验装置

试样：新制备出的炸药至少要在 48 h 后才能进行试验，试验前试样应在温度 20 ℃～25 ℃（温度变化不超过 1 ℃）条件下保持 20～40 h。按照炸药的类型选择温度适应期的长短。主爆药包和被爆药包各为 100 g，或者是保持标准的工业炸药包的质量。药包的直径通常取生产中最小值。

试验装置如图 5-24 所示。

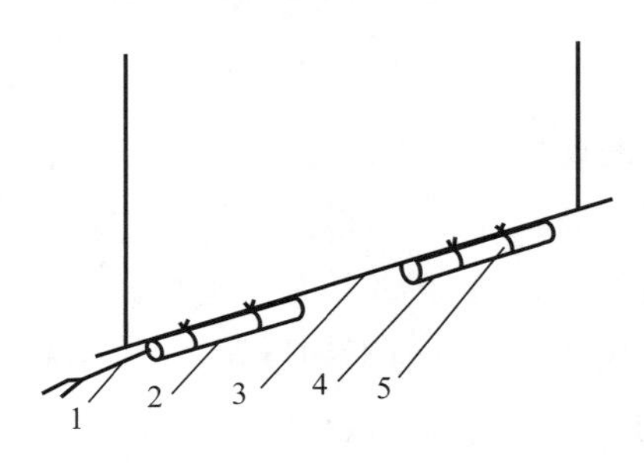


**图 5-24　殉爆试验装置**

1—雷管；2—主动药包；3—刚性杆；4—被动药包；5—固定用绳

使用的雷管是 0.6 g 太安的标准电雷管。一根刚性杆直径 4 mm、长 500 mm，此杆可用软铁、木或塑料制成。固定药包用的细金属丝可用雷管脚线。

2）试验方法

用木制或铜制的打孔器在主爆药包一端的中心沿轴向打孔，孔深 12 mm，用以插雷管。

用细金属丝把药包固定在刚性杆上，每个药包上固定两处，并使两个药包沿着同一轴的方向。

将主爆药包固定在杆的一端，见图 5-24，雷管孔应在杆的顶端部位。被爆药包固定在距主爆药包一定距离的部位，此距离应该是厘米的整数。如果药包两端面形状不一样，应该把主爆药包的凹面一端朝向被爆药包的平面一端。

当药包安装完毕，将整个装置悬挂在爆炸室。悬挂物距墙至少 50 cm，悬挂点距刚性杆的每端为 1 cm。检查两药包的中心线应在一条直线上，准确测量两药包之间的距离，允许误差±1 mm。对于殉爆能力不同的工业炸药，药包间距离测量单位如下：

殉爆距离 0～9 cm 时，步长 1 cm；

殉爆距离 10～20 cm 时，步长 2 cm；

殉爆距离 20 cm 以上时，步长 5 cm。

电雷管预先保持在一个大气压 20 ℃下。一切准备工作完毕后，把电雷管插入主爆药包，插入深度 12 mm，然后引爆。

测量：三次连续爆炸中，被爆药包完全爆轰时两药包间的最大距离 $d(+)$；三次连续爆炸中，被爆药包全都拒爆时两药包间的最小距离 $d(-)$。

将 $d(+)$ 和 $d(-)$ 代入下式，计算出爆轰传播系数：

$$C.T.D. = \frac{d(+) + d(-)}{2} \tag{5-8}$$

试验注意：试验时动作应尽可能地迅速，药包在露天放置不能超过 10 min 以上，也不能在恒温室内放 1 h 以上。

3）影响殉爆距离的各种因素

影响殉爆距离的因素很多，主要有以下几个方面：

（1）主发装药的影响。试验表明，主发装药的密度、爆轰性能、药量及外壳对殉爆距离有较大影响。主发装药的密度大、爆轰性能好、药量大、带外壳时，殉爆距离增大。

（2）被发装药的影响。试验表明，被发装药的密度低、粒度小，对外界刺激敏感，则殉爆距离大。一般情况下，压装药卷比铸装药卷（同样装药密度时）易殉爆。

（3）装药间介质的影响。介质对主发装药产生的冲击波、爆轰产物、外壳的破片和飞石等抛射物，有吸收、衰减、阻挡作用，因而使殉爆距离减小。介质越稠密，减小作用越明显。

（4）装药直径的影响。一般情况下，工业炸药的临界直径和极限直径都比较大。因此装药直径对殉爆距离也有影响。例如，含 12%氯化钾的阿莫尼特的质量均为 300 g，制成不同直径的药卷，试验结果表明，当药卷直径为 31 mm 时殉爆距离为 50 mm，当药卷直径为 40 mm 时殉爆距离为 110 mm。

此外，主发装药与被发装药的连接方式及取向均对殉爆距离有影响。例如工业炸药的主爆药卷与被爆药卷用纸筒或钢管连接起来，可使殉爆距离增大。

4）殉爆安全距离的计算

为了防止炸药在生产、加工、装药、贮存以及试验时发生殉爆，在建筑炸药工厂、车间、实验室及炸药库时，必须确定危险工房、库房之间的安全距离。殉爆安全距离可用下面的公式进行计算

$$R = kq^{1/2} \tag{5-9}$$

式中　$R$——殉爆安全距离，m；

　　$k$——安全系数；

　　$q$——药量，kg。

由公式可以看出，殉爆安全距离与药量的平方根成正比，可见药量大，发生殉爆的距离增大，所以殉爆安全距离就应该大一些；其次，由于各种炸药的爆速、爆压、爆热等爆轰性能不同，它们的爆炸威力就不同，因此殉爆安全距离也不一样。通常将生产、加工、贮存爆炸危险品的工房、仓库分成 A、B、C 及 D 四个等级，在计算安全距离时，采用不同的安全系数。在 A 级危险工房内进行爆炸危险品生产、加工时，一旦发生爆炸，不但工房被严重破坏，而且会使周围一定距离内的建筑物遭到严重破坏。根据爆炸物的敏感性和爆炸威力的大小，A 级危险建筑物又可分为 A1 级、A2 级。在 B 级工房内生产、加工爆炸危险品时，一旦发生爆炸，只造成局部破坏，对周围建筑物的破坏作用很小或几乎没有。表 5-23 列出了 A 级危险建筑物的安全系数 $k$。表 5-24 列出了

一些危险性库房的安全系数 $k$。

表 5-23 A 级危险建筑物的安全系数 $k$

| 建筑物等级 | 双方均无土围墙 | 单方有土围墙 | 双方均有土围墙 |
|---|---|---|---|
| A1 | 4.5 | 1.7 | 0.85 |
| A2 | 2.8 | 1.2 | 0.60 |

表 5-24 一些危险性库房的安全系数 $k$

| 级别 | 被发装药 A1 | 被发装药 A2 | 被发装药 B、C、D 级 | |
|---|---|---|---|---|
| | | | 有土围 | 无土围 |
| 主发装药 A1 | 0.4 | 0.4 | 0.4 | 0.8 |
| 主发装药 A2 | 0.3 | 0.3 | 0.3 | 0.6 |

对于 C 级库房，安全距离用下式计算

$$R = 2.7q^{1/3} \tag{5-10}$$

对于 D 级库房，相互的间距取 25 m，一般不必计算。

这里应当指出，安全距离的计算与设计，应根据具体情况，如地理、交通情况及建筑物结构情况，综合考虑。

### 5.2.4 火炸药静电感度试验

在静电火花作用下，火炸药发生爆炸的难易程度称为静电感度。许多火炸药在制造、运输和使用过程中易因摩擦产生静电，静电放电火花可能引起炸药爆炸事故。在工厂中，干燥火炸药的工房最易产生静电，在干燥 RDX 时，有时会产生高达 2 000 V 的静电。因此评价炸药摩擦带电量和静电火花感度是绝对需要的。

评价炸药的静电感度应包括两个方面：一是炸药是否容易产生静电，静电带电量有多大；二是炸药对静电放电火花的敏感度如何。这是根据实际情况而定的，因为有些炸药很容易产生静电，而且静电带电量很大，但对静电放电火花不敏感；相反，有些炸药相对来说不易产生静电，但对静电放电火花却十分敏感；还有些炸药既容易产生静电，又对静电放电火花很敏感。

**1. 炸药摩擦带电量的测试**

通常采用斜槽法测量火炸药的静电量。

1）试验原理

一定量的炸药试样，从斜槽上端滑下，在下滑的过程中与斜槽互相摩擦而带电，测量静电电压再计算出静电带电量。

2）仪器设备

仪器设备如图 5-25 所示。斜槽长为 1～2 m，一般用铝制成。斜槽与支架间的角度称为斜槽倾角，通常为 30°。

3）试验方法

称量 50 g 炸药试样，通过漏斗将炸药试样从斜槽的上顶端滑下，落入金属容器中，由于试样在下滑过程中与斜槽互相摩擦而带电，在静电电压表上指示出电压数 $U_1$。

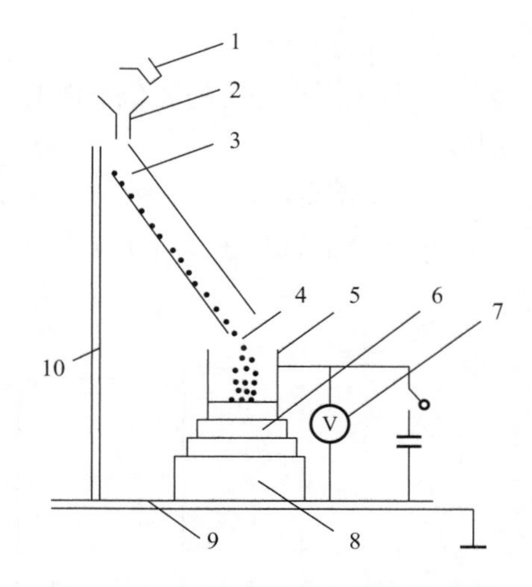

图 5-25　测定炸药生成静电量的仪器

1—样品杯；2—漏斗；3—滑槽；4—试样；5—金属容器；6—绝缘板；7—静电计；8—垫片；9—导电橡胶；10—支架

试验时先求得仪器装置系统的电容 $C_1$，然后正式试验。按下面公式计算静电带电量 $Q$。

$$Q = C_1 U_1 \tag{5-11}$$

式中　$Q$——摩擦产生的静电带电量，C；

$C_1$——仪器装置系统的电容，F；

$U_1$——试样摩擦时电压表指示的电压，V。

求 $C_1$：仪器装置安装完毕，合上开关 K，使外加电容 $C_2$ 与仪器装置系统电容 $C_1$ 并联，测得电压为 $U_2$。当仪器装置固定时，可以认为 $C_1$ 是常数，并联外加电容前后炸药所带电量相等，即

$$Q = C_1 U_1 = (C_1 + C_2) U_2$$

$$C_1 = \frac{C_2 U_2}{U_1 - U_2} \tag{5-12}$$

式中 $C_2$ 为已知，$U_1$ 和 $U_2$ 由电压表指示出，由此可求得 $C_1$。

4）试验结果

表 5-25 列举出较敏感炸药的试验结果，试验原理和仪器原理与上述相同，具体试验条件如下：使用铝制斜槽，长 45 cm，半圆形斜槽的直径 25 mm，斜槽倾角 45°，斜槽安装在有机玻璃架上，斜槽上端装有铝制漏斗。斜槽和漏斗的内表面都很光滑，因此试样可平稳地滑下，没有任何附着。整个装置系统固定在木桌上。

表 5-25　用铝斜槽测量起爆药的静电荷

| 试　样 | 平均静电荷/nC | 温度/℃ | 相对湿度/% |
|---|---|---|---|
| 斯蒂芬酸钡（红色） | +3.55 | 29 | 68 |
| 斯蒂芬酸钡（黄色） | −5.62 | 29 | 68 |
| 斯蒂芬酸铅 | −4.53 | 29 | 68 |
| 碱式叠氮化铅 | +1.31 | — | — |

## 2. 静电感度的测试

静电火花感度测试用的仪器种类甚多，但基本原理相近，现以 JGY-50 型静电感度仪为例。

1）试验原理

炸药试样在一定的装药条件下，受到尖端放电的电火花作用，观察试样是否容易被引爆。

2）仪器设备

仪器设备的原理如图 5-26 所示。

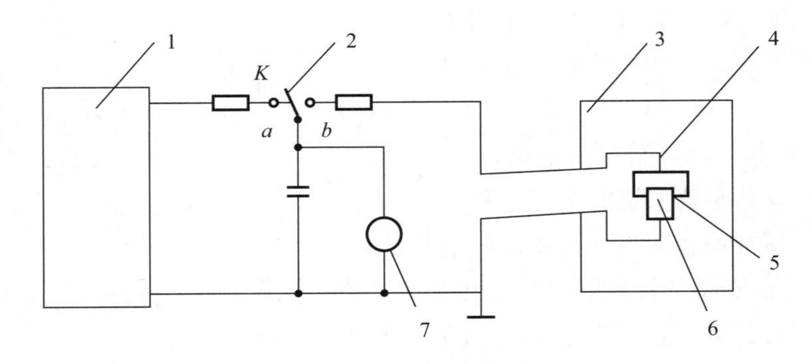


**图 5-26　静电火花感度装置示意图**

1—高压电源；2—高压真空开关；3—防护箱；4—针形电极；5—试样；6—击柱；7—静电计

3）试验方法

试样准备：抽样应符合随机抽样规则。试样在 55 ℃～60 ℃干燥 2 h，低熔点试样在 38 ℃～42 ℃干燥。干燥后的试样应保存在玻璃干燥器中冷却，以备使用。干燥器内相对湿度应不超过 40%。

电极准备：选择合格的针电极和击柱，依次用汽油、乙醇清洗，然后放在干燥箱中于 55 ℃～60 ℃下干燥 2 h，取出后放在干燥器内冷却，以备使用。

绝缘套用乙醇清洗、擦拭后放入干燥箱内，在 40 ℃～50 ℃下干燥 10 min。将热的绝缘套与击柱紧密配合后，放在干燥器中，以备使用。

检查与调试 JGY-50 型静电感度仪：检查仪器各控制部分是否正常，高压部分不准沾有水汽、灰尘及其他脏物，必要时用细纱布浸少许无水乙醇擦拭。

放电回路泄漏试验检查：取电容值（10 000±0.5）pF，串联电阻值 0 Ω，充电电压 25 kV。将零点指示器旋钮置于“放电”位置，上下电极对零后再提起，闭合高压开关 2 min 后，电压应不低于 20 kV 为合格，否则需检查泄漏原因。排除故障后再检查。

仪器标定：测试试样前后，都应当用结晶三硝基间苯二酚铅标准药进行标定试验，符合下列条件时为合格，当电容为（500±0.05）pF，间隙 0.12 mm，串联电阻 0 Ω，针电极极性为负，点平冲头质量 9.2 g，试验步长 0.04 kV，50% 发火电压应为（0.92±0.08）kV。

选定试验条件：首先采用的条件为电容（500±0.05）pF，间隙 0.12 mm，串联电阻 0 Ω，针电极极性为负或正。当试验电压超过 25 kV，试样在此条件下不发火，应改用以下条件，即电容（10 000±0.05）pF，间隙 0.12 mm，串联电阻 0 Ω，针电极极性负或正；或者电容（10 000±0.05）pF，间隙 0.18 mm，串联电阻（100±0.05）kΩ，针电极极性负或正。还可根据实际需要选定其他的电容、间隙、串联电阻值等。

试样量为 20～30 g，根据发火情况确定是自然堆积装药还是用冲头轻压装药（点平装药）。

控制在室温（20±5）℃，相对湿度 55%±5%的条件下进行试验。试验的试样从干燥器内取出，放置在恒温恒湿的室内半小时后再试验。

正确连接电路，调整间隙与装药。放电按升降法的程序，试验 20 发有效数据。凡出现冒烟、燃烧、爆炸的都应定为发火。应注意每测量一次，均需要换电极与试样。

4）试验结果

用升降法求出 50%发火电压 $U_{50}$ 和标准偏差，计算方法参看撞击感度测试。也可进一步计算出 50%发火的能量 $E_{50}$ 来表示炸药的静电火花感度。$E_{50}$ 可按下式计算：

$$E_{50} = 1/2CU_{50}^2 \tag{5-13}$$

式中　$C$——总电容实测值，F；

$U_{50}$——50%发火时的电压，V。

表 5-26 中列出发火率为 0%的最大电火花能量 $E_0$、发火率为 100%的最小电火花能量 $E_{100}$ 和发火率为 50%时的电火花能量 $E_{50}$。

**表 5-26　炸药的静电火花感度**　　J

| 炸　药 | $E_0$ | $E_{50}$ | $E_{100}$ |
|---|---|---|---|
| TNT | 0.004 | 0.050 | 0.374 |
| 黑索今 | 0.013 | 0.288 | 0.577 |
| 特屈儿 | 0.005 | 0.071 | 0.195 |
| 黑索今/蜡　95/5 | 0.062 | 0.165 | 0.385 |

## 5.2.5　火炸药产品安全性评价

炸药各种单一的感度试验只能模拟一种偶然的危险性，想要研究出一种感度试验来正确反映不同炸药在不同刺激下的安全性顺序是不太可能实现的。不同炸药在不同感度试验中得到的安全性顺序往往不同，所以评价炸药的安全性不能用一种感度数值或感度顺序，必须通过多种试验进行比较。目前有以下综合评价方法。

**1. 炸药感度的综合评定**

美国的 A. Popolate 提出将不同炸药在不同试验中的感度，按顺序排列，最敏感的为 1，依次为 2，3，…，然后将一种炸药在不同感度试验中的顺序数相加得到总和，则总和数最小的那种炸药即认为其感度最高，安全性最差，依次类推。他对 6 种炸药进行了 6 种感度试验，结果列于表 5-27 中。由表列数据可以看出，单纯从哪一种感度试验评定炸药的安全与否都不全面，甚至会造成错觉而发生事故。如单从落锤撞击感度来看，PBX-9404还算比较安全的，但纵观6种感度试验结果，它却是最不安全的。实践也证明，它比其他炸药感度高，其不安全程度与PBX-9010相似。表中虽没有任何两种感度的试验结果的排列顺序是完全相同的，但也可以看出，Cyclotol（75/25）除了落锤撞击感度较高以外，其余感度均较低，综合结果是这6种炸药中最安全的；两种PBX炸药的感度都较高；Octol（75/25）与Comp. B-3炸药的感度相近；Comp. A-3炸药的感度较低。

表 5-27 几种炸药感度的综合评定

| 炸药 | 撞击感度 | 大隔板试验 | 小隔板试验 | 枪击感度 | 大型跌落试验 | 滑道试验 | 总计 |
|---|---|---|---|---|---|---|---|
| | 试样质量/g | | | | | | |
| | <1 | ~250 | 10~30 | ~250 | ~4 000 | ~4 500 | |
| | 外界作用类型 | | | | | | |
| | 撞击 | 冲击波 | 冲击波 | 撞击 | 撞击 | 摩擦、撞击 | |
| PBX-9010 | 1 | 1 | 2 | 2 | 2 | 1 | 9 |
| Cyclotol（75/25） | 2 | 6 | 6 | 6 | 5 | 5 | 30 |
| Octol（75/25） | 3 | 5 | 5 | 5 | 3 | 3 | 24 |
| PBX-9404 | 4 | 2 | 1 | 1 | 1 | 2 | 11 |
| Comp. B-3 | 5 | 3 | 3 | 4 | 4 | 4 | 23 |
| Comp. A-3 | 6 | 4 | 4 | 3 | 5 | 5 | 27 |

### 2. 综合评价炸药感度的图解法

L. C. Smith提出用50%特性落高值的对数表示“点火”难易程度作为一个坐标轴，用最小起爆药量的对数表示“传播”成爆轰的难易程度作为另一坐标轴，将不同炸药的两个试验值用直线连起来，如图5-27所示。然后根据实际环境条件决定“点火”和“传播”两个因素的比率，在适当位置处画出箭头，引平行于纵轴的直线与代表各炸药的直线相交，按相交次序决定此种条件下各种炸药的安全性顺序。这种方法的优点是在考虑了炸药的机械撞击感度和爆轰感度条件下确定炸药的安全性，既考虑了炸药处理和使用时的安全性，又考虑了炸药作用时的可靠性。但如何正确确定某两种试验作为“点火”与“传播”的难易程度的代表，按照实际环境条件确定箭头位置带有很大的人为因素，所以准确地确定综合评价各炸药感度的位置是很困难的，只能作一概略估计。

### 3. 定量评价炸药感度的感度指标法

20世纪80年代后，美国海军武器站海军炸药发展工程部研究采用感度指标概念定量评价炸药意外起爆的感度，具有明显的实用价值。他们以炸药的最大理论密度为基础，采用12个感度试验，并将各种感度试验结果数据转化为感度指标值，然后平均得出炸药的感度指标。采用感度指标法对62种固体炸药的感度进行评价，按感度大小进行排列，其结果见表5-28。

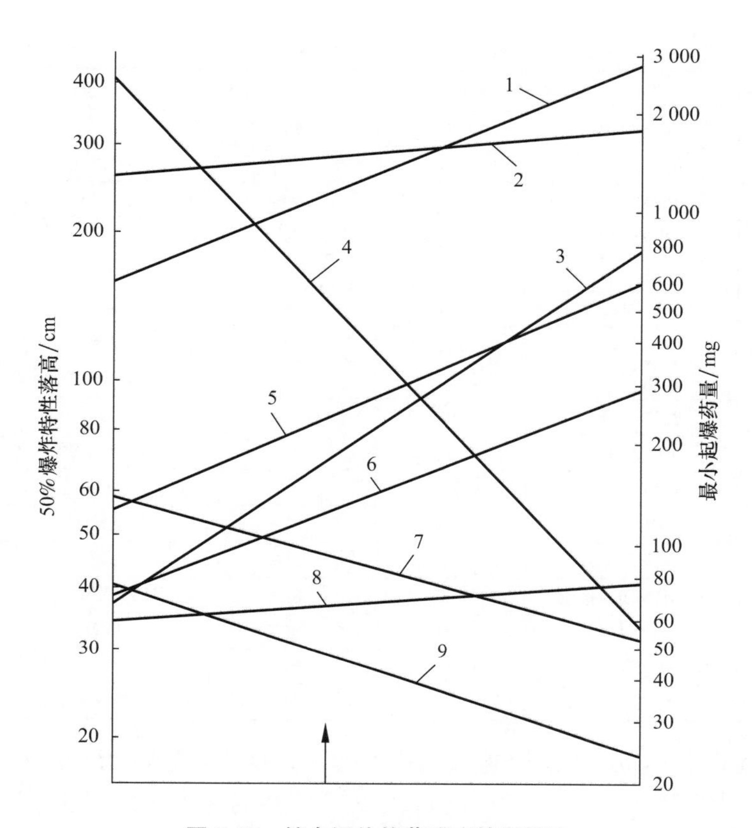


图 5-27　综合评价炸药感度的图解法

1—TNT；2—D 炸药；3—Cyclotol；4—DATB；5—B 炸药；6—Octol；7—A-3 炸药；8—Pentolite；9—PBX-9404

表 5-28　炸药的感度指标

| 序　号 | 炸　药 | 感度指标 | 序　号 | 炸　药 | 感度指标 |
|---|---|---|---|---|---|
| 1 | PETN | 37 | 15 | Pentolite（注） | 79 |
| 2 | Pentolite（压） | 60 | 16 | PBX-9010 | 81 |
| 3 | RDX | 54 | 17 | PBXN-6 | 81 |
| 4 | DINA | 59 | 18 | Octol（压） | 83 |
| 5 | HMX | 59 | 19 | PBX-9501 | 84 |
| 6 | TNETB | 61 | 20 | PBXN-101 | 85 |
| 7 | A-5 炸药 | 65 | 21 | PBX-102 | 86 |
| 8 | TBTRYL | 67 | 22 | PBXN-103 | 87 |
| 9 | CH-6 | 67 | 23 | PBX-9502 | 87 |
| 10 | PBX-9404 | 68 | 24 | B 炸药（压） | 88 |
| 11 | EDNA | 70 | 25 | DETASHEET | 88 |
| 12 | Cyclotol | 74 | 26 | PBX-9011 | 89 |
| 13 | PBX-9407 | 77 | 27 | TNB | 90 |
| 14 | PBX-9007 | 79 | 28 | PBXN-5 | 91 |

续表

| 序号 | 炸药 | 感度指标 | 序号 | 炸药 | 感度指标 |
|---|---|---|---|---|---|
| 29 | C-4 炸药 | 92 | 46 | DIPAN | 128 |
| 30 | Octol（注） | 94 | 47 | HBX-1 | 137 |
| 31 | PBXN-105 | 97 | 48 | DATB | 138 |
| 32 | PBXC-117 | 98 | 49 | H-6（注） | 141 |
| 33 | B-S 炸药 | 100 | 50 | Tritonal（压） | 145 |
| 34 | Cyclotol（注） | 101 | 51 | Tritonal（注） | 148 |
| 35 | A-3 炸药 | 102 | 52 | HBX-3 | 151 |
| 36 | PBXW-108 | 104 | 53 | AN/TNT/A 40/40/20 | 158 |
| 37 | B 炸药 | 105 | 54 | XPLD（压） | 159 |
| 38 | PBXC-116 | 106 | 55 | TNT（注） | 174 |
| 39 | PBXW-109 | 107 | 56 | Destex | 176 |
| 40 | PBXN-106 | 111 | 57 | Picratol | 192 |
| 41 | 苦酰胺 | 122 | 58 | DNT | 194 |
| 42 | MINOL. Ⅱ | 123 | 59 | PCXN-4 | 196 |
| 43 | H-6（压） | 124 | 60 | DNB | 228 |
| 44 | PBXN-3 | 126 | 61 | TATB | 232 |
| 45 | TNT（压） | 127 | 62 | 硝基胍 | 244 |

由评价结果可知，感度指标越大，感度越小；反之，感度指标越小，感度越大。PETN 的感度指标最小，只有 37；硝基胍和 TATB 的感度指标最大，分别为 244 和 232。注装炸药与压装炸药的感度指标有明显不同，注装炸药感度指标大，较钝感；压装炸药感度指标小，感度大。

## 5.3 液体发射药的安全性

液体火药，特别是以硝酸羟胺（HAN）为氧化剂液体发射药，是近二三十年发展的新型武器推进与发射能源，其安全性完全影响和决定相应武器的生存；与固体爆炸物相比，液体发射药的安全性有其自身的特点。同时有关的安全性测试评价方法、结果可以推延到其他液体爆炸物。

任何具有潜在爆炸性物质的安全性与所施加的外界条件引起的可控制燃烧或爆炸的难易程度有关。对于液体发射药，安全性的范畴已超出了它在武器中的实际使用环境，延伸到它的生产、贮存及运输等过程。最理想的情况是对外界刺激不会产生剧烈的化学反应，甚至在异常情况下能承受外界刺激，不会有强烈的响应。从原理上讲，对液体发射药安全性的评价应针对使用条件特性，如火炮运输和贮存过程中可能遇到的环境及条件，模拟并变化这些条件对液体发射药进行刺激，观察其响应及其程度，最后确定它所能承受的外界作用条件范围。据此提出液体发射药在使用、贮运过程中所应遵守的规则。

实际工作中，往往是将液体发射药安全判据直接与材料对能量输入的响应关联。所有能量输入在理论上常常归结为以下几种：

（1）热能输入（将热量传入液体发射药）。

（2）（机械）冲击能量输入。

（3）冲击波能量输入。

（4）放电能量输入。

后三种情况的能量输入都可以看成是被测液体发射药中局部转换成热能的功和能的输入形式。这种功、能转换成热能属于不可逆热力学范畴。现在尚不知道它们在液体发射药中以何种方式联系。液体发射药对不同能量输入响应是按照分类实验进行的。所以火药安全性可以用其接受外界能量输入时发生燃烧或爆炸的难易程度来表征，这种难易程度通常称为感度。

### 5.3.1 热能输入试验

这种试验主要是为确立含能材料的点火难易程度或升温时含能材料的安全性而拟定的。在点火试验中要测定的含能材料的点火温度，即在该温度下，含能材料发生分解并足以使分解快速地进行，低于该温度时，材料的分解反应放热速度就不足以弥补向周围环境热导放热，高于该温度时，材料就会分解，反应放热而使温度上升，进一步加剧了反应，使温度无控制地上升，并导致热爆炸。点火温度的高低衡量了含能材料对热能的承受能力，也称为热感度。

根据热爆炸理论，含能材料的热爆炸过程也是质量、动量、能量的平衡过程。能量的平衡方程为

$$\rho c \frac{\mathrm{d}T}{\mathrm{d}t} = \lambda \nabla^2 T + \rho w \tag{5-14}$$

即　　能量储存速率 = 能量(热) 传递速率 + 能量生成速率

式中　$T$——温度；

$t$——时间；

$\rho$——局部密度；

$c$——局部比热容（定压或定容）；

$\lambda$——局部导热率；

$w$——单位质量物质化学反应热生成速率；

$\nabla$——拉普拉斯算子。

偏微分方程包括一个变量 $T$，两个或四个（三维）自变量和几个常系数（取决于所考虑的化学反应机理）。方程的解取决于问题的初始条件和边界条件，以及化学反应机理和反应速率（速度常数和活化能）。由于边界条件对温度有依赖性，所以温度是与材料的物理化学特性、初始状态、边界条件相关的。不能对一种材料用不同的实验技术获得的热安定性值（如点火温度）作出直接的比较。倘若能将非热量的能量输入定量地转

化成热量输入，热爆炸理论也可以用来说明材料的非热量的能量输入效应，不幸的是这方面的资料还未见报道。

目前已有许多用来预估安全运输、贮存温度的测试方法，这些方法都是类似的。热能都以规定或预计的速度传输进入材料，材料发生反应的迹象温度也是指定的。热量输入速率随测试方法的不同有大的变化。液体含能材料对可控热量的输入有 4 个示性数，即闪点、点火温度、差热分析结果、骤热试验结果。另外还有一种称为烤燃的试验，这些都只能作为液体发射药安全性的参考依据。

**1. 点火温度**

本试验的目的在于测定液体含能材料或其蒸气在空气中自发点火的温度。可以预料其结果取决于盛装液体容器的几何形状、蒸气与空气混合物的组成等。自燃温度测试方法已广泛地应用于许多含能材料的点火温度测定。实验装置由一个恒温器（炉）和球形瓶组成，将样品注入球形瓶中，通常所采用的样品为 0.5 mL，再将球形瓶放入预先确定温度的恒温器中，记录发火时间，发火时间由火花出现而确定。在较低和较高温度下重复多次，测得的发火时间为温度的函数，即

$$\tau = f(T) \tag{5-15}$$

或

$$T = f^{-1}(\tau) \tag{5-16}$$

其中 $\tau$——发火时间；

$T$——温度。

自燃温度定义为发火时间为无限长的温度 $T_c$，即

$$T_c = \lim_{\tau \to \infty} f(\tau) \tag{5-17}$$

该值也可以从测得的 $T_i$-$\tau_i$ 曲线无限延长获得。

点火燃烧也是一个化学反应过程，化学反应的速率 $v$，可用 Arrhenius 方程表示：

$$v = k\exp(-E/RT) \tag{5-18}$$

自燃的延滞时间 $a$ 与反应速率 $v$ 成反比，即

$$a \frac{1}{v} = K^{-1}\exp(E/RT)$$

于是有

$$\tau = A\exp(E/RT) \tag{5-19}$$

$A$ 是与含能材料性质、测试条件有关的函数。$E$ 为点火反应活化能。对上式两边取对数，得到

$$\ln\tau = \ln A + E/RT \tag{5-20}$$

以 $\ln\tau$ 为纵坐标，$1/T$ 为横坐标，便可求出活化能，这是一个含能材料点火化学反应的重要特性值。

用 Stekin 方法测得的液体发射药及其燃料、氧化剂的自燃点见表 5-29。

表 5-29　液体发射药及其组分的自燃点

| 发射药名称 | 自燃点/℃ | | |
| --- | --- | --- | --- |
| 2.8 mol/L HAN | >500 | 白烟 | 分解 |
| 11 mol/L HAN | >500 | 白烟 | 分解 |
| 13 mol/L HAN | >500 | 白烟 | |
| IPAN | 255 | | |
| TEAN | 410 | | |
| NOS-365 | 285 | | |
| LP1776 | 272 | | |
| LP1845 | 310 | | |

## 2. 闪点

闪点是液体含能材料迅速气化而足以在其表面形成易燃的蒸气、空气混合物的最低温度。易燃液体蒸气、空气混合物的形成与液体的性质以及样品所处的空间几何形状有关。目前测试闪点的方法已经标准化，即可以用开杯测试也可以用闭杯测试。在这两种情况下，小试验火焰以间隔升温并通过液体表面或样品的蒸气出口，小火焰在液体表面引起蒸气、空气混合物点火的最低温度被称为闪点。表 5-30 是利用开杯测试的液体发射药及其组分的闪点。

表 5-30　液体发射药及其组分开杯法闪点

| 发射药名称 | 闪点/℃ |
| --- | --- |
| 2.8 mol/L HAN | 至沸点 87 ℃，无闪燃 |
| 11 mol/L HAN | 至沸点无闪燃 |
| 13 mol/L HAN | 至沸点无闪燃 |
| IPAN | 至 100 ℃（液态）无闪燃 |
| TEAN | 至 100 ℃（固态）无闪燃 |
| NOS-365 | 至 75 ℃无闪燃 |
| LP1776 | 至 75 ℃无闪燃 |
| LP1845 | 至 75 ℃无闪燃 |

## 3. 差热分析

该技术主要是测量在同样的热环境下加热时，惰性材料和样品之间的内能差或热含量差。通常是将这两种材料同时暴露在能使参比材料温度直线上升的热环境中，因为用常规的差热分析装置及方法很难使液体含能材料试样达到精确的再现性。因为其中没有足够高的传热速率和液体状态的特殊性，样品的升温速度较慢，即小于40 ℃/min，并需使用特定的容器盛装液体含能材料。用差热分析测量出的首先是能观察到放热反应迹象的温度，也即该材料的热安定性示性数之一。部分液体发射药的差热分析结果见表 5-31。

表 5-31 部分液体发射药差热分析结果

| 发射药名 | $E_A$/(kJ·mol$^{-1}$) | $K$/s | $T_{sx}$/℃ | 备 注 |
|---|---|---|---|---|
| OXSOL-1 | 1 159.4 | $0.24\times10^{14}$ | — | DSC 40 ℃/min |
| OXSOL-2 | 175.7 | $0.78\times10^{17}$ | — | DSC 40 ℃/min |
| OTTO-2 | 71.5 | $0.78\times10^{6}$ | — | DSC 40 ℃/min |
| NOS-365 | 352.7 | $0.42\times10^{38}$ | — | DSC 20 ℃/min |
| NOS-365 | — | — | 167/168 | DSC 40 ℃/min |
| 注：$E_A$ 为分解活性能；$K$ 为指前因子，$T_{sx}$为分解温度。 | | | | |

4. 骤热

骤热的方法是用来测定少量用厚壳体容器盛装的样品，迅速（微秒到毫秒）加热到1 000 ℃的响应。实验时，将 2 μL 样品装在 6.35 cm 长的不锈钢注射管内，用电容器对其放电而迅速加热，测量其电阻随时间的变化。针管的温度是由其电阻值确定的，并预先经过校准，样品爆发分解时管壁破裂而电阻发生突变。爆发分解的时间用电子计时器测量，它用电容器放电信号启动，由位于破裂样品附近的麦克风信号而停止。该装置是 D. R. Still 等人推荐的。

延迟时间与化学反应速率中的活化能和频率因子有关，延迟时间是衡量反应速度、能量释放速度的尺度，是材料对强烈热能输入的感度。几种液体含能材料的骤热试验结果见表 5-32。

表 5-32 骤热试验结果

| 含能材料名称 | 温度/K |
|---|---|
| 硝化甘油 | 277 |
| 二硝基丙烷 | 367 |
| 1,2-甘油硝酸酯 | 369 |
| 乙二醇—硝酸酯 | 518 |
| OTTO-2 | 611 |

表 5-32 的数据是使其爆炸延迟时间有 250 μs 的温度。遗憾的是其中没有 HAN 基液体发射药的数据。

5. 热安定性试验

JANAF 热安定性试验是测定火药热感度（安定性）的标准试验。其装置是一个一端密闭的不锈钢圆管制成的直径 5.59 mm、长 30.48 mm 的圆柱形样品室。其密闭端有一条连接屏蔽式热电偶的引线，将 0.5 mL 液体样品注入样品室中，顶端用一张厚为 0.76 mm 的不锈钢薄膜密封，将样品置于升温速率为 10 ℃/min 的恒温槽内，样品的温度 $T_S$ 和槽体温度 $T_B$ 之间的差值（$T_S-T_B$）是可监控的。由此判断样品的热效应，（$T_S-T_B$）为正时为放热反应，（$T_S-T_B$）为负时为吸热反应。

等温试验也可用于热安定性测定，该试验是将样品置于一个容器中，然后再将装有样品的容器放入恒温槽内，在预定的试验期内，样品的温度是可监控的。试验期可长达几天，样品的温度或压力的漂移就是反应热释放（或吸收）的示性数。几种液体发射药的 JANAF 热安定性试验结果见表 5-33。

**表 5-33　几种液体发射药的 JANAF 热安定性试验结果**

| 发射药名称 | 放热起始点温度/℃ | 备　注 |
|---|---|---|
| 2.8 mol/L HAN | 202 | 急剧，快速反应 |
| 11 mol/L HAN | 165 | 急剧，快速反应炸破圆盘 |
| 13 mol/L HAN | 148 | 急剧，快速反应炸破圆盘 |
| IPAN185 | (222) | 急剧，快速反应炸破圆盘 |
| TMAN | 无 | 弱，零星放热 |
| TEAN | 195 | 逐步，缓慢放热，炸破圆盘 |
| LP1776 | 145 | 急剧，快速放热，炸破圆盘 |
| LP1845 | 135 | 急剧，快速放热，炸破圆盘 |

此外，Cruise 还报道了两个附加的热稳定性试验。在一个能连续观察温度及压力的不锈钢弹中，放入一个盛有样品的敞口或密闭的玻璃杯，将此不锈钢弹置入油浴中升温到 100 ℃或合适的较低温度。连续 48 h 观察其温度和压力的变化。据 Cruise 称，这种温度和压力的变化不是十分可靠，但这些数据对评价液体发射药的反应危险程度还是有重要的参考价值。几种液体发射药长期热稳定性试验结果见表 5-34。

**表 5-34　长期热稳定性试验结果**

| 发射药名称 | 样品重/g | 温度/℃ | 观察结果 |
|---|---|---|---|
| 2.8 mol/L HAN | 50 | 100 开杯 | 48 h 无反应 |
| 11 mol/L HAN | 50 | 100 开杯 | 48 h 无反应 |
| 13 mol/L HAN | 50 | 100 开杯 | 在第 28.5 h 反应 |
| IPAN | 50 | 100 开杯 | 48 h 无反应 |
| TMAN | 50 | 100 开杯 | 48 h 无反应 |
| TEAN | 50 | 100 开杯 | 48 h 无反应 |
| NOS-365 | 50 | 100 开杯 | 在第 6.5 h 急剧反应（可能有爆轰，损坏设备） |
| NOS-365 | 10 | 75 开杯 | 在第 9.5 h 快速反应 |
| LP1776 | 50 | 100 开杯 | 48 h 无反应 |
| LP1845 | 50 | 100 开杯 | 在第 18.4 h 急剧反应 |
| LP1845 | 50 | 75 开杯 | 48 h 无反应 |
| LP1845 | 10 | 100 开杯 | 48 h 无反应 |

表 5-33 和表 5-34 中的结果指出，在受热时液体发射药不如其组分（燃料和氧化剂）单独时稳定。对于 LP1845 和 NOS-365，Cruise 还作了一个热稳定性扫描实验，试

验方法与前述的热稳定性试验一样，装置仍是不锈钢弹和油浴升温器，所不同的是加了一个热电偶以及一个玻璃盖以防止样品和金属部分接触。采用 2 ℃/min 的升温速度，样品质量为 10 g，连续记录温度及压力的变化。结果见表 5-35。

表 5-35 热稳定性扫描实验结果

| 时间/min | 温度/℃ | |
| --- | --- | --- |
| | NOS-365 | LP 1845 |
| 0 | 20 | 20 |
| 10 | 28 | 32 |
| 20 | 40 | 45 |
| 30 | 52 | 62 |
| 40 | 65 | 75 |
| 50 | 89 | 90 |
| 60 | 95 | 102 |
| 70 | 106 | 113 |
| 80 | 117 | 123 |
| 90 | 127 | 132 |
| 110 | 143 | 138* |
| 120 | 158** | — |

注：*：109.7 min 时，T=147 ℃，压力为 0；
109.8 min 时，T>200 ℃，压力为 1 379×$10^4$ Pa
**：119.5 min 时，压力为 0；
120 min 时，压力为 55.16×$10^4$ Pa；
120.5 min 时，压力为 1 379×$10^4$ Pa

## 5.3.2 冲击机械能输入试验

冲击测试方法是模拟对火药（材料）直接机械撞击，或对容器间接冲击，或通过附近介质（如在泵系统中）而产生迅速压缩过程。相对于液体，气体或液体蒸气的压缩产生较高的温度。鉴定液态含能材料的大多数冲击测试方法是将气（或蒸气）泡掺和到液体中并与其接触，然后用自落式或驱动活塞使液体中的气泡迅速压缩，测定引起样品中有可见燃烧迹象所需的每单位体积气泡的最小能量。这被认为是衡量液体含能材料冲击起爆感度的一种量度。

热爆炸理论说明冲击能量试验结果与样品所处的条件和初始条件有关。对于不同样品，不同容器几何形状和所施加的不同类型的机械冲量，所取得的测试结果进行比较时，必须谨慎为之。

有两种方法已实际应用于液体含能材料冲击感度的测试，一种是落锤试验，该试验为单元液体发射药落锤感度的标准试验方法；另一种是绝热压缩法。

### 1. 落锤试验

装置由钢杯、弹性圈和钢片构成的模内腔（0.06 mL）和样品室组成。

将 0.03 mL 的样品置于 O 形圈封底的钢杯中，然后将钢片平放在杯口的 O 形圈上，再将钢杯放进样品室，装好活塞和球，用扭矩扳手将其顶部拧到高为 17.78 cm，再将样品室安装在落锤仪中。该仪器可随 2 kg 重锤击落。用电磁铁悬起落锤，落锤高度可在 0～50 cm 调节。在一定高度下落锤冲击样品容器上。该被试样品的冲击感度用 50%点火概率的特性落高表示。在目前的试验中如果有钢片穿孔，高噪声，分解现象（如烟、碳化、气体溢出），碳粒或炭黑形成等，称之为“正”试验，反之为“负”试验。

该试验仅需几克样品，值得提及的是测试结果与装置有关。起爆样品所需的冲击能不能简单地推广到其他试验结构。测试结果还取决于样品的起始温度。几种液体发射药的落锤试验结果见表 5-36。

表 5-36　几种液体发射药落锤试验结果　kg · cm

| 发射药名称 | 落锤试验结果 | 发射药名称 | 落锤试验结果 |
|---|---|---|---|
| OTTO-2 | 18.2 | NOS-28 | 398.2 |
| 硝化甘油 | 2.5 | NOS-365 | 7 150.0 |
| 二硝基丙烷 | 5.0 | LP1776 | 162.0 |
| 乙二醇二硝酸酯 | 6.8 | LP1845 | 152.0 |
| 硝基甲烷 | 37.3 | 11 mol/L HAN | 168.0 |
| 丙烷硝酸酯 | 15.5 | 13 mol/L HAN | 128.0 |
| OXSOL-1 | 11.5 | 黑索今（固体） | 18.0 |
| OXSOL-21 | 12.0 | 过氯酸铵（固体） | 48.0 |

为便于比较，其中还附加了几种固体爆炸物的落锤冲击感度结果。结果指出，HAN 基液体发射药的落锤冲击感度与固体爆炸物相比要小得多，即爆发反应所需的冲击能量较大，说明受到冲击作用时相对较为安全。

### 2. 绝热压缩感度试验

绝热压缩感度试验装置如图 5-28 所示。样品中含有气泡，与液体相接触。由气体驱动活塞迅速地进行压缩。活塞运动速度随活塞后面的气体压力的改变而改变。活塞运动速度即样品压力的上升速度。样品室的容积约为 1.3 mL，被测样品中装有 0.4～1.1 mL液体，0.2～0.9 mL 的气泡。气泡体积的大小量度受液体体积测量精度限制，由总体积与液体体积的差值估计得到。测试结果为足够的能使样品完全分解的活塞能（正试验）。如同落锤试验一样，试验结果与气泡的体积有关。Mead 报道了有关液体含能材料的绝热压缩感度实验结果，见表 5-37。

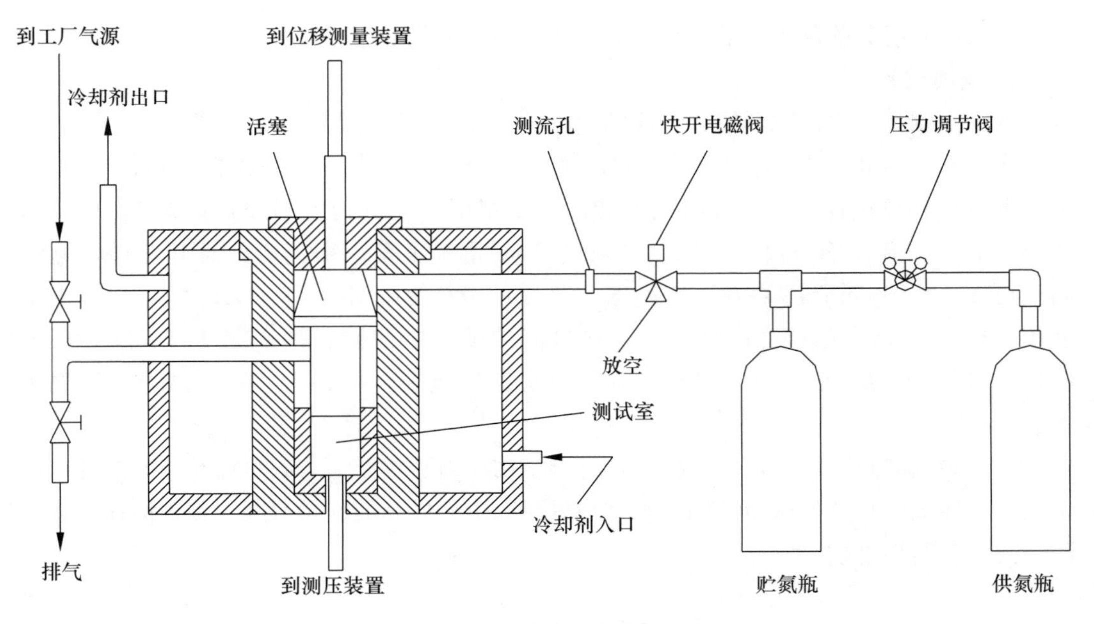


图 5-28　绝热压缩试验装置示意图

表 5-37　液体含能材料绝热压缩感度　　kg·cm·mL$^{-1}$

| 液体含能材料名称 | 结果 |
| --- | --- |
| 硝酸乙酯/硝酸甲酯 | 60/404.0±0.8 |
| 正丙烷基硝酸酯 | 6.9±1.2 |
| 硝基甲烷 | 1.04±1.7 |
| 硝基乙烷 | 8.6±1.2 |
| $H_2O_2$ | >144（设备极限） |
| 肼 | >144 |
| 不对称二甲基肼 | >144 |
| 环氧乙烷 | >144 |

美国矿业局报道的有关鱼雷候选燃料的绝热压缩感度试验结果见表 5-38。

表 5-38　美国矿业局选取的单元液体火药绝热压缩感度测试结果　kg·cm·mL$^{-1}$

| 液体火药名称 | 试验条件 | 结果 |
| --- | --- | --- |
| 正丙基硝酸酯 | 空气泡 | 6.6±0.7 |
| | 空气泡/少量样品 | 9.5 |
| | 空气泡（0.7 mL） | 4.6 |
| OTTO-1 | $CO_2$ 气泡 | 26±2.6 |
| | 空气泡 | 14.2±1.4 |
| | $CO_2$ 气泡 | 22.7±2.3 |
| OTTO-2 | 气泡空气泡（0.7 mL） | 7.6 |
| | 空气泡 | 21.8 |
| | 氩气泡 | 29.1 |

要注意的是这些结果的重复性不是太好。

### 3. 火炮工作条件下液体发射药压缩点火感度

火炮射击时，再生式装置中的液体发射药要经过压缩而喷射，在几个到十几个毫秒内从常压上升到压力 600 MPa 以上。要求液体发射药在燃烧室内点火并燃烧。如果液体发射药在贮液室内就已被点燃，称之为早燃。一般认为，早燃是在装填过程中由空气气泡或液体蒸气受压缩、温度上升所引起的气相或液相化学反应所致。为了确定液体发射药在火炮装填过程中的早燃条件，有人设计了用来模拟火炮操作过程的实验装置。将测试结果与其他冲击实验结果，以及和归之于气泡压缩点火机理的冲击感度试验结果相比较，能够得到液体发射药在各种能量刺激下的响应数据。这种信息可用来评估液体发射药在暴露条件下的潜在危险性，这些条件是在运输和使用时可能遇到的。

为了确定 NOS-365 液体火药在静态和迅速装填条件下气泡压缩点火感度（快速装填过程中会造成液体中有空穴）。美国通用电气公司军工系统实验室研究设计模拟了这两种条件的测试装置，实验研究了下述变量对感度的影响。

| | |
|---|---|
| 空气泡体积 | $V$ |
| 最大压力 | $p_m$ |
| 压力增长平均速率 | $(dp/dt)_{avg}$ |
| 压力增长最大速率 | $(dp/dt)_m$ |

在某些实验中能观察到样品对高度振荡性压力和压力增长最大速率的响应。根据这种压力增长速率大小对已有液体发射药的不同响应，所以有快速和慢速装填两种试验。

用来研究静压缩点火的试验装置如图 5-29 所示。它由液体室和燃烧室两部分组成，中间用一个浮动活塞隔开。预先有确定空气泡体积的液体发射药样品被封装在一根具有挠性的塑料管中，即图中的压缩管，该管的体积为 20 mL。然后放入充满水的试验腔，即液体室中。燃烧室内放置固体火药，用以燃烧产生压力。用变化固体火药的用量和燃速，或弧厚控制压力和压力增长速率$\left[p_m\left(\frac{dp}{dt}\right)_{avg}, \left(\frac{dp}{dt}\right)_m\right]$，尽管活塞和试验腔对压力响应有阻尼作用，但试验可以使试验腔中的压力与燃烧室中的压力相当接近。

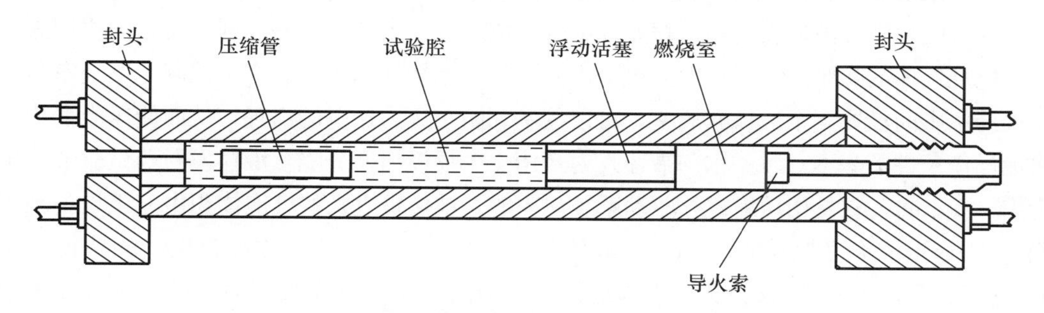


图 5-29　慢速装填压缩点火感度实验装置

压力测量用压电传感器在液体室和燃烧室的不同位置上进行。液体发射药样品的燃烧能从试验管（塑料）的破损与否来判断。试验条件范围如下：

| | |
|---|---|
| 空气泡体积 | $0 < V < 2.0$ mL |
| 最大压力 | $< 827$ MPa |
| 平均压力增长速率 | $< 282.7$ MPa/ms |
| 最大压力增长速率 | $< 23\,443$ MPa/ms |

在上述条件范围内，从 33 个试验中仅观察到两种确切的和四种可能的点火现象。当空气泡体积大于 9.0 mL，最大压力小于 379.2 MPa，平均压力增长速率小于 690 MPa/ms，最大压力增长速率小于 6 895 MPa/ms 时就观察不到点火现象。在上述 4 个变化条件中对点火影响最大的是气泡体积（$V$）。实验中观察到，当样品完好无损地取出时，空气泡被均匀地分散成许多直径约为 1 mm 数量级的小气泡，因此可以假定，气泡尺寸在所有试验中都是一样的，而与气泡的体积无关。

用来研究快速装填压缩点火的试验装置如图 5-30 所示。

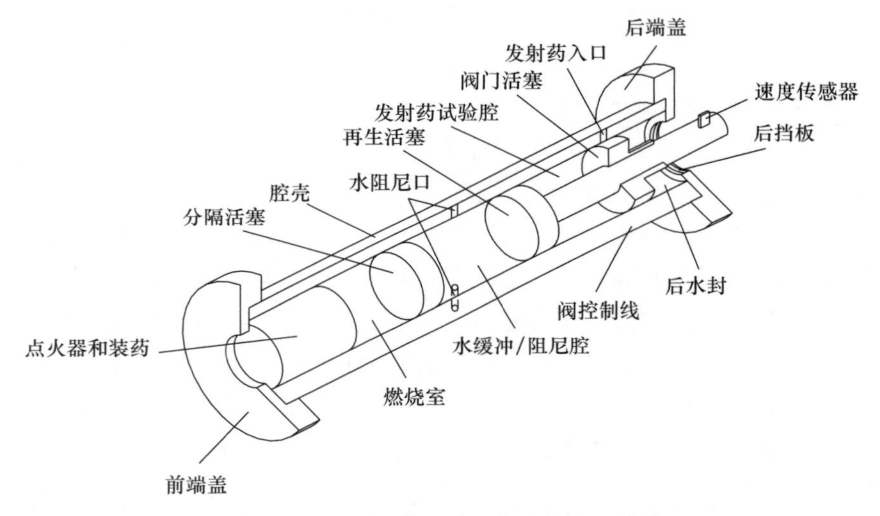


图 5-30 快速装填压缩点火感度试验装置

与上述静态（慢速）实验装置相仿。快速装填压缩点火的试验装置由燃烧室、液体介质（水）阻尼腔、液体发射药贮存室 3 部分组成，分别由 2 个活塞隔开。压缩同样用固体火药燃烧气体的膨胀来实现，而且可以由其用量和燃烧气体生成速率来控制。燃烧室与液体火药室中间设置 1 个液体介质室，可以控制和防止压力振荡的出现，从而使压力变化与火炮操作条件下基本一致。水与液体发射药用 1 个反馈活塞分隔，液体发射药试验装填量为 12～55 mL，它是用压缩氮气驱动系统注入的。被夹带进入的气泡体积由充填设备预先确定，气泡直径约为 0.25 mm，气泡体积可在 0.1% 到 1.0% 之间变化。样品预压至 6.9 MPa。试验中发生两次点火，据称这种点火造成的压力升高被滞后，而且不会在火炮射击过程中被观察到。在再生式装置中液体发射药是不断地喷射进入了燃烧室。

为了测定 NOS-365、LP1845 和 LP1846 液体发射药时快速压缩的点火感度，普林斯顿燃烧研究所为此进行了多次试验，其中包括不同升压速率、均匀气泡分布体积等条件实验。设计的试验条件包括火药在火炮工作条件下可能遇到的情况，并考察下列条件变化的影响。

总空化体积；

最大压力增长速率；

液体装药的预增压。

通过实验获得了 NOS-365 和 LP1845 在 172.4 MPa、75.8 MPa 和 482.7 MPa 下的最大升压速率。其中的条件变化范围为：

空化体积：100%（纯净的）和 3.1%体积（气泡直径 $d<0.025$ mm）

注射压力：$206.8\times10^4$ Pa 和 $344.7\times10^4$ Pa

液体增压速率：172～483 MPa/ms

### 5.3.3 冲击波能量感度试验

测定液体含能材料冲击波能量引爆感度的测试方法有多种，通常采用引爆主发炸药的方式向被测试材料中输入能量。

**1. 隔板殉爆试验**

隔板殉爆试验是用引爆主引发装药，冲击波通过惰性材料（隔板）而衰减，直到其强度勉强能引爆被试含能材料。通常将防止含能材料引爆所需的衰减量称为殉爆感度。它也是含能材料在外界能量作用下安全性的一种衡量尺度。所需的衰减量越大，含能材料对冲击波引爆的感度也就越大。这里介绍的是美国海军军械站（NOS）的隔板殉爆试验，试验中还配有测定爆速和爆压的仪器设备。图 5-31 为海军机械研究所（Naval Ordnance Laboratory，NOL）隔板试验装置示意图。

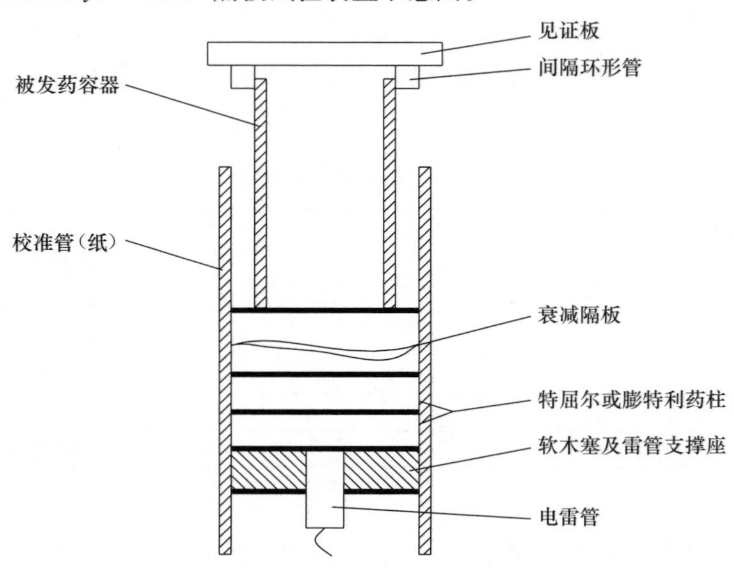


图 5-31　美国海军军械站隔板殉爆示意图

其中包括钢质样品容器、不同厚度的塑料隔板（冲击波衰减器），主引发药为特屈儿（50.5 g），引爆主引发装药采用 8 号雷管。在该试验中，“正试验”的判据为有显示的爆轰迹象并穿通厚为 9.5 cm 的见证钢板。据估计，穿透这种钢板所需的最大压力为 95 MPa。

表 5-39 中的结果为能观察到低速爆轰或高速爆轰的临界隔板厚度。

**表 5-39 几种液体含能材料殉爆试验结果**

| 含能材料 | 隔板厚度/cm | |
|---|---|---|
| | 高速爆轰 | 低速爆轰 |
| 硝化甘油 | $0.38<L<1.27$ | $L>25.4$ |
| 硝基甲烷 | $0.38<L<6.76$ | 未见 |
| 硝基乙烷/白烟硝酸 32/68 | $0.13<L<2.54$ | $5.08<L<12.7$ |
| 硝酸乙酯 | $L<2.54$ | 未见 |
| 肼/硝酸肼 75/25 | 零间隙无持续反应 | 未见 |
| 肼硝酸肼 70/30L | $<2.54$ | 未见 |
| 肼/硝酸肼 55/45 | $L<1.91$ | $>1.91$ |
| 肼/硝酸肼 50/50 | $0.64<L<1.91$ | $12.7<L<20.32$ |
| 肼/硝酸肼 40/60 | $1.78<L$ | $L>25.4$ |
| 肼/硝酸肼 30/70 | $1.27<L<2.54$ | $L>25.4$ |
| 肼/硝酸肼 20/80 | $0.64<L<3.81$ | $L>25.4$ |

表 5-40 还给出了 Cruise 报道的几种液体火药及其组分的爆轰速度测试结果。测试方法是隔板殉爆试验的改进。爆轰速度是爆轰波通过样品材料的传播速度。该爆轰波由一种主引发炸药引发。将样品材料盛在一个长 20.32 cm、直径为 5.08 cm 的 80 号无应力钢管中，管底用一薄膜塑料片密封，再将 160 g 黑索今炸药直接放在其下，以一个 10.2 cm×10.2 cm×0.95 cm 的冷轧钢板作为见证板，样品容器上装有一个恒阻电路，以测量爆轰速度。

**表 5-40 爆轰波测度结果** $km \cdot s^{-1}$

| 发射药名称 | 爆轰速度 | 备 注 |
|---|---|---|
| 2.8 mol/L HAN | 1.83 | 钢管呈片状，见证板完好，未发生爆轰 |
| 11 mol/L HAN | 2.20 | 钢管呈片状，见证板完好，未发生爆轰 |
| 13 mol/L HAN | 2.70 | 钢管呈片状，见证板完好，未发生爆轰 |
| NOS-365 | 3.05 | 钢管破裂，见证板呈弓形，低速爆轰 |
| LP1776 | 2.49 | 钢管破裂，见证板呈弓形，低速爆轰 |
| LP1845 | 2.56 | 钢管破裂，见证板呈弓形，低速爆轰 |

### 2. 阻抗镜

有人推荐用阻抗镜测量爆炸物爆发反应的诱导时间和反应时间，以确定其感度。表 5-41中给出了几种含能材料由阻抗镜试验所测的反应时间。

表 5-41　阻抗镜试验所测反应时间　μs

| 液体含能材料反应 | 时间 |
| --- | --- |
| NOS-365 | ～10.0 |
| 硝基甲烷 | 0.22±0.33 |
| 硝基甲烷/丙酮（75/25） | 0.4 |

#### 3. 密闭冲击波试验

对于钝感的爆炸物，例如在标准的 NOL 隔板殉爆试验中隔板厚度为 0 时都不能引爆，可以用一种密闭试验的方法来测定其爆轰感度。试验是采用高能量的冲击波引爆密封在钢筒中的液体含能材料，例如用 4 根 100 g 的特屈儿引爆内径为 5.08 cm、长为 16.5 cm 的圆筒所装液体爆炸物。用殉爆试验中的见证钢板的损坏情况作为被测试样感度的定性和比较尺度。通过试验，从密闭容器的破裂碎片看出，碎片多而碎，有爆轰迹象，硝基甲烷大于 NOS-365 和 13 mol/L HAN。

### 5.3.4　其他实验

#### 1. 雷管起爆试验

有人对 OXSOL-1（3 次）和 OXSOL-2（5 次）测试发现，用 J-2 雷管起爆时存在拒爆。还有人报道了 OTTO-2 燃料对 8 号雷管起爆的拒爆。

#### 2. Trauzl 扩散试验

有人报道了含水 6%以上的肼—硝酸肼混合物在 Trauzl 扩张试验中仅发生局部或低级爆轰响应。表 5-42 中给出了几种液体发射药及其组分的 Trauzl 扩张试验结果。从表中看出 LP1845 的扩张最大，其威力也大。

表 5-42　液体发射药 Trauzl 扩张试验结果　$mL \cdot g^{-1}$

| 发射药名称 | 结果 | | |
| --- | --- | --- | --- |
| | 1 g 负载 | 2 g 负载 | 3 g 负载 |
| 2.8 mol/L HAN | 1.0 | 1.0 | 1.0 |
| 11 mol/L HAN | 4.4 | 3.0 | 3.7 |
| 13 mol/L HAN | 5.0 | 4.0 | 4.5 |
| IPAN | 0.5 | 1.0 | 0.7 |
| TMAN | 0.6 | 1.2 | 0.9 |
| TEAN | 3.0 | 1.5 | 2.7 |
| NOS-365 | 4.0 | 3.2 | 3.6 |
| LP1845 | 6.0 | 4.2 | 5.1 |
| LP1776 | 6.5 | 3.0 | 4.7 |

#### 3. 枪弹冲击试验

表 5-43 中给出几种液体火药的枪弹冲击试验结果。

表 5-43 几种液体发射药枪弹冲击试验结果

| 发射药名称 | 试验条件 | 结 果 |
| --- | --- | --- |
| NOS-283 | 0.5 口径 | 没有爆轰，没有发火/3 次 |
| NOS-283 | 0.3 口径 | 没有爆轰，没有发火/20 次 |
| NOS-365 | 0.5 口径 | 没有爆轰，没有发火/22 次 |
| OTTO-2 | — | 负的（燃烧） |
| OXSOL-1 | — | 负的/4 次 |
| OXSOL-2 | — | 负的/4 次 |

4. **焚烧和非密闭燃烧**

Galtts 定性地研究了肼、硝酸肼、丙醇硝酸酯、氧化乙烯和航空汽油（用于比较）在 3.785 L 体积的铁罐中对木头和油燃烧火焰辐射的响应，并研究了改变火焰强度、作用时间对这些材料的爆炸响应情况。Mallory 报道说 3.785 L 塑料容器内装 NOS-365，外层用玻璃纤维包裹。试验表明，在木头火焰中不发生爆炸，仅发生点火和快速燃烧。硝基甲烷也有类似的结果。

## 5.3.5 安全性评价

上述介绍的是不同液体含能材料对特定形式的能量输入时的响应，应该注意：采用的测试方法不同，所取得的液体含能材料的感度值也就不同。对不同材料的感度进行比较时，必须在同样的测试条件下进行。对于同一材料用不同测试方法获得的结果进行比较时，需要以下有关资料：

（1）试样表面的能量传输边界条件。

（2）试验材料中冲击或冲击波能量向热能转换。

（3）作为温度和压力函数的反应动力学。

目前，这方面还缺乏充分的依据，无法对这些测试结果作定性地解释和比较。热爆炸理论至少对许多试验变量作用的定性解释提供了理论基础。下面可以从实验数值中（主要是隔板殉爆试验）说明这些试验变量的重要性。

1. **试样的初始状态评价**

试样的初始状态主要指初始温度和样品中的气泡含量与尺寸。很显然，初始温度高的试样达到能持续化学反应的温度所需能量小，有较小的冲击、殉爆、发火等感度值。

如果液体含能材料中含有不连续的气相或汽相。由于汽相的绝热压缩、冲击能量的吸收会引起局部热点。这些气泡可能是由于液体温度升高，或者液体输送过程中机械作用，或空穴而产生的。局部热点的温度升高是气泡组分和尺寸的函数。Gibson 等人认为化学反应可能是在最接近气泡的区域出现，并用简化方法计算了气泡的温度，预计气泡温度可达 2 300 ℃。这样的温度足能引起化学反应。在任何情况下，液体含能材料中，气泡在点火过程中都有重要的作用。对其进行比较时，必须考虑气泡的作用，否则结论将是失真的。

2. 容器对试验结果影响的评价

液体含能材料与固体含能材料的不同之处在于它自身无固定的聚集形状。所以无论是贮存还是试验时必须用容器盛装。容器的形状尺寸和材料在热爆炸理论中就是边界条件。例如圆筒形和方形容器所取得的试验结果不同。一般地，圆筒形容器易得到高的感度值。特别是在起爆过程中，圆筒形样品沿轴线存在局部的空穴，这种空穴来自于器壁的对称前驱波反射在中心的集中。容器材料一般是金属材料容器有高的感度试验值，特别是在引爆时，更是如此。容器对试验结果的影响在实际中是可以消除的，因为采用同样一种形状、尺寸、材料的容器并不是一件难事。

3. 试验的主发能量

主发能量的大小将影响到隔板殉爆试验结果的大小，一般地，试验样品材料中的能量随主发装药尺寸的增大而提高，因而隔板间隙也应增大。有时主发能量的大小也将决定样品材料响应方式，即爆燃、爆轰或者是燃烧。

尽管上述中有许多关于液体含能材料危险性的测试方法，但这些试验仅是以评价火药在最终使用过程中可能遇到的危险性响应为主要目的而选择的。其中测定火药的爆轰趋势是试验的主要目的。到目前为止，即使是对固体含能材料，都难以把所有的试验方法及结果用于评价和估计其在贮存、生产、运输和使用中的潜在危险性。这有两方面的原因：第一，贮存、生产、运输和使用的环境条件是否正常是无法预知的。弄清楚这个问题，是确定安全试验条件的先决因素。第二，无论是液体还是固体含能材料，都必须经过生产、贮存、运输和使用全部过程，所要经受的是多种外界能量的刺激。在危险性试验中每一种方法仅表示一种特定能量输入时材料的响应，并且通常只是一次性的。有些能量输入方式是无法模拟的。也就是现在的试验只提供了相当主观的是或否的结果。尽管如此，从能量冲击输入试验中得到的数据来确定液体含能材料的等级还是有意义的。表 5-44 中给出了几种液体含能材料的隔板殉爆试验、落锤试验、绝热压缩试验和低振幅压缩波试验的结果。

表 5-44　几种液体含能物质试验结果汇总

| 名　称 | 落锤试验/（kg・cm） | 绝热压缩试验/（kg・cm・$mL^{-1}$） | 低振幅压缩值/（$ms^{-1}$） | NOL 隔板殉爆 Mils（密耳） |
|---|---|---|---|---|
| NOS-365 | 152 | — | 26.2 | 0 |
| OTTO-2 | 8.5～34.2 | 7.6～21.8 | 23.4 | 10～150 |
| 肼 | 7 200 | — | 276 | 0 |
| 硝酸丙烷 | 15.5 | 4.6～6.7 | 91.3 | — |
| 硝基甲烷 | 37.3 | 10.0 | 24.1 | 150～300 |
| 硝化甘油 | 2.5 | — | — | 380～500 |
| LP1845 | 152 | — | — | — |

表 5-45 列出了根据表 5-44 中的数据材料在每种试验中的感度等级。

表 5-45 几种液体含能物质感度等级

| 实 验 | NOS-365 | LP1845 | OTTO-2 | 肼 | 硝酸丙烷 | 硝基甲烷 | 硝化甘油 |
|---|---|---|---|---|---|---|---|
| 落锤试验 | 6 | 6 | 4 | 7 | 3 | 5 | 1 |
| 绝热压缩 | — | — | 4 | — | 2 | 3 | — |
| 隔板殉爆 | 5 | 5 | 4 | 5 | — | 3 | 1 |
| 低振幅压缩波 | 1 | — | 1 | 2 | 3 | 1 | — |

在表 5-45 中，较小的数字表明试验的结果感度较高。用落锤试验、绝热压缩试验、NOL 隔板殉爆试验对材料所取得的感度是相似的，低振幅压缩波试验结果却有相反的危险等级。对 OTTO-2、NOS-365 和硝基甲烷感度值是相同的。这个结果也表示这些材料在低振幅压缩波能量输入与发生低速爆轰的条件相近。

为了给液体火药潜在危险性的评价和预测提供更好的数值基础，有人建议应从以下几个方面进一步开展工作：应用隔板殉爆、落锤试验、绝热感度试验、热冲击试验和低振幅压缩波试验；对目前感兴趣的液体发射药和许多其他液体含能材料的硝基甲烷、硝化甘油提供足够的试验数据；对每项试验能量输入和边界条件进行评价；在提供的每种手段对贮存、运输和使用时可能遇到的意外情况的危险性进行预估；采用隔板殉爆原理测定密闭条件对低速和高速爆轰趋势的影响，并获得反应波速度和压力的关系。气泡的存在、密闭程度和反应时间是应测试的变量，模拟火炮工作条件的绝热压缩感度试验是必需的，这是用来提供火炮安全工作条件的依据。寻求获得液体发射药反应动力学方面的数据，应采用差热分析的方法测量反应速率与活化能，还需测定液体发射药定容条件下的燃速数据。

# 参考文献

[1] M. A. Cook，The science of industrial explosives [M]. Salt Lake City：IRECO Chemical，1974.

[2] 丁景逸，曹欣茂. 火炸药应用与发展学术研究会论文集//高能炸药研制的新进展 [C]. 中国兵工学会火炸药学会，1986，9.

[3] 金韶华，松全才. 炸药理论 [M]. 西安：西北工业大学出版社，2010.

[4] Андреев К К，идругия В В. сборник статей [M]. Москва：Оборонгиз，1963.

[5] 崔克清. 安全工程燃烧爆炸理论与技术 [M]. 北京：中国计量出版社，2005.

[6] 黄亨建，董海山，舒远杰，等. HMX 中晶体缺陷的获得及其对热感度和热安定性的影响 [J]. 含能材料，2003，11 (3)：123-126.

[7] 金韶华，王伟，松全才. 含能材料机械撞击感度判据的认识和发展 [J]. 爆破器材，2006，36 (6)：11-14.

[8] Rudolf Meyer，Josef Köhler，Axel Homburg. Explosives [M]. New Jersey：Wiley，2007.

[9] 李仕洪，李建设，刘顺强. 浅析工业炸药殉爆距离试验方法的改进 [J]. 爆破器材，2005，34

(3)：13-16.
[10] Mason M C，Aiken E G. Methods for evaluating explosives and hazarolous materials [J]. U. S. Dept. of the Interior，Bureau of Mines，1972.
[11] 陈正衡. 工业炸药测试新技术 [M]. 北京：煤炭工业出版社，1992.
[12] 周芬芬等译. 高能炸药性能数据手册 [M]. 四川：中国工程物理研究院出版社，1982.
[13] 郑孟菊. 改进炸药撞击感度试验的探索 [J]. 爆破器材，1981 (1)：22-24.
[14] Gibbs R T，Popolate A. Explosive property DATB，LAST [M]. Berkeley：University of California press，1980.
[15] 董海山，周芬芬. 高能炸药及相关物性能 [M]. 北京：科学出版社，1989.
[16] V. L. Lokre，D. M. Bokar and L. K. Bankar. Electrostatic charge measurements on initiators and explosive powders [J]. Propellants，Explosives，Pyrotechnics，1983，8 (5)，146.
[17] Popolate A，etal. Experimental techniques used at LAST to evaluate sensitivity of HE [J]. LADC-5612.
[18] Smith L C. On The problem of evaluation the safety of an explosive [J]. University of California LASL New Mexico，AD-A044783.
[19] D. A. Frank-Kamenetskii Diffusion and Heat Excharge in Chemical Kinetics [M]. Princeton：Princeton University Press，1955.
[20] D. R. Still. Fundamentals of fine and explosion [J]. AICHE Monograph，Series 10，73，1977.
[21] J. Mandzy，K，Schaefer，J. Knapton and W. Morision. Progress report on compression ignition sensitivity of NOS-365 [J]. CPIA，Publication 315，Vol I，1980：377-380.
[22] H. Mallory. Function and safety tests of NOS-365 [J]. Monopropellant Navel Weapons Center NWCTR 5940，China Lake CA，1977.
[23] B. Smith，J. Harrison，R. Gibbs and J. Garrson. Binary explosives，Naval Surface Weapons Center Report [J]. NSWE/DL TR-3214，1974.
[24] H. Kirshner，M. Silverstein. Liquid monopropellants for guns，a review and recommended reseach [J]. (AD-361631)，1965.
[25] Galtts. Stability tests of monopropellants exposed to flame and riflefire，test propulsion Laboratory Technical Report NO. 32-112 [M]. California Institute of Technology，Pasadena，CA，1962.
[26] J. A. Hasens. A review of hazard assessment procedures for liquid gun propellants [J]. BRL-CR-539，1984.

# 第 6 章　火炸药装药与贮存安全性

## 6.1　概　　述

### 6.1.1　火炸药是武器动力和毁伤的能源材料

火炸药是一类高能量密度材料，包括炸药（单质炸药与混合炸药）、发射药和固体推进剂。火炸药是各类武器火力系统完成弹丸发射，实现火箭、导弹运载的动力能源，是战斗部进行毁伤的能源，也是各种驱动、爆炸装置的动力能源。它具有高速、高压和高温反应特征和瞬间一次效应的特点。

火炸药是各类武器装备火力系统不可缺少的重要组成部分，其科学与技术的发展和武器科学与技术的发展密切相关并相互促进。现代武器弹药的发展对火炸药提出了更高的要求，促进了火炸药科技的发展，而优良性能的新型火炸药又会促进现代武器的发展。火炸药直接影响并决定武器装备性和军队战斗力的发挥，是赢得战争胜利的保障。黑火药的发明，使人类从大刀长矛的冷兵器时代进入到用枪炮对阵的热兵器时代，对人类文明和科技进步做出了巨大贡献。单基发射药、双基发射药（又用作推进剂）及硝基甲苯化合物的发明推动身管武器向着轻型化、自动化、高射速、高威力的方向发展。新型高能量密度材料的合成（如 CL-20、ADN），对提高火炸药能量密度有重要的作用，对武器提高射程、提高威力或战斗部小型化的优化设计将发挥关键的作用。同时，火炸药技术又是一种军民两用技术，它不仅用于军民，而且可应用于爆破工程、爆炸加工、矿山开采、地质勘探、石油开采等许多工程建设和生产领域。由此可以看出，火炸药科学技术的发展对常规兵器乃至整个国防工业和国民经济的发展都具有十分重要的地位。

高新技术的发展和打赢现代局部战争的需要，对作战部队高技术装备、综合作战效能、战场适应能力等提出了更高的要求。随着现代火力体系压制纵深、覆盖面积、命中精度和毁伤威力的显著提高，火力攻击尤其是火力优势对战争进程和结局的影响大大提高。火力系统的发展趋势是提高对战争全纵深的火力压制和对作战体系关键环节的精确打击。火炸药成为远程精确打击、高效毁伤弹药的重要能源保障。

综上所述，火炸药在现代农业、现代工业、现代科学技术、现代国防中具有重要作用，并获得了广泛的应用。

### 6.1.2　火炸药的安全性

按照军事技术装备的现代质量观念，产品的内在质量包括性能、可靠性、安全性和适应性四项特性，而且把安全性作为火炸药产品质量目标中一项独立、重要的质量特性。与其他产品相比，火炸药有两个鲜明的特点，一是它受外界刺激时有引燃引爆的可能性，二是它一旦被引发，由于它的快速反应释放巨大的能量，对周围环境或生命财产有很大破坏性。这两个特点决定了火炸药产品的安全性在各项质量特性中占有更突出、更重要的地位。鉴于此，美国军方分别于20世纪70年代、80年代发布实施两项《炸药安全性和性能鉴定试验》军用标准。

作为军用的炸药，一般均是以炸药为原料，根据战斗部的战术技术要求，经过加工的具有一定强度、一定密度、一定形状的药件。这种药件可以在战斗部药室中直接制成，也可以预先制成而后固定于药室中。前者称为“直接装药”，后者称为“间接装药”。药室中的装药又统称为“爆炸装药”。

探讨军用炸药使用安全问题，既与药有关，又与弹有关，其实质是探讨与两者皆有关的弹药使用安全问题。

炸药是亚稳态物质，它的化学组成在一定的强刺激下以非常高的速度分解，重新化合，释放出强大的能量。炸药的这个性质具有宝贵的应用价值，但同时也给军事应用带来一系列不安全因素。随着军事科学技术的不断发展，对现代武器的生存能力和安全性提出了越来越高的要求，因此低易损弹药随之被提了出来。

自第二次世界大战引入B炸药作为炮弹装药以来，至少已有半个世纪。B炸药性能高于TNT，如装填B炸药的105 mm炮弹，其威力相当于装填TNT炸药的155 mm炮弹，因此将B炸药作为广泛采用的炸药具有很现实的意义。20世纪80年代初，在研究提高大口径弹威力的讨论会上，我国有关人士也极力主张用B炸药代替TNT。但经实践检验，B炸药属易损性炸药，使用时很不安全。我国有关学者对其易损性进行了研究，从80年代末提供的研究报告可知：B炸药对12 m落高撞击钢板不产生任何反应；对7.621 mm子弹冲击只产生燃烧；而冲击波、火焰快速烧烤及金属射流侵彻，都能使它产生爆炸。

在英阿马岛战争中，英军的“谢菲尔德号”驱逐舰，被阿军的飞鱼导弹击中后，引起舰上自身弹药（主要装填B炸药）殉爆而炸沉。在1982年第13届ICT火药年会上，西德ICT原副所长VOLK说：“这一事实，使人们认识到B炸药是不安全的。”

B炸药及其所装填的弹丸，除易被殉爆以外，其膛炸或早炸的概率也较大，特别是高膛压、高初速的火炮不宜使用B炸药装药。另外，装填B炸药的弹丸易被烤燃，燃烧后又容易转成爆轰。如1967年7月29日，东京湾基地上的美国“福莱斯特号”航空母舰，在进行正常飞行作业时，甲板上的一枚机载火箭意外点火引发了燃烧和爆炸，导致134人死亡，舰上财产损失7 400万美元；1969年1月14日，美国“企业号”航空母舰，发生了类似“福莱斯特号”航空母舰的事故，火焰烤燃了炸药，造成大量的人员伤亡和巨大的财产损失。

由于B炸药所装填的弹药存在上述严重问题，特别是军方已认识到B炸药及其所装填的弹药不仅在战场上生存能力差，而且使用极不安全，为此，探索低易损炸药用来代替B炸药显得非常迫切和重要。

低易损炸药，一般是指满足以下要求的炸药：

（1）受到枪弹射击时或被破片冲击时不被引爆。

（2）火烤时不易燃烧。

（3）燃烧不转或难转成爆轰。

（4）难以被殉爆，热安定性好，热感度低。

（5）高膛压、高初速的火炮射击时，炮弹不早炸、不膛炸。

目前，研究低易损性炸药的主要技术指标是能量达到或接近B炸药或高聚物黏结炸药PBX-9404的水平，以便取代B炸药；感度和安定性达到或接近TATB（三氨基三硝基苯）的水平；成本尽可能低，以便能实现工业生产和军事应用。西方各国对低易损性炸药的研究相当重视。目前已研究出的低易损炸药很多，单质有TATB、DATB（二氨基三硝基苯）、DINGU（二硝基甘脲）和NQ（硝基胍）等，它们的机械感度很小。

不言而喻，“保存自己、消灭敌人”的原则，是一切军事原则的根据。要达到既能保存自己又能使战斗部有效地消灭敌人，就应从炸药、“爆炸装药”的质量和弹药的仓储、运输及保管等诸方面进行综合考虑。

弹药设计中，一个很重要的问题就是如何防止膛炸，特别对注装B炸药的大口径、高威力的榴弹而言，膛炸问题更为突出。因此，炸药装药在发射条件下的安全性问题，成为高能量炸药在大口径榴弹中应用的一个重要技术障碍，引起了各国的广泛重视。

## 6.2　火炸药装药安全性

### 6.2.1　炸药装药过程的安全性

详见第4章。

### 6.2.2　装药的缺陷与检测

大量试验研究表明，炮弹装药中存在的缩孔、气孔、底隙、裂纹等疵病，是导致发射点火的主要原因。目前这一观点几乎已被所有的国家接受，控制装药质量已纳入军事标准，对炮弹炸药装药中的疵病加以严格限制，以确保炸药装药发射时的安全，使高能量密度炸药在大口径远程榴弹中得到广泛应用。现代战争中，高装填密度、高膛压、高初速已成为高性能火炮弹药武器系统的重要特征，发射环境严酷，必须保证极低的膛炸率。因此，研究炸药装药发射安全性对于解决膛炸问题具有关键作用。

**1. 炸药装药缺陷**

装药疵病包括底隙、环隙（药柱与弹壳之间的间隙）、孔洞与裂纹、密度不均等。

装药发射过程中发生膛炸的原因是多方面的。可能来自引信，可能来自炸药，可能来自发射药，也有可能来自弹丸。膛炸可分为两种类型，一类是爆炸源来自发射药，另一类是爆炸源来自弹体内的炸药。由引信失灵引起的膛炸模式是全爆型膛炸现象；由机械激励或火药气体进入弹体产生热点，进而引起燃烧和爆炸的称为半爆型膛炸。根据各国多年的研究成果和实际发生膛炸事故的分析指出膛炸与下列因素有关：

（1）装药疵病，包括底隙、环隙、孔洞与裂纹。

（2）炸药配方，关系到药柱的力学性能和感度。

（3）发射加载，包括后座压力、压缩速率、发射加速度和装药内部应力分布情况。底层应力是主要的，但底层应力大小及分布状况受很多因素影响。

（4）药柱与弹壳之间的黏结状况，如脱黏可造成环隙。热炮有可能使部分 TNT 熔化而造成环隙。

（5）发射药的不正常燃烧可造成瞬时高膛压。

（6）火炮状态，例如热炮以及膛线磨损造成过大间隙使弹丸运动有横向过载。

炸药装药发射安全性这一问题的提出首先是由装填 B 炸药的炮弹发生膛炸引起的。第二次世界大战中开始引入 B 炸药作为炮弹装药，由于 B 炸药的性能高于 TNT，在炮弹中用 B 炸药取代 TNT 会使爆炸威力大大提高，但是由于 B 炸药的感度较高，在使用过程中出现的膛炸事故也远远多于使用 TNT 或其他类似装药，远远高于允许的早炸概率 $1/10^6$。炮弹发生膛炸不仅对炮手造成极大的恐怖心理，而且直接造成炮手的死亡。

根据对 26 个国家共 360 多种炸药装备情况的分析，B 炸药至今仍是最重要的军用混合炸药之一，特别是装备量最大的压制兵器弹药，B 炸药是最具代表性的炸药装备。而我国，自 20 世纪 50 年代以来，一直沿用苏联第二次世界大战期间发展的装备序列，压制兵器弹药仍主要装备 TNT，已成为最落后的国家之一。为了适应现代战争的发展需要，必须以新的 B 炸药或其他高性能炸药替代原有的 TNT 装药，而研究并解决其在发射条件下的安全性问题就成为高性能炸药在大口径榴弹中应用的先决条件。

根据发射安全性模拟实验的研究与分析，目前得到公认的单独因炸药装药引起膛炸的原因可能存在以下 3 种机理。

1）压缩点火

所谓压缩点火，就是在炮弹发射时单纯受力——也就是压力波作用。据分析，压力波主要来自以下几方面：

（1）弹丸发射时，由于有弹壳，膛压不会直接作用在药柱上，而是通过炮管对弹丸加速，由装药本身的惯性在炸药中建立应力场，且药柱底部的后座压力（底层应力）图形与膛压图形一致，上升时间 3～5 ms。

（2）如装药有底隙和环隙，或者在发射时药柱与弹壳的黏结层受高加速作用而脱黏，这时药柱会突然受到弹底的撞击。由此而产生的峰值压力和压缩速率决定于弹丸的力学性质和弹丸尺寸，而且都比后座值大。

（3）发射药不正常燃烧产生的瞬时高膛压。

2）空气压缩加热点火

早期的研究报告称为空气绝热压缩点火，后来又有人认为在火炮发射期间，装药空洞受到的压缩速率并未达到冲击波压缩速率水平，不能称为绝热压缩。由于铸装药，特别是在大批生产过程中，在冷却固化时可能产生小气孔和缩孔，尽管目前已发展了精密装药技术，使铸装 B 炸药缩孔控制在 0.38 mm 内，而精密压装药已能达到理论密度的 99%以上，但炸药和钢材因高低温膨胀系数的差别还会造成空隙。实验研究表明，截流空气受高加速加载作用，可压缩到高温，足以点燃邻近的炸药。

3）剪切加热和摩擦加热点火

当药柱与弹壳之间有底隙或环隙时，在发射状态下药柱与弹壳之间会产生剪切和摩擦作用。另外，当弹丸装药遇到热炮和高加速加载作用，可能会使 TNT 熔化，导致 B 炸药中的 RDX 成分析出，使 RDX 与炮弹弹壳的底漆中的固体成分及钢表面发生摩擦作用从而导致点火。

**2. 装药缺陷的检测**

“爆炸装药”质量及装配质量直接影响使用时的安全，为使不合格的弹药能被及时剔除，必须加强检测。过去对出厂前的弹药检测，一般采用抽验的方法，即每批弹药抽出若干发检验，若干发合格，即代表这批弹药合格。这样的检测方法不仅落后而且带有一定的盲目性。装药质量问题被认为是大口径弹丸发射时发生膛炸的主要原因，美国洛斯·阿拉莫斯国家实验室的 Louis C. Smith 指出：“对于膛炸，我考虑主要是装药和质量控制问题。如果能把炸药装填得不会移动，那么也许能够安全地在 5 in/38 倍口径火炮炮弹中使用纯 RDX。另一方面，如果缺陷很严重，甚至苦味酸胺也能膛炸。归根结底还是好的设计、好的无损检测、好的质量控制才能解决问题。”因此若能检测出弹丸装药中存在的底隙、裂纹、缩孔等缺陷，则能够确保可靠的装药质量，消除膛炸隐患，保证发射时的安全性。

早期对弹丸装药质量的检测都采用“开合弹”，即采用 1/400～1/500 实弹抽验检测，进行剖弹实测，这种破坏性的检测方法费时、费力、周期长，而且由于抽样频率低，得到的结果无法反映每一发弹丸的装药质量情况。装药质量与发射安全性和充分发挥战斗部威力紧密相关。检验手段因各厂条件而异，有的采用无损探伤，但是大多数厂还是采用开合弹进行检验。

如在螺旋压装工艺中，具体做法与装药质量要求是，将开合弹药柱纵向锯开，允许有如下情况：

（1）在装药中心部有因未被压紧而形成的个别分散或连续不大的白斑点。

（2）分布在整个装药上的疵孔（气孔和缩孔），其尺寸和数量均应严格按照使用和生产单位共同制定的标准执行。

（3）不损坏（用手指压裂纹处不崩落，不掉药粉）药柱表面的细裂纹和纵横向白线。

（4）允许有装药时带入的小漆块及从套管磨下的铜铝末，但不允许有铁末、铜块、玻璃碎块、砂石等坚硬杂质混入装药中。

随着现代弹箭武器的发展，对弹丸装药质量提出越来越高的要求，对于大口径弹丸除了要求对弹底间隙、装药裂纹、缩孔、夹杂物等进行检测外，还要求对装药密度进行定量测定，而"开合弹"检测法在定量测定弹丸装药密度分布上仍有一定困难。

无损检测技术以不损害被检验对象的使用性能为前提，能够探测被检验对象中是否有缺陷存在并判断缺陷的形状、性质、大小、位置、取向、分布等情况，具有准确、自动化程度高等优点。因此无损检测技术成为缺陷检测的发展方向。无损检测的方法多种多样，一般分为渗透和磁粉检测、电位与涡流检测、射线检测、超声波检测、声发射检测和激光全息摄影检测等。国外在20世纪70年代开始致力于将射线检测技术用于装药的质量检测上。射线检测是利用X射线、γ射线易于穿透物体，但在穿透物体过程中受到吸收和散射而衰减的性质，在感光材料上可获得与材料内部结构和缺陷相对应的黑度不同的图像，从而检测出物体内部缺陷的种类、大小、分布状况等情况。

目前国外采用X射线、γ射线或超声波进行无损检验。上述检测方法比较先进，可100%地对弹药装药检测，使不合格的弹体装药无一漏网，能被及时剔除。匹克汀尼兵工厂研究了用γ射线检验175 mm榴弹底隙的方法，可以对模拟弹中预留的0.76 mm的间隙产生良好的图像，但这还不能够满足底隙检测0.381 mm的要求，而且该方法是建立在精确控制的实验室条件下的，要用于生产线上，还需解决检测速度等问题。美国陆军则研究了用X射线扫描照相法对90 mm口径M431破甲弹进行装配质量检测和控制。这种方法要求X射线的能量和扫描速度具有合理的匹配，否则达不到理想的检验效果。在检验实验中，选用了菲利浦MG-150设备，具有双聚焦铍窗X射线管，较大射线源的直径为2.5 mm，射线能量为50 kV（恒压源）。这样可使0.025 4 mm的空隙产生良好的图像。这两种方法仅能产生定性的缺陷图像，无法对底隙等缺陷进行定量测量。我国也在20世纪80年代后期引进了X射线照相法用于对注装B炸药和TNT装药的质量检测，检测灵敏度为2%，难以满足底隙检测的需求。

我国某单位，于20世纪80年代初，也提出了实施"大口径榴弹装药疵病无损自动检测"的设想。该设想的要点是：建立一个由X光机—X光图像增强器—工业电视摄像机—计算机图像处理系统（包括自动识别、判废系统）—显示记录系统—信息存储系统所组成的一整套系统。其系统工作概述如下：由装药工位出来的炮弹，由传送带传至检测工位。炮弹一到位，专用夹具即将弹体夹住，分别进行上升和旋转动作。因为弹体细长，必须分成三段进行处理，即上段、中段和下段。每一段均从两个方向透视，因此，每发弹要录取和处理六幅图像。X光源发出的X射线通过标准直孔穿过弹体，射到图像增强的前屏，在图像增强器的后屏产生一幅可见图像，由摄像机摄取并转换成视频信号，通过高速A/D转换器，将摄像机送来的模拟视频信号转变成数字式视频信号，并将其送到中央处理机。中央处理机按照预定的程序和处理方案处理数字式视频信号，并将处理过的信息和存储系统所存储的标准进行比较，做出合格与否的判断。3段6幅图像都要进行类似处理，6幅图像均合格，这一弹体才算合格。不合格品自动剔除并送往不合格品通道。中央处理机约每分钟处理一发炮弹，每天以6小时计，每年工作300天，此系统每年处理10万多发炮弹，对于一个中等规模的弹厂，此系统基本能满足检验要求。另外，我国的一些学者和专家还在检测领域开展了许多相关研究工作，比如用X射线对带包装炮弹的装配质量进行无损检测，用γ射线检测弹药装药质量、榴弹药柱漏装，用工业射线CT检测火工品，用音频检测弹体药室容积，用压力传感器检测底隙等。

中北大学杨录对某型号穿甲弹战斗部弹底间隙检测和消除进行了研究。某型号穿甲弹战斗部弹体由内锥形钢壳和锥形药柱在高温和一定压力下装配而成，内锥面和药柱在装配过程中容易形成不均匀黏接、偏装和底隙等缺陷，这三种缺陷都会严重影响弹体的安全性能；不均匀黏接和偏装可通过调整装配工艺加以控制并消除，底隙因其形成原因较为特殊，很难用过程控制来有效地消除，只能通过检测手段来剔除。在超声波传播过程中声通量守恒原理的基础上，根据弹体结构的特殊性，提出一种利用超声波检测弹体内锥面底隙的方法。通过人工弹体底隙的检测和对多种型号弹体的实测，表明该方法能够有效地分辨出底隙和脱胶的有无。

### 3. 工业CT在装药质量检测上的应用

对装药质量用射线照相法进行检测，最终是通过曝光后胶片上的黑度和缺陷图像进行判断，因此对射线照相的影像质量要求较高。射线照相的影像质量由三个因素决定，即对比度、清晰度和颗粒度。一般说来，一个良好的射线照相影像应具有较高的对比度、较好的清晰度和较细的颗粒度。对比度定义为射线照相影像两个相邻区域的黑度差，与透照物体的性质、不同部分的厚度差等有关；颗粒度定义为影像黑度不均匀性的视觉印象，主要与胶片的本身性质及射线的能量和曝光量有关；定量描述清晰度的量是不清晰度，当透照一个垂直边界时，应得到理想的阶跃形式黑度分布，但实际的黑度分布并不是这种理想的阶跃形式，而是存在一个缓变区U，U的大小即为射线照相的不清晰度。不清晰度主要取决于射线源尺寸大小、材料的厚度差以及胶片的固有不清晰度。由于不清晰度的存在，将严重影响宽度尺寸小的缺陷的可检出性，同时不清晰度也将引起影像尺寸的加大。用射线照相法检测装药底隙时，由于弹丸壳体和装药之间密度差别太大，在胶片上弹丸壳体和装药界面处存在一个缓变区，而底隙则刚好处于该界面间，缓变区的信息就部分或全部掩盖住了底隙的信息，因此在胶片上弹丸壳体和装药界面间是一个模糊区，难以判断是否存在底隙以及底隙的大小。

而且由于射线照相还存在三维物体二维成像，前后缺陷重叠的缺点，一般仅能提供定性信息，不能实用于测定结构尺寸、缺陷方向和大小，而且无法对结构的密度分布进行定量测量。而计算机断层成像技术（Computerized Tomography）的出现，使射线检测领域发生了革命性的进步。

计算机断层成像技术，又称计算机层析照相技术，它根据物体横断面的一组投影数据，经过计算机处理后，得到物体横断面的图像。所以，它是一种由数据到图像的重建技术。由投影进行图像重建的理论早在 1917 年已由 J. Radon 提出，但其突破性的进展是在应用了计算机技术，尤其是 1971 年首台医用 CT 问世后取得的。CT 技术用于工业无损检测大致始于 20 世纪 70 年代中后期，最初的研究工作是在医用 CT 上进行的，由于医用 CT 射线源穿透能力有限，在检测高密度大体积物体时存在明显局限性。为适应工业检测需要，从 70 年代到 80 年代初，工业 CT 技术得到了迅速的发展，现已在航空、航天、军事工业、核能、石油、电子、机械等领域得到广泛应用。

工业 CT 作为射线检测的一种，与胶片照相、实时成像有许多共同之处，如需要足够的射线能量穿透试件，受被检测物材料种类、外形、表面状况限制较少，图像直观，现场需要射线防护等。但与常规射线检测技术相比，工业 CT 提出了全新的影像形成概念，能够给出与试件材料、几何结构、组分及密度特性相对应的断层图像，感兴趣区域不受周围细节特征遮挡。工业 CT 技术比射线照相法能更快、更精确地检测出材料和构件内部的细微变化，消除了照相法可能导致的检查失真和图像重叠，并且大大提高了空间分辨力和密度分辨力。而且工业 CT 图像是数字化的结果，从中可以直接得到像素值、尺寸等物理信息，数字化图像便于存储、传输、分析和处理等。工业 CT 装置结构主要由射线源和接收检测器两大部分组成，如图 6-1 所示。

射线源一般是高能 X 射线或 γ 射线源，射线透过工件后被辐射探测器接收，检测器信号经过处理后通过接口送入计算机。测量时工件步进旋转，得到一系列投影数据，由计算机重建成剖面或立体图像。扫描机架上，同步地对被检物体进行联动扫描，在一次扫描结束后，机器转动一个角度再进行下一次扫描，如此反复下去即可采集到若干组数据。将这些信息综合处理后，便可获得被检物体某一断面层（横截面）的真实图像。

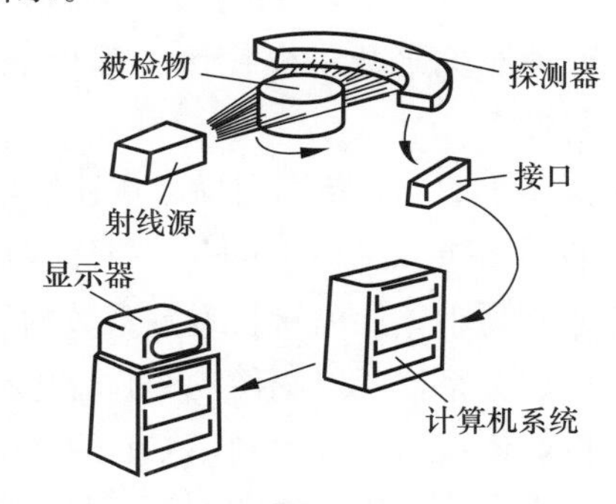

图 6-1　CT 装置结构示意图

总的说来，工业 CT 无损检测技术有下列 6 大优点：

（1）能够逐点测定工件薄层密度值，当对连续横断面进行比较后，可以获得三维图像，不存在前后缺陷图像重叠的问题。

（2）具有超大面积、低对比度成像分辨率，高质量对比度分辨率可达 0.02%，比一般射线照相法提高近两个数量级。

（3）检测具有多样性，大的如火箭发动机，小的如直径为 100 mm 的工件，空间分辨率高。

（4）检测能力强，精度高，速度快，定量二维成像，适用于自动检测。

（5）改善成像质量，提高可靠性。一般射线照相仅能定性分析，工件需有较高的安全系数，而工业 CT 能定量分析，因此可以减小安全系数，使产品废品率下降，合格件的可信度提高。

（6）具有数字式透射扫描、层析扫描、背散射层析扫描等多种成像方式，能够满足不同检测对象和检测目的的需要。

工业 CT 技术发展到现在，已经有 X 射线 CT、γ 射线 CT、超声波 CT 及微波 CT 等多种方式。由于 X 射线的能量是连续谱，穿透试件后，低能光子比高能光子更易被材料吸收，这样，X 射线穿透厚截面部位的有效能量要高于薄的截面部位，这种现象叫“射束硬化”。射束硬化会引起测量数据不一致，使圆柱体中心部位呈现较低的 CT 值，容易引起伪象。与 X 射线 CT 相比，γ 射线源 CT 的优点是放射源产生的高能光子具有特定的能量，不存在射束硬化的问题，有利于图像重建。

周培毅利用 γ 射线工业 CT 系统对装药底隙与装药密度分布进行了检测研究。对装药底隙的检测采用了数字式透射扫描成像方式，原理类似于射线照相法，但是不用感光胶片成像，而是用探测器取代了感光胶片，根据采集到的数据形成扫描区域黑度的图像。它的对比度以及灵敏度比射线照相法高。在装药的底隙检测中，由于弹丸壳体与装药之间密度差别较大，使得在透射扫描中壳体和装药之间存在一个模糊区，底隙的信息部分或全部被模糊区所掩盖，针对此，周培毅提出了在弹丸壳体上加一层密度与装药相当、具有一定厚度的涂层，使得高密度和低密度物质间的模糊区出现在这一涂层上，从而使底隙避开了模糊区，确保底隙的可检出性，并且通过实验验证了这一方法的可行性。

工业 CT 断层扫描后重建给出的是与试件几何结构、材料组分及密度特性相对应的断层图像。图像上的每一个像素实际对应了试件中的一个小体元，像素的数值（CT 值）与小体元内材料衰减系数的平均值成正比。由于衰减系数与材料的物理密度成近似比例关系，所以图像的 CT 值与材料的密度也有一定的对应关系，材料密度大，对应图像的像素值也大。利用 CT 的这个特性可以对弹丸装药的密度分布进行定量检测。实验证实：通过用已知密度的材料进行标定，被测装药密度的 CT 扫描计算值和实际测量值之间的误差在千分之五左右，能够满足弹丸装药密度分布检测的要求。

### 6.2.3 底隙现象与消除

战斗部装药方法中，注装法有着独特的优点，不受弹径及药室形状的限制，可以装填配比合理的悬浮液混合炸药，其设备简单，便于组织生产。该方法用于大型弹药和药室较为复杂的弹种装药，如鱼雷、水雷、航弹、大弹径火箭弹、破甲弹等。缺点是注装装药质量难控制，常见的装药疵病有粗结晶、缩孔、气孔、裂纹以及弹底底隙等，其中，弹底底隙是影响炸药装药发射安全性的一个重要因素。

### 1. 底隙现象

在炸药注装过程中，因炸药与钢铁的线膨胀系数不同，炸药的线膨胀系数是钢铁的 8 倍，因此在炸药凝固时，其收缩量与弹体相差很大，所以在装药与弹腔底部形成空隙，也有人称之为底隙。

炸药注入弹体后，因相变而产生体积收缩，由于炸药装药和弹体之间材料膨胀系数的差异会导致弹体底部与装药之间产生一间隙。在普通注装工艺条件下，弹底间隙很难完全避免。当炮弹发射时，底隙的存在会使装药与弹底产生猛烈撞击。另外，底隙中的气体也会受绝热压缩而产生高温。上述因素均可能引起装药的早炸或膛炸。特别自二次大战以来，为提高战斗部威力，用 B 炸药取代 TNT 的趋势越来越明显。B 炸药威力高于 TNT，但其感度也较高，在使用过程中时而出现早炸事故，如越南战场上，炮弹发生早炸的概率接近 1/40 000。如前所述，引起早炸的因素很多，但应肯定底隙的存在是主要因素之一。

美国匹克汀尼兵工厂曾对装填 B 炸药的 120 mm 口径炮弹进行了大量的射击试验，从而绘出了在未发生早炸的情况下弹底间隙和最大后座压力之间的关系曲线，如图 6-2。

从匹克汀尼兵工厂的实验结果得到如下结论：

（1）底隙越大，炮弹对后座压力越敏感，也就越易于发生膛炸。

（2）当弹底存在间隙时，后座压力就成为炮弹发生膛炸的一个重要影响因素，即后座压力越大，膛炸的可能性越大。

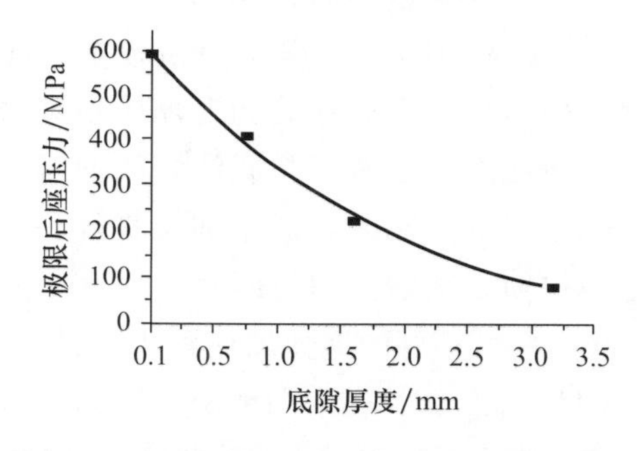

图 6-2 弹底间隙与最大后座压力关系曲线

美国海军武器中心（NSWC）采用 NSWC 大型后座实验装置对 B 炸药和 TNT 进行了一系列试验，其目的是通过底隙对后座感度影响的研究，为确定弹药制造中所允许的底隙提供指导。通过实验得到了如下结论：

（1）无底隙与 0.381 mm（0.015 in）底隙相比，起爆危险大大降低。

（2）0.178 mm（0.007 in）底隙与 0.381 mm 底隙相比，起爆危险大大降低。

（3）无底隙与 0.178 mm 底隙之间相比，起爆危险差别不大。

因此，研究人员认为，装填 B 炸药的炮弹弹底底隙应为 0.178 mm。但是这个标准在生产上难以实现，所以规定底隙最大不超过 0.381 mm，此要求也就是美国军用标准。另外，美国的有关研究所还研究了含有空气的底隙对起爆的影响，如弹道研究所作了下面的试验：当底隙为 6.85 mm 时，可使炸药相当可靠地起爆，即 11 次试验中，有

10 次起爆。当用真空试验装置，排出底隙中的空气，使之达到稍低于 133 Pa 后进行试验。在此真空条件下，5 次试验全未起爆。表 6-1 和表 6-2 为间隙厚度对初始空气压力装药冲击起爆的影响。结果显示，初始空气压力的提高和间隙厚度的增加均对冲击起爆有显著影响。

**表 6-1 间隙形式对冲击起爆的影响**

| | 加压方式 | 峰值压力/GPa | 加压速率/(GPa·$ms^{-1}$) | 起爆统计 |
|---|---|---|---|---|
| 冲击 | 无间隙 | 0.7～1.7 | 3.8～9.1 | 0/21 |
| | 真空间隙 | 0.72 | 3.8 | 0/5 |
| | 空气间隙 | 0.72 | 3.8 | 10/11 |

**表 6-2 间隙厚度和初始压力对冲击起爆的影响**

| 气隙厚度/mm | 初始压力/MPa | 峰值压力/GPa | 起爆统计 |
|---|---|---|---|
| 6.85 | 0.101 | 0.72 | 10/11 |
| 1.59 | 0.406 | 0.72 | 0/1 |
| 1.59 | 0.578 | 0.72 | 1/2 |
| 1.59 | 0.811 | 0.72 | 3/3 |

所以，可以得出这样的结论：底隙中含有空气时，比不含空气时更为敏感。在实际生产中，排出底隙中的空气相当困难，为防止早炸，控制底隙的大小是较为可行的。

**2. 底隙的消除**

消除和减少底隙的方法较多，如将带有装药的弹体加温，使与弹腔内表面接触的炸药熔化，而后在装药上加压顶进去，就是常用的方法之一。在装药工艺方面，为了避免底隙，通常对弹底注装的弹体，等炸药完全凝固后，加垫片用底螺拧紧，消除底隙。口部注装时，通过加压将药柱顶到底部。1974 年以来，美国梅索公司和汉格—西拉斯—梅索公司与匹克汀尼兵工厂协作，研究出一种消除底隙的新方法，其要点如下：将装填好的炮弹加热到 43 ℃以上或未经加热的室温炮弹，在弹口上加一杠杆螺塞（该螺塞使药柱在水中承受 1.1 MPa 的压力，在空气中承受 1.51 MPa 的压力），然后挂在传送带上，将炮弹浸在约 82 ℃的热水中约有 1.5 min，而后在室温下缓慢冷却。经上述处理过的炮弹，经 X 光检验可消除较大的底隙，使之满足底隙在 0.381 mm 以内的美军标准要求。为消除装药中的气泡，采用了振动装药或真空振动注装法，在装药弹体内借助振动器产生一种波动运动，而在熔化浇注过程中，抽真空可使药浆中的气体比原来的体积增大 7 倍左右，从而易于消除药浆中的气体。用热探针法或筛网式振动压力浇注法可有效消除装药中的缩孔。另外，采用压力凝固法也可消除缩孔和空隙。这种方法根据压力增加熔点升高的原理，将装药弹体加压，使混合炸药的熔点高于某一瞬间温度，在此压力作用下，使药浆冷却到常压的熔点以下。这样产生凝固有两个条件：一是药温从外向里逐渐降到熔点以下；二是均匀作用在浇注件各部分上的压力使各部分的熔点提高到某一瞬间温度以上。由于炸药各部分上的压力基本相同，所以熔化的 TNT 在各处几乎同时凝固。TNT 在 50 ℃以上时具有可塑性，在压力作用下，药浆可持续填充因体积收缩而造成的缩孔。所以这种方法所得的药柱无可见的空隙和集中的缩孔。

为消除底隙，我国的装药工作者也进行了卓有成效的工作，如底装榴弹的设想就很有特色。众所周知，榴弹在部队中是常用弹种，战争中消耗量也最大。国内外在榴弹的炸药装填上，无论采用螺旋压装还是注装，大多由弹口装药（又称顶装式装填）。其实完全可以改变弹体结构，采用底装式装填。底装式装填的实质就是将炸药从弹丸底部注入弹腔内，而后经过修饰药面，调整垫片使弹底（或称底螺）压紧装药，从而达到确实消除底隙的目的。

### 6.2.4　装药安全性研究结果

火炸药的安全性评价方法和试验鉴定技术是国内外普遍关心的重大课题。安全性不仅是火炸药的一项重要的质量特性，关系到产品本身的质量，而且也关系到火炸药行业、兵器工业部门和部队武器装备的研制、生产、贮存和使用中的安全。

尹孟超于 1991 年从“方法学”角度对火炸药安全性评价问题进行了系统地探讨研究，论述了火炸药安全性评价的基本原则和方法。西安近代化学研究所在“七五”期间承担的《炸药安全性评价和试验鉴定方法研究》的课题任务，提出了“炸药安全性评价方法学”问题，探讨、论述了炸药安全性评价的依据、需要回答的基本问题、应遵循的原则，以及炸药在研制、生产、贮运和使用各阶段安全性评价的方法和要求。研究旨在为炸药安全性评价和建立整个试验鉴定体系提供导向性意见。主要阐述了以下要点：

火炸药安全性评价的目的是识别、评价火炸药产品的潜在危险因素和风险，防止事故，保障安全，因此评价安全性的基本原则应该是“针对火炸药产品的特点和具体环境条件，解决实际问题”。评价的基本方法是“以各种模拟试验数据为主要依据，与经验认识和理论分析相结合，对各种潜在的危险因素逐项进行分析鉴定”。

根据以上要点，研究认为：

（1）火炸药产品在其整个寿命期的研制、生产、贮运和使用（服役）4 个不同的阶段，应该研究采用适合各阶段不同特点的评价方法。

（2）预定用作主装药的炸药和用作传爆药的炸药由于有不同的环境条件和安全要求，因此应将炸药分成主装药和传爆药两类进行安全性评价鉴定，而不应按传统的方法，分成单质炸药和混合炸药两类进行鉴定。

（3）强调对各种潜在的危险因素逐项进行分析鉴定，有利于消除隐患，采取相应安全措施和对策，因此不赞成、更不主张采取对各种感度指标进行“打分”，处理出所谓“综合评价指数”的方法来评价安全性，因为这种做法可能有严重的潜在危险因素，被较好的“综合评价指数”所掩盖，以致造成事故。

（4）统一条件的标准化试验方法是适合于多种火炸药产品试验鉴定的通用模拟试验方法，有利于对新、老产品安全性的分析比较或鉴定；但除此之外，还应考虑设计结合各产品个性特点的专用安全性模拟试验的必要性。

（5）火炸药研制、生产、贮运和使用中的成功经验和事故教训是极其宝贵的安全性评价参考资料，是建立安全性评价准则的重要依据之一，在研究、发展任何一种安全性评价或试验鉴定方法时，均不应该与经验认识和事故教训相抵触。

在炸药评估技术方面，对传爆药和实战条件下炸药的安全性已有比较成熟的安全性试验方法。下面对它们作简单介绍。

传爆药是武器系统中爆炸序列中的装药，其作用是“承上启下”，对它的上部来说是被发装药，而对它的下部来说是主发装药，用来可靠起爆主装炸药。这样的双重地位决定了它们必须具备的性质：作为被发装药，希望它的爆轰感度高；作为主发装药，则希望它的起爆能力大。20 世纪 80 年代后期国内外弹药发展的新趋势为高能钝感化，与此相应，美军标准《引信安全性设计准则》提出了许用传爆药概念。传爆药设计的基本要求为：

（1）合适的感度：能够使起爆元件可靠起爆。美国一些文献曾多次提出“某些炸药的冲击波感度属传爆药范畴”这一概念，就是根据传爆药承上启下的使用特点提出的。一般说来，传爆药应具有高于主装药或高于一般猛炸药的冲击波感度。

（2）足够的威力：能够可靠地起爆后续装药。传爆药输出能力的大小除和药剂性质有关外，还和传爆药量、密度及其外壳强度有关系。

（3）足够的安全性：由于传爆药与主装药之间没有隔离，所以对其安全性有特殊要求。在武器系统中，爆炸序列的安全性非常重要，作为爆炸序列中的装药，传爆药的安全性也是举足轻重的，因此，对传爆药的安全性评价应单独进行。我国国军标 CJB 2178《传爆药安全性试验方法》规定了传爆药必须通过下列 8 项安全性试验：

① 小隔板试验。

② 撞击感度试验。

③ 撞击易损性试验。

④ 真空热安定性试验。

⑤ 灼热丝点火试验。

⑥ 热可爆性试验。

⑦ 静电感度试验。

⑧ 摩擦感度试验。

只有按标准规定要求，通过 8 项安全性试验及爆速测定的药剂才能定为许用传爆药。传爆药的爆速一般应大于或等于主装药爆速。

在实战条件下，各种炮弹和战斗部中的主装炸药，在战场上搬运、堆放、发射及飞往目标途中，其受到外界刺激因素的严重威胁。为了防止弹药在战场上发生早爆灾害事故，应设计模拟试验研究军用炸药的实战安全性。从 1982 年开始，美国国防部军用标准规定对武器和炸药要进行实弹或模拟装置的安全性试验，其项目包括慢速烤燃、快速烤燃、子弹撞击、破片撞击、聚能装药射流撞击、聚能装药射流产生的破片撞击、殉爆及 12 m 跌落等试验。1992 年 8 月美国国防部炸药安全局召开的第 25 届炸药安全国际学术会议的主题是“炸药安全的环境意识”，也即炸药的安全性与外界环境刺激有密切关系。近十几年来，世界各地不断发生局部战争，现代化战争的战场环境十分严酷，各种待发炮弹和战斗部将遭受外界各种危险性刺激，例如高温火焰快速烤燃、子弹和破片撞击、爆炸冲击波殉爆及聚能金属射流侵彻等。这些危险性外界刺激对现代化武器弹药的战场生存能力威胁很大。如果炮弹及战斗部中的主装炸药对这些危险性外界环境刺激很敏感，那么就可能发生意外早爆灾害事故，造成战斗人员伤亡及财产损失，后果十分严重。为了防止发生这种意外爆炸事故，必须对候选主装炸药进行模拟实战条件的安全性能试验，选用那些低感高能或不敏感炸药（即低易损性炸药）做现代武器的弹药，以提高武器的实战生存能力，确保战争的胜利。我国某研究所针对战场环境条件，设计和建立了 4 项中型模拟试验，即火焰快速烤燃试验、子弹撞击试验、冲击波殉爆试验及聚能金属射流侵彻试验，用来测试、评价和比较各种军用炸药的实战安全性能，为现代化武器的弹药设计选用低易损性炸药提供依据。试验结果表明，4 项模拟试验可以用来研究、评价和比较候选军用炸药的实战安全性能，为弹药设计选用低易损性炸药提供了方便和依据；对 TNT、B 炸药及 TATB 而言，遭受火焰快速烤燃时，B 炸药产生爆轰，TNT 产生爆燃，TATB 只燃烧而不爆轰。对于子弹撞击、冲击波殉爆及射流侵彻，TNT 比 B 炸药敏感，TATB 不敏感。

炸药在武器系统中最主要的作用是装填各种弹药。在现代战争中，高装填密度、高膛压、高初速已成为高性能火炮弹药武器系统的重要特征，发射环境严酷。因此，炸药装药在发射条件下的安全性问题，成为高能量炸药在大口径榴弹中应用的一个重要技术障碍。但炸药装药发射安全性的评估技术在世界范围内还不成熟，还没有形成一套完整的评估体系，这严重制约了高能炸药在大口径炮弹中的应用，因此，世界各国都非常重视炸药装药在发射条件下的安全性的评估技术研究。这一节主要讨论炸药装药在发射条件下的安全性研究。

**1. 装药发射安全性研究状况**

研究装药发射安全性的试验方法很多，但总的来说，可以归为“弹道法”和“室内装置法”两大类。弹道法试验是用真实火炮发射应力弹来测定装药的发射安全性，因此这种方法的加载条件十分接近真实的弹丸发射过程。但该方法试验费用高、需耗费大量的物力与财力，而且试验样本量小、周期长，远远满足不了科研和生产的需要。因此从 20 世纪 50 年代到 90 年代初，美国、英国、加拿大、德国、俄罗斯等国都纷纷建立了实验室规模的研究装置。

1）国外研究情况及进展

围绕发射安全性这一问题，美国的匹克汀尼兵工厂（PA）、弹道研究所（BRL）、海军武器中心（NSWC）、大口径武器系统研究所（LCWSL）、洛斯·阿拉莫斯国家实验室（LANL）以及劳伦斯·利弗莫尔国家实验室（LLNL）等都做了大量的基础性研究。其目的在于：弄清膛炸机理；了解和预测新系统的膛炸统计数字；研究B炸药的新配方和装药技术；建立一套适合膛中环境的感度试验；确定各种环境条件下装药内部的热力学条件，评价这些条件对膛炸的影响。

（1）发射安全性模拟实验和点火机理研究。

早在20世纪50年代后期，美国匹克汀尼兵工厂就设计制造出后座模拟装置（P·A Activator），主要试图模拟底隙点火作用，对B炸药的后座感度进行了研究。70年代，弹道研究所在P·A激励器的基础上做了多处改进，设计了BRL激励器，至今一直使用该装置进行研究。他们所做的工作主要是想证明空气压缩加热点火机理，其实验设计主要为3种：空气压缩实验、真空空穴塌陷实验，以及空气压缩和空穴塌陷相结合的实验。近年来，不仅对TNT、B炸药进行了大量的后座感度试验，还对复合炸药如PBXW-113、压装炸药LX-14、A3-II、PBX-0280、PBX-0280/PE也进行了测试。同在70年代，海军武器中心也建立了自己的NSWC后座模拟装置。NSWC后座模拟装置在本质上与BRL激励器没有什么区别，都是一种撞击压缩作用。所不同的是NSWC后座模拟装置采用跌落式，并重在几何相似，采用模拟弹，以期获得更真实的模拟发射效果。1981年第七届国际爆轰会议上，NSWC首先提出了装药底隙不应大于0.381 mm的研究成果，美国军标针对此，将过去的0.794 mm改为0.381 mm作为炸药装药底隙的控制标准。70年代初，洛斯·阿拉莫斯国家实验室开始采用水箱试验和管子试验研究底隙引起的点火机理。这两种试验方法实质上属于冲击波起爆试验，而且其加载时间很短，不仅与发射加载环境下的作用时间相距甚远，也达不到一般压缩作用下的点火时间，因此实验结果与一般公认的空气压缩加热点火机制不一致。近年来，LANL已放弃了这两种试验方法，拟采用其他装置进行研究。此外，若炮弹中存在底隙和侧隙（装药与弹体之间黏结失效），在发射环境下，其内部装药与弹壳之间有可能发生强烈的摩擦。因此劳伦斯·利弗莫尔国家实验室建立了实验室规模的摩擦点火装置，研究摩擦对装药发射安全性的影响。将装药试样固定在可旋转的约束套内，转速在4 000 r/min左右，抛体以10～14 m/s的速度上升并碰撞正在旋转的装药试样，导致装药和抛体界面间发生强烈摩擦。这种摩擦点火实验结果同滑道实验结果相近。

不仅美国对发射安全性问题开展了理论与实验研究，从20世纪70年代末期，英国、澳大利亚、加拿大、德国也展开了研究。1977年，英国皇家军备发展与研究中心仿制了P·A激励器，并改为立式。他们针对B炸药、TNT等铸装药，以及Tetryl、HMX/W、RDX/W、RDX/A1/W等压装药进行试验，比较各种炸药的感度，以及疵病与药柱物理状态对后座感度的影响。加拿大国防研究中心（Defence Research Establishment Valcartier，DREV）于1982年设计制造了DREV后座模拟试验装置。其基本原理与P·A激励器基本相似，但设计更为合理，设备更先进，试验药柱直径和高度比BRL激励器大一倍。加拿大国防研究中心利用DREV后座模拟器，针对A-3、TNT、

B 炸药、Tetryl、CX-84A 等炸药在模拟炮发射条件下进行了测试，比较了各种炸药的后座感度。德国国防军 91 号兵站根据 P・A 激励器和 BRL 激励器的设计原理和构形于 1987 年设计制造了 E91 高加载/变形模拟试验装置。用该装置对存在各种疵病的 B 炸药药柱进行了试验，获得了各种疵病（包括脱黏）的后座感度函数。他们认为 E91 高加载/变形试验装置和试验结果是基于剪切变形机理。他们用该装置还对其他多种炸药进行了测试，所得结果和结论与美国和加拿大的试验结果基本一致。

（2）B 炸药改性与装药新工艺研究。

美国军方发现这种仅仅侧重于点火机理的研究不能最终解决问题，于是陆军军械研究发展局（ARRADCOM）提出一项改进 B 炸药性能以满足发射安全性要求的研究计划，将研究的重点转向以 B 炸药配方改进为目的的一系列研究工作。他们的观点是：膛内早炸事故是铸装缺陷、机械性质（脆性和结构强度）、点火性和燃烧反应速度 4 种因素作用的结果，认为对上述过程中的每一项加以改进都将降低其本身对点火能力的贡献，因而最终降低了导致发展到爆炸的概率。他们围绕这几方面展开了研究工作。其研究内容有：铸装工艺的研究、力学性质研究、点火性研究、燃烧特性研究、冲击波感度研究、渗析性研究。

自 B 炸药问世以来，它的配方和装药工艺一直不断被改进，但缺乏有效措施，进展不大。20 世纪 60 年代后期，瑞典首先提出在熔融药中加入 0.5％六硝基芪（HNS）代替蜡添加剂，接着几个欧洲国家，如英国、意大利、德国、比利时等，相继采用这种配方并投入生产。加入 HNS 的目的是针对熔融 TNT 对装药质量带来的不良影响，克服渗油、收缩、空洞、发脆、膨胀等铸装药的缺陷。HNS 能抑制 TNT 过冷并具有成核作用。HNS 与 TNT 之间生成 $(TNT)_2$・HNS 络合物在整个熔融物里生成大量晶核，使结晶变细并错向排列，从而克服了粗结晶体柱状增长和结晶体定向排列带给铸件的种种疵病。但是，HNS 价格昂贵，利用率低，而且成核作用所必需的热循环工艺成本高，故采用此配方存在不利因素。美国研究的改性 B 炸药的配方则加入了 0.5％聚氨酯弹性体（Estane5702）及 0.6％一硝基甲苯（MNT）增塑剂。Estane5702 可直接加入熔融 TNT，也可包覆 RDX 颗粒，再与熔融 TNT 混合，混合物在 8 ℃～90 ℃搅拌均匀并倾入弹体，使之冷却成固体。炸药可以反复熔化，仍可保持药柱的均匀性，药柱无内孔、无裂纹，长贮不渗油，并具有良好的安定性、较高的抗压强度及与弹体的黏附力强，低温下不发脆，较好的抗撞击性等特点。但是试验分析指出，聚氨酯的性能虽较好，但对提高药柱抗冲击的能力方面没有显著作用；MNT 的冰点相对较高，且会加深炸药的颜色，虽对药柱的抗冲击能力有所提高，但存在注装中的不可逆增稠问题。另外，由于 MNT 易与 TNT 中的异构物形成低共熔物，经长贮后易迁移，从而在药柱中形成空洞使密度下降。因此该配方也不够理想。

（3）数值模拟计算。

通过有关发射安全性模拟试验可以确定若干点火阈值，但在确定点火阈值时，需要已知发射环境下炮弹的结构响应，而在评价新弹丸系统的发射安全性时，需要已知点火阈值和发射环境下炮弹结构响应，这必须有数值模拟计算支持。而且，测量系统只能测量位移、速度、加速度、弹底膛压和炸药底层应力等几个参数，一些更为详细的信息，如发射环境下底隙或气孔附近的力学状态，热炮条件下弹丸的不稳定温度场，弹体与装药间黏结情况对力场的影响等，数值模拟是唯一有效的研究方法。

美国 LLNL 用 DYNA2D、DTVIS2、NIKE2D 等程序对 M437 弹丸的结构响应进行了应力历史、应变历史和边界应力史等计算分析，得到炸药的力学性能受温度影响很大，以及装药与弹壁的黏结强度对装药所受应力有很大影响等结论。他们还对装药气孔压垮和弹底间隙附近力场进行了数值计算。

（4）与炸药装药发射安全性相关的研究工作。

除了上述介绍的直接为发射安全性而做的研究工作外，一些关于热点形成和热点引爆方面的研究工作实际上也是与膛炸现象密切相关的。因为膛炸的起点即是动加载下热点形成引起的。所以研究装药在动加载下，以及在摩擦和剪切等作用下热点形成的行为也是十分重要的。

① 热点形成与分布的研究。

目的在于研究炸药在动加载作用下由压缩、摩擦和剪切机制热点的产生与分布。可获得装药机械力学性质（包括缺陷）、作用水平、热点形成之间的关系。

外加载作用为撞击形式，压缩摩擦和剪切作用方式则由设计合理的装药结构实现，热点形成与分布可借助于热敏薄膜测定，结合撞击活塞和滑行活塞的运行速度的测量，可知在什么样的加载压力下热点形成的情况。

② 热点火引爆实验。

目的是研究在一定动加载下的热点火引爆，以比较不同配方的热点火引爆的难易。该装置撞击加载脉冲压力可达 25～35 kN，持续时间可达 2 ms，当加载脉冲上升过程中，点火桥丝通过电容放电点火，使药柱引燃。该项实验可将动加载作用下热点火引爆的难易与药柱的动力学性能关联起来。

2）国内研究情况及进展

我国炸药装药发射安全性评估技术研究早已开始，早期建成了小型后座冲击模拟实验系统。经对各国研究早炸模拟试验系统的分析和比较，设计、建立了大型落锤撞击模拟加载装置及相应的模拟弹，以此实现对火炮发射条件下的主要力学特性进行模拟及对炸药装药在榴弹内的发射安全性进行研究。

长期以来，我国一直沿用苏联的炸药装药发射安全性试验方法和设计方法，即评价炸药装药发射安全性的判据是弹丸中炸药的底层应力不得超过该种炸药的允许应力值，把“临界应力”作为判断一种炸药能否适用于一种弹药的一个常数，而不了解它的大小。底层应力不仅是装药质量的函数，而且与实验方法有关。随着现代弹丸的发展，大口径高膛压远程弹的出现，高能炸药的应用，弹丸炸药底层应力往往很大，远远超出炸药的允许应力值。这种规范已不能真实地反映弹丸炸药装药发射安全性的实际情况。

20世纪80年代末，我国才开始新的炸药装药发射安全性试验手段和B炸药改性与装药新工艺的研究。80年代初引进了B炸药及生产线，并开始了与之配套的B炸药配方改进与装药新工艺的研究。“八五”期间对B炸药的流变学性质和冲击加载下的安全性进行了研究、改进，与美国B炸药改性研究处于同期发展水平，甚至更好。如：反复熔化凝固的不可逆增稠、承受热冲击能力、冲击加载下的点火阈值等主要性能均优于引进的B炸药。90年代初，北京理工大学仿照BRL激励器建立了小型后座冲击模拟试验装置，用该装置对多种炸药进行了试验和机理研究，提出了用炸药装药所承受的机械功率——点火阈值函数作为炸药装药发射安全性的判据。并且研究了炸药装药相对密度、弹性模量对发射安全性的影响，得出炸药装药相对密度的提高及弹性模量的降低，均能显著提高冲击加载下的点火阈值的结论。近年来，西安近代化学研究所仿照美国NSWC早炸模拟器也建立起一套大型的早炸模拟试验装置，已开始对B炸药、TNT炸药进行发射安全性实验研究。此外，南京理工大学也设计出能在模拟发射状态条件下进行测试的炸药应力试验机，可为发射安全性提供分析数据。

就目前世界各国的装备情况来看，美国、英国、德国、法国、意大利等西方国家及俄罗斯等国均广泛使用B炸药，据不完全统计，仅美国的48种弹丸中就有30种装填B炸药，占62.3%，在中、小口径杀伤航弹、地雷、野战火箭、战术导弹、水中兵器中也广泛使用B炸药，因此B炸药代表了相当一部分国家的装药水平，然而我国与它们相比却存在一定差距。为了适应现代战争的发展趋势，必须在装备量最大的压制性兵器中装配B炸药，这就必须要解决发射安全性这一关键技术难题。但总的来看，由于我国对于炸药装药发射安全性的研究起步较晚，相对国外四十多年的研究工作还很落后，为了赶上国外发达国家的水平，就必须吸取国外多年研究的经验与教训，避免走弯路。但又不能完全地仿制或照搬，必须建立自己的实验装置、实验方法，及B炸药改性与装药新工艺的研究。

**2. 装药发射安全性模拟实验研究**

1）装药缺陷对发射安全性的影响

根据国外对膛炸事故的调查和多年实验研究表明：炮弹炸药装药中存在的底隙、裂纹、缩孔、气孔、装药密度偏低等疵病，是导致发射时装药发生点火的主要原因。周培毅就底隙、装药密度对发射安全性的影响进行了实验研究和分析。实验所用装置是小型后座模拟实验装置，为20世纪90年代初北京理工大学仿照美国弹道研究所的BRL激励器进行改进建立起来的。炸药装药试件下方的压力监测系统由锰铜压力传感器、锰铜压阻应力仪和数字存储示波器等组成。小型后座冲击模拟实验主要测量有某种缺陷（气孔或间隙）的炸药所承受的应力$\sigma$、应力率$\dot{\sigma}$或脉冲宽度$\tau$。当发生点火的概率接近50%时，应力$\sigma$、应力率$\dot{\sigma}$或脉冲宽度$\tau$被定义为点火阈值。利用多种点火阈值建立安全性判据，相对比较炸药装药的发射安全性。利用模拟实验中所记录的压力历史，不仅可以确定点火阈值，还可判定是由于有缺陷而发生点火，还是二次冲击点火或摩擦效应产生的点火。

（1）小型后座模拟装置。

小型后座模拟实验装置如图 6-3 所示。

实验时，在气室中充以压缩空气，气室中压力达到一定时销钉被剪切断，大活塞发生运动，经一段自由程加速后打击驱动活塞，空气间隙中的空气受到快速压缩作用导致压力和温度升高，压缩加热炸药试件。改变自由程或大活塞质量，则炸药受到不同加载压力和升压速率的作用，用锰铜压阻传感器可对装药中产生的应力、应力率进行测试。

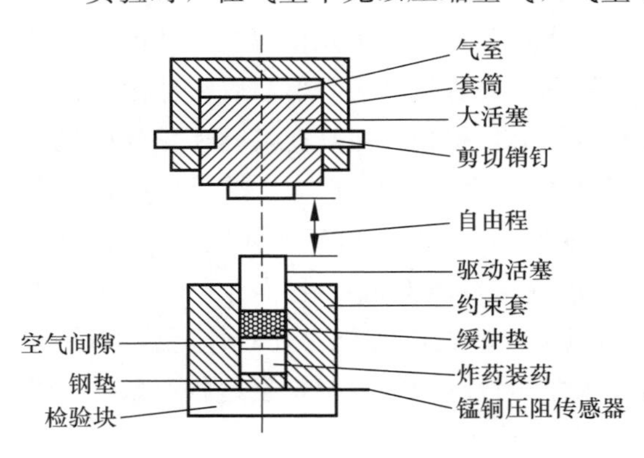


图 6-3 小型后座模拟实验装置

俄罗斯在进行后座模拟实验时，由于忽视炸药装药试样、限制套与驱动活塞之间的配合的控制，从而导致炸药试件边角发生摩擦点火，得到的点火阈值偏低。而在实际弹丸发射时则不存在边角效应，因此在本试验中，加入聚乙烯缓冲垫与钢垫是起密封作用，防止边角处的炸药试样被挤入驱动活塞与约束套，或约束套与检验块之间的间隙中，从而避免了边角摩擦点火。

实验证明，在不同的销钉剪断压力下，相同质量、相同自由程的活塞，其打击速度不同，剪断压力越高，打击速度越大，即作用在驱动活塞上的冲量越大。为了稳定实验条件，采用严格控制销钉剪切直径的方法，以达到控制剪断压力的目的。

测试系统方框图如图 6-4。本实验中用双螺旋形锰铜压阻传感器来测量装药中产生的应力情况，锰铜压阻测压法属于动态测试技术，能够较为准确地测试和分析动态情况下的压力变化情况，它的测试原理为：当传感器的锰铜丝受压时，其电阻会发生变化。电阻的变化与所受的压力的关系在一定范围内可以通过动态标定得到。当有压力作用于传感器上时，电阻发生变化，通过测量电阻的变化，就可以得到压力的变化。在测试过程中电阻的变化通过压阻应力仪反映在电压的变化上。

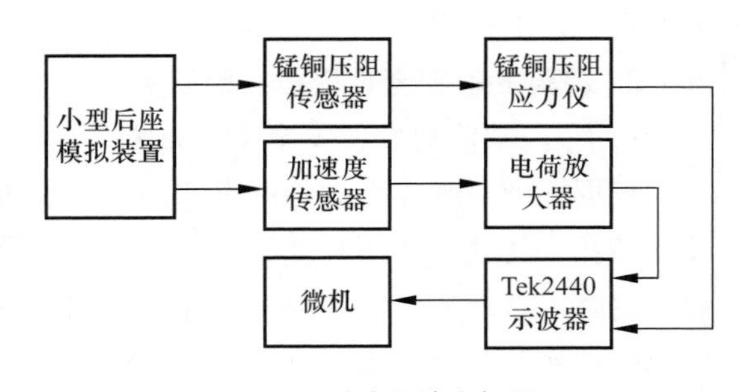


图 6-4 测试系统方框图

大活塞受到气缸中压缩空气作用，压力足够大时剪切销钉被剪切断，大活塞经一段自由程加速后撞击驱动活塞，试验中用加速度传感器来测量大活塞在销钉被剪断前和剪断后经过一段自由程的加速度。通过测量加速度可以求得大活塞撞击驱动活塞时的速度进而求得撞击动量等参数。它的作用原理为：在惯性力作用下，加速度传感器内部的压电晶体受到质量块的作用，晶体的压电系数与加在它上面的外力成正比，因此输出与外力成正比的电量，通过测量和处理这个电量就可以得到加速度。

（2）空气间隙厚度对装药发射安全性的影响。

炸药注入弹体后，因相变而产生体积收缩，由于炸药装药和弹体之间材料膨胀系数的差异会导致弹体底部与装药之间产生一间隙。在普通注装工艺条件下，弹底间隙很难完全避免。当炮弹发射时，这种弹底间隙往往是引起炮弹发生膛炸的潜在原因。

为了研究在小型后座模拟装置中空气间隙对发射安全性的影响，北京理工大学利用小型后座实验装置对不同的空气间隙条件下改性 B 炸药和 TNT 装药的临界点火阈值进行了测试，见表 6-3。实验结果表明，随着空气间隙的减小，TNT 和改性 B 炸药装药的临界点火阈值显著增加。而且压装 TNT 在相对较高的自由程下产生的应力与应力上升速率均低于注装改性 B 炸药，例如空气间隙厚度同样为 1.5 mm 时，压装 TNT 和注装改性 B 炸药的临界自由程分别为 32.23 mm 和 20.51 mm，但对应在装药中产生的峰值应力却分别为 0.147 GPa 和 0.228 GPa，TNT 装药在承受较大的载荷下产生的应力反而低于改性 B 炸药在较小的载荷下的应力，这是由于实验测到的装药底层应力和应力率是装药对后座载荷的响应，不仅同载荷大小有关，还跟装药本身的力学性能有直接的关系，因此才会出现 TNT 装药承受载荷大、应力响应低的现象。这也说明了用装药在临界点火条件下的底层应力及应力率大小作为判断装药发射安全性优劣的判据不够完善，周培毅认为较为合理的判断标准应该是炸药装药发生点火的临界自由程或是临界点火条件下的大活塞撞击动量。

表 6-3　不同的空气间隙厚度下 TNT 装药的临界点火阈值

| 间隙厚度/mm | 临界自由程/mm | 峰值压力/GPa | 峰值应力率/(GPa · $ms^{-1}$) | 临界动量/(kg · $ms^{-1}$) |
| --- | --- | --- | --- | --- |
| 3.0 | 20.38 | 0.108 | 0.243 | 29.45 |
| 2.5 | 22.32 | 0.120 | 0.270 | 35.07 |
| 2.0 | 30.84 | 0.137 | 0.287 | 47.28 |
| 1.5 | 32.23 | 0.147 | 0.353 | 52.74 |
| 1.0 | 51.40 | 0.181 | 0.408 | 65.74 |

B 炸药和 TNT 炸药装药在小型后座实验的空气间隙厚度和临界点火阈值的关系如图 6-5 所示。

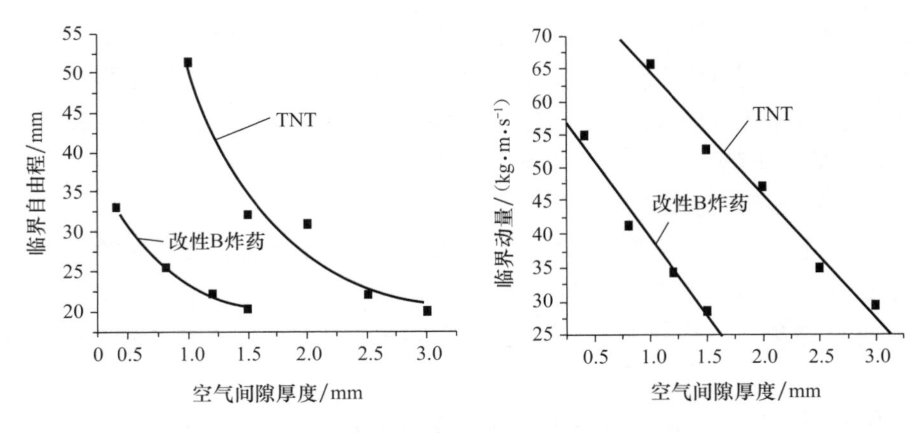


图 6-5 空气间隙厚度对临界点火阈值的影响

从图 6-6 中可以看到，无论是改性 B 炸药还是 TNT 装药，随着空气间隙的减小，临界自由程呈指数增加，临界动量呈线性增加。如果在没有空气间隙的情况下，临界自由程和临界动量可以达到很高，这说明了装药在没有底隙存在时，在发射条件下是安全的。

由于小型后座模拟实验装置重在对点火机理的研究，实验中装药尺寸小、脉冲作用时间短，因此它的加载同实际的发射加载过程是有区别的，而大型的后座冲击模拟器采用跌落式，重在几何相似，以期获得更真实的模拟发射的效果，因此实验结果更具有指导意义。表 6-4 为西安近代化学研究所利用大型后座冲击模拟器，采用上下法测得的改性 B 炸药装药在不同底隙条件下的 50%爆炸特性落高的结果。

表 6-4 不同底隙下改性 B 炸药的大型后座模拟器实验结果 mm

| 底隙厚度 | 装药尺寸 | 50%特性落高 |
|---|---|---|
| 0.6 | $\phi36\times30$ | 942 |
| 0.4 | $\phi36\times30$ | 1 287 |
| 0.2 | $\phi36\times30$ | 1 568 |

从表 6-4 中也可以看到，随着底隙厚度的降低，装药的 50%特性落高显著提高，说明减小装药的底隙对改善发射安全性具有显著的作用。底隙引起膛炸是由于底隙中的留存空气受到高速加载作用，被很快地压缩至高温高压状态并压缩、加热相邻的炸药装药层，在炸药中产生热点，使炸药发生放热分解反应，最后引起爆炸反应。底隙越大，则受压缩的空气体积越大，压缩后温度和压力越高，相应地在炸药中形成的热点也越多，装药发生点火的可能性越大。因此空气间隙厚度越大，相应的炸药装药的临界自由程越小，装药越容易发生点火。因此在弹药注装过程中，在工艺条件允许的情况下，应尽可能地减小底隙的尺寸或避免底隙的存在。

（3）装药密度对发射安全性的影响。

炸药的装药密度是一个很重要的参数，它与炸药的爆炸性能、机械力学性能及安全性都有着密切的关系。炸药是一种多孔介质，一般散装、浇铸、压装的固态炸药中，晶粒周围都保留有空隙。装药密度的大小反映了装药内部的空隙度，空隙度可用下式表示：

$$\alpha=\left(1-\frac{\rho_0}{\rho_T}\right)\times 100\% \tag{6-1}$$

式中 $\alpha$——空隙度；

$\rho_0$——装药密度；

$\rho_T$——炸药的理论密度；

$\frac{\rho_0}{\rho_T}$——装药的相对密度，它代表压装炸药的可压性。

可压性好的炸药，既有利于生产，又有利于安全，是弹药设计者一直追求的指标。

徐更光等人曾对装药密度对发射安全性的影响进行了研究，他们利用小型后座模拟实验装置对不同相对密度的压装 B 炸药及改性 B 炸药装药的临界点火阈值进行了实验测量，实验结果如图 6-6 所示。

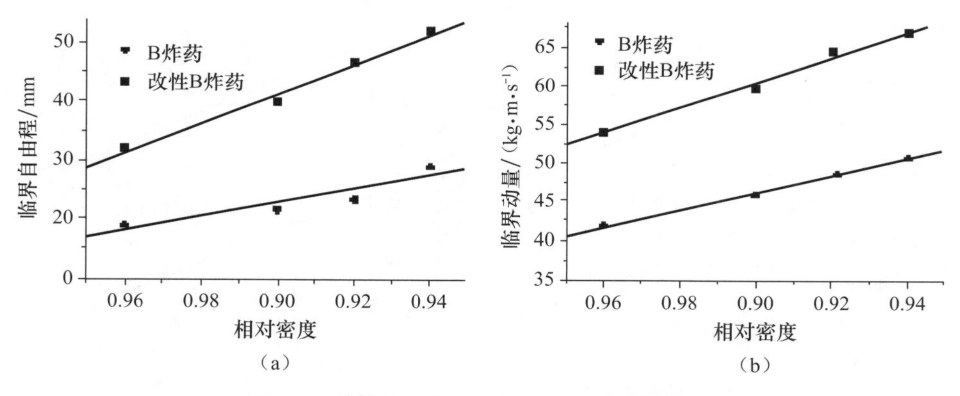


**图 6-6 装药相对密度对临界点火阈值的影响**

（a）装药相对密度—临界自由程；（b）装药相对密度—临界动量

从不同装药密度的 B 炸药和改性 B 炸药装药的点火阈值可以看到，装药相对密度对点火阈值的影响是很大的，相对密度较高的装药其点火阈值也较高。从表 6-5 和图 6-7 可以看出，在受到同样后座冲击载荷下，装药相对密度和装药中产生的最大应力呈线性关系，随着装药相对密度的提高，在装药中产生的应力和对应的应力率降低。因此，相对密度较高的装药和相对密度较低的装药相比，发生点火的临界阈值也较高，在受到同样的后座载荷下，发生点火的可能性降低，发射安全性有所改善。从对底隙和装药密度影响发射安全性的研究可以看到，装药质量问题是解决发射安全性的关键问题。只要能够保证装药没有底隙等疵病存在，保证装药有较高的相对密度，无论改性 B 炸药还是 TNT 的点火阈值都很高，在发射条件下都是安全的。因此各国多年来围绕改进装药工艺以获取优良的装药质量做了大量的研究工作。为了满足注装 B 炸药的装药底隙不大于 0.381 mm 的美国军标，国外发展了压力浇注、程序凝固等注装工艺技术，使产品疵病得到了一定的控制。

表 6-5 不同密度的炸药装药在相同后座加载下的应力与应力率

| 炸药装药 | 相对密度 | Δ=12.50 mm | | Δ=15.80 mm | |
|---|---|---|---|---|---|
| | | 峰值应力/GPa | 峰值应力率/(GPa·ms$^{-1}$) | 峰值应力/GPa | 峰值应力率/(GPa·ms$^{-1}$) |
| B 炸药 | 0.90 | 0.143 | 0.318 | 0.168 | 0.374 |
| B 炸药 | 0.93 | 0.136 | 0.301 | 0.161 | 0.357 |
| B 炸药 | 0.95 | 0.129 | 0.287 | 0.155 | 0.345 |
| B 炸药 | 0.97 | 0.124 | 0.279 | 0.149 | 0.330 |
| 改性 B 炸药 | 0.90 | 0.117 | 0.259 | 0.139 | 0.310 |
| 改性 B 炸药 | 0.93 | 0.108 | 0.242 | 0.133 | 0.295 |
| 改性 B 炸药 | 0.95 | 0.103 | 0.230 | 0.127 | 0.281 |
| 改性 B 炸药 | 0.97 | 0.096 | 0.214 | 0.121 | 0.268 |

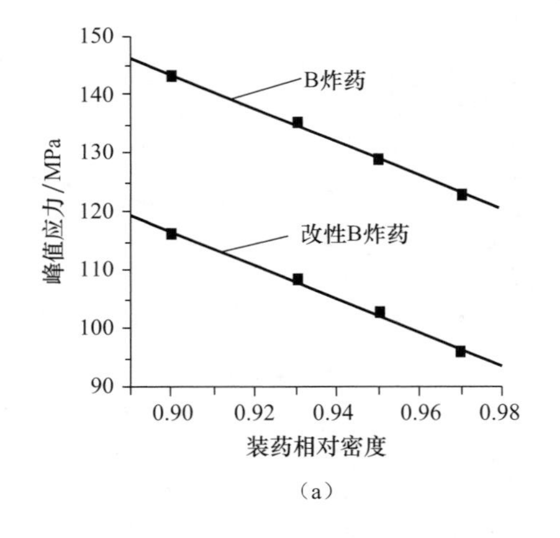

(a)

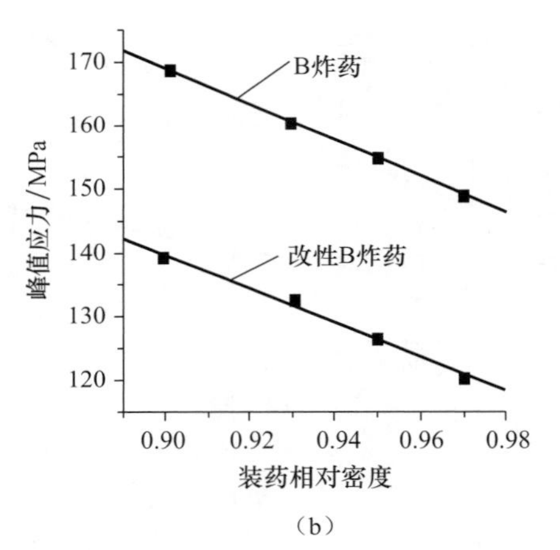

(b)

图 6-7 相同加载下装药相对密度对应力响应的影响

(a) 自由程=12.50 mm；(b) 自由程=15.80 mm

压装工艺技术的核心是装药相对密度的控制，为了使装药达到较高的相对密度，美国和俄罗斯都开发了分步压装技术。我国近年来也对装药工艺新技术进行了研究，其中有结合 B 炸药改性研究设计发展的低比压顺序凝固技术和分步压装，以及配套的装配新工艺技术，能够有效地填充装药与弹体、引信之间的间隙，确保较高的装药相对密度。

(4) 密度影响发射安全性的定性分析。

对非均质炸药受冲击起爆机理的研究，目前普遍接受的是热点起爆机理。即炸药在冲击作用下不均匀加热，形成热点，然后逐渐发展为爆轰。有关热点形成的机理，一般认为有下列几种：

① 炸药内所含空洞或气泡的压缩。

② 炸药中杂质与冲击波的相互作用。

③ 炸药内颗粒之间的摩擦。

④ 空洞或气泡的表面能转化为动能。

⑤ 晶体的位错和缺陷等。

周培毅利用弹塑性空穴闭合模型定性地分析和计算了装药的空隙度（相对密度）大小对装药塑性功温升的影响，得出在同样冲击压缩条件下，空隙度大的装药的塑性功温升高于空隙度小的装药，说明了提高装药密度有利于改善发射安全性。

2）装药力学性质对发射安全性的影响

从前面的论述中可以看出，炸药装药中存在的底隙、裂纹、缩孔等装药疵病是引起膛炸的主要原因，装药中产生裂纹、缩孔、气孔、注装密度偏低等疵病既与注装工艺有关，也同炸药本身的配方有关。而且从实验结果可以看到，装药在后座冲击下的力学响应同装药的力学性质有着直接的关系。因此多年来装药发射安全性研究很重要的一部分工作就是通过改进B炸药的配方来改善其装药力学性能。改性B炸药是针对B炸药易出现裂缝、长期贮存中增塑组分迁移、注装过程中的不可逆增稠及安全性等问题，以B炸药的主要原料为基础，加入一些添加剂和采用新的配套注装工艺来改善B炸药的性能和装药质量，最终解决其发射和使用安全的问题。在B炸药的改性研究中，瑞典首先提出在熔态B炸药中加入0.5%的HNS代替蜡添加剂，之后英国、意大利、德国、比利时等国相继采用了这种配方并投入生产和使用；澳大利亚和美国对添加HNS的工作也进行了大量的研究。法国采用添加MNT的途径并已投入使用。美国陆军部则主持研究了在B炸药中加入适量高聚物黏结剂，如聚氨酯系列和有机增塑剂等，并严格控制装药过程以得到优质药柱。

针对国外各改性B炸药配方的优缺点，我国在“八五”期间也对改性配方进行了研究，目前在解决RDX/TNT悬浮液不可逆增稠、提高抗热冲击能力、防止增塑组分迁移等研究均达到国外研究的先进水平。与此同时还进行了与改性B炸药配套的新装药工艺研究，即低比压顺序凝固技术，解决了大口径远程榴弹装药的技术难题，且适应各种复杂药室的弹药装药。国内研究情况如下：

（1）对不同密度的B炸药和改性B炸药的静态力学性能进行了测试。实验表明，改性B炸药中由于加入了少量的增塑剂，使得其力学性能与B炸药相比有很大的不同，在相同密度下，改性B炸药的弹性模量、抗压强度相对B炸药显著降低。

（2）B炸药和改性B炸药在小型和大型后座模拟实验中的结果均显示改性B炸药临界点火阈值明显高于B炸药。利用小型后座模拟实验测得了相同装药密度的B炸药和改性B炸药装药在同样后座加载下产生的应力及应力率，结果表明在同样加载条件下，改性B炸药中产生的应力与应力率低于B炸药装药；压装装药中产生的应力与应力率低于注装装药。

（3）定性地分析了一维应变条件下力学性能对炸药装药在后座冲击下弹性、塑性阶段应力与应变的影响。利用装药的动能转化为变形功的能量平衡原理，从理论上计算了B炸药和改性B炸药装药在相同后座加载条件下的应力应变响应。实验和理论分析表明：由于改性B炸药配方中加入增塑剂，改善了力学性能，从而提高了发射安全性。

3）装药在后座冲击下的点火模型

底隙引起炸药装药发生点火是因为底隙中的留存空气在发射时受到高速加载作用，压缩加热相邻的炸药层引发点火。这一观点已经被BRL激励器试验所验证，并得到广泛认可。因此，研究炸药装药的压缩加热条件下的点火模型，以及各控制因素对点火的影响很有必要性。

（1）绝热压缩模型。

绝热压缩模型被广泛地用于描述气体的压缩加热。研究认为很小体积的空气被很快地压缩至压力和温度的峰值而没有能量传递发生，那么则形成了高温热点，随后加热相邻的炸药层直到起爆。因此，把这个过程认为是气体绝热压缩过程。这样通过计算可以得出炸药—空气界面间的温度，把它作为衡量在各种配置下炸药感度的一个参数。根据此模型，如果保持压缩后的压力不变，则压缩后温度和初始压力成反比，即初始压力越高，压缩后温度越低，意味着装药越安全。但Starkenberg在BRL激励器上用不同的初始空气压力进行试验，其结果与预期相反，炸药的感度随底隙内的初始压力的增加而增加，也就是说底隙内初始压力越大，压缩后的温度越高。而且通过BRL激励器试验证实炸药是否发生点火与自由程、峰值压力、压力上升速率、底隙层厚度、初始空气压力、装药的表面状态、密封性等诸多因素有关。而绝热压缩模型无法考虑压力上升速率、底隙厚度、气体的泄逸等因素，因此Starkenberg认为仅用绝热压缩这个机制不能够完全解释炸药装药受空气压缩加热的起爆过程。

（2）有限压缩速率模型。

Starkenberg认为绝热压缩模型没有考虑能量的传递和炸药的热分解反应，他认为在典型的后座加载时间10 μs～10 ms范围内，压缩速率远远达不到绝热压缩的水平，必须考虑因热传导和空气对流而引起的能量传递。而且在中等温度条件下，热点的温度不仅由于压缩而在增加着，而且由于炸药的反应释热，进一步使热点温度增长。在此基础上，Starkenberg提出了考虑热传导和化学分解反应的一维有限压缩速率模型。

有限压缩速率模型同绝热压缩模型相比，增加了两个重要的控制参数：压力上升速率与初始底隙厚度。而且该模型还可以就不同气体、不同材料的活塞，以及气体泄逸等多种条件对装药温升的影响展开讨论。该模型同绝热压缩模型并不矛盾，当加压速率很快时，因热传导和对流而引起的能量传递可以忽略不计，故该模型的极限形式为绝热压缩模型。

（3）热、力学耦合的压缩加热模型。

无论是绝热压缩模型还是有限压缩速率模型，均只考虑热对炸药装药中热点形成的影响，把炸药装药作为一种不可压缩材料来处理，而炸药是一种多孔介质，实际上是可压缩的，上述两种模型把炸药装药简化为不可压缩材料，忽略了炸药装药在冲击载荷下的动态响应，这显然是不合适的。

通过分析可以看出，由于绝热压缩模型和有限压缩速率模型均没有考虑材料在后座冲击下的力学响应，因此，周培毅认为这两种模型还不够完善，在综合考虑各种影响因素后，提出考虑热、力学耦合的压缩加热点火模型。

(4) 塑性变形功引起的装药温升。

在小型后座实验的加载条件下，把炸药装药作为可压缩的各向同性热弹塑性材料，本构关系仍为弹塑性模型。炸药装药在后座冲击下的问题可以认为是一维应变问题。

周培毅进行了装药塑性功温升和空气绝热压缩使装药—空气界面间温升的计算。通过计算知道，空气的绝热压缩引起炸药与空气界面间产生温升，装药发生点火，此温升起了主要作用，装药受冲击的塑性变形功产生的温升仅为它的 1%，但在载荷足够大时，塑性变形功引起的温升也不能忽略。可以用这两个温升来表征装药受到后座加载发生点火的危险程度。要避免点火的出现，应尽量避免或减小底隙以及装药内部的缺陷，使得装药在受到后座冲击时不形成或少形成热点。

4) 装药发射安全性的数值模拟

炸药装药的动态响应问题一般可以从三个方面进行研究，即理论分析、数值计算和实验研究。近年来，由于研究方法和测试手段有了很大的进步，从而在高能材料动态性质的实验研究方面取得了很大进展。但是，膛炸事故本身是小概率事件，因此若要实验结果具有较高的置信度需要大量的样本量，这无疑是很不经济也不可能实现的。另外，无论是实验室的模拟实验，还是靶场的实弹射击，能测到的数据只是位移、速度、加速度、弹底膛压和炸药底层应力等有限的几个参数，一些更为详细的信息，如各材料参数对动态响应的影响，发射环境下底隙或气孔附近的力学状态，热炮条件下弹丸的不稳定温度场等，只有通过数值计算来解决。

从 20 世纪 80 年代开始，美国利弗莫尔实验室不断改进实验技术，用计算机模拟研究凝聚炸药的爆轰波反应结构等问题，根据实验和数值模拟计算结果预估在实际使用过程中固体炸药的事故、生存能力和其他一些性质。P. C. Chou 等采用 DEFEL 流体动力学有限元程序模拟了炸药装药受撞击实验。计算结果表明，在炸药中出现局部高温区。我国对固体炸药起爆机理的数值模拟方面的工作尚属起步阶段。研究冲击载荷下炸药装药的动态响应，可为研制抗早爆的装药、研究炸药装药安全性提供指导，具有重要的意义。

韩小平等对冲击载荷下炸药装药动态响应及热点形成机理进行了有限元分析和数值模拟。其所采用的本构模型和计算方法对于含能材料在冲击载荷下动态响应的有限元分析，以及炸药装药中热点形成机理的数值模拟提供了良好的基础，对于进一步开展含能材料热点形成机理的研究具有一定理论意义。其研究结果如下：

（1）对于炸药装药这种特殊材料，由于其熔点低、密度小、热传导率低等性质，材料具有明显的热软化和应变率效应，因此，在有限元计算所采用的本构模型中考虑了它们的影响。

（2）在 Perzyna 本构模型的基础上，做了适当的补充和修正，将流动参数 $\gamma$、弹性模量 $E$ 均视为温度的函数，动态有限元计算结果表明，计算曲线和实验曲线有很好的近似。

（3）采用计算温度影响的弹黏塑性本构模型，计算发现不同形状的空洞对局部高温的形成有明显影响。含圆柱形空洞药柱在空洞拐角处，速度梯度变化很大，有局部高温产生。而对含有球形空洞和椭球形空洞的药柱同样计算表明，局部高温区域的形成要缓慢一些。

（4）经对计算结果分析讨论，认为炸药装药中局部高温/热点的形成取决于下列因素：材料中大的速度梯度处可能形成局部高温；足够的塑性应变的积累是产生局部高温的必要条件；在较高应变率时，更可能产生局部高温。

（5）计算结果表明，不同形状的空洞，在冲击载荷作用下产生局部高温的机制不同。圆柱空洞的局部高温集中在空洞拐角处，此处剪切应变高度集中，速度梯度很大，在这种情况下，产生局部高温主要受剪切机理控制。而球形、椭球形空洞的局部高温集中在空洞周围的一薄层内，这时是空洞塌陷或黏塑性功转变成热等机制起主要作用。

李文彬等采用有限元方法，动态地模拟了发射过程中底隙存在时炸药应力的分布，给出了不同时刻、不同底隙厚度对底部装药应力分布的影响，以及炸药最大应力随底隙厚度变化的关系曲线，分析了发射过程中的安全阈值问题。研究结果表明，在底隙对炸药的影响中，气隙厚度是主要因素。该结论对制定有关底隙厚度的军用标准具有指导意义。

周培毅也对装药在后座冲击下的动态响应进行了数值计算，其研究结果如下：

（1）炸药装药在冲击加载下的动态响应同常温、静载下的响应相比，具有明显的应变率相关和热软化效应，因此用经典的弹塑性模型已不能满足要求。

（2）材料黏性是引起动态和静态差异的主要原因，针对小型后座实验的升压速率远低于冲击波的水平，因此忽略黏性效应，采用考虑应变率效应的热弹塑性模型来处理。

（3）采用考虑应变率影响的热弹塑性材料模型来计算炸药装药受后座冲击载荷，在实验中实际测得的并不是装药底层的应力响应，而是密封钢垫的响应，计算结果显示装药底层的应力响应远高于钢垫的响应，因此仅用实验测得的应力和应力率来表征装药所受到的加载刺激和响应是不全面的。

（4）在后座载荷下，炸药装药的响应同装药的轴向位置有关，与径向位置无关，因而是一维情况；计算结果显示装药同约束套间有无间隙存在对装药的应力响应有很大影响，在同样载荷下，无间隙存在、黏结较强的装药中产生的应力低于与约束套间存在间隙的装药，这表明改善装药与壳体的黏结情况，避免或减小环隙的存在有利于改善发射安全性。

# 6.3　火炸药储存中的安全性

## 6.3.1　发射药储存安全性

### 1. 发射药的储存性能与配方的关系

发射药配方的储存性能是指发射药在储存条件下保持其物理性质和化学性质变化不超过允许范围的能力，又称发射药的安定性。其目的是使发射药经过一段时间的储存后不发生弹道性能的明显变化，保证发射药的弹道性能的稳定性，并在此储存期间不发生意外的燃烧或爆炸事故。由于战争的弹药消耗随着现代战争的进行越来越大，为应付战争的突然性，和平时期必须储备一定的弹药数量。因此发射药储备性能的好坏、储存时间的长短，直接关系到国家战备弹药储存的数量，意外事故的发生概率和和平时期废药或过期发射药的销毁、开发和利用，有极大的经济效益问题，通常，要求枪炮发射药的安全储存期在 30 年以上。

1）影响发射药物理安定性的因素

一般发射药物理性能主要是发射药的吸湿、挥发性溶剂的挥发、增塑剂或液体组分的迁移与汗析、结晶化合物的晶析和高分子组分的老化。这些性能都与发射药性能密切相关，最后导致发射药的弹道性能的变化，严重时可招致恶性的事故。

（1）吸湿性。

发射药在加工成成品后或多或少残留一定量的水分，储存时要与环境中的大气条件逐步取得湿度平衡，最后使发射药的水分含量偏离成品的要求。这种水分含量的变化将使发射药的能量发生变化，特别是发射药的燃烧性能发生明显的变化。有关文献报道，某发射药的水分变化 1%，使弹丸的初速变化 4%，而最大膛压变化了 12%。因此，水分含量变化对发射药的内弹道性能的影响是很显著的。通常，溶剂法工艺制备的发射药在驱溶或烘干时表面下留下很多微孔结构，吸湿性很大，含有羟基基团组分的发射药吸湿性很大。含低氮量硝化棉发射药的吸湿性就比含氮量高的大，过大的吸湿量甚至影响发射时的点火，严重时造成迟发火，甚至哑火。

（2）挥发性溶剂或组分的挥发。

对于溶剂法工艺制备的发射药，虽然经烘干、驱溶将挥发性溶剂绝大部分驱除掉了，由于这些溶剂与发射药组分以各种化学或物理键相结合，不可能被全部去掉。这些挥发性溶剂如水分一样，在储存期间发生变化也将引起发射药的能量与燃速或燃烧规律的变化。实验证明：溶剂含量变化 1%，发射药燃速系数变化 10%～15%。溶剂含量下降，燃速升高，反之亦然。用樟脑钝感的发射药也存在类似的问题，在储存的过程中，表层的樟脑要发生升华，中层的樟脑则继续向内部渗透，使缓燃剂——樟脑重新分布而改变了原来的燃烧规律，造成弹道性能的变化。

（3）渗析。

发射药中某些液体组分由药体内部迁移到表面的现象称为汗析或渗析。一般，发射药也属于高分子的浓溶液体系，由于温度的变化引起溶质和溶剂之间结合力的变化，当温度升高，结合力降低时，其中溶剂脱离溶质的束缚，向表面扩散或渗透，凝结于发射药表面上。对于惰性溶剂的渗析可因发射药组成的变化而使弹道性能发生变化；对于含能增塑剂的渗析，使发射药的摩擦和冲击感度增大，弹道性能恶化，特别表现在发射药表面起始燃速突增，有可能引起一次压力峰。

（4）晶析。

发射药中某些固体组分由药体内部迁移到表面的现象，称为晶析。对于晶析的机理目前还不十分清楚，可能是由于固体组分和发射药其他组分（特别是高分子组分）的结合力与互溶度有关，而这种互溶性结合力容易随温度变化而晶析。当结合力下降或互溶度下降，残余部分的固体组分就能通过扩散渗透到发射药的表面，重新结晶，附在表面上。晶析，特别是含能组分的晶析，不但同样能引起发射药摩擦和冲击感度增大，也能引起力学性能和燃烧的严重变化。

（5）表面处理剂的迁移。

对于表面钝感或涂覆的发射药，它依靠表面处理剂在发射药表层形成稳定的浓度梯度，使发射药获得所希望的燃烧渐增性。但是由于这种浓度梯度，表面处理剂发生迁移以达到平衡倾向，当表面处理剂与发射药表层的结合力不足以抵抗这种浓度梯度所产生的迁移力时，就会引起表面处理剂的迁移，破坏了表面层燃烧的渐增性和原有的弹道性能。

2）影响发射药化学安定性的因素

发射药的化学安定性问题曾经是发射药应用中的重大问题，特别是硝化棉发射药发展初期直至20世纪初，由于当时对发射药化学安定性机理尚不清楚，未找到合适的抑制方式，屡屡发生重大的伤亡事故，此后才有了认识，解决了发射药化学安定性问题。可是随着高能发射药的发展，有可能要引入化学上不安定的高能材料；低易损性发射药的发展，也可能不再引入含硝酸酯基团的组分，这必将使发射药化学安定问题发生根本变化，因此，随着发射药发展，将可能面临新的课题。

目前多数发射药是以硝化棉—硝化甘油为基体的发射药，硝酸酯的热分解是影响发射药化学安定性的重要因素。在通常储存条件的温度下，发射药就能发生缓慢的热分解反应。分解产生的 $NO_2$ 气体产物又会和其他分解产物发生化学反应，从而加速硝酸酯的热分解，所以这种热分解总的热效应是放热的，如不能及时地驱除热量，则热量在药体中累积，使发射药不断升温，从而使反应加速甚至发生燃烧。

发射药在生产过程中不可避免地遗留微量的酸或水分。硝酸酯热分解产生的 $NO_2$、NO 遇到发射药中的水分，会生成硝酸和亚硝酸，这时 $H^+$ 对发射药的分解起催化作用。所以发射药储存在潮湿空气中，会发生水解反应。由此可见，硝酸酯热分解的严重后果是发射药能量下降，硝化棉断链，分子量下降，力学性能降低，燃烧不规律，严重时可发生自动着火和燃烧现象。

3）发射药储存性能的控制与调节

由上可知，发射药的储存性能与储存条件密切相关，首先是必须严格控制储存温度和湿度，保证包装箱的密封性，并使储存处通风良好，避免热分解造成温升。

然而硝酸酯的热分解在常温下是自动进行的，至今还没有一种办法阻止这种化学反应的发生。但是这两种反应只要不产生自催化反应或连锁反应，就可以将反应速度控制在极缓慢的状态下，以延长发射药的使用寿命。能够阻止硝酸酯自催化反应的物质，称为安定剂。

单基发射药主要由硝化纤维素构成，硝化纤维素的分解产物主要是 $NO_2$ 及其衍生物。因此，单基药的安定剂应该是胺类有机化合物。硝化纤维素对碱比较敏感。所以，选择碱性比较弱的芳胺作为单基药的化学安定剂比较好，它能有效吸收氧化氮，生成硝基二苯胺。它在发射药配方中的最佳用量为0.5%～1.0%。

双基发射药除含有硝化纤维素外，还含有硝化甘油、硝化二乙二醇等低分子硝酸酯。它们对碱性物质更敏感，即使像二苯胺这样的芳胺，仍嫌它的碱性太大，容易对硝酸酯发生皂化反应，特别对硝化甘油有更大的反应能力，因此它不适合双基发射药。双基药采用一号中定剂或二号中定剂作为化学安定剂，中定剂对硝酸酯没有皂化作用，但在硝化棉基发射药中因为含水分较多，易引起中定剂的水解，由水解生成的胺衍生物在未吸收NO之前，对硝酸酯有皂化作用，所以中定剂只适合双基发射药。中定剂在发射药中的含量一般为1%～4%。

硝基胍分解的气相产物中有 $NH_3$，残渣中有胺类有机物，如密胺等。它们都是碱性物质，对硝酸酯的分解有一定的减缓与抑制作用。因此硝基胍发射药的化学安定性比双基药要好，和单基药相近。

**2. 发射药储存性能的检测技术**

1）物理安定性检测技术

目前，对发射药的物理安定性的检测，仍缺乏可靠、精确的检测技术，也没有精确的评估技术。在储存期间。渗析、晶析等现象只能基于目测或偏光镜观察，虽有某些粗略的分析方法，但测试误差很大（如擦抹法），其他可供测定的物理性能有吸湿性、总挥发、密度、玻璃化温度、线胀系数和力学性能（包括抗拉、抗压、抗冲、泊松比、应力松弛、蠕变特性、断裂和动态力学性能）等。通过综合分析这些结果，可判断其物理安定性，粗略评估其相对优劣，无法进行定量或半定量评估。

2）化学安定性检测技术

影响发射药储存性能的主要是化学安定性，因此，世界各国都发展了一系列的检测技术，其目的是确定发射药的安全储存寿命。这些技术是在硝酸酯分解的基础上发展的，其原理是当发射药发生着火或自燃前有一段自动催化加速分解过程，也即大量产生或加速产生氧化氮（或分解气体产物）的过程，因此，可以测定自动催化加速或氧化氮加速生成的转折点所对应的时间，来表征发射药的安全储存期或安全储存寿命。其测试方法有：

（1）测量分解气体的安定性试验（详见检测推进剂储存化学安定性试验）。

目前，这类方法主要有维也里试验、弗拉索夫试验、阿贝尔试验、贝克曼—荣克试验、减量试验、压力法、原电池法、甲基紫试验和美国 65.5 ℃监视试验等。这些方法还是属于定性的或半定量的方法（详见固体推进剂长储稳定性及其控制技术）。

（2）检测安定剂及其衍生物含量或消耗量的安定性试验。

这类方法包括溴化法、气相色谱法、薄层色谱法、高压液相色谱法等。目前许多国家都规定将安定剂含量消耗 50% 作为安全使用标准；当出现安定剂的三硝基的衍生物时，表征发射药储存寿命终结，应立即销毁。此外，由于热分解是一个放热反应，故可利用 DTA（差热分析法）、DSC（差动扫描式热量计）及等温热流量计测定发射药放热过程和速度，以放热加速的转折点或拐点所对应的时间来表征安定剂消耗时间；硝化棉在分解的同时，伴随有降解和键断裂，致使硝化棉的黏度下降。与其初始黏度的比较来判断发射药的储存安定性。也可用凝胶渗透色谱法测定硝化棉的分子量及其分布的变化来判断发射药的安定性。

发射药热分解在自然或常温储存的情况下较缓慢，不可能进行这样长达几十年的试验，通常各国都采用高温加速老化试验，在高温下取得试验数据，在假设条件下（一般假说热分解机理不变）建立数学关系式，再外推至储存温度来确定储存寿命。预估安全储存期方法，通常有贝特洛特（Berthelot）化学动力法、阿累尼乌斯法和压力法。

发射药的安全使用寿命涉及武器使用的弹道性能，目前仍不能建立起储存中热分解与发射药弹道示性数之间的关系，因此，无法进行预估，只能通过射击试验来确定其使用寿命，极其昂贵。尽管通过测定发射药热量、药中硝化棉黏度、力学性能等下降可判断安全使用寿命，但误差较大、因素复杂，目前尚不能像安全储存寿命一样预估使用寿命，但后者要比前者短得多。

## 6.3.2 固体推进剂长储稳定性及其控制技术

### 1. 概述

1）物理安定性

固体推进剂的物理安定性是指在储存、运输、使用等外界环境作用下，推进剂本身所具有的维持其物理性能变化不超过安全允许范围的能力。推进剂的物理老化主要表现为吸湿——挥发性溶剂和增塑剂或液体组分的迁移、渗析及结晶化合物的晶析等。

（1）吸湿。

推进剂在一定的大气条件下，吸收空气中的水分和保持一定量水分的能力称为推进剂的吸湿性。推进剂加工成成品后均含有一定的水分。在一定的大气条件下，推进剂中所含水分要与大气的湿度平衡；若储存的大气环境中的水分含量与推进剂中水分含量失去平衡，就要发生水分的交换而使推进剂中水分的含量偏离原来的水分含量，可能引起推进剂内弹道性能发生变化。双基推进剂吸湿性的经验关系式为：

$$w_h' = 0.011\phi - 0.3 \tag{6-2}$$

当大气相对湿度从 40%变到 90%时，双基推进剂水分含量的变化一般为 0.4%～4.8%。复合推进剂中的氧化剂一般为吸湿性很强的高氯酸铵或硝酸铵，在推进剂的储存和使用过程中，暴露在湿气环境下，将发生氧化剂的吸潮和表面溶解，导致填料与黏合剂界面的分离，使力学性能恶化。因此火箭发动机装药应密闭或充入干燥氮气储存。

（2）渗析。

推进剂中某些液体组分由推进剂内部迁移到表面的现象称为渗析，又称汗析。双基推进剂属于聚合物浓溶液体系，由于温度的变化，溶质和溶剂（如 NC-NG）之间的结合力松弛而使溶剂向表面渗析，凝结于推进剂表面上。对于惰性溶剂渗析到表面，可因组成的变化而使弹道性能发生变化；若爆炸性溶剂（如 NG）渗析到表面，将使推进剂的摩擦感度和撞击感度增大，弹道性能变坏，突出表现在表面爆炸性溶剂含量增多而燃速突增，造成过大的一次压力峰。防止渗析的方法是选用合适的溶剂溶质比，如 NG 的含量一般不能大于 40%，加入附加组分增加硝化纤维素与溶剂间的结合力，如加入 DNT。储存时，温度不能太低并且不能经常变化，这些措施均可减少渗析，在复合推进剂中，当使用二茂铁衍生物作为燃速催化剂时，这种催化剂在储存过程中容易迁移到推进剂表面。改善的办法是使用迁移性低的二茂铁衍生物。

（3）晶析。

推进剂中某些固体组分由推进剂内部迁移到表面并呈结晶状态（或固态）析出的现象叫晶析，也称结霜。在推进剂中，常使用的低分子固体物质如吉纳、RDX 等超过某一含量时，易发生这一现象。例如，在含吉纳的推进剂中，由于含氮量不同的 NC 与吉纳的互溶量不同，吉纳的熔点为 49.5 ℃～51.5 ℃，随着加工温度的升高，吉纳在 NC 中的饱和溶解量增加，如图 6-8 所示。

图中饱和溶解线的左边为过饱和区，右边为不饱和区。如吉纳含量为 40%，当加工时吉纳和 NC 处于较高的温度（一般成型温度为 60 ℃以上），吉纳含量处于不饱和区（*A* 点），成型后冷却到室温(25 ℃)，吉纳含量处于过饱和区（*B* 点），但这时的吉纳不会析出。随着储存时间的延长，体系逐渐趋于平衡，NC 与吉纳的结合力松弛，这时，吉纳沿着结晶饱和线慢慢析出，在 25 ℃（储存温度）时，吉纳的平衡含量为 *C* 点。所以，当推进剂中吉纳含量大于饱和量和时间足够长时，就产生晶析，这是一个自动进行过程。表 6-6 中列出不同温度下吉纳和含氮量为 12.6%的硝化纤维

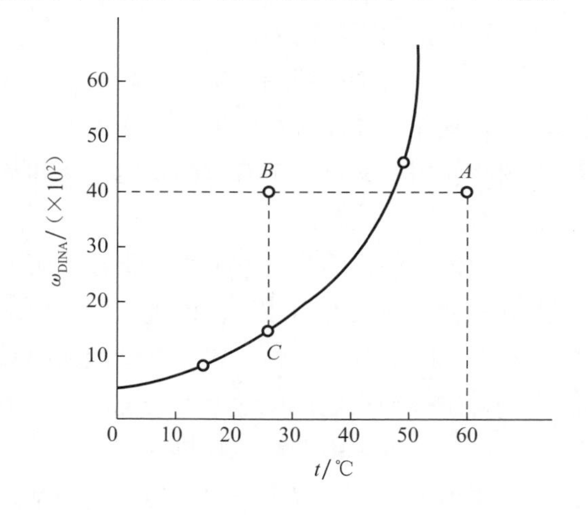


图 6-8　NC（$\omega_N$=11.2%）与吉纳的互溶关系

素的互溶关系。可以看出，温度对吉纳在 NC 中溶解度的影响是很大的。除吉纳外，其他一些结晶物的加入也可能产生晶析，如加入 RDX 也产生与吉纳推进剂类似的情况。少量晶析对安全使用不会产生严重后果，严重的晶析就会破坏推进剂的物理结构和内弹道性能。克服晶析的办法是控制结晶物含量和加入附加剂提高低分子固体与 NC 的结合力，如在吉纳推进剂中加入适量的丁腈橡胶，可使吉纳含量适当增加而不产生晶析。

表 6-6 不同温度下吉纳和 NC（$\omega_N$=12.6%）的互溶关系

| 温度/℃ | 0 | 10 | 20 | 30 | 40 | 50 | >51 |
|---|---|---|---|---|---|---|---|
| 吉纳溶解度/（$\times10^2$） | 15.0 | 18.5 | 22.5 | 27.5 | 350 | >55.0 | ∞ |
| $m_{DINA}/m_{NC}$ | 0.176 | 0.227 | 0.290 | 0.379 | 0.550 | >1.2 | ∞ |

（4）增塑剂的迁移。

在火箭发动机用的双基推进剂装药中，当采用高分子聚合物，如乙基纤维素和聚甲基丙烯酸甲酯（PMMA）等，作为包覆层时，经一定储存期后，双基药中的 NG 和 DBP 等溶剂将向包覆层内迁移，使推进剂与包覆层的接触面的组分发生变化，能量和燃速降低，黏结强度改变。更严重的问题是降低了包覆层的限燃隔热效果，因而破坏了火箭发动机的内弹道性能。包覆层中的增塑剂也可能向双基推进剂中迁移，同样能改变局部推进剂的内弹道性能。

增塑剂向包覆层迁移的原因是包覆层中的主要成分乙基纤维素或 PMMA 与 NG 有一定的溶解能力。当双基推进剂与包覆层之间的界面紧密接触黏结时，包覆层中 NG 的初始浓度为 0，推进剂中 NG 浓度与包覆层之间就形成一个很大的浓度差，这时推进剂中的 NG 将向包覆层迁移。随着储存时间的延长，NG 的迁移越多，直到界面两边 NG 含量达到各自的平衡浓度为止。在使用硝酸酯增塑的 NEPE 推进剂中也存在此问题。

防止增塑剂迁移的办法是在包覆层中加入抗迁移的材料，或专门添加隔层，降低包覆层对增塑剂吸收能力。

总之，由于增塑剂特别是硝酸酯之类含能增塑剂迁移的结果，使推进剂的结构完整性遭到破坏，界面脱黏，推进剂寿命下降。研究长储稳定性的控制技术，就是要预测推进剂的使用寿命，确定有效的安定方法和抗老化方法，使推进剂具有足够长的寿命。

2）化学安定性

固体推进剂的化学安定性是指在其服役期内由于化学原因引起的变化不超过允许范围的能力。一般发生在固体推进剂中的化学反应包括热分解、水解、氧化和交联、后固化和老化断链等。其中，以含有硝酸酯的双基、改性双基和 NEPE 推进剂最为明显。

含硝酸酯推进剂化学上不安定的原因主要有三个方面。

（1）推进剂中硝酸酯的热分解。

硝酸酯的热分解服从阿累尼乌斯关系式，因而，从理论上讲，在任何温度下都能产生热分解。双基推进剂的两个主要成分均为含有硝酸酯基的组分，在储存温度下也会缓慢发生热分解。在储存的初期，由于分解速度非常慢，难以用一般的仪器测定出来；但当储存时间足够长时，就可以从测定硝酸酯的特征变化与储存前相比较而判断出来。硝酸酯的热分解可以分为两个阶段进行。

第一阶段，硝酸酯本身的热分解：

$$RCH_2ONO_2 \longrightarrow NO_2 + RCH_2O$$

这个热分解反应为单分子吸热分解反应，设分解吸热量为 $Q_1$。

第二阶段，硝酸酯热分解产物的相互反应和热分解产物 $NO_2$ 与硝酸酯的反应 $NO_2 + RCH_2O \longrightarrow NO + H_2O + CO_2 + R'$ 这个反应为放热反应，设放热量为 $Q_2$。

$NO_2$ 与硝酸酯的反应

$$NO_2 + RONO_2 \longrightarrow NO + H_2O + CO_2 + R$$

这个反应也为放热反应，设放出的热量为 $Q_3$。

这个阶段的分解产物 NO 在常温下即能与空气中的 $O_2$ 发生反应生成 $NO_2$

$$2NO + O_2 \longrightarrow 2NO_2$$

而且所生成的 $NO_2$ 又可与分解产物醛和硝酸酯反应。$NO_2$ 的这种循环反应称为自催化反应，它加速了推进剂的热分解。

在这两个热分解阶段中，总的热效应是分解放热大于分解吸热，即 $|Q_2 + Q_3| > |Q_1|$，因而推进剂在储存中可能产生热积累而使推进剂的温度不断升高。

（2）热积累的分解加速作用。

若推进剂热分解释放出的热不能及时散发，则推进剂内部就要产生热积累而使推进剂的温度升高，而硝酸酯类化合物的分解活化能为 40～200 kJ/mol，热分解对温度的变化非常敏感。根据实验测定，推进剂的温度每升高 10 ℃，推进剂的分解反应速度就要增加 3 倍左右。推进剂是一种热的不良导体，在储存中因储存条件不能将热传导及时导出，使推进剂的温度升高，其恶性循环会导致推进剂自燃。

（3）$H^+$ 的催化作用。

含硝酸酯的推进剂中 $H^+$（酸）对推进剂中硝酸酯的分解起催化作用，所以，在推进剂制造和储存中，严格控制 $H^+$ 的引入。严格控制原材料的质量指标和储存条件，是减少 $H^+$ 的导入和防止 $H^+$ 催化分解的关键。

3）安定剂的作用机理

提高含硝酸酯推进剂储存性能最有效的办法是加入化学安定剂。这类安定剂一般是分子中含有-$NH_2$ 基团的弱碱性有机化合物，如二苯胺和尿素的衍生物，在改性双基推进剂和 NEPE 推进剂中作为安定剂。硝酸酯推进剂的热分解是不可避免的，推进剂中加入安定剂不能阻止硝酸酯的热分解，但安定剂能吸收硝酸酯热分解放出的氮氧化物，抑制其对推进剂分解的自催化作用。因而，安定剂的加入能使推进剂的储存期大大延长。随着推进剂储存中不断发生热分解，安定剂也不断被消耗，当安定剂被消耗完时，推进剂的储存寿命就完结。所以，安定剂被消耗的程度，是衡量推进剂储存寿命的重要标志之一。一般以安定剂消耗 1/2 的时间定为推进剂的安全储存寿命。

4）安定性的控制方法

储存条件对推进剂，特别是含硝酸酯推进剂的安定性能有很大的影响，首先是储存温度，必须严格控制。暴露于阳光下的储存可使储存箱内的温度高达 70 ℃，这必然加速了推进剂的分解；第二是湿度的影响，水分可加速硝酸酯推进剂的分解；第三是储存物堆积厚度的影响，堆放过厚，影响散热而使推进剂内部温度升高；第四是氧气的影响，若包装箱密封不严漏气，空气进入箱中与分解产物 NO 反应生成 $NO_2$，加速推进剂的分解。提高安全储存寿命的途径有：

（1）严格控制含硝酸酯推进剂原材料影响安定性的杂质。

（2）严格控制推进剂成品的质量指标，特别要严格控制水分和杂质含量。

（3）严格控制储存条件，储存仓库温度要保持恒定或温度波动小，包装箱要密封防漏、防潮，堆放层厚度要适中，既要提高仓库的利用率，又要有利于通风散热，露天暂时存放要加盖防晒防雨篷布等。

（4）选择与推进剂品种相匹配的安定剂和适度的含量。

（5）选用合适的加工工艺条件，生产中的工艺条件对储存性能有很大的影响，对高温工序的时间要严格控制，因为高温下硬硝酸酯分解加速而消耗安定剂；控制最终产品中水分的含量，水分能使推进剂在储存中产生酸而加速推进剂的分解；返工品的掺入量要控制一致，返工品是经多次加工的，安定剂的消耗必然不一致，必须严加控制。

**2. 化学安定性的测定方法**

以硝酸酯为基的推进剂在储存中有一个安全储存期。安全储存期又称安全储存寿命，即在储存条件下，推进剂在发生自动催化分解以前的储存时间，通常以有效安定剂耗至某一规定含量以前的时间来表示。

推进剂储存中同时发生推进剂性能的变化，如热量降低等。对于性能变化有一个规定的变化范围，超过范围后，推进剂就不能使用，故存在一个使用寿命（期）问题。所谓使用寿命，是指推进剂丧失使用性能以前的时间，又称安全使用寿命。显然，使用寿命要比安全储存寿命短。

推进剂储存老化过程中通过测量这些变化的程度来判断老化的程度。自然储存老化的变化能真实反映推进剂储存的变化过程，但需要很长的时间。为了在短时间了解老化过程，常采用高温老化的变化规律来预估储存寿命。硝酸酯为基的推进剂老化过程常伴随的变化为：

（1）气体的放出和质量的减少。放出的气体主要有 NO、$NO_2$、CO、$CO_2$、$H_2O$ 等，其中检测放出氮的氧化物对判断老化过程具有典型意义。

（2）安定剂的不断消耗和安定剂衍生物的不断改变。

（3）热量的放出。由于硝酸酯分解反应是一个放热反应，故可用放出热量的速率来判断老化过程。当安定剂消耗完时，放热加速，放热曲线上就会出现拐点。

（4）硝化纤维素的黏度降低。

含硝酸酯推进剂的储存试验就是测量上述各种因素的变化来判断储存寿命。典型的方法是：

1）测量分解气体的安定性试验

目前，这类方法主要有维也里试验、弗拉索夫试验、阿贝尔试验、贝克曼-荣克试验、减量法、压力法、原电池法、甲基紫试验和 65 ℃监视试验等。这些方法还是属于定性的或半定量的方法。

（1）维也里试验。

维也里试验又称石蕊试纸试验。其原理是，将一定量的样品（硝酸酯推进剂或硝化纤维素）放入带有石蕊试纸的维也里试样杯中密封，并将试样杯放入（106.5±0.5）℃的恒温箱内加热，观察样品分解放出的 $NO_2$ 与石蕊试纸作用变色的时间来判断推进剂或硝化纤维素的安定性。试验方法分普通法试验、加速重复法试验和正常重复法试验。

用试验结果与标准数据比较来判定被试验样品的安定性。维也里试验仍是当前许多国家判定推进剂安定性的主要方法之一。主要优点是结果稳定、可靠性高，应用了近百年。

缺点是试验费时，判断终点的主观误差较大，仍是一种定性方法。

（2）阿贝尔试验。

阿贝尔试验又称碘化钾淀粉试纸试验。早期曾用于测定硝化甘油、双基药、单基药、爆胶棉和爆胶等的安定性，现只用于测定硝化甘油的安定性。其试验原理是加热试样分解放出的 NO 与空气中的 $O_2$ 生成 $NO_2$，再与碘化钾淀粉试纸（又称阿贝尔试纸）上的 KI 反应，析出碘使试纸变色来判断。

$$2KI + NO_2 + H_2O \longrightarrow 2KOH + I_2 + NO$$

当生成的碘与淀粉作用可变成蓝色，但最初出现的是黄色，其判断是以阿贝尔试纸干湿面的分界线出现黄褐色的时间作为标准。

阿贝尔试验的优点是简单和时间较短，是目前我国硝化甘油生产检测必不可少的，缺点是主观误差较大，不能连续在线检测，造成 NG 存量大而使危险性增大。

（3）压力法。

这是我国自行研究定标的方法之一。测定 1 g 样品在一定温度（双基推进剂 120 ℃）下分解放出气体形成的压力。通过压力—时间曲线上的拐点所对应的时间和曲线的斜率来评定安定性。压力—时间曲线如图 6-9 所示。终点压力为 3.33 kPa。图中曲线出现负压、拐点和压力为 13.33 kPa 处的定压点。产生负压的原因是加热分解放出的 NO 与空气中的 $O_2$ 结合生成 $NO_2$ 后，同时被安定剂吸收而使压力低于原来的初始压力而产生负压。加热温度越低，负压就越大，即安定剂吸收 $NO_2$ 就越多。当推进剂加速分解后，放出的气体量就越多，这时压力上升出现拐点（如图 6-9 中 $A$ 点），只有安定剂消耗到一定程度才出现加速。所以，可把出现拐点的时间作为终点的判据。有些推进剂加热中不出现拐点，就用定压点（13.33 kPa）（图 6-9 中 $B$ 点）对应的时间来作为判据。曲线 $AB$ 的斜率用于判定

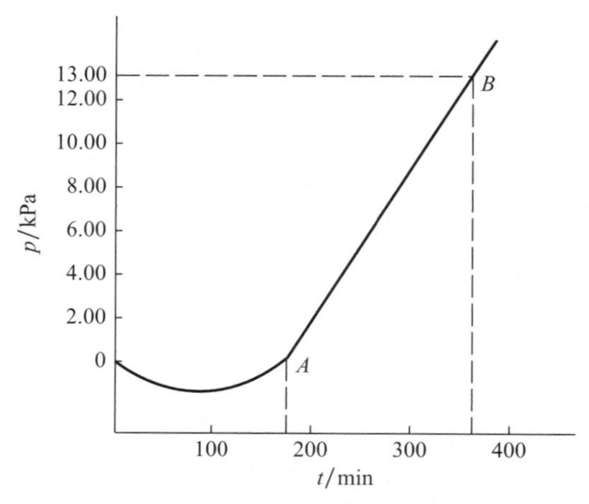


图 6-9 压力法记录的典型的压力—时间曲线

推进剂的平均分解速率（kPa/min）。压力法测定推进剂的安定性，结果比较准确，周期相对较短。缺点是分解出的气体不一定都是有害的，是总压的反映，这会对不同推进剂的可比性带来一定的误差。

（4）甲基紫试验。

将一定量（2.5 g）推进剂在一定温度（双基推进剂为 120 ℃，硝化纤维素为 134.5 ℃）下加热，依据试样受热分解释放的气体使甲基紫试纸由紫色转变成橙色的时间，或继续加热到 5 h 是否爆炸来评定推进剂或硝化纤维素的化学安定性。这个方法相对维也里试验的时间要简短，被美国、英国等国家广泛采用，我国在 20 世纪 80 年代后期也作为部标准推广使用。

（5）原电池法。

又称库仑法，这是我国在 20 世纪 80 年代自行研究的一种方法。其原理是：在一定温度下硝酸分解出的氮的氧化物以一定流量空气为载体通过库仑池，$NO_2$ 在库仑池中与 KI 发生电化学反应。

$$2NO_2 + 2I^- \longrightarrow 2NO_2^- + I_2$$

在阴极 $$I_2 + 2e \longrightarrow 2I^-$$

在阳极 $$C + H_2O \longrightarrow CO + 2H^+ + 2e$$

这样，在库仑池中产生微电流，电流的大小与 $NO_2$ 的浓度成正比，以达到一定电流所需的时间作为安定性的判据。这个方法的优点是试验周期相对较短，以分解放出最有害的气体氮的氧化物的浓度作为判据，为半定量的方法，缺点是若成分较复杂的推进剂产生对电化学有干扰的气体，则试验不准确，因而，应用受到一定的限制。

（6）65 ℃或 65.5 ℃监视试验。

这是配合弹药库储存的一个监视试验。将一定量推进剂在容器中加热，观察推进剂分解冒棕烟（$NO_2$）出现的时间。65 ℃或 65.5 ℃比较接近储存温度但又高于储存温度。各国对试验用量规定不完全一样，美国为 45 g，丹麦为 5 g，法国为 45 g，瑞典为 250 g。瑞典判断的标准列于表 6-7 中。

表 6-7 65 ℃监视试样的瑞典标准

| 冒棕烟时间/月 | 判定意见 |
| --- | --- |
| ≥6 | 无限期使用 |
| 4～6 | 首先用完 |
| 2～4 | 销毁 |
| ≤2 | 立即销毁 |

2）测定安定剂含水量和衍生物变化试验

安定剂含水量的减少和安定剂衍生物的变化可以判定推进剂在储存中的老化程度，目前许多国家用安定剂消耗一半作为安全储存标准，当出现安定剂的三硝基的衍生物时，推进剂储存寿命终结，应立即销毁。

（1）溴化法测安定剂含量。

这是一种常规的化学分析方法。用溴与二苯胺或中定剂反应生成溴化物，由溴化物消耗量可知二苯胺的含量。反应式如下：

$$KBrO_3 + 5KBr + 6HCl \longrightarrow 6KCl + 3Br_2 + 3H_2O$$

$$(C_6H_5)_2NH + 4Br \longrightarrow 4HBr + (C_6H_3Br_2)_2NH$$

剩余 $Br_2$ 反应：

$$2KI + Br_2 \longrightarrow 2KBr + I_2$$

$$I_2 + 2Na_2S_2O_3 \longrightarrow Na_2S_4O_6 + 2NaI$$

利用相应的试剂消耗量就可计算出二苯胺的含量。

（2）薄层色谱法测定安定剂及其衍生物。

用乙醚提取安定剂及衍生物，用二维薄层色谱板分离出安定剂和各种衍生物。采用不同温度下安定剂耗尽的时间作图，外推至储存温度就可以得到预估的储存期。

（3）高压液相色谱法。

高压液相色谱可以测定安定剂和它的各种衍生物，分析速度比化学法和薄层色谱法快得多，而且灵敏度高。

乙基中定剂作用的机理为：

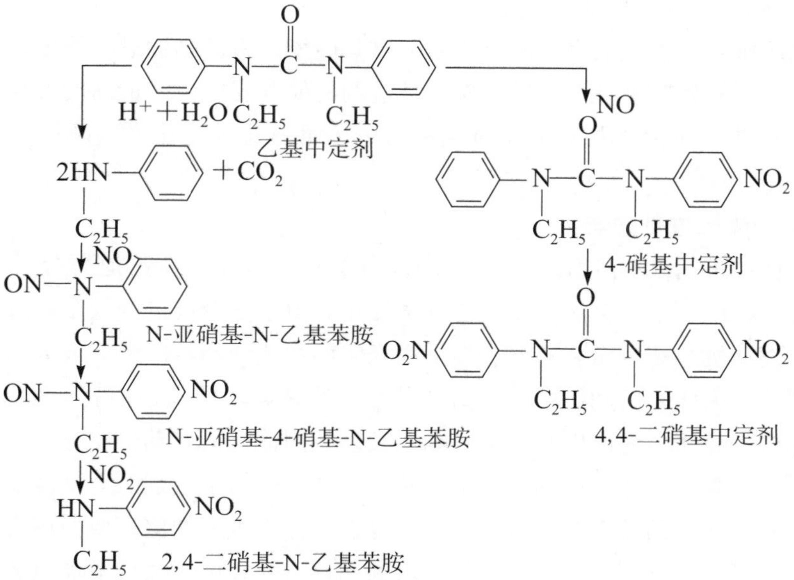

$H^+ + H_2O$　乙基中定剂　$+CO_2$　NO　4-硝基中定剂　N-亚硝基-N-乙基苯胺　N-亚硝基-4-硝基-N-乙基苯胺　4,4-二硝基中定剂　$NO_2$　2,4-二硝基-N-乙基苯胺

二苯胺作用的机理为：

二苯胺

二苯亚硝胺（黄色）

4-硝基二苯胺

2-硝基二苯胺（橙黄色）

2-磷基二苯亚硝胺

4-硝基二苯亚硝胺

2,4′-二硝基二苯胺（蓝色）

4,4′-二硝基二苯胺

4,4′-二硝基二苯亚硝胺

2,4′-二硝基二苯亚硝胺

2,4,4′-三硝基二苯胺（蓝黑色）

3）测定推进剂老化过程中热量的变化

含硝酸酯推进剂在储存过程中因分解放热，故可用 DTA、DSC 及等温热流量计来测定放热的过程和放热的速度。当放热曲线出现加速时，其拐点对应的时间即为安定剂耗尽的时间，以此来判断储存寿命。

4）测定硝化纤维素黏度的变化试验

将硝化纤维素从推进剂中分离出来后，对其丙酮溶液的黏度进行测定，并与推进剂中硝化纤维素的初始黏度进行比较来判断推进剂的储存安定性。最新的方法是用凝胶渗透色谱测定硝化纤维素下相对分子量和相对分子量分布的变化来判断推进剂的储存安定性。

**3. 复合固体推进剂的老化**

复合固体推进剂是一种高固体填料的复合材料。因而，像其他高分子复合材料一样，在储存过程中要发生自然的物理和化学变化。由于复合推进剂大多数应用于大型或较大尺寸的发动机装药，而装药方式多采用壳体黏结式装药，即装药成为发动机完整结构的组成部分。因此，发动机中装药结构完整性的破坏，即药柱内孔产生裂缝或药柱、衬层—绝热层—壳体界面产生脱黏是影响绝大多数固体火箭发动机储存和使用寿命的关键。这就说明，复合固体推进剂发动机的储存寿命不仅与推进剂的力学性能有关，而且还与推进剂和壳体的黏结有关。所以，表征复合固体推进剂的储存或使用寿命，通常是指可满足发动机对推进剂物理机械性能要求的储存时间。由于大型发动机装药不能进行直接抽样检查来判断是否满足武器的弹道要求，所以，准确预测复合固体推进剂的储存期和发动机的使用寿命就具有十分重要的意义。

1）复合固体推进剂的老化特征

复合固体推进剂在储存过程中也存在化学老化和物理老化两个方面。化学老化指加工固化周期完成后，在储存中继续发生化学变化所引起的推进剂性能变化；物理老化是指在储存中某些物理因素（如晶变、相变、组分迁移、应力作用、环境湿度等）所引起的推进剂性能的变化。老化现象表现出的是物理、化学因素综合影响的结果。具体表现为：

（1）外观变化。如推进剂发黏、变软、变硬、变脆、变色、起泡和裂纹等。

（2）物理性能变化。如密度、导热系数、溶胶凝胶含量、交联密度、黏合剂分子量、组分迁移等的变化。

（3）力学性能变化。如硬度、抗拉强度、延伸率、压缩强度、剪切强度、松弛模量、蠕变柔量、动态模量等的变化。

（4）内弹道性能的变化。如燃速、燃速压力指数、燃速温度系数、点火性能等的变化。

（5）界面黏结性能的变化。药柱—衬层界面黏结强度、药柱—包覆层界面黏结强度的变化。

在储存过程中，上述变化并不是都会发生，通常会发生其中的一种或几种明显的变化，若某些变化量超过使用要求时，储存寿命终结。但在上述这些变化中，力学性能、药柱和衬层间的黏结性能，以及燃烧性能的变化是主要的。所以，在研究中，应当抓住主要变化因素，弄清老化原因，采取对应措施来延长药柱的储存寿命。

2）影响复合固体推进剂老化的因素

（1）推进剂组分对老化的影响。

黏合剂结构是决定复合固体推进剂力学性能的一个主要因素，因此，它的结构与性能直接影响推进剂的老化性能。

① 预聚物结构的影响。黏合剂预聚物的端基不同，固化后使黏合剂链中含有不同的基团，如聚硫橡胶中的C-S、S-S键，聚醚聚氨酯中的-C-O-C-和-C-NH-CO-R基，聚丁二烯中的C=C键，含硝酸酯黏合剂的C-O-$NO_2$，黏合剂中的C-$NF_2$等，这些基团的稳定性较差，易受环境因素的作用而发生变化。一般来说，饱和碳氢黏合剂的抗老化性能优于不饱和烃链化合物。

② 链结构的影响。高分子链结构除端基外，还包括相对分子量、相对分子量分布和支化度等。相对分子量大的高聚物稳定性好，相对分子量分布宽和支化度大的高聚物，则稳定性相对降低。

③ 高聚物聚集态的影响。高聚物的聚集态包括结晶度、晶体结构和晶粒大小等。低温下易结晶的聚合物，如聚丁二烯和丙烯腈的共聚物、聚环氧乙烷，容易产生部分结晶使抗拉强度上升，延伸率下降。液晶态高聚物则有利于力学性能的改善。

④ 氧化剂的影响。在复合固体推进剂中氧化剂的含量达60%～70%，它对老化性能有显著影响，常用的氧化剂有AP、HMX、RDX和AN等，许多研究证明，在储存老化过程中，AP粒子对黏合剂有缓慢的氧化作用，这是因为AP在受到热和水解作用时产生了酸性与氧化能力很强的高氯酸和初生态氧，而与黏合剂反应产生氧化降解。HMX和RDX比AP更稳定，它们对黏合剂的老化无不良影响，AN作为氧化剂的问题主要是晶变和吸湿，AN在−16.9 ℃～169.6 ℃存在5种晶变体，−18 ℃～−16 ℃转化为棱形结晶，超过32 ℃时棱形结晶的体积增大3%，这种晶变会破坏药柱结构而使力学性能和燃烧性能变坏。

⑤ 固化剂的影响。有些复合推进剂在固化工艺完成后，还可能产生后固化或黏合剂的断裂降解，如CTPB推进剂用MAPO固化时，由于MAPO中含有P-N键而容易断裂。老化的结果减小了交联密度，并使推进剂变软；用均苯三酸-1,3,5-三（2-乙基氮丙啶-2）加成物（ITA）固化，在储存过程中有后固化现象，使推进剂变硬；用环氧和MAPO混合固化剂固化时，则储存中交联点较稳定，很少产生后固化。在HTPB推进剂中选用不同的异氰酸酯固化，其老化性能也不一样，其中以异佛尔酮二异氰酸酯（IPDI）抗老化性能最好。

⑥ 增塑剂与液体燃速催化剂的影响。增塑剂和某些液体燃速催化剂在储存中常发生迁移和挥发，如从推进剂向衬层迁移，降低了推进剂与衬层间的黏结力，燃速催化剂如二茂铁类催化剂的迁移改变了推进剂的燃速而使弹道性能发生变化。

⑦ 稀释剂的影响。在推进剂工艺中，曾采用苯乙烯作为稀释剂，若加工过程中不能将其完全除去，则对储存中的力学性能有恶劣的影响，并随苯乙烯含量的增加而变得严重。故在工艺中尽量除去或避免使用稀释剂。

（2）储存条件对老化的影响。

① 温度的影响。温度是在各种储存环境影响因素中最主要的一个：温度升高使推进剂中黏合剂产生降解或交联的速度加快，氧化剂热分解速度增大，增塑剂与黏合剂结合力松弛而加速迁移；温度降低至某一值，又可能产生聚合物结晶。图6-10为某复合固体推进剂在干燥环境的不同温度下储存56天的力学性能变化规律。该推进剂的初始断裂强度$P$=0.93 MPa，初始断裂延伸率为46%，由图可以看出，随储存温度的升高和时间的增加，力学性能下降，温度越高，变化的幅度越大。大量研究结果表明，CTPB、HTPB、PBAN等推进剂的力学性能变化与老化时间的对数呈线性关系，与温度密切相关。因而，可以根据上述原理用加速老化测定的结果外推到储存温度来预估它的使用寿命。

② 湿度的影响。湿度是影响复合固体推进剂力学性能的又一重要因素，推进剂中水分的来源主要有三个方面：由推进剂原材料干燥不彻底而带入；由推进剂组分间的化学反应产生；大气中的水分经扩散进入推进剂的内部。水分对推进剂力学性能和燃烧性能的影响作用主要有：引起黏合剂的水解断链；造成推进剂变软；水分在氧化剂表面形

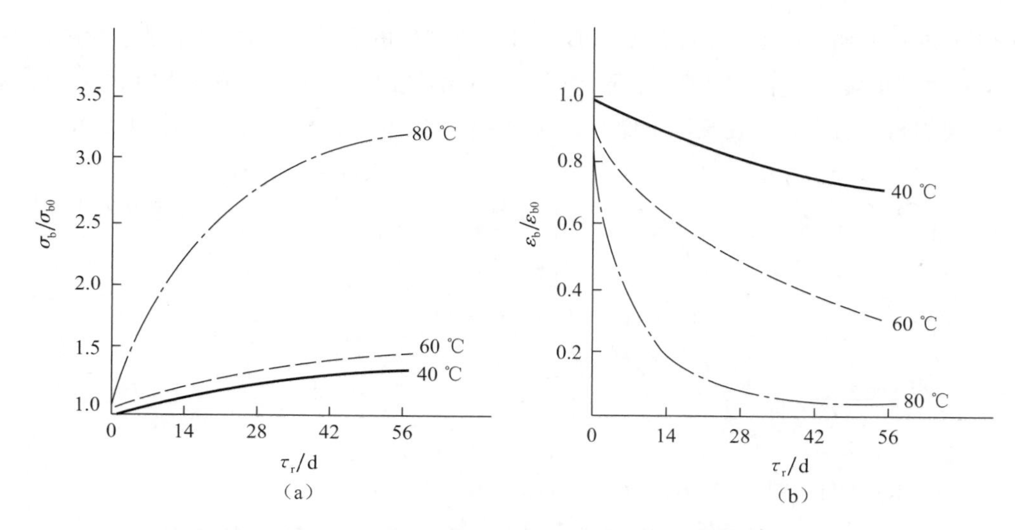


**图 6-10　某复合固体推进剂力学性能随储存温度和时间的变化关系**

（a）相对拉伸强度；（b）相对延伸率

成一层低模量层；降低氧化剂与黏合剂的结合力，在低应力作用下就能产生“脱湿”现象而导致力学性能降低；使氧化剂部分溶解，而后又产生晶析，影响点火性能；通过扩散至推进剂衬层界面，降低界面的结合力。一般来说，HTPB 推进剂对水分的敏感性要比 CTPB 的大；含 AN 的推进剂对水分非常敏感，而加入 HMX 和 RDX 则降低了对水分的敏感性。

③ 应变与应变循环的影响。壳体黏结式发动机装药固化成型后，在储存和使用过程中要受到温度载荷和机械载荷的影响，长期处于应变状态，这种应变可使黏合剂降解以及黏合剂与填料之间的化学作用加速。

（3）表面效应与界面效应的影响。

表面效应是指药柱的初始燃烧面的氧化作用，其结果使推进剂表面老化加速而与内部推进剂力学性能有明显差异。表面老化可使延伸率下降，模量上升，其影响深度可达 1.3 cm。当壳体黏结式发动机装药表面受到一个载荷作用时，表面老化效应加速更快。

界面效应是指推进剂与衬层的接触面上所产生的性能变化。当含有增塑剂或液体燃烧调节剂组分时，因界面间的浓度差而发生迁移，结果使界面附近的推进剂力学性能改变，燃烧性能改变，黏结性能变坏。若为含能增塑剂扩散迁移到衬层内，则衬层的限燃和隔热效果显著下降。

3）复合固体推进剂的老化机理

复合固体推进剂的老化机理因黏合剂不同而有所不同，因而较为复杂。这里就几个典型的老化机理进行讨论。

（1）后固化。

后固化是指在正常固化周期中尚未完成的而在储存过程中继续缓慢进行的固化反应。后固化现象除推进剂固化时尚未达到正硫化点在储存时继续固化外，往往还有一些是由副反应引起的。例如，用 BITA 固化 CTPB 推进剂所产生的后固化是因为在储存的过程中，BITA 发生了重排，产生了噁唑啉。噁唑啉与羧酸继续反应，但反应速度比 BITA 与羧基的反应要慢得多。所以，在高温下储存，这种后固化反应会继续进行。反应过程如下：

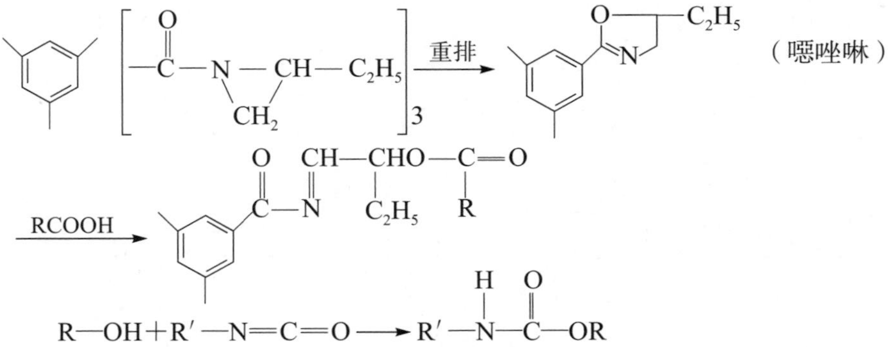

$$\left[ -\overset{\overset{O}{\|}}{C}-N\underset{CH_2}{\diagdown\!\diagup}CH-C_2H_5 \right]_3 \xrightarrow{\text{重排}} \text{（噁唑啉）}$$

$$\xrightarrow{RCOOH} \overset{\overset{O}{\|}}{C}-\overset{\|}{N}\ \ CH-\underset{C_2H_5}{\underset{|}{C}}HO-\underset{R}{\underset{|}{C}}=O$$

$$R-OH+R'-N=C=O \longrightarrow R'-\overset{\overset{H}{|}}{N}-\overset{\overset{O}{\|}}{C}-OR$$

CTPB 推进剂以环氧化合物为固化剂时，也存在后固化现象，因为环氧化合物本身发生了均聚反应。聚醚聚氨酯推进剂在用 TDI 作为固化剂时，在储存中多余的 TDI 继续与聚醚三醇等反应生成聚氨基甲酸酯。

$$R-OH+R'-N=C=O \longrightarrow R'-NH-CO-OR$$

固化生成物仍有活泼氢，在催化剂作用下还可以进一步与 TDI 反应生成脲基甲酸酯。用 TDI 固化 HTPB 时，一般不发生后固化反应。但在采用 MAPO 作为偶联剂时，MAPO 可以催化 TDI 生成三聚体和碳化二亚胺。

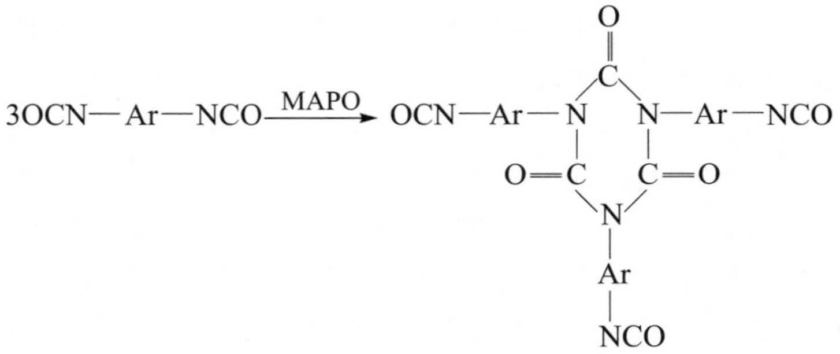

$$3OCN-Ar-NCO \xrightarrow{MAPO} OCN-Ar-N\langle\text{三聚异氰脲酸酯环：}(C=O)_3N_3\rangle N-Ar-NCO,\ \text{环上第三个 N}-Ar-NCO$$

$$2OCN-Ar-NCO \xrightarrow{MAPO} OCN-Ar-N=C=N-Ar-NCO+CO_2$$

反应式中 Ar 代表苯基。上述这两种化合物中均含有-NCO 基，但活性比 TDI 低，固化反应后仍残留在推进剂中，储存中继续发生缓慢的后固化。

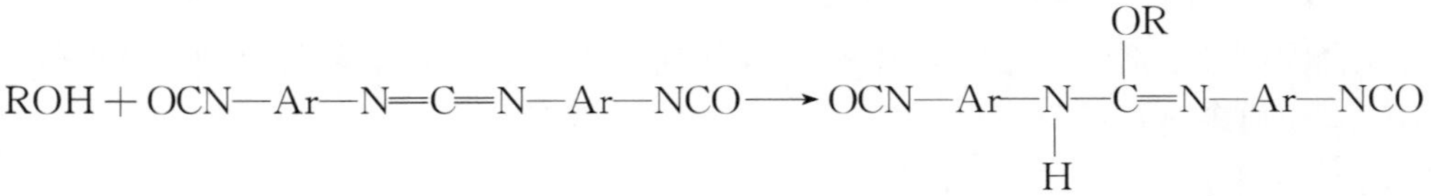

$$ROH+OCN-Ar-N=C=N-Ar-NCO \longrightarrow OCN-Ar-\underset{H}{\underset{|}{N}}-\overset{\overset{OR}{|}}{C}=N-Ar-NCO$$

（2）氧化交联。

对于含有双键的聚丁二烯类推进剂，可能在双键部位发生氧化交联。反应中的氧除来自空气中外，主要来自 AP 的分解产物和水解产物，生成的 $HClO_4$ 或初生态氧，具有很强氧化能力。试验证明，在发生氧化交联后的推进剂中双键减少，凝胶含量增加，$\sigma_m$ 上升，$\varepsilon_m$ 下降，并发现有过氧化物生成。氧化交联反应主要是发生在双键相邻的 $\alpha$ 碳上，特别是侧乙烯基双键。

$$-CH_2-CH=CH-CH_2- \xrightarrow{O_2} -\dot{C}H-CH=CH-CH_2- + HOO\cdot$$

$$-\dot{C}H-CH=CH-CH_2- \xrightarrow{O_2} -CH(O\dot{O})-CH=CH-CH_2- + RH \longrightarrow -CH(OOH)-\dot{C}H-CH=CH-CH_2- + R\cdot$$

然后继续氧化反应。氧化交联反应是游离基引发的反应，其反应速度依赖于游离基 ROO· 和 R· 的浓度。

（3）高聚物的降解。

高聚物的降解与其固化系统的稳定性有关，在环境因素（温度和湿度）的作用下，常发生断链降解。

对以 MAPO 为固化剂的 CTPB 推进剂进行老化产物分离，发现可能产生断链的三种情况为：

① P-N 键水解断裂生成 $H_2NR$。

$$O=P(NHR)_3 \longrightarrow O=P(OH)(NHR)_2 + H_2NR$$

② 磷酰胺酯发生 P-N 键断裂并重排后也生成了 $H_2NR$：

$$2\left[CH_3COOCH_2-CH(CH_3)-NH\right]_3PO \longrightarrow$$

$$\left[(CH_3COOCH_2-CH(CH_3)-NH)_2PO\right]_2NCH(CH_3) + CH_3-O-C(=O)-CH_3 + H_2NR$$

③ 磷酰胺酯首先环化，继而发生 P-N 键断裂，最终生成磷酸的衍生物和二甲基噁唑啉。

$$(CH_3COOCH(CH_3)CH_2NH)_3PO \rightarrow (CH_3COOCH_2-CH(CH_3)-NH)_2POOH + \text{(2,4-二甲基噁唑啉，环上 }H_3C\text{、}CH_3\text{ 取代)}$$

聚酯和聚氨基甲酸酯在酸性或碱性条件下也可发生水解断裂，如

$$\mathrm{R{-}\overset{\overset{\displaystyle O}{\|}}{C}{-}OR'} \xrightarrow{H^{+}或OH^{-}} \mathrm{RCOOH + R'OH}$$

$$\mathrm{RNH\overset{\overset{\displaystyle O}{\|}}{C}{-}O{-}R' + H_2O} \xrightarrow{H^{+}或OH^{-}} \mathrm{RNH_2 + R'OH + CO_2}\uparrow$$

$$\mathrm{RNH{-}\overset{\overset{\displaystyle O}{\|}}{C}{-}NHR' + H_2O} \xrightarrow{H^{+}或OH^{-}} \mathrm{RNH_2 + R'NH_2 + CO_2}\uparrow$$

4）改善固体推进剂储存性能的方法

前面讨论了复合固体推进剂产生老化的原因，改善推进剂储存性能的方法要针对产生老化的原因来采取相应的措施，以延长复合固体推进剂的储存寿命。

（1）改善氧化剂的热分解性能。

在复合推进剂中用得最多的氧化剂是高氯酸铵（AP），改善 AP 的热分解性能对改善推进剂的储存性能有利，具体的措施为：

① 消除 AP 中的有害杂质。

AP 的低温热分解受杂质的影响较大，砷酸根离子、氯酸根离子对 AP 分解具有催化作用，可通过多次重结晶的方法除去这些杂质。

② 添加热分解抑制剂。

一些铵的化合物对 AP 的热分解具有抑制作用，如 $(NH_4)_2HPO_4$、$NH_4F$、$NH_4Cl$、$NH_4Br$ 等，添加少量这些物质可以抑制 AP 的热分解性能。配合选择合适的工艺，效果更好。

③ 降低 AP 水分的含量。

AP 中含有水分时，对推进剂力学性能有很大影响，首先，水分干扰了固化反应，并释放出小分子 $CO_2$，使推进剂内部形成许多气孔；其次对 AP 的热分解有促进作用，所以，在加入推进剂前必须彻底将 AP 烘干。

④ 包覆。

对 AP 粒子选用适当的键合剂进行包覆，有利于提高推进剂的力学性能，并降低 AP 的热分解，降低吸湿作用。

⑤ 离子镶嵌。

用与 AP 相同构型的氧化剂（如 $KClO_3$）制成固溶液，即所谓的离子镶嵌，也可改善 AP 的低温热分解性能。

（2）提高黏合剂的抗老化能力。

复合固体推进剂老化的关键是黏合剂系统的老化。所以，提高黏合剂系统的抗老化性能，即提高黏合剂系统抵抗外界条件（如热、氧和水分等）作用的能力是提高抗老化性能的关键。

① 选择抗老化性能好的预聚体。含有某些活性基团或键的预聚物（如—$ONO_2$、$NF_2$ 等）对热敏感，而含双键的预聚物对氧敏感；饱和烃则有很好的热稳定性和抗氧化能力。官能团的选择也很重要，如 CTPB 就比 HTPB 的抗老化性能差。

② 选用抗老化性能好的固化剂和键合剂。如 CTPB 推进剂选用单一的 MAPO 或环氧树脂作固化剂时，在储存中会出现变软或变硬的现象，只有选用双元固化剂时才能克服上述缺点。异氰酸酯是 HTPB 推进剂的固化剂，但诸多异氰酸酯中以异佛尔酮二异氰酸酯固化的推进剂储存性能最好。PU 推进剂以选用 DDI（脂肪链或脂环链二异氰酸酯）固化的推进剂热稳定性最好。

键合剂（偶联剂）除可改善推进剂的初始力学性能外，也能提高推进剂的抗老化性能。如对于 HTPB 推进剂选用 MT-4 等。

③ 添加防老剂。在复合固体推进剂中添加防老剂是改善其抗老化性能的最有效方法。选用防老剂随黏合剂而异。常用的防老剂有胺类｛如防老剂 H（N，N′-二苯基二胺）、DNP［N，N′(B-萘基）对苯二胺］等｝和酚类［如 2,2′-甲撑-双（4-甲基-6-叔丁基）苯酚、4,4′-硫代双（6-叔丁基间甲酚）等］加入量为推进剂总量的 0.1%～0.3%。防老剂的作用在于中止黏合剂系统在氧化和断裂过程中产生的游离基，阻止推进剂降解的动力学连锁反应，从而延缓了推进剂的老化。

（3）改善储存条件。

① 密闭储存。将药柱储存于密闭容器中或在发动机中密闭储存，同时保持恒温。为消除空气中氧对推进剂药柱表面的作用，将容器或发动机空腔中的空气抽掉，再充以干燥的氮气。

② 控制储存环境湿度。控制环境湿度在推进剂吸湿的临界相对湿度下，使环境湿度不对药柱产生影响。推进剂与环境不产生水分交换，即推进剂不吸湿也不失水，这种在某一温度使推进剂吸湿处于平衡状态的相对湿度称为推进剂在该温度下的平衡相对湿度。推进剂不同，平衡相对湿度是不同的，如在 21.1 ℃下，聚酯推进剂的平衡相对湿度为 20%、CTPB 推进剂为 50%、HTP8 推进剂为 45%、PU 推进剂为 28%、LTPB（端内酯基聚丁二烯）推进剂为 55%。

③ 在推进剂表面涂布防老剂，将防老剂溶液涂布于推进剂暴露的初始燃烧面上，能有效地提高推进剂表面的抗氧化能力，从而提高推进剂的抗老化性能。

（4）限制不稳定组分的迁移扩散。

① 在推进剂和绝热层之间加阻挡层。这是阻挡基体组分的迁移扩散的措施之一。常用的阻挡层材料有环氧树脂、尿烷橡胶（Chemglaze）、聚酯薄膜（Malar）、铝箔等，这些材料能有效地阻挡增塑剂己二酸二辛酯（DOA）、硝酸酯、燃速催化剂二茂铁衍生物等的扩散迁移。

② 采用与推进剂中增塑剂相平衡的绝热衬层材料。即在衬层中加入与推进剂中完全相同品种、相同含量的增塑剂，以克服它们之间因浓度差而发生迁移。

③ 选用抗迁移的衬层材料。提高衬层的交联密度和衬层中填料的含量，可提高衬层的抗迁性能。但是，交联密度过大和填料含量过高，会使衬层的推进剂之间力学性能差异太大而降低界面间的黏接性能。

### 6.3.3 贮存少量炸药安全药库的安全性试验

**1. 概述**

在城区安全储存炸药的条件，首要的是防止炸药被盗窃，同时要求偶然发生爆炸时，不能损害周围的设施和建筑物，产生对人们及社会有危害程度的爆炸声响。具备这个条件的临时药库，现在都设置在城市交通不太方便的地方。今后要求临时储存炸药的药库不能妨碍城市的发展，所以大多将炸药及火工品的保管库建在地下深处。

为开发这种安全药库，先从满足下面的基本条件研究。

（1）以最小单元间隔储存爆炸物。

（2）即使有一个单元爆炸，也不能向其他单元爆炸物传爆。

（3）即使有一个单元爆炸，也不致对药库本身有实质性的损坏，同时不致损坏药库外部的设施。

（4）即使有一个单元爆炸，释放到外部的爆炸声响，也不能给社会带来惊慌和不安的。

（5）因外部火灾使药库周围受热时，其加热温度不能达到药库内部储存爆炸物品的自燃发火温度。

为了解决上述问题，日本全国火炸药安全协会、日本火药枪炮商联合会、东京大学吉田研究室、中央大学小林研究室以及日本工机（株）白河制造所协作承担了这些试验，进行研究开发。

**2. 冲击波缓冲材料和爆炸物的殉爆距离**

当药库有一包炸药爆炸时，为了使周围相隔一定距离放置的炸药不殉爆，取决于两个条件：第一是两包炸药之间的隔离材料的性质；第二是两炸药间不发生殉爆的距离。

对弱冲击波来说，与发令枪纸炮安全包装的开发情况相似。可以采用小型间隙试验（Ⅱ）来研究材料对冲击波作用的缓冲效果。对强冲击波来说，可以采用砂中爆炸的殉爆试验来研究材料对冲击波作用的缓冲效果。由试验结果可知，能够作为冲击波缓冲材料的比较实用的物质是河砂。

其次，试验中必须先测定爆炸物在砂中爆炸时的极限殉爆距离，如果发现殉爆感度最高的爆炸物，那么，在此爆炸物的安全殉爆距离内，不应引起其他爆炸物的殉爆。

现在所使用的工业炸药的冲击波感度，用弹道臼炮的可变起爆剂试验，以及小型间隙试验测得。由试验得知，冲击感度最高的是 2 号榎代那迈特。

下面介绍砂中殉爆试验。在氯乙烯管中放入代那迈特药包，然后水平地放置在砂中，当起爆一个药包时，如药包中心间隔约为 10 cm，药包间并不殉爆。另外，在内径为 30 mm 的氯乙烯管中，以及专门设计的装填单个药包的容器中装入炸药（如图 6-11 所示），进行砂中的殉爆试验（如图 6-12 所示）。由试验结果可知，如果将装填单个药包的容器放置在砂中，药包中心间距为 150 mm，那么，即使现行工业炸药有一个药包爆炸，另一个药包并不被殉爆。由上述试验可知，砂中殉爆试验所得的结果与用弹道臼炮所得的工业炸药的感度顺序是完全一致的。即 2 号榎代那迈特＞3 号桐代那迈特＞埃那格尔 MA-7＞黑高氯酸铵（＞阿依来马依托≈硝铵炸药）＞哈马马依托＞铵油炸药。括号内的炸药是没有进行砂中殉爆试验的炸药。

砂中殉爆试验的结果列于表 6-8～表 6-10 中。

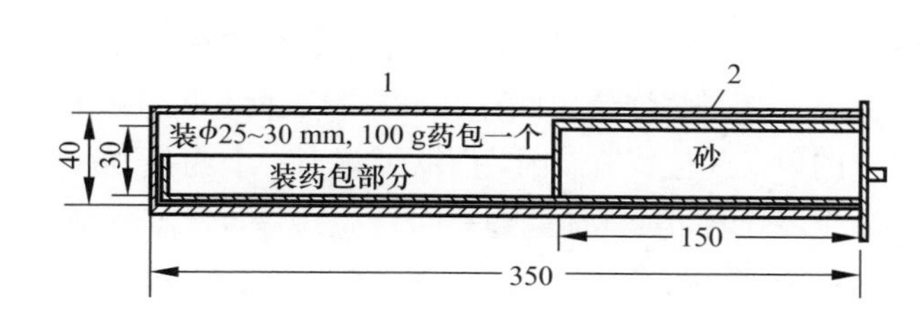


图 6-11　装填单个药包的容器示意图

1—外筒（VP-40）；2—内筒（VP-30）

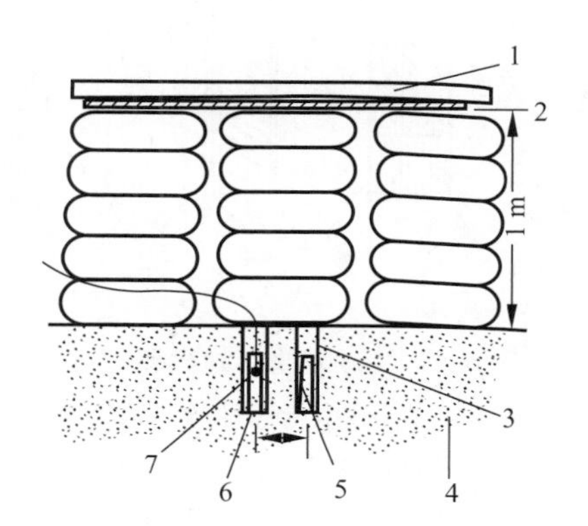


图 6-12　埋在砂中的氯乙烯管中的代那迈特殉爆试验布置图

1—旧草垫；2—铁板；3—证据棒；4—砂；5—被发装药；6—主发装药；7—6 号雷管

表 6-8　炸药包的砂中殉爆试验结果

| 炸药（直径 30 mm，100 g） | 药包中心间距离/cm | 试验结果 |
|---|---|---|
| 埃那格尔 MA-7 | 10 | ××× |
| | 8 | ××× |
| | 7 | ××× |
| | 6 | ○○○ |
| 2 号榎代那迈特 | 12 | ××× |
| | 10 | ○○○ |
| 注：○——殉爆；×——不殉爆 | | |

表 6-9　装入 VP-30 氯乙烯管中的炸药砂中殉爆试验结果

| 炸药（直径 30 mm，100 g） | 药包中心间距离/cm | 试验结果 |
|---|---|---|
| 埃那格尔 MA-7 | 10 | ××× |
| 2 号榎代那迈特 | 12 | ××× |
| | 10 | ○×× |
| 注：○——殉爆；×——不殉爆 | | |

表 6-10 装入单发药包装填器的炸药的砂中殉爆试验结果

| 炸药（直径 30 mm，100 g） | 药包中心间距离/cm | 试验结果 |
|---|---|---|
| 埃那格尔 MA-7 | 10 | ××× |
| 2 号榎代那迈特 | 12 | ××× |
| | 10 | ○×× |
| 注：○——殉爆；×——不殉爆。 | | |

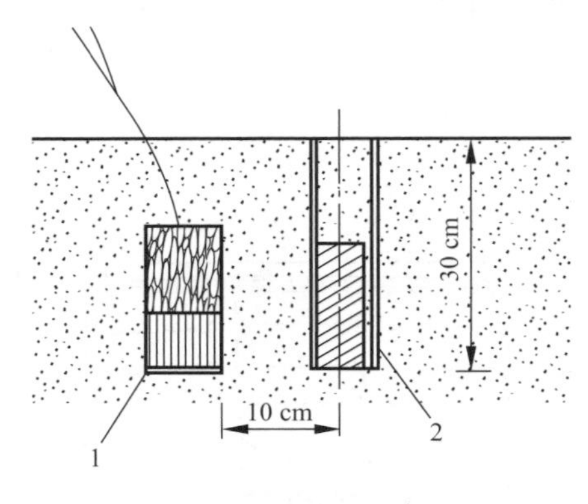


图 6-13 100 发雷管对代那迈特的砂中殉爆试验

1—箱内装 6 号雷管 100 发；2—榎代那迈特

如还拟在此药库中同时储存 100 发左右的 6 号雷管，还需进行雷管与榎代那迈特的砂中殉爆试验。试验布置如图 6-13 所示。试验结果是 6 号雷管全部爆炸，但榎代那迈特都没有殉爆。试验时，榎代那迈特是装入内径为 30 mm 的氯乙烯管（VP-30）中，但氯乙烯管几乎没有破损，说明所受到的冲击比较小。

### 3. 小药量模拟药库（Ⅰ）的库内爆炸试验

如果将炸药包储存在砂中且彼此相隔 150 mm 的单发药包装填器内，而欲了解当一个药包万一发生爆炸时，对其他药包是否产生殉爆，就需要制作一个模拟药库，并让其中一发药包在砂中爆炸，研究这种爆炸对周围带来的损害及释放到库外爆炸声响的大小。模拟药库（Ⅰ）的示意图如图 6-14所示。模拟药库的砂堆中，还预先放置了一个横向存放室，如图 6-15 和图 6-16 所示。

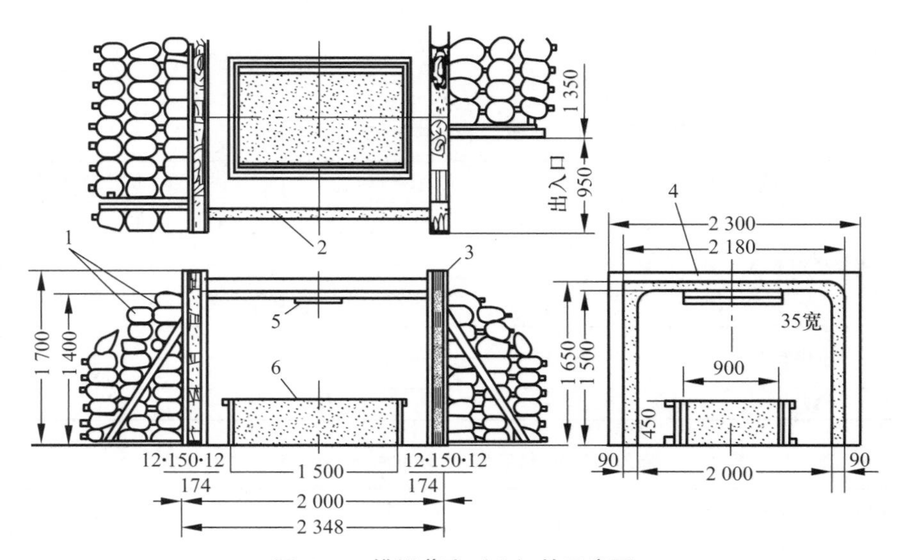


图 6-14 模拟药库（Ⅰ）的示意图

1—砂袋；2—胶合板夹砂墙；3—加强材料；4—钢筋混凝土制大型水路（U 形沟）；5—铝证据板；6—口朝上的存放室（将弹发药包装填器垂直放入）

图 6-15　没有装入砂中的横向存放室
（由上方摄制的照片）

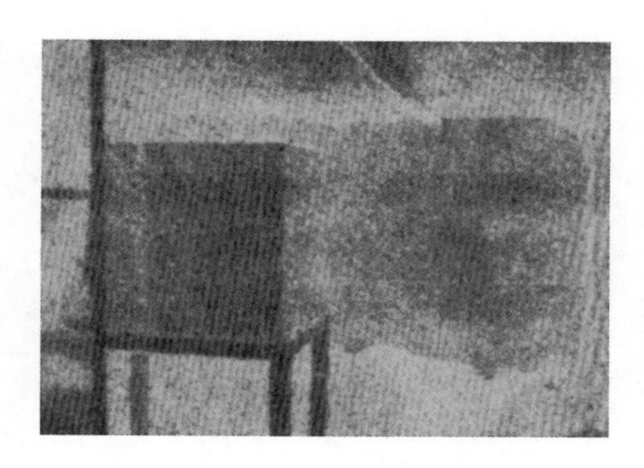

图 6-16　装有一个单发药包装填器的
横向存放室和钢筋混凝土证据板

试验时，对爆炸场所周围的损坏，可以利用一块厚 1 mm 或 3 mm 的铝证据板及 50 mm×50 mm×3.0 mm 的钢筋混凝土证据板来观察。由于在砂中爆炸，飞散物的速度较低，所以飞散物对周围设施及物品的冲击也不厉害，对它们的损伤不大。同时，冲击波对建筑物也不会带来重大损坏。但是，存放室则可因一发药包的爆炸，而遭受较大的损坏。关于爆炸声响的影响，在后面总结时再详述。

**4. 小药量模拟药库（Ⅱ）的库内爆炸试验**

用简单结构的模拟药库（Ⅰ）（如图 6-14 所示）进行爆炸试验，有可能测定药库的某些性能数据。因此，制造一个与实际药库相同结构的模拟药库，通过库内的爆炸试验，则可测定地面振动和爆炸声响，从而可以确定所期望得到的药库性能数据。

图 6-17 和图 6-18 为模拟药库（Ⅱ）的结构及外观，它是一个长 2.2 m、宽 2.2 m、高 2.3 m 的钢筋混凝土结构，其壁厚为 10 cm。药库设计了钢制的防火门（0.8 m×1.8 m，厚 4.5 mm）和换气孔（200 mm×250 mm，钢制防火百叶）。防火门内装有隔音用的夹砂壁（15 cm 厚）。

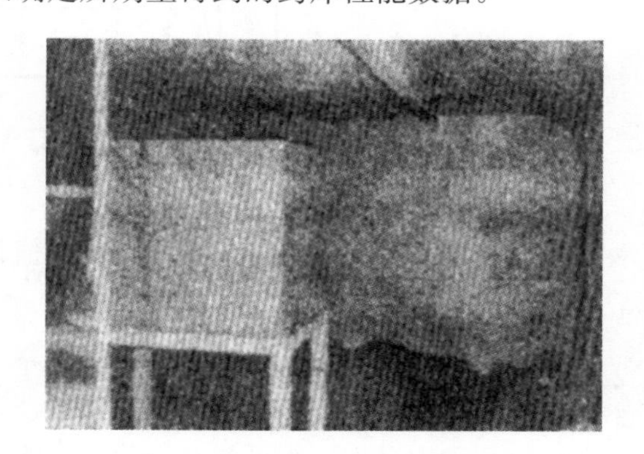

图 6-17　小药量药库的外观

在药库内部设置存放室模型，其中装满砂子、口朝上的存放室尺寸为 1 m×1 m×0.5 m。为了测定爆炸后的加速度、地面振动及爆炸声响，按图 6-19 所示的测量点进行测量。通过内部爆炸试验，没有发现药库产生实质性损伤。

**5. 爆炸噪声**

1）在砂上及砂中爆炸时产生的爆炸声响

使 $\phi$30 mm、100 g 的埃那格尔 MA-7 炸药药包在下面 6 种条件下爆炸，测定其爆炸

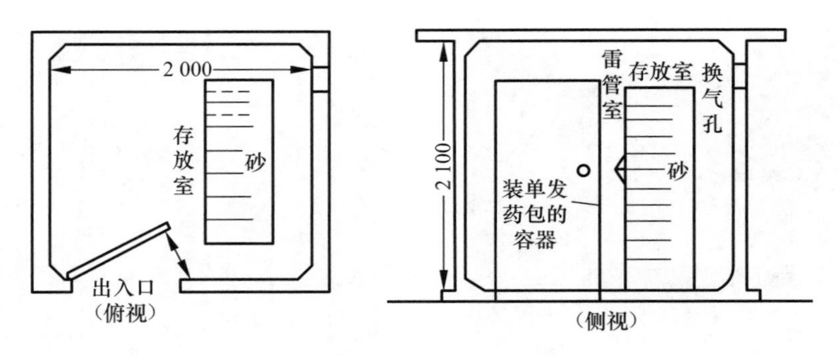


图 6-18　药库示意图

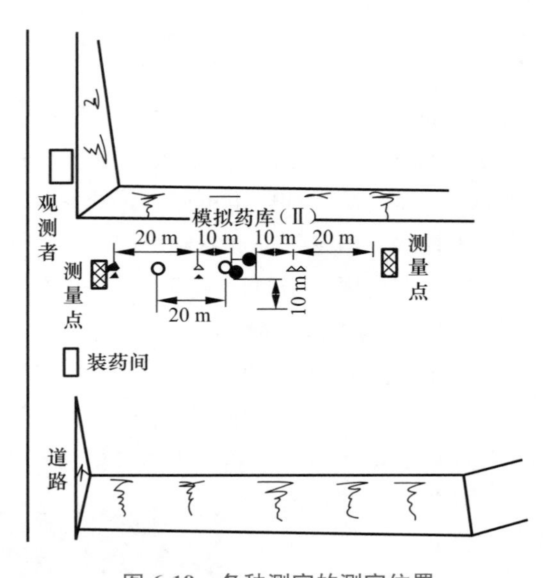


图 6-19　各种测定的测定位置

●—加速度；○—地面振动；△—爆炸音

声响。测定结果列于表 6-11。表中测定值是三次测定数据的平均值。

（1）砂上爆炸。

（2）VP-30：将 30 cm 长的 VP-30 氯乙烯管竖直埋置，使管子上端与砂子表面平齐，在埋入砂中的一端侧面放置一药包，充填砂子后使其爆炸。

（3）砂中爆炸：水平放置一药包，埋深 30 cm，使其爆炸。

表 6-11　各种状态下爆炸产生的爆炸声响　　dB

| 爆源条件 \ 测定位置 / 特性 | 100 m | | | 350 m | |
|---|---|---|---|---|---|
| | 平坦特性 | 线性特性 | A 特性 | 平坦特性 | 线性特性 |
| 砂上爆炸 | 119.5 | 118.0 | 101.5 | 99.5 | 75.0 |
| VP-30 | 110.0 | 111.0 | 84.5 | 89.0 | 59.5 |

续表

| 爆源条件 \ 测定位置 / 特性 | 100 m | | | 350 m | |
|---|---|---|---|---|---|
| | 平坦特性 | 线性特性 | A 特性 | 平坦特性 | 线性特性 |
| 砂中爆炸 | 97.0 | 104.5 | 70.0 | 79.0 | 68.0 |
| 30 cm 单发药包装填器，内无砂 | 109.5 | 105.5 | 93.5 | 89.5 | 72.5 |
| 30 cm 单发药包装填器，内有砂 | 109.5 | 105.5 | 93.0 | 93.5 | 73.5 |
| 35 cm 单发药包装填器，内有砂 | 102.5 | 101.5 | 85.0 | 84.0 | 68.0 |
| 注：脉冲水平仪是在主速示波器 LP-50 读取数据；线性特性是在 VM-14B 仪器上读取数据。脉冲水平仪与一般通用的快速水平仪之间的误差为 3.5～4.5 dB。 | | | | | |

（4）长 30 cm 单发药包装填器，不装砂子：竖直埋设多个 30 cm 长的单发药包装填器，使上端与砂子表面平齐，装填器内不装砂子，让其爆炸。

（5）长 30 cm 单发药包装填器，装入砂子：在与（4）相同的单发药包装填器中，再装 10 cm 长的砂子，使其爆炸。

（6）长 35 cm 单发药包装填器，装入砂子：在 35 cm 长的单发药包装填器中，再装 15 cm 长的砂子，使其爆炸。

通过以上测定可知，在单发药包装填器中再装入 15 cm 长的砂子时，比装入 10 cm 长的砂子爆炸声响低得多。装入 10 cm 长的砂子与不装砂子的相比，爆炸声响大体相同。这是因为装入 10 cm 长的砂子时，当药包爆炸后，像火炮的发射现象一样，将砂子喷射出去，所以消除不了多少爆炸声响。装入 15 cm 长的砂子时，不产生像火炮发射的现象，爆炸产生的气体有效地作用于砂介质，这样砂介质就吸收了很多的爆炸能量，从而减低了爆炸声响。

在长 15 cm 装砂的单发药包容器内爆炸时，与在砂上爆炸的药包相比，其声压和噪声要低 15 dB；与位于深 30 cm 的砂中爆炸药包相比，因为砂中药包的重心位置离地面近，虽声压稍高，但噪声却显著提高了。这可能是砂中药包周围空间部分空气所产生的影响。

2）在模拟药包（Ⅰ）中爆炸的爆炸声响

由模拟药库（Ⅰ）试验的爆炸声响测定结果列于表 6-12 中。测定值是在脉冲水平仪上读取的，与一般通用的高速水平仪相比，其值低 3.5～5.5 dB。

**表 6-12　2 号榎代那迈特炸药（$\phi$30 mm，100 g）爆炸声响测定结果**　　dB

| 序号 | 离砂墙 10 m | | 离混凝土墙 10 m | | 离混凝土墙 50 m | |
|---|---|---|---|---|---|---|
| | A | L | A | F | A | F |
| 4～7 | 100～101 | 96～97 | 106～113 | 102～108 | 76～89 | 86～91 |
| 8 | 106 | 101 | 117 | 113 | 92 | 98 |
| 14* | 107 | 102 | 110 | 113 | 90 | 97 |
| 9、10、15 | 100 | 96～102 | 109～114 | 107～109 | 85～87 | 87～97 |

续表

| 序号 | 离砂墙 10 m | | 离混凝土墙 10 m | | 离混凝土墙 50 m | |
|---|---|---|---|---|---|---|
| | A | L | A | F | A | F |
| 12 | 110 | 109 | 117 | 114 | 91 | 96 |
| 13、16～18 | 121～127 | 117～118 | 122～125 | 124～130 | 104～110 | 109～120 |
| 19 | 125 | 118 | 125 | — | 110 | 128 |
| 注：砂墙与混凝土建筑物之间有间隙。A——A 特性， L——线性特性： F——平坦特性。 | | | | | | |

后面列出的 dB 值也都是用脉冲水平仪测定的。线性特性为 1～90 Hz，平坦特性为 10～20 Hz，也在线性频响范围。因为被测爆炸声响主要是频率为 100 Hz 以上的声波，所以有必要对这些测定值的比较及解释加以注意。

在口朝上的存放室的中央砂子中埋入单发药包容器，再装入 175 g、长 15 cm 的砂子，其爆炸时的声响，与其他条件下爆炸声响的差异，列于表 6-13 中。

**表 6-13 模拟药库（Ⅰ）中爆炸声响的差别** dB

| 序号 | 离砂墙 10 m | | 离混凝土墙 10 m | | 离混凝土墙 50 m | | 备 注 |
|---|---|---|---|---|---|---|---|
| | A | L | A | F | A | F | |
| 4～7 | 0 | 0 | 0 | 0 | 0 | 0 | 朝上，装砂子，100 g 药 |
| 8 | 5.5 | 4.5 | 8.0 | 7.0 | 10.7 | 10.2 | 朝上，无砂子，100 g 药 |
| 14 | 6.5 | 5.5 | 1.5 | 7.0 | 8.2 | 9.2 | 朝上，装砂子，100 g 药，间隙 |
| 9、10、15 | 0.5 | 2.2 | 3.2 | 2.5 | 4.5 | 3.9 | 侧向，装砂子，100 g 药 |
| 12 | 9.5 | 12.5 | 8.5 | 8.5 | 9.7 | 8.2 | 朝上，装砂子，300 g 药 |
| 13、16～19 | 24.5 | 21.0 | 15.4 | 11.6 | 25.7 | 25.6 | 砂上，100 g 药 |

在没有装填砂子的情况下，10 m 远处的噪声（A 特性测定值）为 5.5～8 dB，声压（平坦或线性特性测定值）为 4.5～7 dB；在 50 m 远处，噪声和声压都约为 10 dB。在侧向存放室方向，噪声及声压都为 0～4.5 dB。这是因为口朝上的存放室中药包的爆炸能量主要是向上方释放，侧向存放室中药包的爆炸能量则向 6 个方向释放，所以后者相对的声源能量小，声响也就变弱了。在单发药包装填器中装入 3 发榎代那迈特药包，并使其同时起爆所测得的声压及噪声，比装 1 发药包爆炸时所测得声压的 3 倍还高，可达 8.2～12.5 dB。这是因为同时爆炸时，砂子较易飞溅，声源能量容易释放。用模拟药库（Ⅰ）进行试验的条件列于表 6-14。

**表 6-14 模拟药库（Ⅰ）试验表**

| 序号 | 试验号 | 日时 | 爆源条件 | | |
|---|---|---|---|---|---|
| | | | 容器 | 装填物 | 药量/g（2 号榎，$\phi$30 cm） |
| 1 | 预备 1 | 10/30 14：40 | 口朝上单发药包装填器 | 装砂 | （雷管 1 发） |
| 2 | 2 | 15：00 | 口朝上单发药包装填器 | 装砂 | 30 |
| 3 | 3 | 15：30 | 口朝上单发药包装填器 | 装砂 | 60 |

续表

| 序号 | 试验号 | 日时 | 爆源条件 | | |
|---|---|---|---|---|---|
| | | | 容器 | 装填物 | 药量/g（2 号榎，$\phi$30 cm） |
| 4 | 4 | 16：00 | 口朝上单发药包装填器 | 装砂 | 100 |
| 5 | 1—1 | 10/31　9：55 | 口朝上单发药包装填器 | 装砂 | 100 |
| 6 | 1—2 | 10：20 | 口朝上单发药包装器具 | 装砂 | 100 |
| 7 | 1—3 | 10：55 | 口朝上单发药包装填器 | 装砂 | 100 |
| 8 | 1—4 | 11：25 | 口朝上单发药包装填器 | 无砂 | 100 |
| 9 | 2—1 | 13：20 | 侧向单发药包装填器 | 装砂 | 100 |
| 10 | 2—2 | 13：40 | 侧向单发药包装填器 | 装砂 | 100 |
| 11 | 1—5 | 14：20 | 口朝上单发药包装填器 | 装砂 | 100 |
| 12 | 3—1 | 14：50 | 3 根口朝上单发药包装填器 | 装砂 | 300 |
| 13 | 4—1 | 15：25 | 砂上 | — | 100 |
| 14 | 1—6 | 11/1　9：10 | 口朝上单发药包装填器 | 装砂 | 100 |
| 15 | 2—3 | 9：40 | 侧向单发药包装填器 | 装砂 | 100 |
| 16 | 4—2 | 11/1　10：05 | 砂上，离墙 92 cm | — | 100 |
| 17 | 4—3 | 10：15 | 砂上 | — | 100 |
| 18 | 4—4 | 10：35 | 砂上 | — | 100 |
| 19 | 4—5 | 10：50 | 砂上，离墙 15 cm | — | 100 |
| 20 | 4—6 | 11：05 | 砂上，紧贴墙 | — | 100 |
| 21 | 4—7 | 11：20 | 砂中约 30 cm，紧贴墙 | 砂中 | 100 |

3）在模拟药库（Ⅰ）中的爆炸声响

人们关心小药量药库试验时，埋入库内砂中的单发药包装填器爆炸时产生的噪声及声压释放到库外有多大。为此，将这些测定结果列于表 6-15 中。

**表 6-15　单发药包装填 2 s 的爆炸声响**　（脉冲/dB）

| 特性 / 方向 / 距离 / 声源条件 | A | | | 平坦 | | | 线性 | |
|---|---|---|---|---|---|---|---|---|
| | 换气孔方向 | 门方向 | 二重肋壁方向 | 换气孔方向 | | 门方向 | 二重肋壁方向 | |
| | 30 | 10 | 30 | 10 | 30 | 10 | 10 | 30 |
| 1B-100 | 96.3 | 105.3 | 86.0 | 113.8 | 107.0 | 109.5 | — | 93.8 |
| 1C-100 | 97.5 | 106.3 | 85.3 | 114.3 | 107.0 | 114.8 | — | 97.5 |
| 2B-100 | 97.5 | 106.8 | 82.2 | 113.2 | 106.2 | 110.2 | 102.5 | 97.5 |
| 2C-100 | 97.2 | 101.5 | 85.7 | 116.3 | 109.5 | 108.8 | 102.5 | 102.5 |
| $1B_{干}$-100 | 96.8 | — | 85.5 | — | 107.3 | 105.5 | 100.8 | 94.0 |
| $1B_{湿}$-100 | 91.0 | — | 81.8 | — | 105.3 | 103.8 | 199.5 | 91.5 |

在声源条件中，1B-100 及 1C-100 分别表示无砂墙时，口朝上的存放室和侧向存放室内装有砂子的单发药包装填器内 100 g 药包爆炸的情况，2B-100 表示有砂墙的情况，$1B_{干}$-100 及 $1B_{湿}$-100 分别是装干砂的情况和装含水到饱和状态砂子的情况。

表 6-15 数据的单位是：A 场合的 A 脉冲为 dB，平坦场合 F 脉冲为 dB，线性场合 L 脉冲为 dB。线性场合因为使用的是超低频音波测定器，其线性响应范围为 1～90 Hz，90 Hz 以上的频率成分被切掉，所以应注意水平值相当低的情况。

因为对测定的 3 个方向没有得到全部测定值，所以不能直接比较各方向声响的强度。但如果考虑频率随距离衰减及不同距离、不同方向周波频率成分不同的分析结果，可以比较容易地分析以下情况。

噪声水平仪及声压水平仪都放置在距离 10 m 远处，换气孔方向位置最高，其次是门的方向，而双重肋壁方向最低。这样，用 A 特性脉冲水平仪测得的数据不超过 110 dB，平坦特性脉冲水平仪测得的数据不超过 120 dB。若将仪器放到 30 m 远位置处，用 A 特性脉冲水平仪测得的数据为 100 dB，用平坦脉冲水平仪测得的数据不超过 110 dB。

根据过去研究的结果，噪声水平仪测定值与人的反应关系如下：

高速 A 115 dB 以上，若不堵住耳朵，耳膜就不能承受。

高速 A 90 dB，常常感到非常难受。

高速 A 70 dB，感到不舒服。

由上述测定结果可知，在距离药库 10 m 远处，A 脉冲不超过 110 dB（约为高速 A 的 106 dB)，低于高速 A 的 115 dB，所以没有必要堵住耳朵；当距离药库 30 m 远时，A 脉冲在 100 dB（约为高速 A 96 dB）以下，这虽然超过了人们感到非常难受的 90 dB，但是它是指一天内反复听几次时对人们的影响。当药库发生爆炸事故时，人们只听到一次这样强的声音，不会令人吃惊。所以可以说，上述试验没有产生对人们有影响的声响。

另外，声压水平值即使在最高的换气孔一侧 10 m 远处，F 脉冲也不超过 120 dB。根据 OSHA（劳动安全卫生厅）的规定，脉冲性噪声的安全极限为 140 dB（高速 L），根据 CHABA 的规定 L 峰值为 141 dB。上述试验所测定的声压水平值比这两种规定的值都低很多，因此，可以说对人耳没有什么影响。

众所周知，传到库外的声响是由墙壁与铁门的振动，以及从换气孔和门缝的泄漏引起的。所以为了减弱传至库外的声响，采取在爆源周围充填砂子的方法较好。试验证明，含有水饱和的砂子消声效果最佳。

通常认为，为了防止门被冲击及防止从门缝中喷出气体，需要设置缓冲材料。墙壁内表面设置缓冲材料，对着换气孔方向设置反射板及铁丝网等，都可以不同程度地起到吸收和防止声响外泄的效果。但是，这种缓冲作用非常复杂，对不同爆源或不同方向，其效果常相差很大。

另外，砂壁的效果不太显著，且随爆源的种类和方向的不同而有差异。在一般情况下，门外的方向噪声和声压较高。侧向存放室与口朝上的存放室相比，前者外面的噪声及声压都高，但最高的地方还是门的方向，约为 5 dB。

6. **小药量模拟药库（Ⅲ）的外部火焰试验**

本试验研究当药库附近发生火灾时，在外部火焰作用下，药库内温度上升的规律。

1）模拟药库（Ⅲ）

模拟药库（Ⅲ）的平面图及用它进行外部火焰试验的布置如图 6-20 所示。模拟药库（Ⅱ）是在药库遭受外部火焰作用时，推定库内温度变化的，但因为利用药库（Ⅱ）的原尺寸库房进行试验有困难，所以才使用了缩小 1/2 的模型进行模拟试验，库房钢筋混凝土墙壁厚 10 cm，门的钢板厚 4.5 mm，这与模拟药库（Ⅱ）是一致的。

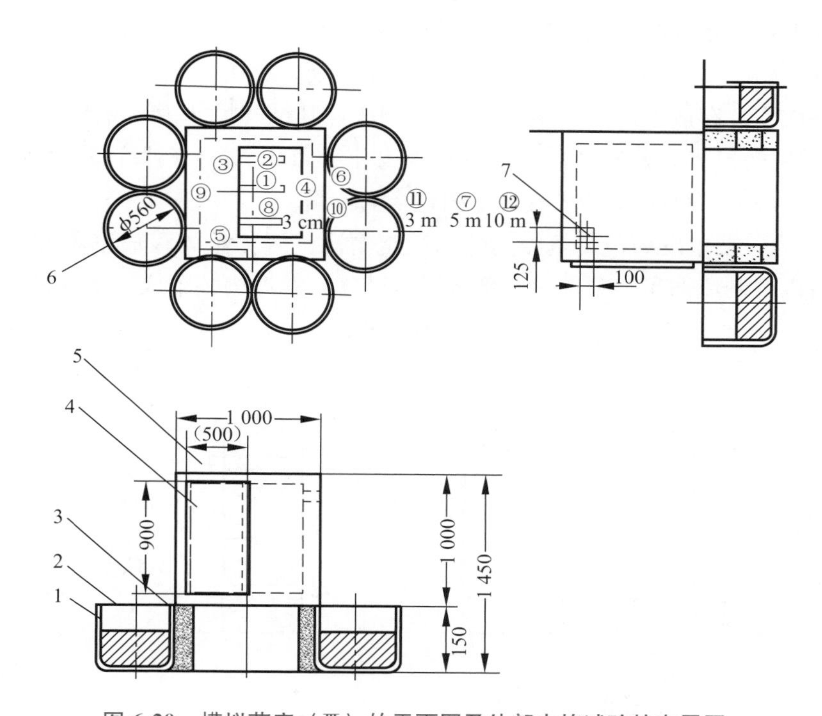


**图 6-20　模拟药库（Ⅲ）的平面图及外部火焰试验的布置图**

①②⑧—单发药包装填器；③—库内空间的中央；④⑨—与墙壁连接；⑤—与门连接；
⑥⑩—墙壁中心部，离表面 3 cm；⑪⑦⑫—高 1 m
1—燃料煤油；2—燃料容器（大油筒），3—永久混凝土；4—门（钢板厚 4.5 mm）；
5—小药库（混凝土厚 10 cm）；6—燃料容器（大油筒）；7—换气孔

进行了三次试验，第一次及第三次试验在门的钢板上装一隔热板材，门缝间用剪下的石棉布塞住，换气孔用隔热板堵住。模拟药库（Ⅲ）的各部结构尺寸如下，

（1）药库的大小。药库（Ⅲ）长 1 m，宽 1 m，高 1 m。药库（Ⅱ）的大小是 2.2 m×2.2 m×2.3 m，所以药库（Ⅲ）的线性尺寸近似为药库（Ⅱ）的 1/2。

（2）钢筋混凝土壁厚 10 cm。

（3）门。门用钢板包覆，钢板厚 4.5 mm，门的开口部分为 400 mm×800 mm，而

药库（Ⅰ）门的尺寸为 700 mm×1 600 mm，其 1/2 为 350 mm×800 mm。因为入口宽为 350 mm 时，内部操作不方便，所以制成门宽 400 mm。钢板定位螺钉间距各为 50 mm。

（4）换气孔。用钢板堵塞，钢板厚 4.5 mm，开口部分为 100 mm×125 mm，取药库（Ⅱ）换气孔的 1/2 尺寸。钢板定位螺钉的间距各为 25 mm。

因为门及换气孔都是开、闭结构，所以在测温试验中，为了不影响测定试验，才简单地用螺钉固定钢板。

（5）耐火隔热材料。现已知材料性能且使用最普遍的耐火隔热材料是西坡来克斯 50，沿门及换气孔钢板的外侧全部贴上这种材料，并用定位螺钉固紧。所用的西坡来克斯材料厚 50 mm。

（6）存放室。存放室用 12 mm 厚胶合板制成，其结构尺寸为 600 mm× 500 mm× 500 mm。单发药包装填器全长为 350 mm，装砂长度 150 mm。药库内尺寸为 800 mm× 800 mm×800 mm。存放室要设置在药库内适当的位置。

图 6-21 为三发单发药包装填器的外筒固定情况。因为整体存放室不能从药库的入口运进，所以要制成两半，分前后两部分进入药库，在库内装配成一个整体，然后充填砂子。

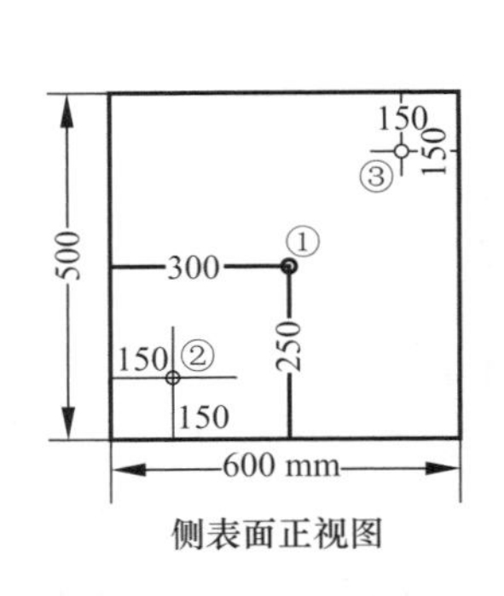


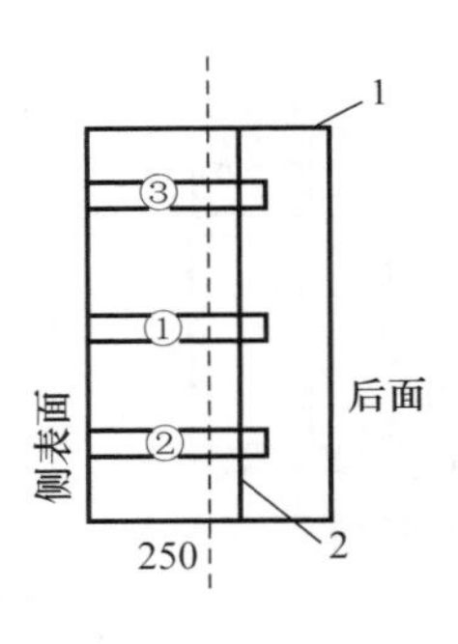


**图 6-21 存放室示意图**

1—上面不要装；2—单发药包容器支承板

注：虚线表示两半存放室的分界，在仓库内用黏合剂和钉子将两半固定，然后将单发药包装填器放入其中，并在存放室中装入砂子。○内的数字为测定温度的位置。

2）模拟火灾

装燃料的容器是用一个容积为 200 L 的大油筒（钢板制）裁成两半制成的，共用 8 个，每个筒深为 450 mm。

每个筒中加入灯油的高度约 325 mm，相当于 80 L 左右，8 个筒合计装油 640 L，利用一部分浸入灯油中的点火布条，点燃灯油，在点火前 5 min，在这些布条上再浇上一些汽油。点火方法是用 100 V（AC）金属镍丝加热点火。点火位置分 4 处，先用浸透汽油的布条将 8 个大油筒连接起来，然后再用金属镍丝火具接触浸透汽油的布条点火，如图 6-22 所示。

图 6-22　模拟药库（Ⅲ）
在钢板上贴有一层隔热板

3）温度测量

用具有 12 条热电偶的两台多通道记录仪测量温度。测量位置如图 6-20 所示，与记录装置的对应关系如下。

（1）A 多通道记录器。

7 通道测量中心部位单发药包装填器内的温度①。

8 通道测量对面一侧的单发药包装填器内的温度②。

9 通道测量库内空间中心部位的温度③。

10 通道测量与存放室底部相连的墙壁温度④。

11 通道测量前面一侧的单发药包装填器内的温度⑧。

12 通道测量库内壁面的温度⑨。

（2）B 多通道记录器。

7 通道测量连接门钢板处的温度⑤。

8 通道测量离库外壁中心 3 cm 处的温度⑥。

9 通道测量离库壁 5 m 处的温度⑦。

10 通道测量离库外壁中心 3 dm 处的温度⑩。

11 通道测量离库壁 3 cm 处的温度⑩。

12 通道测量离库壁 10 m 处的温度⑩。

4）第一次外部火焰试验

这次试验由于热电偶导线过热，产生了断线的故障，故没有结果。

5）第二次外部火焰试验

药库门铁板内部温度达到 660 ℃，所以有必要在药库门的铁板上安装隔热材料。

6）第三次外部火焰试验

将测定温度的结果表示在图 6-23～图 6-26 上。如上所述，在第一次试验中，由于中途药库内温度测定系统一部分断线，没有得到满意的结果，所以才重新进行了试验。这次试验门上安装的隔热材料与第一次试验不同，隔热材料安装在门的内侧。

按照第一次试验的内容进行试验，但是增加了测定库壁中心温度及通过钻孔测定混凝土内部 5 cm 处的温度。

（1）药库壁外侧。

前两次是测定离药库外壁面 3 cm 处的温度，这次是直接与壁面接触进行测定。包括有门的一侧壁面共四个面的测定结果都表示在图 6-23 及图 6-24 中。由图看出，测定结果的范围很大。最高值达 800 ℃～900 ℃，中心温度值为 600 ℃～750 ℃。但点火

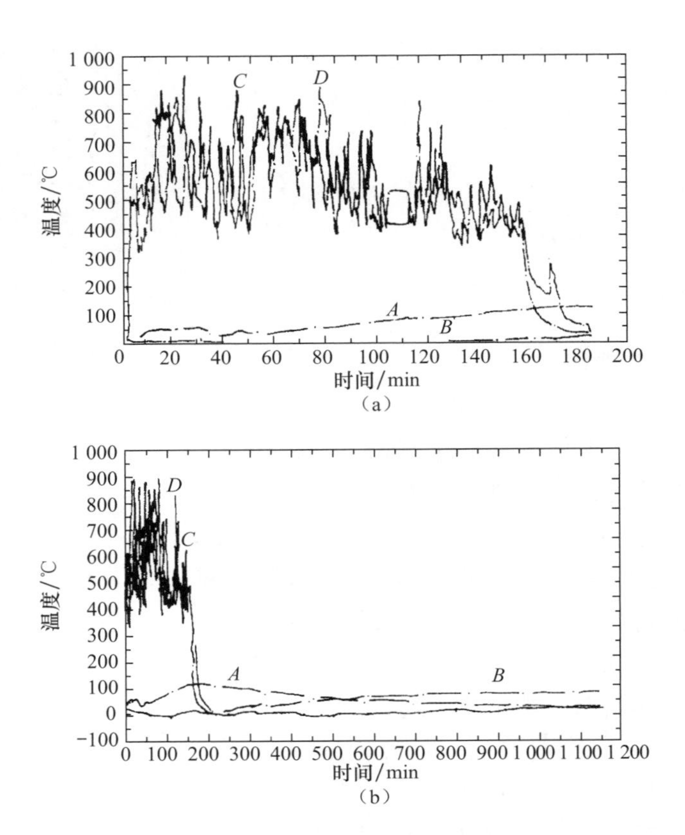


**图 6-23　第三次外部火焰试验的温度变化-1**

(a)第三次外部火焰试验的温度变化-1.a；(b)第三次外部火焰试验的温度变化-1.b

A—顶棚中心部位；B—存放室底面中心部位；C—药库外侧壁面中心部位（左侧）；D—药库外侧壁面中心部位（里面）

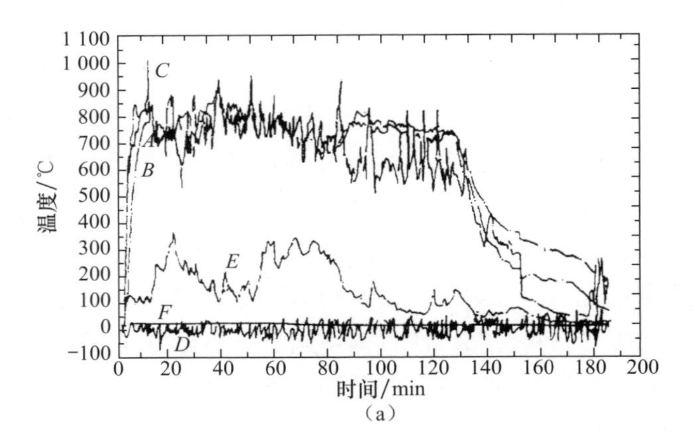


**图 6-24　第三次外部火焰试验的温度变化-2**

(a)第三次外部火焰试验的温度变化-2.a

A—壁面外侧中心部位（入口侧）；B—门的铁板与隔热材料之间；C—壁面外侧中心部位（右侧）；D—顶棚外侧中心部位；E—顶棚角上侧；F—底面中心部位

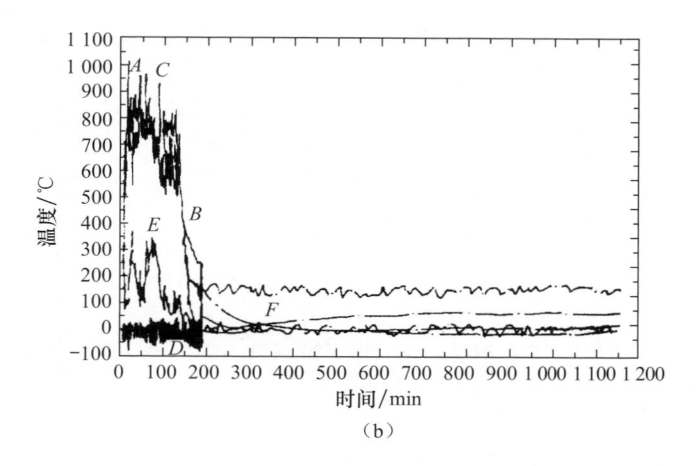


**图 6-24 第三次外部火焰试验的温度变化-2（续）**

（b） 第三次外部火焰试验的温度变化-2. b

A—壁面外侧中心部位（入口侧）；B—门的铁板与隔热材料之间；C—壁面外侧中心部位（右侧）；

D—顶棚外侧中心部位；E—顶棚角上侧；F—底面中心部位

注：（b）图中的 D 是在测试系统异常时测定的

130～150 min 后，（燃烧时间为 120 min）急剧下降。

另外，顶棚一侧的温度一直升到 110 ℃后，仍以缓慢速度继续上升。门上钢板的温度一直上升至与库壁外侧温度相同。

（2）库壁内侧。

在第二次试验中，温度上升速度快，点火后 15 min 温度达到约 200 ℃，在 20～60 min达到 260 ℃～280 ℃的高温期。在这次试验中，温度上升的速度较慢，点火后 40 min内，温度达到约 90 ℃，在燃烧结束后还继续升温，在 180～220 min，温度达到 190 ℃～200 ℃。这样，两次试验之间最高温差就有 70 ℃～80℃。此不同的升温速度及最高温度的差别，除了安装在钢制门上的隔热材料影响较大以外，还有试验时的温差，以及随之产生的模拟药库本身的温差所造成的影响。

（3）壁体内 5 cm 处。

如图 6-25（a）所示的测定点，点火后 40 min 温度达到约 100 ℃，190 min 时最高温度约为 240 ℃，这比库壁内侧的温度稍高，而温度变化的趋势则与库壁内侧完全相同，图中 $E$ 曲线表示的是从厚 10 cm 的壁体外侧加热时的温度梯度。在测定点下处，点火后 50 min 温度急剧下降。但以后的温度变化跟 $E$ 曲线大体平行，估计测定系统产生了某种异常状态，是在准稳定状态下测得的结果。

（4）库内空间。

在第二次试验中，点火后 5 min 库内空间的温度急剧上升到 110 ℃左右。但在这次试验中，跟库壁温度上升缓慢的现象一样，库内空间的温度上升也是缓慢的。如图 6-26所示，点火后 5 min 温度几乎不变化，点火后 20 min 温度约为 40 ℃，在 35～

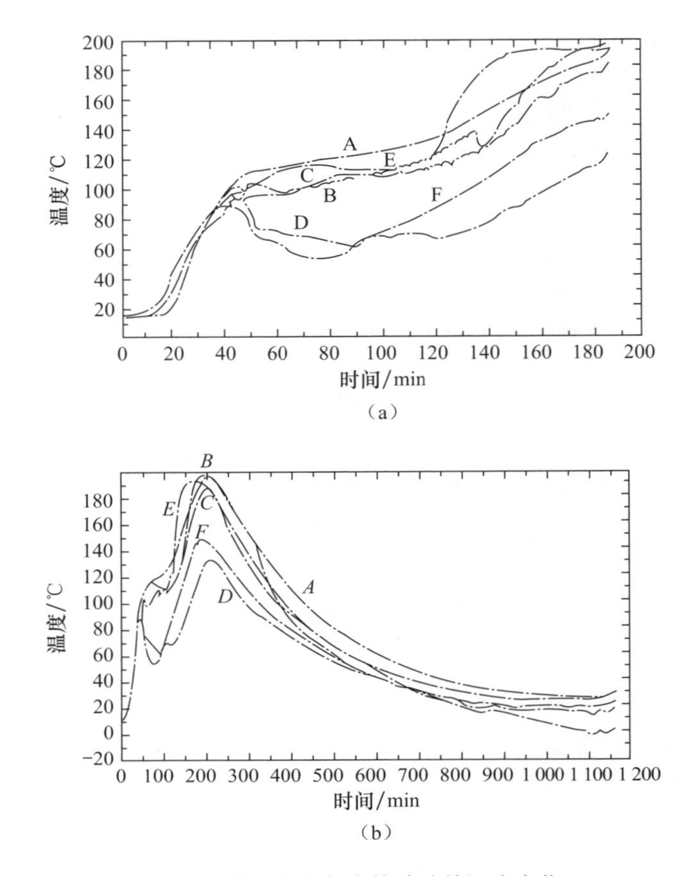


**图 6-25　第三次外部火焰试验的温度变化-3**

(a)第三次外部火焰试验的温度变化-3. a；(b)　第三次外部火焰试验的温度变化-3. b

A—库内壁面外侧中心部位（左侧）；B—库内壁面外侧中心部位（右侧）；C—库内壁面外侧中心部位（后侧）；D—库内壁面外侧中心部位（入口侧）；E—贴于门上的隔热材料面中心部位；F—库内空间中心部位

45 min出现 80 ℃～90 ℃的高温期，随后便逐渐下降，75 min 后降到约 55 ℃，随后又逐渐上升，在 190 min 后达到最高温度 150 ℃。

库内温度升高后又下降，然后又升高达到最高温度的现象，在第二次试验中也出现过。这虽然是在库壁外侧温度已达到高温时出现的，但是可以认为，在点火后 30～40 min 温度偶然下降的倾向，与库壁内侧的温度上升速度迟缓无关。

（5）单发药包装填器及存放室。

在药库内，设置存放室要离开周围壁体并填满砂子，单发药包装填器放在存放室内的砂中。可以预期，在这种情况下接受外部火焰的影响时，其传热途径也是相当复杂的。

第二次及第三次的试验结果显示了完全相同的倾向，只是在第三次试验中，温度上升的速度极慢。在门的入口处，6 h 后才达到最高温度；而在中央空间部位，10 h 后才

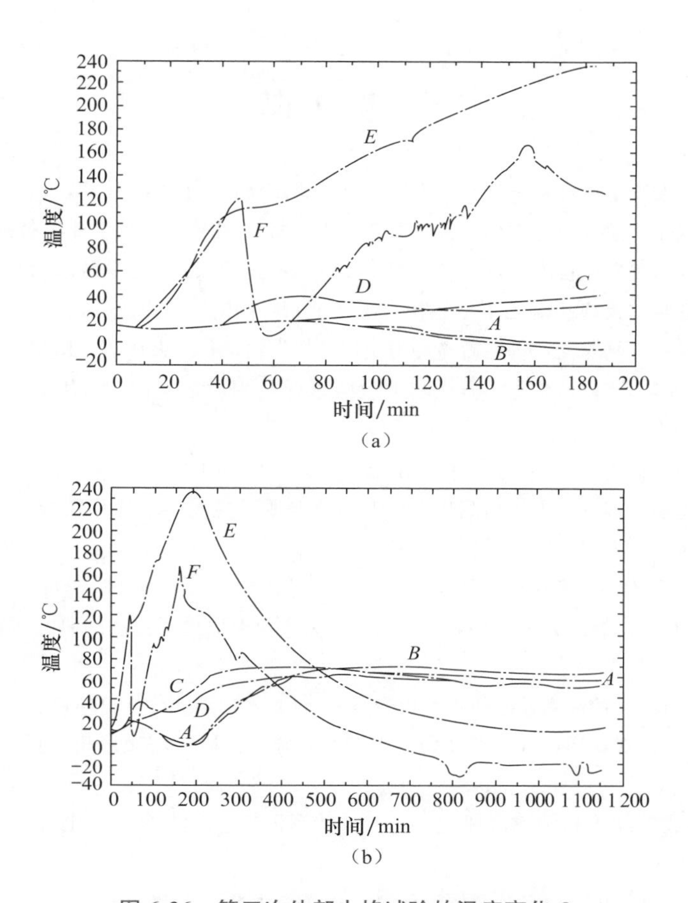


图 6-26　第三次外部火焰试验的温度变化-3

(a)　第三次外部火焰试验的温度变化-3. a；(b)　第三次外部火焰试验的温度变化-3. b

A—单发药包装填器内（里面下部）；B—单发药包装填器内（中心部）；

C—单发药包装填器内（外面上部）；D—砂子中心部位；

E—壁内中心部位（左侧）；F—壁内中心部位（右侧）

达到最高温度。与第二次试验相比，温度都偏低，为 60 ℃～80 ℃。在存放室的中央部位和内侧，出现了温度升高后又下降，而后再上升的现象。这认为是受传热途径及砂中水分等复杂原因的影响造成的。

当温度一旦上升，由于库内呈半封闭状态，很难散热，所以经过长时间后，库内变成了连续加热状态，即使在 15～20 h 之后，库内还保持 50 ℃～70 ℃。

(6) 经过外部火焰试验后的药库。

药库经过如前所述的外部火焰试验后，第一次墙壁上侧表面有一部分脱落，其后的几次试验均没有多大变化，试验证明，药库可以充分耐受三次火焰试验，药库内部几乎没什么变化。

# 参考文献


[1] 尹孟超. 炸药的安全性评价方法与撞击感度试验鉴定技术 [J]. 火炸药，1991 (3)：23-31.

[2] 刘光烈，朱啸宇，孟天财. 炸药与装药安全技术 [M]. 北京：兵器工业出版社，1995.

[3] 周培毅. 炸药装药发射性安全性研究 [M]. 北京：北京理工大学出版社，2000.

[4] 金志明，翁春生. 火炮装药设计安全学 [M]. 北京：国防工业出版社，2001.

[5] 葛家铎，苏健军，马守义，等. 后坐冲击模拟装置探讨 [J]. 火炸药，1992 (3)：13-20.

[6] 高金堂，张高会. 用 X 射线无损检测带包装炮弹装配质量 [J]. 山西兵工学报，1996 (4)：26-30.

[7] 郑永宸，榴弹药柱自动检测 [J]. 兵工学报，1982 (4)：61-65.

[8] 徐军培，何得昌，周霖. 无损检测技术在弹药装药质量检测中的应用研究 [J]. 火工品，2002 (3)：41-43.

[9] 张佩喜. 工业 X 射线 CT 在火工品检测中的应用 [J]. 火工品，2000 (3)：48-52.

[10] 张佩喜，尚龙安，等. 火工品 γ 射线无损检测装置及无损检测方法的研究 [J]. 火工品，1993 (1)：17-22.

[11] 柏逢明，马莉. 音频检测弹体药室容积的研究 [J]. 兵工学报，1998，19 (2)：167-170.

[12] 孟立凡，侯文，刘双峰，等. 弹丸药柱与弹底间隙的消除方法及分析 [J]. 兵工学报，2001，22 (2)：260-262.

[13] 杨录. 弹体底隙超声检测方法研究 [J]. 微计算机信息（测控自动化），2007，23 (5)：133-135.

[14] 金泽渊，詹彩琴. 火炸药与装药概论 [M]. 北京：兵器工业出版社，1988.

[15] 李文彬，王晓鸣，赵国志，等. 装药底隙对弹底应力及发射安全性影响研究 [J]. 弹道学报，2001，13 (3)：64-72.

[16] 蔡瑞娇. 火工品设计原理 [M]. 北京：北京理工大学出版社，1999.

[17] 郝仲璋，张银亮. 实战条件下炸药的安全性研究 [J]. 兵工学报火化工分册，1993 (1)：6-9.

[18] 连舜华. 国外炸药装药发射安全性的模拟试验研究 [J]. 兵工学报弹箭分册，1992 (2)：78-84.

[19] 肖作智. 水箱模拟试验装置的研制 [J]. 兵工学报火化工分册，1992 (2)：31-33.

[20] 曹欣茂. 国外 B 炸药改性技术的重要进展 [J]. 火炸药，1994 (3)：35-39.

[21] 刘培德，赵壮华，范时俊. 炸药装药发射安全性问题探讨——从美国研究沿革看我国的研究方向 [J]. 兵工学报火化工分册，1994 (1)：44-48.

[22] 王世英，王淑萍，胡焕性. 榴弹炸药装药发射早炸的模拟实验系统研究 [J]. 兵工学报，2002，23 (4).

[23] 黄正平，张锦云，张汉萍，等. 炸药装药发射安全性新型判据 [J]. 兵工学报，1994 (3)：13-17.

[24] 黄正平，杨国平，郭彦懿，等. 小型后坐冲击模拟实验的压力监测 [J]. 兵工学报，1998，19 (1)：20-23.

［25］ 周培毅，徐更光，王廷增．炸药装药在后座冲击下的动态响应实验研究［J］．北京理工大学学报，1999，19（S1）：92-94.
［26］ 周培毅，徐更光，王廷增．炸药装药在后座冲击条件下的点火模拟研究［J］．火炸药学报，2000（1）：1-5.
［27］ 韩小平，张元冲，沈亚鹏，等．含能材料在冲击载荷下动态响应的有限元分析及热点形成机理的数值模拟［J］．兵工学报火化工分册，1996（2）：17-22.
［28］ 韩小平，张元冲，沈亚鹏，等．冲击载荷下动态响应的有限元分析及热点形成机理的数值模拟［J］．爆炸与冲击，1997，17（2）：143-152.
［29］ 任务正，王泽山．火炸药理论与实践［M］．北京：中国北方化学工业总公司，2001.
［30］ 刘光烈，朱啸宇，孟天财．炸药与装药安全技术［M］．北京：兵器工业出版社，1995.
［31］ 胡双启，张景林．燃烧与爆炸［M］．北京：兵器工业出版社，1992.
［32］ 汪佩兰，李桂茗．火工与烟火安全技术［M］．北京：北京理工大学出版社，1996.
［33］ ［日］吉田忠雄，田村昌三．反应性化学物质与爆炸物品的安全［M］．北京：兵器工业出版社，1993.

# 第7章　火炸药生产工房的安全性

## 7.1　生产过程和场所按火灾爆炸危险性分类

火炸药在生产过程中常常因受到热、机械、冲击波等外界刺激而引发燃烧、爆炸事故，造成人身伤亡、设备和建筑设施破坏的严重后果。因此生产过程的火灾危险程度是生产工房防火设计的主要依据。只有确定了火灾危险性的类别，才能相应地确定应采取的防火、防爆措施。为了确定类别，必须首先分析生产过程的火灾危险性，对整个生产工艺过程进行认真的分析研究。分析生产过程中的危险性，主要是了解生产中所使用的原料、中间产品和成品的物理、化学性质和危险特性，所用危险物数量，生产中采用的设备类型，选择的反应温度、压力等工艺条件，以及其他可能导致发生火灾爆炸危险的各种条件。

**1. 爆炸火灾危险场分级**

根据生产过程中发生火灾危险性的特征，将化工生产分为甲、乙、丙、丁、戊五类，见表7-1。

表7-1　生产的火灾危险性分类

| 生产类别 | 火灾危险性的特征 |
| --- | --- |
| 甲 | 使用或产生下列物质：<br>1. 闪点＜28 ℃的易燃液体；<br>2. 爆炸下限＜10%的可燃气体；<br>3. 常温下能自行分解或在空气中氧化即能导致迅速自燃或爆炸的物质；<br>4. 常温下受到水或空气中水蒸气的作用，能产生可燃气体并引起燃烧或爆炸的物质；<br>5. 遇酸、受热、撞击、摩擦，以及遇有机物或硫黄等易燃的无机物，极易引起燃烧或爆炸的强氧化剂；<br>6. 受撞击、摩擦或与氧化剂、有机物接触时能引起燃烧或爆炸的物质；<br>7. 在压力容器内物质本身温度超过自燃点的生产 |
| 乙 | 使用或产生下列物质：<br>1. 28 ℃≤闪点＜60 ℃的易燃、可燃液体；<br>2. 爆炸下限≥10%的可燃气体；<br>3. 助燃气体和不属于甲类的氧化剂；<br>4. 不属于甲类的化学易燃危险固体；<br>5. 生产中排出悬浮状的可燃纤维或粉尘，并能与空气形成爆炸性混合物者 |
| 丙 | 使用或产生下列物质：<br>1. 闪点≥60 ℃的可燃液体；<br>2. 可燃固体 |

续表

| 生产类别 | 火灾危险性的特征 |
| --- | --- |
| 丁 | 具有下列情况的生产：<br>1. 对非燃烧物质进行加工，并在高热或熔化状态下经常产生辐射热、火花或火焰；<br>2. 利用气体、液体、固体作为燃料或将气体、液体进行燃烧作为其他用途的各种生产；<br>3. 常温下使用或加工难燃烧物质的生产 |
| 戊 | 常温下使用或加工非燃烧物质的生产 |

在电力设计规范中，根据发生事故的可能性和后果，即危险程度，将爆炸火灾危险场所分为三类八级。

第一类是气体或蒸气爆炸性混合物的场所，共分为三级。

Q-1 级场所，在正常情况下能形成爆炸性混合场所。

Q-2 级场所，在正常情况下不能形成，只在不正常情况下才能形成爆炸性混合物的场所。

Q-3 级场所，在非正常情况下整个空间形成爆炸性混合物的可能性较小，爆炸后果较轻的场所。

第二类是粉尘或纤维爆炸性混合物场所，共分为两级。

G-1 级场所，正常情况下能形成爆炸性混合物的场所。

G-2 级场所，正常情况下不能形成，仅在不正常情况下才能形成爆炸性混合物的场所。

第三类为火灾危险场所，共分为三级。

H-1 级场所，在生产过程中产生，使用、加工或贮运闪点高于场所环境温度的可燃物质，它们的数量和配置能引起火灾危险的场所。

H-2 级场所，在生产过程中出现悬浮状、堆积可燃粉尘或可燃纤维，它们虽然不会形成爆炸性混合物，但在数量上与配置上能引起火灾危险的场所。

H-3 级场所，有固体可燃物质，在数量上与配置上能引起火灾危险的场所。

所谓“正常情况”是指生产场所处于正常的开车、停车的运转，也包括设备和管线正常允许的泄漏情况。“不正常情况”则包括装置损坏、误操作、维护不当及装置的拆卸、检修等。在划分一个场所的火灾爆炸危险性时，要考虑可燃物质在场所内的数量和配置情况，以决定是否有引起火灾爆炸的可能，而不能简单地认为只要有可燃物质就属于火灾危险场所。

**2. 建筑物危险等级**

兵器工业的“安全规范”中危险等级的划分方法源于20世纪50年代初苏联军工的《火化工规范》。至20世纪60年代末，在国内军工企业发生一些爆炸事故后，兵器工业第五设计研究院曾于60年代至80年代组织多次炸药爆炸及发射药的燃烧试验。在总结试验及事故的基础上，于1985年及1992年陆续颁发了兵器工业的《火药、炸药、弹药、引信及火工品设计安全规范》的试行本及正式本。该规范一直沿用至今，其他军工行业涉及火药、炸药、弹药、引信及火工品的企业也均在参照执行。现阐述如下：

兵器安全规范中火药、炸药、弹药、引信及火工品工厂共划分为 A1、A2、A3、B、C1、C2、D 七个等级。A1、A2、A3 级建筑物统称为 A 级建筑物，C1、C2 级建筑物统称为 C 级建筑物。

1）A 级建筑物

A 级建筑物的特点是在该建筑物中生产或贮存的危险品具有整体爆炸性能，所采用的生产工艺又不宜把爆炸事故的破坏局限在一定的小范围内（例如抗爆间室内），这类建筑物一旦发生爆炸事故，不仅本建筑物遭到严重破坏或完全摧毁，而且对厂内外的其他建（构）筑物产生不同程度的破坏。

A 级建筑物又根据其生产或贮存危险品的破坏能力，也即 TNT 爆炸空气冲击波压力当量值的大小，分为 A1、A2、A3 三级。

当建筑物内的危险品，其 TNT 压力当量值大于 1.0 时，建筑物的危险等级定为 A1 级，如黑索今、奥克托今、特屈儿、太安和破坏能力相当于或大于这类炸药的其他单体炸药，以及含有这类炸药的混合炸药的制造、加工、熔化、注装等生产工序、厂房或贮存上述炸药的仓库。

当建筑物内的危险品，其 TNT 压力当量值和 TNT 相当时，建筑物的危险等级定为 A2 级，如 TNT、硝基胍，以及含有这类炸药的混合炸药的制造、加工、熔化、注装等生产工序或厂房，以及贮存上述炸药或贮存装填炸药的大中口径炮弹、火箭弹、地雷、航空炸弹等的仓库。

当建筑物内的危险品，其 TNT 压力当量比 TNT 低时，建筑物的危险等级定为 A3 级，如黑火药、烟火药的制造、加工工序或厂房，贮存黑火药、烟火药及其制品的仓库。

但根据建筑物危险等级划分原则，一些感度很高的起爆药仓库，虽然其 TNT 当量比 TNT 低，但这类产品的冲击感度、摩擦感度均较高，发生事故的频率也较高，故将其危险等级列为 A1 级（例如干二硝基重氮酚、氮化铅、击发药、针刺药、四氮烯等）。同样地，将火帽、枪弹底火、雷管等易发生事故的火工品仓库的危险等级也列为 A2 级。提高危险等级是为了适当放大距离，以达到安全贮存的目的。

2）B 级建筑物

B 级建筑物实质上是建筑物内的弹药、炸药、黑火药、起爆药和烟火药等危险品，由于在特定的条件下，降低了危险品的危险性能或减轻了事故的破坏能力，其特定的条件大致有以下几种：

（1）危险作业是在抗爆间室或装甲防护下进行的，如弹体螺旋装药、战斗部装药装配、药柱压制、起爆药制造、火工品装药压药等，当在抗爆间室内人机隔离作业，万一发生爆炸事故，其严重的破坏仅限制在抗爆间室范围内，不会引起间室外其他危险品的殉爆及对操作人员的伤害，破坏范围较小。

（2）某些炸药的生产工序，由于同时存在着水或其他钝感物质，使其危险性降低，或由于某些炸药的本身感度比较低，不易引起燃烧爆炸事故，如二硝基重氮酚是在水介质中生产的，DNT、硝基胍的各种感度都比较低，故二硝基重氮酚生产工序、DNT的煮洗、包装，硝基胍的脱水至结晶等工序均定为B级。

（3）当生产操作时，爆炸物已装入金属或非金属的壳体内，火炸药已不是裸露状态，此时的操作相对比较安全，故该工序的建筑物危险等级定为B级。例如榴弹、迫弹、火箭弹、战术导弹、特种炮弹生产中全弹的装药装配、射线检验等工序。

B级建筑物的特点是建筑物周围可不设防护屏障，与相邻建筑物的安全距离一般不需根据建筑物内存药量计算确定，而是遵照安全规范中规定的距离。例如，TNT生产线上的精制工房规定最小允许距离为50 m；大于85 mm榴弹及大于82 mm迫弹的弹体螺旋装药及全弹装药装配要求不小于70 m；破甲弹、碎甲弹、反坦克导弹生产中的战斗部装药装配及全弹装配，当计算药量小于等于1 000 kg时为50 m，大于1 000 kg并小于等于3 000 kg时为70 m，大于3 000 kg或小于等于5 000 kg时为100 m等。这主要是依据工艺生产条件、产品在整条生产线上的分布状态以及长期生产中的事故概率等因素确定的。如果按炸药的危险等级及其重量来计算其最小允许距离，则会大大超过规范中规定的B级建筑物的距离。例如，反坦克导弹生产中的战斗部装药装配及全弹装配，厂房内设计药量为A1级炸药4 000 kg，如按炸药量计算内部距离，当与相邻建筑物均无防护屏障时，应为192 m，而规范中规定仅需100 m。

但在规范表中还有一条重要的附注，即“破甲弹、碎甲弹、反坦克导弹生产中，战斗部（或弹丸）装药装配和全弹装配厂房与相邻建筑物的最小允许距离，满足表中规定有困难时，在建筑物互以端墙相对布置且不影响疏散的条件下，可在该厂房的端部设防护屏障，当两个建筑物均设有防护屏障时，其最小允许距离可减少40%，但不得小于35 m”。这类在采取了一定安全防护措施的条件下，尤其是工厂需改、扩建时，解决了在设计中的实际困难的规定，深受设计人员的欢迎。

在上述附注中，强调了工厂所生产的弹种是破甲弹、碎甲弹及反坦克导弹。这类弹的弹丸的作用是通过锥体药型罩装药产生高温高压射流，对敌坦克或装甲穿孔，将其中有生力量摧毁，而不同于榴弹等以弹片飞散来杀伤有生力量。但这类弹药生产过程中，厂房内人员较多，一旦发生事故为便于工人逃生，在厂房长面方向，不能设置防护屏障，只能在厂房端墙方向采取必要的防护措施来解决安全问题。这里必须指出：新建企业最好不使用这条附注。

3）C级建筑物

C级建筑物的特点是该建筑物中生产或贮存的产品能强烈地燃烧，在特定的条件下燃烧可以转化为爆燃或爆炸。这类建筑物如果发生燃烧事故时，建筑物本身仅受到燃烧所引起的破坏，经修复即可使用，对周围建筑物的距离应考虑不使火焰蔓延过去，不会因火焰的热辐射将邻近工房内的产品引燃。为了防止由燃烧转为爆炸，建筑物本身应有必要的泄压措施，也就是说该建筑物要有足够的轻型泄压面积。C级建筑物除贮存量大的库房外，一般不设防护屏障，与邻近建筑物的安全距离也应随建筑物的建筑条件（密实墙还是轻型泄压墙）以及药量大小而定。

危险等级列为C级的建筑物主要是火药和推进剂的生产厂房和贮存仓库。根据生产和事故经验，某些火药由于药型较小（如2/1、3/1品号），机械感度高，某些火药生产工序药量大而集中，一旦发生燃烧事故容易转为爆炸，这样对厂区内部及外部环境就会产生严重的破坏。因此，这类厂房的危险等级定为C1级（如小品号药粒干燥、所有品号药粒的桌式干燥、所有品号药粒的重力式或机械化式混同等）。属于燃烧性质的工序或建筑物均定为C2级。原兵器五院规范编写组曾与工厂合作对2/1樟小品号火药进行了许多爆炸性能的试验工作，从试验的结果看：

（1）该小品号火药的冲击感度与摩擦感度均高达100%，比TNT、黑索今等炸药高（冲击感度在卡斯特落锤仪上进行，落锤重10 kg，落高25 cm；摩擦感度的试验，压力为39.8 kg/cm$^2$，锤重2 kg，成90°角）。冲击感度TNT为4%，黑索今为（80±8）%；摩擦感度TNT为4%～8%，黑索今为（76±8）%。

（2）小型殉爆试验的结果是，当主爆药、从爆药药量为2.5 kg，主从爆药均装入一钢盒中（壁厚1.5 mm的钢板焊成$\phi$200 mm×100 mm的盒子），用8号电雷管起爆，主爆与从爆的距离自50 mm到1 000 mm不等，均能引起殉爆。

（3）枪弹射击试验，取2.5 kg钝感前2/1樟火药，装在1.5 mm厚钢板制成的钢盒内，用7.62 mm步枪离药盒50 m处正面射击，能爆炸。

（4）用铅铸法对2/1樟火药进行威力值测定，测定时爆炸完全。其威力值为0.8。

通过小型试验，不但说明了小品号火药比较敏感，容易产生事故，而且可能发生爆炸。从实际的爆炸事故也说明了其爆炸破坏能力还是很大的。如1968年东北某厂混同工房42 t药量由燃烧转为爆炸，整个厂房彻底摧毁，形成爆坑，爆坑长直径为36.6 m，短直径为34.4 m，深为4 m。周围建筑物遭到严重破坏。

从事故与试验都说明，2/1樟火药不但能够爆炸，而且破坏能力不小。表7-2所列品号属于小品号范围，可供参考。

**表7-2 单基火药小品号品种及药形尺寸表** mm

| 序号 | 品号 | 药形尺寸 | | |
|---|---|---|---|---|
| | | 平均燃烧层厚度 | 平均孔径 | 平均长度 |
| 1 | 松1/1 | 0.12～0.24 | 0.07～0.10 | 0.30～1.00 |
| 2 | 2/1樟 | 0.19～0.24 | 0.07～0.15 | 0.85～1.25 |
| 3 | 3/1石 | 0.30～0.38 | 0.10～0.20 | 1.70～2.30 |
| 4 | 3/1樟 | 0.29～0.34 | 0.10～0.20 | 1.60～2.00 |
| 5 | 空3/1 | 0.29～0.34 | 0.10～0.20 | 1.70～2.00 |
| 6 | 多-45 | 0.27～0.37 | 0.10～0.20 | 1.30 |
| 7 | 多-60 | 0.32～0.38 | 0.10～0.20 | 0.50～0.70 |
| 8 | 多-125 | 0.30～0.40 | 0.10～0.20 | 1.10 |

苏联在第二次世界大战后，火药粉碎后曾被广泛用于民用爆破工程，但除了步枪药可用 8 号雷管直接引爆外，其余的火药均需采用中间传爆药柱。我国目前也将过期单基火药粉碎后加在乳化炸药及水胶炸药中，以提高爆速及威力，其效果令使用单位满意。

C1 级建筑物既有燃烧的可能，也有爆炸的可能，故在防护需要时也可在建筑物周围设置防护土堤。C1 级建筑物与相邻建筑物的距离比 C2 级大，但小于 A3 级。

规范中复合推进剂是指以高氯酸铵为氧化剂，加以黏合剂、固化剂及其他辅料制成的推进剂。

高氯酸铵是强氧化剂，其撞击感度与苦味酸相似，美国曾做过以 6 号雷管，及 100 g 和 200 g 传爆药引爆高氯酸铵测定其爆轰临界直径的试验，说明高氯酸铵能够爆轰，但起爆感度较低。

美国根据高氯酸铵的粒度、存放的容器和存放在燃烧危险区或爆炸危险区等因素，分别确定其危险等级。例如：当高氯酸铵粒度大于 15 μm 时被列为 1.4 级，相当于我国的 D 级；而当粒度小于 15 μm，只暴露在燃烧危险区，或暴露在爆炸危险区而距离大于线内距离时属于 1.3 级，相当于我国的 C2 级；当高氯酸铵粒度小于 15 μm，距离爆炸危险源小于线内距离时属于 1.1 级，相当于我国的 A 级。

根据国内外对该类产品的设防设施及事故情况，兵器安全规范规定有关高氯酸铵的危险等级如下：

高氯酸铵库及粉碎前的暂存及处理　　D 级

高氯酸铵粉碎及其后处理　　C1 级

4）D 级建筑物

D 级建筑物的主要特点是建筑物内的产品能燃烧，但较 C 级建筑物内的产品，缓慢得多，甚至燃烧只是局部的，容易扑灭。也不排除有爆炸的可能，但爆炸只是局部的，破坏能力也比较小，列为 D 级建筑物的有生产硝化纤维素、二硝基萘等的厂房。

在 D 级建筑物内生产或储存的产品，有一部分在防火规范中属于甲类，如氧化剂、燃烧剂等，当它们设置在危险品生产线内时，由于其周围的生产建筑物都是比较危险的，相应也增加了其本身的危险性，故与防火规范上的规定有区别，其主要区别是与邻近建筑物的距离比防火规范规定的大。例如，规范规定“危险品生产区内，D 级建筑物距其他建筑物的最小允许距离应为 25 m”，而甲类产品在防火规范中其与相邻建筑物的最小允许距离仅为 12 m。

### 3. 有关工序或建筑物危险等级的规定

有关兵器危险品生产工序或厂房的危险等级见表 7-3，危险品仓库危险等级见表 7-4。

表 7-3　危险品生产工序或厂房的危险等级表

| 序号 | 生产分级 | 危险等级 | 生产工序或厂房名称 |
| --- | --- | --- | --- |
| 1 | 硝化纤维素 | D | 配酸、硝化、驱酸、水洗、煮洗、细断、精洗、混同、棉浆除铁除渣、棉浆浓缩、脱水、包装、棉浆贮存、硝化纤维素回收 |

续表

| 序号 | 生产分级 | 危险等级 | 生产工序或厂房名称 |
| --- | --- | --- | --- |
| 2 | 硝化甘油 | A1 | 硝化、分离、洗涤、接料、废酸后分离 |
| | | B | 废酸热分离、废水澄清、加碱处理废水 |
| | | D | 检验甘油的硝化验收 |
| 3 | 单基火药 | C1 | 钝感、小品号（如2/1、3/1品号）药粒的干燥、所有品号药粒的桌式干燥、所有品号药粒的重力式或机械化混同 |
| | | C2 | 离心驱水、胶化、压伸、晾药、切药、预烘、筛选、组批、浸水、预光、干燥、光泽、人工混同、包装、返工品浸泡 |
| | | D | 二苯胺乙醚溶液的配制、溶剂回收、乙醚制造与乙醚精馏、乙醚贮存、硝酸钾粉碎与混合 |
| 4 | 双基火药 | A1 | 含有硝化甘油的组成物配制 |
| | | B | 不含有硝化甘油的组成物配制、DNT熔化 |
| | | C2 | 吸收药制造、吸收药螺旋或离心除水、吸收药干混同、压延、切割、干燥、压伸、切药、挑选、组批、人工混同、包装、保温、晾药、冲型、筛选、称量、检选、返工品处理 |
| | | D | 硝化纤维素棉浆配制或贮存、吸收药浆混同或贮存 |
| 5 | 双基推进剂 | A1 | 含有硝化甘油的组成物配制 |
| | | B | 不含有硝化甘油的组成物配制、DNT熔化 |
| | | C2 | 吸收药制造、吸收药螺旋或离心除水、吸收药干混同、压延、切割、干燥、压伸、切药、挑选、组批、人工混同、包装、保温、晾药、冲型、筛选、称量、检选、返工品处理 |
| | | D | 硝化纤维素棉浆配制或贮存、吸收药浆混同或贮存 |
| 6 | 三基火药 | A1 | 含有硝化甘油的组成物配制 |
| | | B | 捏合 |
| | | C1 | 吸收药压延后药片预烘、三基药干燥 |
| | | C2 | 硝化棉离心除水、吸收药制造、螺旋或离心除水、压延及切片、熟化、压伸、晾药、光泽、切药、筛选、人工混同、包装 |
| 7 | 复合推进剂 | B | 装配、包装 |
| | | C1 | 高氯酸铵粉碎及其后处理、推进剂混合 |
| | | C2 | 推进剂预混、发动机浇铸、固化、脱模、整形、探伤、推进剂小样制备、装药及发动机喷漆 |
| | | D | 高氯酸铵粉碎前的暂存及处理 |
| 8 | 奥克托今 | A1 | 硝化、热解、冷却、过滤、转晶、喷射输送、干燥、包装、母液蒸馏 |
| | | B | 废酸处理 |
| 9 | 太安（包括钝化太安） | A1 | 硝化、精制、钝感、过滤、喷射输送、干燥、筛选、包装 |
| | | B | 丙酮母液蒸馏 |
| | | D | 废酸热分解 |

续表

| 序号 | 生产分级 | 危险等级 | 生产工序或厂房名称 |
| --- | --- | --- | --- |
| 10 | 黑索今（包括钝化黑索今） | A1 | 硝化、结晶、煮洗、钝感、过滤、喷射输送、干燥、筛选、包装 |
| | | D | 活性炭吸附处理废水及活性炭再生 |
| 11 | 含黑索今的混合炸药 | A1 | 造粒、过滤、包覆、混合、冷却、干燥、筛选、包装 |
| | | A2 | TNT 熔化 |
| 12 | 特屈儿 | A1 | 硝化、预洗、精洗、过滤、喷射输送、精制、干燥、筛选、包装 |
| | | B | 丙酮母液蒸馏 |
| 13 | 胶质炸药 | A1 | 胶棉干燥、胶化、捏合、压伸、包装 |
| | | D | 硝酸铵粉碎、干燥及混合 |
| 14 | TNT 及 DNT | A2 | 硝化、TNT 的预洗、干燥、制片、包装废药处理 |
| | | B | TNT 的精制（亚硫酸钠法）、喷射输送、TNT 的碱性废水焚烧、DNT 的煮洗、包装 |
| | | D | 废水沉淀、活性炭吸附处理废水及活性炭再生 |
| 15 | 硝基胍 | A2 | 干燥、分散、包装 |
| | | B | 脱水、稀释、冷却、过滤、转晶 |
| 16 | 二硝基萘 | D | 硝化、煮洗、除水、干燥、熔融、制片、包装 |
| 17 | 黑火药 | A3 | 三成分混合、筛选、药饼（板）压制、潮药包药、拆袋打片、造粒、光药、除粉、选粒、混合、包装 |
| | | B | 药柱（饼、块）压制 |
| | | D | 硫碳二成分混合、硝酸钾干燥粉碎、黑火药密度、粒度测定 |
| 18 | 枪弹 | A3 | 曳光剂预混干燥 |
| | | B | 燃烧剂配制、曳光剂混药、预混、干燥、特种枪弹（穿甲燃烧弹、穿甲燃烧曳光弹、曳光弹）弹头和成弹的装药装配 |
| | | C2 | 手、步、极强弹成弹的装药装配 |
| 19 | 37 mm 及小于 37 mm炮弹 | A1 | 钝铝黑炸药准备（混药、晾药、筛选） |
| | | A3 | 烟火药干燥 |
| | | B | 烟火药混药*、钝铝黑炸药准备（混药、晾药、筛选）*、全弹装药装配、药柱压制*、成品验收 |
| | | C2 | 无炸药的曳光实心穿甲弹装药装配 |
| 20 | 大于 37 mm 杀伤爆破的榴弹、迫弹、穿甲弹、火箭弹、战术导弹 | A1 | 钝铝黑炸药准备，黑梯炸药塑化、塑装、熔化注装 |
| | | A2 | TNT 粉碎、梯萘（或铵梯）炸药混合、TNT 熔化注装、成品编批、药柱编批 |
| | | B | 弹体螺旋装药*、钻孔*、弹体装药（直接装入药柱）*、药柱压制*、药柱编批*、各类炸药塑化、塑装*、锯弹*、锯开合弹药柱*、冒口药粉碎*、烟火药的混制*、射线检验、成品验收、全弹装药装配 |
| | | C2 | 药筒装药、火箭发动机装药、不装填炸药的穿甲弹或曳光穿甲弹装药装配、可燃药筒制造、半可燃药筒制造 |

续表

| 序号 | 生产分级 | 危险等级 | 生产工序或厂房名称 |
|---|---|---|---|
| 21 | 破甲弹、碎甲弹、反坦克导弹 | A1 | 黑梯炸药熔化注装 |
| | | A2 | 成品编批、药柱编批 |
| | | B | 战斗部（或弹头）装药装配*、全弹装配*、药柱压制*、射线检验、药柱编批 |
| | | C2 | 火箭发动机（或药筒）装药装配 |
| 22 | 手榴弹、爆破筒 | A2 | 拉火管晾干编批 |
| | | B | 拉火管装配*、拉火管晾干编批*、药柱压制*、手榴弹装药装配*、爆破筒装药装配 |
| 23 | 地雷 | A1 | 黑梯炸药熔化注装 |
| | | A2 | TNT熔化注装、地雷（注装药）的装配、地雷编批、药柱编批 |
| | | B | 药柱压制*、地雷（分装药）的装配 |
| 24 | 航空炸弹 | A1 | 黑梯炸药熔化注装、黑梯炸药塑化塑装 |
| | | A2 | 梯萘（或铵梯）炸药混合、TNT熔化注装、钻孔、涂漆修饰加工装配 |
| | | B | 传爆药柱压制*、传爆管装药装配、压制航空炸弹的装药装配 |
| 25 | 特种手榴弹、特种炮弹、特种航弹 | A3 | 烟火药预烘干燥、抛射药包制造、黑火药制品制造 |
| | | B | 烟火药混药*，烟火药压制*，点火药、引火药混药*，特种手榴弹装药装配，特种炮弹（燃烧、照明、发烟）装药装配，特种航弹（燃烧、照明、标志、烟幕、照相）装药装配，信号弹装药装配，药柱压制*，橡胶燃烧剂混合，燃烧药包制造 |
| | | C2 | 特种炮弹药筒装药装配 |
| | | D | 各种氧化剂干燥、破碎、筛选 |
| 26 | 发射药管、发射药包 | A3 | 装黑火药的发射药管装药、蘸漆检验包装，装黑火药的药包装药检验包装 |
| | | C2 | 装发射药的发射药管装药、蘸漆检验包装，装发射药的药包装药检验包装，传火药盒（硝化棉软片制）盒体制造 |
| 27 | 废弹拆药 | A1 | 弹体内装填黑梯炸药熔化倒药 |
| | | A2 | 弹体内装填TNT、梯萘、铵梯等炸药熔化倒药，炸药回收制片 |
| | | B | 弹丸的拆药* |
| 28 | 炸药柱（或块）残次品处理 | A1 | 黑索今、特屈儿、太安或含有以上炸药的混合炸药柱（或块）粉碎 |
| | | A2 | TNT或含有TNT的混合炸药的药柱（或块）粉碎 |
| | | B | 各种药柱（或块）粉碎* |
| 29 | 单体起爆药、混合起爆药 | B | 雷汞、二硝基重氮酚、三硝基间苯二酚的制造，氮化铅、三硝基间苯二酚铅、四氮酚的制造*，起爆药的烘干或真空干燥*，混合起爆药（击发药、针刺药、拉火药）的混合配制 |
| | | D | 氮化钠制造，氧化剂粉碎、干燥、筛选 |

续表

| 序号 | 生产分级 | 危险等级 | 生产工序或厂房名称 |
| --- | --- | --- | --- |
| 30 | 火工品（如火帽、底火、雷管、拉火管、曳光管、电爆管、传火具、点火具等） | B | 曳光剂混合筛选造粒*，引火药配制，引火药头制造，雷管用炸药的准备*，火工品的装药、压药、装配、滚光、筛选、检验包装* |
| | | D | 热电池装配 |
| 31 | 导火索 | A3 | 黑火药粉制备 |
| | | B | 制索 |
| | | D | 烘干、盘索、检验、编批、包装、秒量试验 |
| 32 | 导爆索 | A1 | 炸药（黑索今、太安等）准备 |
| | | A2 | 盘索、检验、编批、包装 |
| | | B | 制索*、炸药准备* |
| 33 | 引信，发火件 | B | 延期药、微烟药、耐水药制造，药柱压制*，引信、发火件的装药装配*、分解*、拆卸* |

注：① 生产工序或厂房名称栏中带有“*”者，表示该生产工序或该厂房内危险工序是在抗爆间室或在装甲防护下进行的。
② 本规范中有关硝化甘油的条款亦适用于硝化乙二醇和硝化二乙二醇。
③ 表中序号 2 硝化甘油生产中属于 A1 级的工序，当采用抗爆间室防护时则降为 B 级。
④ 含黑索今的混合炸药指以黑索今为主要成分的混合炸药，如 A 炸药、B 炸药或其他多成分炸药。
⑤ 精制棉生产厂房及发烟弹生产中的熔磷、注磷均按现行《建筑设计防火规范》执行。

**表 7-4　危险品仓库危险等级**

| 序号 | 危险等级 | 贮存危险品名称 |
| --- | --- | --- |
| 1 | A1 | 奥克托今、特屈儿、太安、黑索今、含黑索今的混合炸药及以上炸药的药柱（块）；<br>胶质炸药、胶质炸药生产中的混合药*；<br>干雷汞、干二硝基重氮酚、氮化铅、三硝基间苯二酚铅、四氮烯、针刺药、击发药、拉火药 |
| 2 | A2 | TNT 及其药柱（块）、硝基胍、苦味酸、梯萘炸药、铵梯炸药；<br>大于 37 mm 的榴弹、迫弹、装填炸药的穿甲弹、火箭弹、火箭弹战斗部、战术导弹、破甲弹、碎甲弹、反坦克导弹、爆破筒、地雷、航空炸弹；<br>火帽、枪弹底火、雷管、带雷管的发火件、导爆索、扩（传）爆管 |
| 3 | A3 | 黑火药粉，黑火药及其制品；<br>烟火药及其制品 |
| 4 | B | TNT；<br>特种枪弹（如穿甲燃烧弹、穿甲燃烧曳光弹、曳光弹）；<br>37 mm 及小于 37 mm 的炮弹；<br>手榴弹；<br>特种手榴弹、特种炮弹（如燃烧、照明、发烟弹等）；<br>特种航弹（如燃烧、照明、烟幕、标志、照相航弹等）；<br>信号弹；<br>底火、拉火管、曳光管、传火具、点火具、电爆管；<br>引信、发火件；<br>水中雷汞、湿态的二硝基重氮酚、湿态的三硝基间苯二酚 |
| 5 | C1 | 贮存在贮罐内的单基小品号（如 2/1、3/1 品号）火药 |

续表

| 序号 | 危险等级 | 贮存危险品名称 |
|---|---|---|
| 6 | C2 | 含水量不少于25%的硝化纤维素、螺旋除水后的吸收药、离心除水后含水量不少于20%的吸收药、单基火药、双基火药、双基推进剂、三基火药、复合推进剂、装填发射药的药筒、可燃药筒、半可燃药筒；<br>装填推进剂的火箭发动机；<br>不装填炸药的穿甲弹；<br>普通枪弹；<br>装填发射药的发射药管或药包；<br>硝化棉软片及其制品 |
| 7 | D | 胶质炸药生产中的混合药；<br>二硝基萘；<br>导火索；<br>硝酸铵、硝酸钾、硝酸钡、硝酸锶、硝酸钠、氯酸钾、过氧化钡、高氯酸铵等氧化剂；<br>氮化钠 |
| 注：胶质炸药生产中的混合药系指尚未混入硝化甘油的半成品。 | | |

关于表7-4中序号7的复合推进剂是指以高氯酸铵为氧化剂，加以黏合剂、固化剂及其他辅料制成的中能推进剂，不包括在推进剂的组分中含有高能炸药的产品，浇注双基推进剂中加入无机氧化剂、金属燃料，以及高能炸药的改性双基推进剂等高能推进剂。但随着武器性能的提高及弹药射程增加的需要，国内外均在大力研制和生产高能复合推进剂，参考国外资料及国内有关工厂研究所的试验结果分析确定：当复合推进剂中含高能炸药比例大于18%时，该生产工序或建筑物的危险等级均属于A1级，其防护设施、建筑结构，及其内、外部距离也均应按A1级设置。当复合推进剂中含高能炸药比例小于18%时，该产品的危险等级属于C2级。但推进剂混合等工序或建筑物的危险等级应按加入高能炸药的性质及设防条件确定。

**4. 国外规范中有关建筑物危险等级的规定**

世界各国在建设兵工企业时，对危险品生产和贮存也均制定出严格的规定，以保证安全。其分级方法也不外乎是根据产品燃烧爆炸性能和燃烧爆炸后对周围的破坏程度，制定出对外部的安全距离和对邻近建筑物的内部距离。今列举英国、法国、美国等国爆炸品分类的有关规定，以供参考。

1）英国

英国将爆炸品分为X、Y、Z、ZZ四类，其定义及事例见表7-5中所列的建筑物内生产或贮存的危险品类别，即为该建筑物的危险类别。

**表7-5 英国爆炸品分类定义和实例表**

| 类别 | 定 义 | 示 例 |
|---|---|---|
| X类 | 该类产品具有起火或轻微爆炸危险，或两者均有，但其影响是局部的 | 药包或药筒、引信、粒状药、照明弹、点火器、火箭、曳光管、烟幕弹、少量雷汞、氮化铅和史蒂芬酸盐 |

续表

| 类别 | 定　义 | 示　例 |
| --- | --- | --- |
| Y类 | 该类产品有大规模起火危险或中等爆炸危险，但无大规模爆炸危险 | 柯达火药、硝化纤维素、分装弹、燃烧弹、燃烧手榴弹 |
| Z类 | 该类产品有大规模爆炸危险并带有严重飞散物影响 | 杀伤爆破榴弹和炸弹、地雷深水炸弹、装有爆炸管的引信、雷管、传爆管、装猛炸药的轻兵器枪弹、摄影闪光弹、装药的金属火帽 |
| ZZ类 | 该类产品有大规模爆炸危险，并带有少量飞散物的影响 | TNT、特屈儿、硝化棉、阿梅托、轻兵器用的柯达火药、黑索今、硝化甘油、粒状塑性炸药、米诺尔炸药（TNT和黑索今的混合炸药）火药、太安、苦味酸 |

2）法国（法国火工安全规范）

（1）危险类别。

将爆炸品分为5个危险类别（类别与其包装情况，尤其是包装方式有关），每一类各包括表7-6内所列的物质或物品。

**表7-6　爆炸性物质或物品危险类别的分类**

| 等级的序号 | 危险类别的编号 | 类物质或物品的特点 |
| --- | --- | --- |
| I | 1 | 基本上具有殉爆危险的，也就是具有爆炸瞬间实际遍及全部装载量的危险物质或物品 |
| | 2 | 具有抛掷危险，但无殉爆危险的物质或物品 |
| | 3 | 具有火灾危险，及冲击波和投掷效应带来的轻微危险，但是没有殉爆危险。<br>这一类包括：<br>3a类包括燃烧产生大量热辐射的物质或物品。<br>3b类包括燃烧相当缓慢或一个继另一个之后接着燃烧，并有轻度冲击波和投掷效应的物质或物品 |
| | 4 | 不具有很显著危险的物质或物品，它们的设计和包装使它们只有相对小的危险，或者当底火未发或着火时不会有大块碎片被抛掷出来，且在所有情况下其后果可减到足够小的程度，因而不会显著地妨碍灭火作业以及应急措施的采用 |
| | 5 | 当发生爆炸时同危险性1类物质一样，但感度很低的物质，除非它们是大量地放置在密闭的空间内，这些物质发生引爆和燃烧转爆轰的概率很小。在爆炸试验时，不应被外部的火引起爆炸。 |

（2）爆炸性物质或物品相容组的分法和可能有的分级代码。

爆炸性物质或物品相容组的分法和可能有的分级代码如表7-7所示。

**表7-7　爆炸性物质或物品相容组的分法和可能有的分级代码**

| 相容组名称 | 属于该组的物质或物品的清单 | 危险级别 | | | | |
| --- | --- | --- | --- | --- | --- | --- |
| | | 1.1 | 1.2 | 1.3 | 1.4 | 1.5 |
| | | 分级代码 | | | | |
| A | 起爆药或击发药，即使少量在火焰、摩擦或轻微冲击作用下便发生爆轰的物质 | 1.1A | | | | |

续表

| 相容组名称 | 属于该组的物质或物品的清单 | 危险级别 | | | | |
|---|---|---|---|---|---|---|
| | | 1.1 | 1.2 | 1.3 | 1.4 | 1.5 |
| | | 分级代码 | | | | |
| B | 装有起爆药的物品 | 1.1B | 1.2B | | 1.4B | |
| C | 能爆燃的炸药（黑火药除外），或可爆炸的火药，或装有这种物质的物品 | 1.1C | 1.2C | 1.3C | 1.4D | |
| D | 能爆轰的炸药，或装有这种炸药但无起爆手段及发射装药的物品，或运输部门允许的密闭包装的非散装黑火药 | 1.1D | 1.2D | | 1.4D | 1.5D |
| E | 内装可爆轰炸药、无起爆手段，但有发射装药的物品，但是内装可燃液体（J类）和内装自燃液体（L类）的物品除外 | 1.1E | 1.2E | 1.3E | 1.4E | |
| F | 内装可爆轰炸药、有起爆手段，具有或没有发射装药的物品；但内装可燃或自燃液体的物品除外 | 1.1F | 1.2F | 1.3F | 1.4F | |
| G | 烟火剂，或内装烟火剂的物品，或装有另一种爆炸物和照明剂、燃烧剂、催泪剂或烟幕剂的物品，任何水活性物品（L类），或内装白磷的物品（H类），或内装一种可燃液体或可燃胶体的物品（J类）除外 | 1.1G | 1.2G | 1.3G | 1.4G | |
| H | 同时装有一种爆炸物和白磷的物品 | | 1.2H | 1.3H | | |
| J | 同时装有一种爆炸物和一种可燃液体或可燃胶体的物品 | 1.1J | 1.2J | 1.3J | | |
| K | 同时装有一种爆炸物和一种化学毒剂的物品 | | 1.2K | 1.3K | | |
| L | 应当与不同类型的——也就是说没有相同特性或相同组成的——任何其他物质或物品隔离。散装或用未经运输部门许可的包装的黑火药 | 1.1L | 1.2L | 1.3L | | |
| S | 在包装物内的物质或物品，其设计能使当发生操作（作用）事故时，它的后果只产生较小的危险并被限制在包装物内或只延及直接相邻部位 | | | | 1.4S | |

A～H、J 和 K 各组的物质或物品，如果它们属于不同的相容组，则不可贮存在同一仓库之中。然而，属于不同组的这些物质或物品，如果采取了避免火工事故在这些不同组之间传播的相应措施，则可以放在一个库房中。

L 组的物质和物品，如为不同的类型，便应该隔离，而且不应与属于另外一组的物质或物品放在一起。

S 组的物质或物品可以与 A 组和 L 组以外的其他各组物质或物品贮存在一起。

（3）危险区的分类。

在装有一定数量爆炸物质或物品的厂房或工作场地中，这些物质或物品就是危险区的危险源，根据它们对人或财物所具有的可能危险严重程度来分类，危险区分为以下所列 5 类，见表 7-8。

表 7-8　1.1 级物质或物品的外部距离规定

| 危险区名称 | Z1 | Z2 | Z3 | Z4 | Z5 |
| --- | --- | --- | --- | --- | --- |
| 可预测的人员损伤 | 在 50% 以上的情况下有致命死伤 | 可能致死的创伤 | 有损伤 | 有伤的可能性 | 轻伤的可能性也很小 |
| 可预测的财产损失 | 损失很严重 | 损失大 | 中等程度损失 | 轻度损失 | 损失很轻微 |

3）美国［美国国防部弹药及火炸药安全标准（以下简称美国 DOD 标准）］

美国规定建筑物内生产或贮存的危险品级别，即为该建筑物的危险级别，他们不按生产工序划分级别，早期的美国兵工规范将危险品划分为 12 级，并分别规定了内外部距离，后曾更改为 7 级。20 世纪 80 年代至 90 年代初，美国国防部制定的弹药与火炸药安全标准，均以联合国推荐的国际通用分级方法将危险性分成 9 类，其中两类：1 类和 6 类适用于美国 DOD 标准。1 类分成 6 级，即 1.1 级、1.2 级、1.3 级、1.4 级、1.5 级和 1.6 级。这 6 个级别的预期危险性规定如下：

（1）1.1 级（整体爆炸）。

本类产品系指实际上总量能够瞬时爆轰或集中爆炸的产品。本类代表性品目有散装火炸药、某些发射药、地雷、炸弹、爆破装药、鱼雷和导弹战斗部、火箭、装 TNT 或 B 炸药的码垛弹丸、装 D 炸药的 8 in 和大的高能弹丸、集中爆炸的集束炸弹，以及带有集中爆炸特点的弹药组件。

（2）1.2 级（产生碎片的非集中爆炸）。

① 本类产品按贮存形状、包装类型和数量等因素，其主要危险为碎片和冲击波之一或两者兼有。规定的最小距离是根据碎片的极限射程确定的，以距离对碎片进行防护，并作为居住建筑物和公共运输线路距离应用。本类产品事故产生的多数碎片会落入规定的 4 种最小距离之一内，即 400 ft（121.92 m）、800 ft（243.84 m）、1 200 ft（365.57 m）和 1 800 ft（548.54 m）。由于碎片产生的类型可以按其射程分组，将碎片距离划分成 4 类以适应贮存的灵活性。

② 在规定的最小距离中，产品的碎片距离随具体条件变化，但在相同条件下对于一种或多种产品的距离实质是相同的。对于这种产品，影响其间隔距离的主要是包装、装配状态、装药质量比和弹径。本类产品遇火或因其他原因起爆时，能逐渐爆炸或爆轰。但是，处于碎片距离 800 ft、1 200 ft、1 800 ft 3 个等级中的某些产品的整个堆垛能够爆轰。因此，即使贮存的量小于相应表格确定的最大量，规定的距离也不能减少。此外，如果这些产品的贮存方式不能限制对单个堆垛的直接影响，那么需要根据上述 4 级碎片距离或火炸药净重确定的 1.1 级集中爆炸火炸药所需的距离中选取大者。

（3）1.3 级（整体燃烧）。

本类产品在贮存状态下会猛烈燃烧，且扑灭的可能性极小或根本扑不灭。大火蔓延的严重危险可能来自燃烧中的容器材料、推进剂或其他可燃纤维的抛掷。超出规定的居住建筑物距离一般不存在毒性影响。

（4）1.4级（缓慢燃烧、无冲击波）。

① 本类产品具有着火危险，但无爆炸危险。贮存和使用本类产品的单独设施应至少距其他设施100 ft（30.48 m），如采用防火结构，其相互间的距离可为80 ft（24.4 m）。

② 某些装置所含炸药的量或性质在贮存或运输中，因不慎或偶然着火时并不由火、烟、热、声或外包装的可见破坏对装置本身引起任何外部反应，它们在贮存上可视为安全的，在运输上标为“非爆炸性弹药”。代表产品有无爆炸弹丸的小型武器弹药、导火索点火器和电点火管、求救信号弹、20 mm无爆炸弹丸的弹药、有色烟榴弹以及爆炸阀门或开关。

（5）1.5级（非常不敏感的炸药）。

非常不敏感的爆炸性物质虽说是整体爆轰，但很钝感，以致在贮存时起爆或从燃烧转爆轰的可能性可忽略不计。

（6）1.6级（极不敏感的弹药）。

含极不敏感的爆轰性物质的弹药，经试验证实，在运输及贮存时含极不敏感的爆轰性物质弹药的整体或有限的爆炸效应对起爆或从燃烧转爆轰的可能性都可忽略不计。这类弹药即使故意被引爆，也不会向其他弹药传递爆轰。

美国国防部和北大西洋公约组织制定了新爆炸物品危险等级分级的试验方法

确定划分为1.1级的需经过雷管试验、卡片间隙试验、冲击感度试验、点火与不密闭燃烧试验。确定划分为1.3级的需经过点火与不密闭燃烧试验、热安定性试验、卡片间隙试验、冲击感度试验。上述试验还只是初步的，有时最后还需要通过较大规模的试验，通过单个包装件试验、成堆试验、外部着火成堆试验等来区分1.1级、1.2级、1.3级和1.4级（见确定危险等级分级的程序，如图7-1所示）。

对1.1级还需要测定TNT当量，对1.2级还需要测定破片密度、破片质量和抛出距离，以确定建筑物的防护要求和对周围的安全距离。

这些使用实际弹药的试验费用都比较昂贵，实际不会每一项都做，在小型试验中能判断确定其级别的就尽可能不做大试验，即使做实际弹药的大试验，也尽可能削减可省略的部分。

从美国的有关资料中可以看出属于1.1级的有：

苦味酸铵、黑索今、代那迈特、含黑索今的炸药（A、A-2、A-3）、黑索今和TNT的混合炸药（B、B-3）、奥克托今、湿叠氮化铅、湿斯蒂芬酸铅、湿特屈拉辛、湿雷汞、硝基胍、特屈儿、TNT、太安、TNT与太安、TNT与奥克托今、TNT与苦味酸、TNT与铝粉的混合炸药、塑料黏结炸药。

散装黑火药、硝化甘油含量大于20%的炮用双基发射药、燃烧层厚度小于0.19 mm的双基发射药（无论其含硝化甘油量的多少）、按技术局要求的试验确定具有大量爆轰或集中爆炸特性的双基推进剂与复合推进剂药柱、硝化纤维含量不少于98%的单基发射药、高氯酸铵（粒度小于15 μm）。

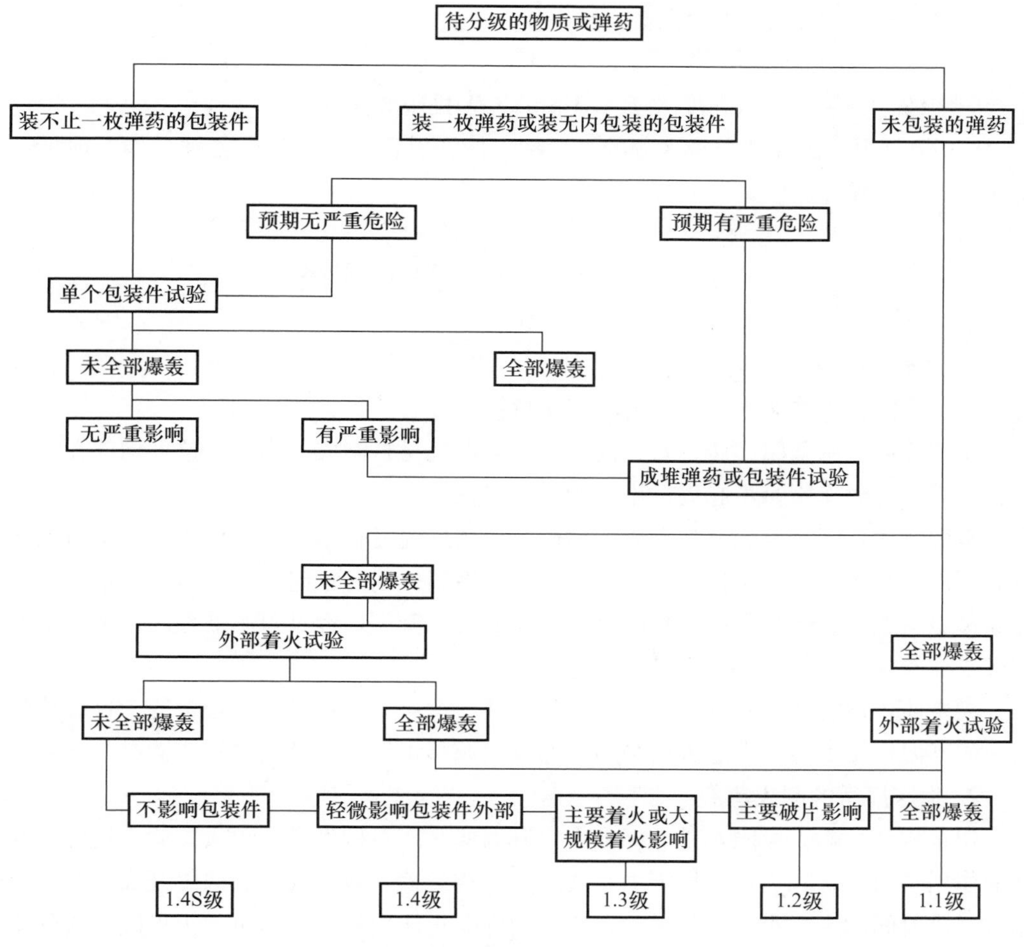


图7-1　确定危险等级分级的程序

另外，硝酸铵、高氯酸铵（粒度大于15 μm）、二硝基甲苯、含水量为8%～30%的湿硝化纤维素等产品，规定当他们所处位置在1.1级危险品附近，并与1.1级危险品的距离小于规定的安全距离时列为1.1级。

属于1.3级的有：

按技术局要求的试验确定不具有大量爆轰或集中爆炸的双基推进剂或复合推进剂药柱，硝化甘油含量不大于20%的、燃烧层厚度不少于0.19 mm的双基发射药，氧化剂含量大于74%的聚硫橡胶与高氯酸铵复合推进剂药柱，燃烧层厚度大于0.48 mm的多孔炮用发射药，低膛压手枪猎枪用单基药，单孔枪用单基药，燃烧层厚度不大于0.889 mm的单孔单基炮药。

高氯酸铵（粒度大于1.5 μm）、硝酸铵、含水量为8%～30%的湿硝化纤维素产品，当它们所处位置在燃烧危险级附近时。

二硝基甲苯虽处于爆炸危险品附近，但安全距离大于所规定的，类似的还有氯酸盐、高氯酸盐、固体过氧化物等。

属于1.4级的有：

硝酸铵、高氯酸铵（粒度大于1.5 μm）、无机硝酸盐等。

1.2级是根据破片情况来区分的，包括引信、雷管、火工品、各种弹体、地雷、火箭发动机、炸弹等。

## 7.2 生产厂房的耐火等级

### 1. 建筑物构件的分类

根据建筑构件在明火或高温下的变化特征，分为三类。

非燃烧体：用金属、砖、石、混凝土等非燃烧材料制成的构件。这种构件在空气中受到火烧或高温作用时不起火、不微燃、不炭化。

难燃烧体：用难燃烧材料制成的构件，或用燃烧材料做基材而用非燃烧材料做保护层的构件。难燃烧材料是指空气中受到火烧或高温作用时难起火、难微燃、难炭化，当火源移走后燃烧或微燃立即停止的材料。如沥青混凝土，经过阻燃处理的木柴、水泥刨花板或板条抹灰墙等，都属于难燃烧体。

燃烧体：用燃烧材料制成的构件，如木柱、木梁、纤维板、胶合板等。这种构件在明火或高温作用下能立即起火或微燃，而且火源移走后仍能继续燃烧或微燃。

### 2. 生产厂房的耐火等级

建筑构件的耐火极限，是按标准火灾升温曲线，对构件进行耐火试验。构件从受到火的作用瞬时起，到失掉支撑能力，或产生穿透裂缝，或背火一面温度升高到220 ℃时止，这段时间称为耐火极限。显然，建筑构件受火作用的时间超过耐火极限，构件将不能阻止火势的蔓延。

建筑物的耐火等级是由组成建筑物的墙、柱、梁、楼板等主要构件的燃烧性能和耐火极限决定的。规范在制定耐火等级标准时，选择楼板的耐火极限作为基准，这就是首先确定各耐火等级建筑物中楼板的耐火极限，然后将其他建筑构件与楼板相比较，在建筑结构中所占的地位比楼板重要者，其耐火极限应高于楼板，比楼板次要者，其耐火极限可适当降低。

我国大部分火灾的延续时间为1.0～2.0 h。目前建筑物所采用的钢筋混凝土楼板，其钢筋保护层厚度约为1.5 cm，根据经验，其耐火极限一般大于1.0 h。因此，将二级耐火等级建筑物的楼板的耐火极限定为1.0 h，一级耐火等级的定为1.5 h，三级耐火等级的定为0.5 h，四级耐火等级的定为0.25 h。其他建筑构件的耐火极限，如在一般耐火等级的建筑物中，支承楼板的梁比楼板重要，其耐火极限应比楼板高，定为2.0 h，柱和墙承受梁的重量，更为重要，其耐火极限定为2.5～3.0 h，其余依此类推。

各耐火等级的建筑物，对建筑构件的燃烧性能也有一定要求。大体上说，一级耐火等级为钢筋混凝土结构或砖墙与钢筋混凝土结构组成的混合结构，二级耐火等级为钢结构屋顶，钢筋混凝土柱和砖墙的混合结构，三级耐火等级是木屋顶和砖墙的砖木结构，四级耐火等级是木屋顶和难燃烧体墙组成的可燃烧结构。

各耐火等级建筑物构件的耐火极限和燃烧性能见表7-9。

**表7-9　建筑物耐火等级分级表**　　h

| 构件名称 | 耐火等级 | | | |
|---|---|---|---|---|
| | 一级 | 二级 | 三级 | 四级 |
| | 燃烧性能和耐火极限 | | | |
| 承重墙和楼梯间的墙 | 非燃烧体 | 非燃烧体 | 非燃烧体 | 非燃烧体 |
| | 3.00 | 2.50 | 2.50 | 0.50 |
| 支承多层的柱 | 非燃烧体 | 非燃烧体 | 非燃烧体 | 非燃烧体 |
| | 3.00 | 2.50 | 2.50 | 0.50 |
| 支承单层的柱 | 非燃烧体 | 非燃烧体 | 非燃烧体 | 燃烧体 |
| | 2.50 | 2.00 | 2.00 | — |
| 梁 | 非燃烧体 | 非燃烧体 | 非燃烧体 | 难燃烧体 |
| | 2.00 | 1.50 | 1.00 | 0.50 |
| 楼板 | 非燃烧体 | 非燃烧体 | 非燃烧体 | 难燃烧体 |
| | 1.50 | 1.00 | 0.50 | 0.25 |
| 吊顶 | 非燃烧体 | 非燃烧体 | 难燃烧体 | 燃烧体 |
| | 0.25 | 0.25 | 0.15 | — |
| 屋顶承重构件 | 非燃烧体 | 非燃烧体 | 燃烧体 | 燃烧体 |
| | 1.50 | 0.50 | — | — |
| 疏散楼梯 | 非燃烧体 | 非燃烧体 | 非燃烧体 | 燃烧体 |
| | 1.50 | 1.00 | 1.00 | — |
| 框架填充墙 | 非燃烧体 | 非燃烧体 | 非燃烧体 | 难燃烧体 |
| | 1.00 | 0.50 | 0.50 | 0.25 |
| 隔墙 | 非燃烧体 | 非燃烧体 | 难燃烧体 | 难燃烧体 |
| | 1.00 | 0.50 | 0.50 | 0.25 |
| 防火墙 | 非燃烧体 | 非燃烧体 | 非燃烧体 | 非燃烧体 |
| | 4.00 | 4.00 | 4.00 | 4.00 |

正确选择生产厂房所应采取的耐火等级，并适当限制其层数及防火墙间的最大允许占地面积，是防止发生火灾和阻止火灾蔓延扩大的一项基本措施。生产厂房的耐火等级是由厂房中生产的危险性决定的。根据表7-9确定的厂房中生产的火灾危险性类别，可以决定相应的耐火等级、允许的最高层数和防火墙的最大允许占地面积（具体规定见表7-10）。

表 7-10 厂房的耐火等级、层数和面积

| 生产类别 | 耐火等级 | 最多允许层数 | 防火墙间最大允许面积/$m^2$ | |
|---|---|---|---|---|
| | | | 单层厂房 | 多层厂房 |
| 甲 | 一级 | 不限 | 4 000 | 3 000 |
| | 二级 | 不限 | 3 000 | 2 000 |
| 乙 | 一级 | 不限 | 5 000 | 4 000 |
| | 二级 | 不限 | 4 000 | 3 000 |
| 丙 | 一级 | 不限 | 不限 | 6 000 |
| | 二级 | 不限 | 7 000 | 4 000 |
| | 三级 | 2 | 3 000 | 2 000 |
| 丁 | 一、二级 | 不限 | 不限 | 不限 |
| | 三级 | 3 | 4 000 | 2 000 |
| | 四级 | 1 | 1 000 | — |
| 戊 | 一、二级 | 不限 | 不限 | 不限 |
| | 三级 | 3 | 5 000 | 3 000 |
| | 四级 | 1 | 1 500 | — |

厂房内火灾危险性不同的部分如有完全的防火分隔时，可以采用不同的耐火等级。对生产中的关键部位和特别贵重的机器、仪表和设备，应设在一、二级耐火等级的建筑内。

在厂房内，如有火灾危险性较大的生产时，应将这些部分设置在单层厂房靠外墙或多层厂房最上一层靠外墙处，并用非燃烧体的分隔墙与其他部分隔开。

## 7.3 生产厂房的防火间距及安全距离

### 1. 生产厂房的防火间距

当一幢建筑物着火后，随着燃烧的进行，会产生高温气流和强烈的热辐射作用，烘烤邻近的其他建筑物，并使它们着火。若建筑物间相距一定距离，则热辐射和热气流作用将显著减弱。所以，建筑物间相隔一定距离可以防止火灾的扩散蔓延，这个距离即称为防火间距。在发生火灾时，留有足够的防火间距将有利于人员和物资的疏散，也可使消防设备和消防人员顺利到达火灾现场进行灭火。

防火间距应按相邻建筑物外墙的最近距离计算。如外墙有突出的燃烧构件，则应从突出部分的外缘算起。

生产厂房的防火间距是根据相邻生产厂房的耐火等级确定的。具体规定见表 7-11。

### 2. 安全距离

火炸药及其制品工厂的危险品生产工（库）房与其他生产工（库）房及周围民用建

表 7-11　厂房之间的防火间距

| 耐火等级 | 耐火等级 | | |
|---|---|---|---|
| | 一、二级 | 三级 | 四级 |
| | 防火间距/m | | |
| 一、二级 | 10 | 12 | 14 |
| 三级 | 12 | 14 | 16 |
| 四级 | 14 | 16 | 18 |

筑之间要有一定的安全距离。所谓安全距离是指炸药或其制品发生爆炸事故时，由爆炸中心到能保证人身安全和建筑物的破坏被限制在允许限度内的最小距离，安全距离又称最小允许距离。

安全距离包括防冲击波安全距离、防殉爆安全距离、防地震波安全距离等。

设置安全距离是工厂防爆及防止爆炸灾害扩大、减轻事故损失的重要措施，是危险品生产厂在设计、建厂、改建、扩建时必须考虑的问题。小于安全距离的地带称为危险地带，但大于安全距离的地带并不是绝对安全的，它只是能够保证建筑物被破坏的程度不超过规定所允许的限度。

影响安全距离的因素：

（1）从发生事故的建筑物考虑：

① 该工房的爆炸危险等级，其中危险品的感度和药量。

② 该工房的防护情况，如有无防爆土堤等。

③ 该工房的建筑结构，如有无泄爆面、屋盖是否为可燃材料。

（2）从被保护的建筑物考虑：

① 该工房的爆炸危险等级，其中危险品是否容易殉爆。

② 该工房的安全设防标准（即允许破坏等级）。

③ 该工房的建筑结构和防护情况。

④ 地形条件。

在爆炸破坏的各因素中，冲击波的破坏作用最显著，作用距离最远，所以下文介绍冲击波安全距离的计算。

计算冲击波对建筑物的安全距离公式，主要根据大量地面爆炸试验所得数据，参考历史上爆炸事故造成的破坏作用，经数学处理而得到。

根据 300～40 000 kg TNT 爆炸试验数据的处理分析，冲击波安全距离与爆炸药量之间的关系用下式表示：

$$R = KW^{a} \tag{7-1}$$

式中　$R$——被保护建筑物在规定的安全设防标准下到爆炸中心的安全距离，m；

$W$——爆炸的炸药量，kg，以 TNT 当量计；

$K$、$a$——由试验确定的系数和指数。

为了求得待定系数 $K$ 和待定指数 $a$，将以上公式两边取对数，得：

$$\ln R = \ln K + a\ln W \tag{7-2}$$

令 $\ln K=b$，则 $\ln R=b+a\ln W$

当建筑物的破坏等级一定时（允许有某个等级的破坏），对不同的 TNT 药量 $W_1$、$W_2$、…、$W_i$，对应的安全距离为 $R_1$、$R_2$、…、$R_i$。以上是由试验得到的，代入公式中得到：

$$\ln R_i = b + a\ln W_i \quad [i = 1,2,3,\cdots,n(\text{试验个数})]$$

应用最小二乘法，如果 $a$、$b$ 能满足上式的偏差平方和 $\varphi= \sum[\ln R_i-(b+a\ln W_i)]^2$ 得到极小值，则确定的 $a$、$b$ 便是方程 $R=KW^a$ 的最优指数和系数。

由微分学知，使偏差平方和 $\varphi$ 取得最小值的 $a$、$b$ 必须满足下面方程：

$$\begin{cases} \dfrac{\partial\varphi}{\partial b} = 2\sum_{i=1}^{n}[\ln R_i-(b+a\ln W_i)] = 0 \\ \dfrac{\partial\varphi}{\partial b} = 2\sum_{i=1}^{n}[\ln R_i-(b-a\ln W_i)] = 0 \end{cases} \tag{7-3}$$

整理后，得到以下方程组：

$$\begin{cases} nb + a\sum_{i=1}^{n}\ln W_i = \sum_{i=1}^{n}\ln W_i \\ b\sum_{i=1}^{n}\ln W_i + a\sum_{i=1}^{n}(\ln W_i)^2 = \sum_{i=1}^{n}\ln R_i\ln W_i \end{cases} \tag{7-4}$$

令

$$C_1 = \sum_{i=1}^{n}\ln W_i \quad C_2 = \sum_{i=1}^{n}\ln R_i \quad C_3 = \sum_{i=1}^{n}(\ln W_i)^2 \quad C_4 = \sum_{i=1}^{n}\ln R_i\ln W_i \tag{7-5}$$

则

$$\begin{cases} nb + C_1a = C_2 \\ C_2b + C_3a = C_4 \end{cases} \tag{7-6}$$

由爆炸试验得知，当 TNT 药量分别为 6.4 t、10 t、20 t、30 t 时，测得建筑物遭到五级严重破坏的距离分别为 96 m、116 m、155 m、185 m，根据这些数据计算结果见表 7-12。

**表 7-12 计算结果**

| $i$ | $W_i$/kg | $R_i$/m | $\ln W_i$ | $\ln R_i$ | $(\ln R_i)^2$ | $\ln R_i\ln W_i$ |
|---|---|---|---|---|---|---|
| 1 | 6 400 | 96 | 8.76 | 4.56 | 16.8 | 40.0 |
| 2 | 10 000 | 116 | 9.21 | 4.76 | 84.9 | 43.8 |
| 3 | 20 000 | 155 | 9.90 | 5.05 | 98.0 | 50.0 |
| 4 | 30 000 | 185 | 10.30 | 5.22 | 106.1 | 53.8 |
| $\sum_{i=1}^{n}$ | — | — | $C_1=38.17$ | $C_2=19.59$ | $C_3=365.8$ | $C_4=187.6$ |

将数据代入方程组中，得

$$\begin{cases}4b + 38.17a = 19.59 \\ 38.17b + 365.8a = 187.6\end{cases} \tag{7-7}$$

解方程组得 $a=0.417$，$b=0.916$。

$$K = e^{b} = e^{0.916} = 2.5 \tag{7-8}$$

将 $K$、$a$ 代入安全距离公式，得到允许五级严重破坏的冲击波安全距离公式为：

$$R_5 = 2.5W^{0.417} = 2.5W^{1/2.4} \tag{7-9}$$

此式适用于药量大于 6.4 t 时的情况，当药量小于 6.4 t 时，用同样的方法得出允许五级严重破坏（偏轻）的冲击波安全距离公式为：

$$R_5 = 1.2W^{1/2} \tag{7-10}$$

对于其他安全设防标准规定的允许破坏等级（二级除外），可以用类似的方法确定安全距离公式，不过为简便起见，目前是在以上公式的基础上乘以适当的比例系数。具体见表 7-13。

表 7-13　冲击波安全距离公式

| 建筑物允许破坏等级 | 冲击波安全距离公式 | 备　注 |
| --- | --- | --- |
| 二级玻璃破坏 | $R_2=25W^{1/2.8}$ | 所有公式适用于爆炸点周围或被保护建筑物周围单方有防护土堤的情况 |
| 三级轻度破坏 | $R_3=2.0R_5$ | |
| 四级中等破坏 | $R_4=1.5R_5$ | |
| 五级严重破坏 | $R_5=\begin{cases}1.2W^{1/2}\\2.5W^{1/2.4}\end{cases}$ | (W<6 400 kg)<br>(W≥6 400 kg) |
| 六级房屋倒塌 | $R_6=0.75R_5$ | |

如果爆炸点周围及被保护建筑物周围防护情况不同，上述公式要做相应的校正，也是在原来安全距离的基础上乘一个系数。如两个建筑物周围均无防护土堤时

$$R' = 2.00R \tag{7-11}$$

两个建筑物周围均有防护土堤时

$$R'' = 0.60R \tag{7-12}$$

其他安全距离还有以下几种：

爆炸危险品 A 级库房距住宅区边缘的安全距离为：

$$R'_{A3库} = 18.9W^{1/2.8} \tag{7-13}$$

$$R'_{A2库} = 21W^{1/2.8} \tag{7-14}$$

$$R'_{A1库} = 29.4W^{1/2.8} \tag{7-15}$$

爆炸地震波安全距离采用下式计算：

$$R = aK\sqrt[3]{W} \tag{7-16}$$

其中，$K$ 为安全系数，三级轻度破坏 $K \geqslant 3 \sim 4$；四级中等破坏 $K = 2 \sim 3$；五级严重破坏 $K = 1 \sim 2$。$a$ 为地质条件影响系数，对于砂、砂纸黏土 $a = 1.0$，碎石胶黏土 $a = 0.8$，岩石 $a = 0.35 \sim 0.50$。

国外有关的安全距离公式有以下几种：

瑞典有关安全规范规定，地面炸药库到住宅区、公物、人群场所的安全距离按下式计算：

无防护时，$R = 30\sqrt[3]{W}$

防护良好时，$R = 15\sqrt[3]{W}$

炸药库到公路、铁路、其他建筑物的安全距离公式为：

无防护时，$R = 6\sqrt{W}$

当 $W > 1\,500$ kg 时，$R = 30\sqrt[3]{W}$

防护良好时，$R = 3\sqrt{W}$

当 $W > 150\,000$ kg 时，$R = 15\sqrt[3]{W}$

英国的经验公式为：$R = KW^{1/1.74}$

美国奥尔逊的公式为：$R = KW^{1/2.25}$

其他计算公式还有多种，在此不一一列举。

**3. 防护土堤**

1）防护土堤的作用

为了缩短安全距离，减少厂房库区占地面积，危险品生产工房或库房周围修筑防护土堤。防护土堤的作用为：

（1）可以阻挡爆炸火焰和冲击波在水平方向的直接冲击作用，防止相邻库房或厂房火炸药的殉爆。

（2）可以拦截爆炸破片等飞散物。

（3）可以阻挡冲击波的传播，减弱冲击波对周围建筑物的破坏作用。

2）标准防护土堤的结构图

标准防护土堤的结构如图 7-2 所示。防护土堤宜用土建筑，不允许用重型块状材料（如石块、混凝土、砖头等）和轻且可燃的材料堆筑，以防发生事故的重型块状材料飞出伤人，或轻且可燃的材料飞出引起火灾。为防雨水冲刷，内外坡底修建挡土墙，挡土墙的高度宜为 1.5 m 左右。防护土堤的高度宜高出屋檐 1 m，最低不应低于屋檐高度。顶宽要求 1 m，底宽不小于高度的 1.5 倍。防护土堤的边坡应稳固，一般采用 45°～60°坡。与建筑物的距离宜取 3 m 左右。设置形式有敞开式、封闭式和混合式三种。

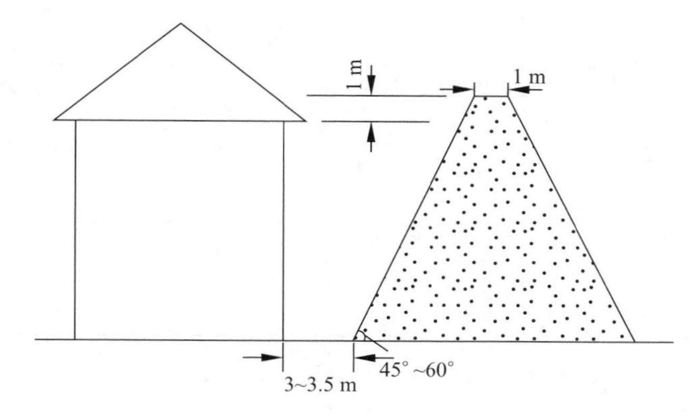


图 7-2　标准防护土堤的结构

## 7.4　建筑结构防火防爆措施

### 7.4.1　建筑物防火防爆要求

有燃烧爆炸危险的建筑物为了达到防火防爆要求，应从以下三个方面考虑：

（1）减少起火爆炸的可能性。如采用不发火地面，设置特殊的门窗，以免门窗碰击摩擦发生火花。墙角抹成圆弧形，天棚做成没有外凸物的平面，以避免集聚粉尘和便于冲洗。向阳光的门窗玻璃要涂白漆或采用毛玻璃，以避免阳光直射或聚焦而点燃易燃易爆物质。在有风砂的地区，门窗应有密闭设施，以免风砂吹入产品中增加其摩擦感度。有特殊危险的工序应设在抗爆小的室内进行作业，一切有可能产生火花的设备用室（如通风机室、配电室等）均应与危险性生产间隔离。

（2）减小火灾爆炸事故破坏作用。有火灾危险的工房要根据生产的危险性类别和耐火等级的要求采取相应的防火措施。生产爆炸危险品的 A、B、C、D 级工房应不低于火灾危险甲类生产、耐火等级二级的各项要求。有爆炸危险的甲、乙类厂房，为了防止冲击波或高压对建筑物的破坏作用，建筑物要有足够的强度，另外还要有一定的泄压面积，使爆炸产生的高压得以泄放，厂房的承重结构不致受到重大破坏。泄压面积的大小与工房内处理的危险品数量、爆炸威力等有关，要通过计算确定。对于有可燃气体、易燃液体蒸气或燃爆性粉尘、纤维的工房，其泄压面积根据爆炸压力确定。一般是通过模拟试验求出泄压系数 $K$（又称泄压比，为泄压面积与工房容积的比值）与爆炸时墙壁所受压力 $P$ 的关系，做出曲线，供设计时选用。

目前我国采用的泄压系数符合表 7-14 的规定。

日本和美国采用的泄压系数分别见表 7-15 和表 7-16。

泄压的方式有向外开启的门、窗和轻质泄压屋盖、轻型墙等。多层建筑楼板上开设

表 7-14 泄压面积与工房容积的比值（中国）

| 级　别 | 爆炸性混合物的性质 | 泄压系数 $K/(m^2 \cdot m^{-3})$ |
|---|---|---|
| A | 1. 爆炸下限≤10%的可燃气体或蒸气 | 0.10 |
| | 2. 爆炸下限≤35 $g/m^3$ 的悬浮粉尘 | |
| | 3. 爆炸压力≥0.5 MPa 者 | |
| B | 1. 爆炸下限>10%的可燃气体或蒸气 | 0.05 |
| | 2. 爆炸下限>35 $g/m^3$ 的悬浮粉尘 | |
| | 3. 爆炸压力<0.5 MPa 者 | |

表 7-15 泄压面积与工房容积的比值（日本）

| 类　别 | 名　称 | $\frac{泄压面积}{工房容积}=K/(m^2 \cdot m^{-3})$ |
|---|---|---|
| 弱级爆炸物 | 谷物、纸、皮革、铝、铬、铜等粉末、醋酸蒸气等 | $\frac{1}{30}$ (0.033) |
| 中级爆炸物 | 木屑、煤炭、奶粉、锑、锡等粉尘、乙烯树脂、尿素、合成树脂粉尘 | $\frac{1}{15}$ (0.067) |
| 强级爆炸物 | 充满煤气的淀粉、油漆干燥室或热处理室，醋酸纤维，苯酚树脂和其他树脂粉尘，铝、镁、锆等粉尘 | $\frac{1}{5}$ (0.200) |
| 特级爆炸物 | 丙酮、汽油、甲醇、乙炔、氢气等 | $>\frac{1}{5}$ |

表 7-16 泄压面积与工房容积的比值（美国）

| 类　别 | 名　称 | 泄压系数 $K/(m^2 \cdot m^{-3})$ |
|---|---|---|
| 弱级爆炸危险 | 颗粒粉尘 | 0.033 2 |
| 中级爆炸危险 | 煤粉、合成树脂、锌粉等 | 0.065 0 |
| 强级爆炸危险 | 在干燥室内漆料溶剂的蒸气，铝粉、镁粉等 | 0.220 0 |
| 特级爆炸危险 | 丙酮、汽油、甲醇、乙炔、氢气等 | 尽可能最大的比值 |

泄压孔时，若泄压孔上部的屋盖是轻质泄压屋盖时，开孔也可算作泄压面积的一部分。

（3）减小爆炸时对人员的伤害和对附近建筑的影响。从工厂总平面布置上将危险建筑物与非危险部分尽可能分开或隔离，对特殊危险的抗爆小室要设置抗爆墙、抗爆装甲门，以及相应的抗爆小院。其次，要设置足够的安全疏散出口（包括门、安全窗、安全梯等），使工人在发生事故时能很快地疏散或就近离开危险点。安全疏散口不得少于两个。从工作地点到最近的一个安全疏散出口处的距离，火炸药厂不得大于 15 m，其他工厂如表 7-17 所示。

表 7-17 工房的安全疏散距离　　m

| 生产类别 | 耐火等级 | 单层工房 | 多层工房 |
|---|---|---|---|
| 甲 | 一、二级 | 30 | 25 |
| 乙 | 一、二级 | 75 | 50 |

续表

| 生产类别 | 耐火等级 | 单层工房 | 多层工房 |
|---|---|---|---|
| 丙 | 一、二级 | 75 | 60 |
| | 三级 | 60 | 40 |
| 丁 | 一、二级 | 不限 | 不限 |
| | 三级 | 60 | 50 |
| | 四级 | 50 | — |
| 戊 | 一、二级 | 不限 | 不限 |
| | 三级 | 100 | 75 |
| | 四级 | 60 | — |

## 7.4.2　建筑物防火防爆措施

### 1. 抗爆墙

抗爆墙是为了满足安全要求，增加某些建筑物的墙体结构强度，提高其抵抗冲击波和高压的能力，以便将爆炸事故的破坏作用限制在局部范围内。如抗爆小室的墙体都应采用抗爆墙结构。

抗爆墙的结构大多数为钢筋混凝土结构，少数有夹砂钢板和型钢的，特殊情况下也可用砖或砂袋的。现分述如下：

（1）钢筋混凝土抗爆墙。采用混凝土夹钢筋结构。混凝土标号不低于 200 号，厚度不小于 200 mm，多数为 500 mm、800 mm，最大到 1 m，钢筋直径不小于 $\phi$10 mm，钢筋间距不大于 200 mm。这种钢筋混凝土抗爆墙强度高、刚度大、坚固结实、耐火抗爆，能抵抗破片的穿透，应用比较普遍。

（2）钢板抗爆墙。采用槽钢作骨架，钢板与骨架铆接或焊接。有单层钢板式、双层钢板式和双层钢板夹间砂式。

（3）型钢抗爆墙。它由两排交错并立的工字钢组成，也有用薄钢板焊成类似百叶窗结构的型钢抗爆墙。这种抗爆墙在发生事故时，能抵抗冲击波和阻止爆炸破片，而爆炸气体和热量可以通过型钢之间的缝隙泄放出去，既可泄压，又可抗爆。国外有采用这种抗爆墙结构的，但其造价昂贵，应用不广泛。

（4）砌砖抗爆墙。这类抗爆墙能就地取材，造价便宜。但强度小，整体性较差，不耐强震，不能抵抗强烈的爆炸冲击波，只能用于爆炸力不大或爆炸药量少的工房。为了提高砖砌抗爆墙的强度，构造厂通常要配制钢筋。

### 2. 抗爆小室

抗爆小室是用来将爆炸事故限制在局部范围内的小型危险作业工房。将危险大、事故概率高的工序放在抗爆小室，与一般作业工房隔开，防止一个工序爆炸影响整个生产线。

抗爆小室的结构如图 7-3 所示。

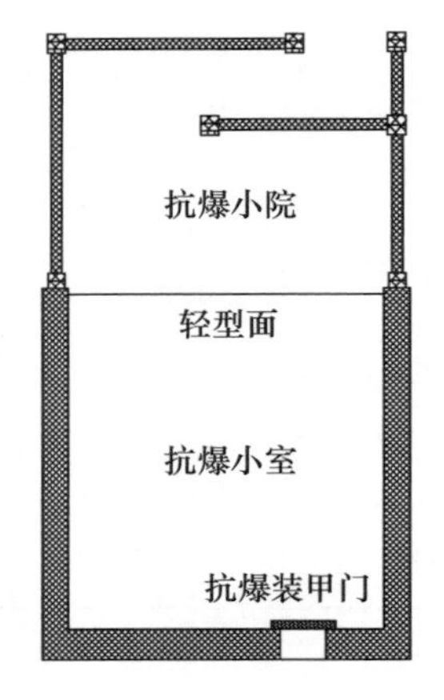


图 7-3 抗爆小室的结构

抗爆小室的三面墙壁和屋盖为钢筋混凝土结构，能抵抗爆炸产生的巨大压力和冲量。另一面墙壁应为泄压轻型墙结构或安装泄压轻型窗，这样可使爆炸冲击波排到室外大气中，减少对墙壁施加的压力。在发生爆炸时，刚开始，墙壁承受向外的正压力，在爆炸波泄出时，瞬间形成真空，墙壁又承受向内的负压力，于是墙壁振动。若抗爆小室没有轻型面（薄弱环节），爆炸冲击波在室内墙壁上来回反射，反复作用于抗爆墙上，使抗爆墙发生共振，增大抗爆墙的负荷，甚至遭到破坏。所以，轻型面对抗爆小室的抗爆结构有很大影响。抗爆小室尽量布置在外墙的地方，轻型面向外。若轻型面的方向离道路、建筑物不远时，在轻型面外还应修抗爆小院，以防冲击波及破片飞出伤人或引起其他事故。抗爆小室由矩形钢筋混凝土抗爆墙构成，墙厚不小于 24 cm，墙高不低于抗爆小室檐口高度，小院进深为 3～4 m。

有时操作人员需要观察小室内的工作情况，需要在墙壁上留有观察孔，这些观察孔上的玻璃均应为防弹玻璃，在爆炸破片的作用下不允许产生穿透现象。抗爆小室的门窗须做成抗爆装甲门窗，其作用是防止爆炸冲击波及破片通过门窗洞口飞出伤人。在布置上，抗爆装甲门窗应尽量避免与其他生产间的门窗相对。抗爆装甲门必须内开。抗爆装甲门有单层式和双层式两种，门板均采用厚度不小于 6 mm 的装甲钢板制成，单层装甲门能够承受等效静载荷 15～50 t/m$^2$，双层装甲门能够承受等效静载荷 85～250 t/m$^2$。

### 3. 泄压轻型屋盖

所谓泄压轻型屋盖，是指自重轻（不超过 100 kg/m$^2$）、有脆性的非燃烧体屋盖，它受到 1 kPa 以上压力的作用被掀掉。把它用在有爆炸危险的建筑物上，一旦发生爆炸事故时能使爆炸波由轻型屋面泄放出去，以保护建筑物的主体结构少受爆炸波的冲击破坏，其中设备也可少受损失。轻型屋面应被炸成碎块，以免大块物体飞出伤人或造成附近建筑物的破坏。轻型屋盖应为非燃烧材料，以免炸飞的碎块引燃其他建筑物或可燃物。

适合作泄压轻型层盖的材料是石棉水泥波形瓦。它具有重量轻、脆性好、耐水、不燃烧的优点。

轻型屋盖的构造分为简易式、保温式和通风式三种。

简易式：最简单的是将石棉水泥波形瓦直接固定在檐条上。较好一点的是在石棉水泥波形瓦下增设安全网，以防瓦的碎片落下伤人。再好一点的轻型屋盖是在波形瓦上铺设轻质水泥砂浆并抹平，然后铺设油毡沥青防水层。

保温式：保温式轻型屋盖适用于寒冷地区有保温要求或炎热地区有降温要求的爆炸危险工房或仓库。其构造是在石棉水泥波形瓦上面铺设轻质水泥砂浆抹平和保温层、防水层。保温层选用重量小的保温材料，如泡沫混凝土、加气混凝土、水泥膨胀蛭石、防腐锯末等。

通风式：通风式轻型屋盖适用于炎热地区有隔热降温要求的爆炸危险工房和仓库。其构造是将两层简易式轻型屋盖中间以一定间隔重叠起来，空气可以在两层石棉瓦之间流通，可起对流换气作用，减少日光辐射热传入室内，具有明显的隔热降温效果。

#### 4. 泄压轻型外墙

泄压轻型外墙是用轻质易碎材料构成的防护外墙。它受到 1 kPa 的压力就能被掀掉，其作用与轻型屋盖相同，使建筑物造成薄弱环节，一旦发生爆炸事故时，它首先受到破坏，使爆炸泄放掉，泄压轻型外墙应设在建筑物朝向安全的一面。

泄压轻型外墙也是采用石棉泥波形瓦作为基本墙体材料。按使用要求也分为无保温层和有保温层两种。

无保温要求的轻型外墙是在石棉水泥波形瓦内壁增设保温层，保温层采用难燃烧体木丝板。

#### 5. 有火灾爆炸危险工房对门窗等的要求

（1）对门的要求：对于有爆炸危险的工段，为了在发生爆炸事故时能使工房内操作人员迅速疏散到室外去，须设置安全疏散门。门要向外开启，不应设门槛。对于特殊危险的抗爆小室，为了防止发生爆炸事故时影响邻近工序，并保障隔离操作人员的安全，须设置抗爆装甲门。抗爆小室的装甲门应向小室内方向开启，以便在爆炸冲击波作用下能转向关闭状态。危险工房的门窗周围要镶一圈橡皮，以达到密闭不透风砂，并使门扇开关时不致碰击出现火花。门的合页和插销应有足够抵抗冲击波的强度。

（2）对窗的要求：有爆炸危险工房的窗户有三种型式：安全窗，用作疏散；轻型窗，用作泄压；装甲窗，用作防爆。

安全窗除了采光通风的作用外还在发生事故时兼作安全出口之用。因此安全窗必须是向外平开的，不能做成上悬式或中悬式。若需要做双层窗时，则必须有联动装置。安全窗洞口宽不应小于 1 m，窗扇高度不应小于 1.5 m。窗台高度要考虑人容易跳，不应过高，一般不高于 0.5 m。插销应为夹簧式或碰珠式，以便能迅速推开。

轻型窗设置在抗爆小室朝向室外抗爆小院的泄压面上，其作用是在发生爆炸事故时使爆炸波从轻型窗泄放出去，以减小对小室内的冲击压力。窗台不应高于 0.4 m，窗扇必须是容易被爆炸波推脱的，不能钉死。轻型窗的面积应根据泄压面积计算确定，一般大些为好。

装甲窗是设置在抗爆墙上用作传递爆炸危险品的窗洞。窗框牢固地埋入墙内，窗扇周围镶橡皮密封。

（3）对小五金及玻璃的要求：在有燃烧粉尘和气体的工房，其门窗小五金件不能全用铁制，因为铁与铁碰撞摩擦时会产生火花，有引起爆炸的危险，一般用黑色金属与有色金属（如铁与铜）配合制成。

爆炸危险工房的窗户玻璃不可全用平板玻璃，因为平板玻璃内可能有小气泡或表面不平整，使阳光聚焦或发生折射，引燃引爆可燃粉尘和气体。为了防止这类事故发生，要求朝阳的窗户玻璃为毛玻璃，或普通玻璃涂上白漆。有抗爆要求的窗户玻璃要用防弹玻璃，这种玻璃受冲击波作用不易破碎，或破碎后不致伤人，如玻璃钢、胶合有机玻璃等。

### 6. 不发火地面

不发火地面是指有爆炸危险的工房为满足防爆要求而特制的地面。在有火炸药、燃爆粉尘和气体产生的工序，必须防止发生任何火花。为了避免穿钉子鞋或铁制工具与地面碰击摩擦时发生火花引起燃爆事故，要求这些工房的地面为不发火地面，不发火地面要有一定软度和弹性，以减小燃爆粉尘受撞击、摩擦的机会，表面要平滑无缝，以便于冲洗落在地上的药粉。不发火地面要有耐腐蚀性，可满足工艺上使用酸碱等要求。要有一定的导静电能力，以导除生产中物料和设备摩擦产生的静电。

不发火地面采用的材料为不发火材料，常用的不发火材料有石灰石、白云石、大理石、沥青、塑料、橡皮、木材、铅、铜、铝等。试验材料是否发生火花，利用电动打磨工具的金刚砂轮在暗室或夜间进行打磨看其是否有火花产生。

常用的几种不发火地面的构造如下：

（1）不发火沥青砂浆地面。这种不发火地面分为四层：

第一层为不发火沥青砂浆面层，其厚度为 20～30 mm，砂子、碎石可选用石灰石、白云石、大理石等。为了增强不发火沥青砂浆的抗裂性、抗张强度、韧性及密实性，可于浆料中掺入少量粉状石棉和硅藻土。

第二层为冷涂胶状沥青黏合层，厚度为 1～2 mm。

第三层为混凝土垫层，厚度为 80～100 mm。

第四层为碎石基层。

（2）不发火混凝土地面或不发火水泥砂浆地面。共分为三层：

最上面一层为 200 号不发火混凝土面层，厚度为 20～30 mm，由粒径为 3～12 mm 的大理石、500 号硅酸盐水泥及砂子组成。

第二层为 80～100 mm 厚的混凝土垫层。

第三层为碎石基层，厚度为 50 mm。

（3）不发火水磨石地面。分为以下四层：

最上面一层为不发火水磨石面层，厚度为 10 mm，由粒径为 3～5 mm 的白云石和 500 号硅酸盐水泥组成，用铅条分格。

第二层为水泥砂浆间层，厚度为 15 mm。

第三层为 80～100 mm 混凝土垫层。

第四层为碎石基层，厚度为 50 mm。

这种地面强度及耐磨性高，表面光滑平整，不起灰尘，便于冲洗，有导电性，缺点是无弹性，造价高。

此外，还有不发火硬木地面、不发火铅板地面和导电橡胶铺设地面等。其中不发火铅板地面具有良好的导电性及耐腐蚀性，冲击摩擦不发生火花，但造价高昂，只适用于既要求不发火又要求有良好导电耐腐蚀性能的工房。

# 参考文献


[1] 胡双启，张景林．燃烧与爆炸［M］．北京：兵器工业出版社，1992.

[2] 王泽溥，郑志良．爆炸及防护（之一）［M］．北京：兵器工业出版社，2008.

[3] ［日］北川彻三．化学安全工学［M］．吉林省公安消防总队，译．北京：群众出版社，1981.

[4] ［日］安全工学协会．爆炸［M］．东京：海文堂出版株式会社，1983.

[5] ［英］凯斯·顾根．容器外可燃蒸气云爆炸［M］．孙方震，侯耀先，译．北京：化学工业出版社，1986.

[6] 北京市劳动保护科学研究所《安全技术手册》编写组．安全技术手册［M］．北京：中国水利电力出版社，1985.

[7] ［德］W B 巴尔特克内西特．爆炸及安全措施［M］．解魁文，洪季敏，译．南京：江苏科学技术出版社，1985.

[8] 冯长根．热爆炸理论［M］．北京：国防工业出版社，1990.

[9] 田兰，曲和鹏，崔克清，等．化工安全技术［M］．北京：化学工业出版社，1984.

[10] 虢舜．防火防爆技术问答［M］．北京：群众出版社，1984.

[11] 《炸药理论》编写组．炸药理论［M］．北京：国防工业出版社，1982.

[12] 史山群．国外火工品［M］．北京：国防工业出版社，1977.

[13] 汪佩兰，李桂茗．火工烟火安全技术［M］．北京：北京理工大学出版社，2004.

[14] 俞统昌，王晓峰，王建灵．火炸药危险等级分级程序分析［J］．火炸药学报，2006，29（01）：10-16.

[15] 胡广霞，段晓瑞．防火防爆技术［M］．北京：中国石化出版社，2012.

[16] 郑端文，刘振东．消防安全技术［M］．北京：化学工业出版社，2011.

[17] 赵雪娥，孟亦飞，刘秀玉．燃烧与爆炸理论［M］．北京：化学工业出版社，2011.

[18] 解立峰，余永刚，韦爱勇．防火与防爆工程［M］．北京：冶金工业出版社，2010.

# 第 8 章　火炸药生产企业的安全评估技术

## 8.1　概　　述

火炸药作为一种高能量密度的化学能源，现已被广泛应用于军事武器、民用工业和科学研究等领域，发挥着越来越大的作用。由于火炸药具有较高的感度且破坏力大，其燃烧、爆炸事故时有发生，给人们的生命财产带来了巨大的损失。如 1983 年 8 月 5 日深圳清水河危险化学品库特大爆炸火灾事故，1991 年 2 月辽宁某厂 TNT 生产线硝化车间特大爆炸事故，1994 年 10 月 23 日西安某厂运输雷管的汽车在山东平度爆炸事故，1999 年 9 月 2 日甘肃某厂光气室爆炸事故，2001 年 12 月 28 日陕西某厂推进剂特大燃烧爆炸事故等。这些惨痛的教训将深入研究火炸药燃烧、爆炸事故发生的原因，避免或减少事故发生频率及其损失等问题摆在面前。运用系统安全评价方法，可以比较准确地对火炸药生产系统中的不安全因素及它们之间的关系进行定性、定量描述，以便人们有目的地对危险性因素进行管理、控制和采取适当对策，达到预防事故的目的。火炸药的安全性分析与评价属于安全系统工程领域。

安全系统工程主要包括三个方面的内容：

（1）系统安全分析。系统安全分析在安全系统工程中占有十分重要的地位。系统安全分析的关键是对危险性和重大危险源进行辨识。程序是在对已发生事故进行调查与分析的基础上，确立事故的模型，对现有系统进行安全分析。

（2）安全评价。系统安全分析的目的就是进行安全评价。通过分析，了解系统中的潜在危险和薄弱环节，发生事故的概率及可能的严重程度等。不同的分析结果对应不同的安全评价。定性分析结果，只能做定性分析，也就是说，能够知道系统中危险性的大致情况。只有通过定量分析做出定量评价，才能充分发挥安全系统工程的作用。决策者可以根据评价的结果选择技术路线，保险公司可以根据企业不同的安全程度规定不同的保险金额，领导和监察机构可以根据评价结果督促企业改进安全状况。对于危险性特别高的装置和工艺系统，要在定性评价的基础上进行定量评价。

（3）安全措施。根据评价的结果，对系统进行调整，修正薄弱环节，提高系统的安全性。

开展“安全评估”，建立起符合社会主义市场经济体制要求的安全生产管理和监督体系，是做好企业安全工作的有效途径，也是保证企业经济增长质量的一个重要的方面。“安全评估”是依照“安全评估”的标准、细则等要求，通过反复地自查、初评和终评等活动，评价和发现企业所存在的问题，制定切实得力、可操作性的安全措施，使影响安全生产的管理、设施、环境和人等因素都处于受控状态。不断改善安全环境和劳动条件，提高企业的本质安全化程度，创造一个良好的安全生产局面。

## 8.2　危险、有害因素的识别及重大危险源的辨识

### 8.2.1　危险、有害因素的定义及分类

**1. 危险、有害因素的定义**

（1）危险因素是指能对人造成伤亡或对物造成突发性损害的因素。

（2）有害因素是指能影响人的身体健康，导致疾病，或对物造成慢性损害的因素。

通常情况下，二者并不加以区分而统称为危险、有害因素，主要指客观存在的危险、有害物质或能量超过临界值的设备、设施和场所等。

**2. 危险、有害因素的分类**

对危险、有害因素进行分类的目的在于安全评价时便于进行危险有害因素的分析与识别。危险、有害因素分类的方法多种多样，安全评价中常用“按导致事故的直接原因”和“参照事故类别”的方法进行分类，简介如下。

1）按导致事故的直接原因进行分类

根据《生产过程危险和有害因素分类与代码》（GB/T 13861—1992）的规定，将生产过程中的危险、有害因素分为如下 6 类：

（1）物理性危险、有害因素。

（2）化学性危险、有害因素。

（3）生物性危险、有害因素。

（4）心理、生理性危险、有害因素。

（5）行为性危险、有害因素。

（6）其他危险、有害因素。

2）参照事故类别进行分类

此种分类方法所列的危险、有害因素与企业职工伤亡事故处理（调查、分析、统计）和职工安全教育的口径基本一致，为安全生产监督管理部门、行业主管部门职业安全卫生管理人员和企业广大职工、安全管理人员所熟悉，易于接受和理解，便于实际应用。但缺少全国统一规定，尚待在应用中进一步提高其系统性和科学性。

（1）参照《企业职工伤亡事故分类》（GB 6441—1986）进行分类。

参照《企业职工伤亡事故分类》，综合考虑起因物、引起事故的诱导性原因、致害物、伤害方式等，将危险因素分为 20 类。

① 物体打击。

② 车辆伤害。

③ 机械伤害。
④ 起重伤害。
⑤ 触电。
⑥ 淹溺。
⑦ 灼烫。
⑧ 火灾。
⑨ 高处坠落。
⑩ 坍塌。
⑪ 冒顶片帮。
⑫ 透水。
⑬ 放炮。
⑭ 火药爆炸。
⑮ 瓦斯爆炸。
⑯ 锅炉爆炸。
⑰ 容器爆炸。
⑱ 其他爆炸。
⑲ 中毒和窒息。
⑳ 其他伤害。
(2) 源自国家“九五”科技攻关成果事故分类标准研究。
① 坠落、滚落。
② 摔倒、翻倒。
③ 碰撞。
④ 飞溅、落下。
⑤ 坍塌、倒塌。
⑥ 被碰撞。
⑦ 轧入。
⑧ 切伤、擦伤。
⑨ 踩伤。
⑩ 淹溺。
⑪ 接触高温、低温物。
⑫ 接触有害物。
⑬ 触电。
⑭ 爆炸。
⑮ 破裂。
⑯ 火灾。

⑰ 道路交通事故。

⑱ 其他交通事故。

⑲ 动作不当。

⑳ 其他。

以上分类可归为三种情况。①～⑬是人与物体或物质接触（包括人暴露于有害环境下）造成伤害的情况；⑭～⑱是因事故而造成伤害的情况；⑲是单纯因人的因素而造成伤害的情况；⑳（其他）中的情况一般为前两类。

上述与国际接轨的分类从物理力学的角度阐明了各类的含义，并在说明中明确了各类的范围。上述分类具有普遍性，适用于各种行业和作业活动，且各类之间具有互斥性，即属于此类便不属于彼类。

### 8.2.2　危险、有害因素的识别

**1. 设备或装置的危险、有害因素识别**

（1）工艺设备、装置的危险、有害因素识别。

（2）作业设备的危险、有害因素识别。

（3）电气设备的危险、有害因素识别。

（4）特种机械的危险、有害因素识别。

（5）锅炉及压力容器的危险、有害因素识别。

（6）登高装置的危险、有害因素识别。

（7）危险化学品包装物的危险、有害因素识别。

**2. 作业环境中的危险、有害因素识别**

作业环境中的危险、有害因素主要有危险物品、工业噪声与振动、温度与湿度、辐射等。

1）危险物品的危险、有害因素识别

（1）危险物品的危险、有害因素识别。

生产中的原料、材料、半成品、中间产品、副产品以及贮运中的物质，分别以气、液、固态存在，它们在不同的状态下分别具有相对应的物理、化学性质及危险危害特性，因此，了解并掌握这些物质固有的危险特性是进行危险识别、分析、评价的基础。

危险物品的识别应从其理化性质、稳定性、化学反应活性、燃烧及爆炸特性、毒性及健康危害等方面进行分析与识别。物质特性可从危险化学品安全技术说明书中获取，危险化学品安全技术说明书主要由成分/组成信息、危险性概述、理化特性、毒理学资料、稳定性和反应活性等 16 项内容构成。

进行危险物品的危险、有害性识别与分析时，危险物品分为以下 9 类：

① 易燃、易爆物质：引燃、引爆后在短时间内释放出大量能量的物质，由于具有

迅速释放能量产生危害，或者是因其爆炸或燃烧而产生的物质造成危害（如有机溶剂）。

② 有害物质：人体通过皮肤接触或吸入、咽下后，对健康产生危害的物质。

③ 刺激性物质：对皮肤及呼吸道有不良影响（如丙烯酸酯）的物质。有些人对刺激性物质反应强烈，且可引起过敏反应。

④ 腐蚀性物质：用化学的方式伤害人身及材料的物质（如强酸、碱）。

⑤ 有毒物质：以不同形式干扰、妨碍人体正常功能的物质，它们可能加重器官（如肝脏、肾）的负担，如氯化物溶剂及重金属（如铅）。

有毒物质危险有害因素的识别如下：

a. 毒物是指以较小剂量作用于生物体能使生理功能或机体正常结构发生暂时性或永久性病理改变，甚至死亡的物质。毒性物质的毒性与物质的溶解度、挥发性和化学结构等有关，一般而言，溶解度越大其毒性越大，因其进入体内溶于体液、血液、淋巴液、脂肪及类脂质的数量多、浓度大，生化反应强烈所致；挥发性强的毒物，挥发到空气中的分子数多，浓度高，与身体表面接触或进入人体的毒物数量多，毒性大；物质分子结构与其毒性也存在一定关系，如脂肪族烃系列中碳原子数越多，毒性越大；含有不饱和键的化合物化学流行性（毒性）较大。

b. 工业毒物按化学性质分类，在物质危险识别过程中是经常采用的分类方法，工业毒物的基本特性可以查阅相应的危险化学品安全技术说明书。

工业毒物的危害程度在《职业性接触毒物危害程度分级》（GB 5044—1985）中分为：

Ⅰ级——极度危害；

Ⅱ级——高度危害；

Ⅲ级——中度危害；

Ⅳ级——轻度危害。

列入我国国家标准中的常见毒物有 56 种，其中Ⅰ级 13 种，Ⅱ级 26 种，Ⅲ级 12 种，Ⅳ级 5 种。

工业毒物危害程度分级标准是以急性毒性、急性中毒发病情况、慢性中毒患病情况、慢性中毒后果、致癌性和最高容许浓度等 6 项指标为基础的定级标准。

c. 国家安全生产监督管理局、公安部、国家环境保护总局、卫生部、国家质量监督检验检疫总局、（原）铁道部、（原）交通部、中国民用航空总局于 2003 年 6 月 24 日联合公告了 2003 年第 2 号《剧毒化学品目录》（2002 年版），共收录了 335 种剧毒化学品。

⑥ 致癌、致突变及致畸物质：阻碍人体细胞的正常发育生长，致癌物造成或促使不良细胞（如癌细胞）的发育，造成非正常胎儿的生长，产生死婴或先天缺陷；致突变物干扰细胞发育，造成后代的变化。

⑦ 造成缺氧的物质：蒸汽或其他气体，造成空气中氧气成分的减少或者阻碍人体有效地吸收氧气（如 $CO_2$、CO 及 HCN）。

⑧ 麻醉物质：如有机溶剂等，麻醉作用使脑功能下降。

⑨ 氧化剂：在与其他物质，尤其是易燃物接触时导致放热反应的物质。

《常见危险化学品的分类及标志》（GB 13690—1992）将 145 种常用的危险化学品分为爆炸品、压缩气体和液化气体、易燃液体、易燃固体（含自燃物品）和遇湿易燃物品、氧化剂和有机过氧化物、有毒品、放射性物品、腐蚀品等 8 类。

（2）生产性粉尘的危险有害因素识别。

生产过程中，如果在粉尘作业环境中长时间工作吸入粉尘，就会引起肺部组织纤维化、硬化，丧失呼吸功能，导致肺病。尘肺病是无法治愈的职业病；粉尘还会引起刺激性疾病、急性中毒或癌症；爆炸性粉尘在空气中达到一定的浓度（爆炸下限浓度）时，遇火源会发生爆炸。

① 生产性粉尘主要产生在开采、破碎、粉碎、筛分、包装、配料、混合、搅拌、散粉装卸及输送除尘等生产过程。对其识别应该包括以下内容：根据工艺、设备、物料、操作条件，分析可能产生的粉尘种类和部位；用已经投产的同类生产厂、作业岗位的检测数据或模拟试验测试数据进行类比识别；分析粉尘产生的原因、粉尘扩散传播的途径、作业时间、粉尘特性来确定其危害方式和危害范围。

② 爆炸性粉尘的危险性主要表现为：与气体爆炸相比，其燃烧速度和爆炸压力均较低，但因其燃烧时间长、产生能量大，所以破坏力和损害程度大；爆炸时粒子一边燃烧一边飞散，可使可燃物局部严重炭化，造成人员严重烧伤；最初的局部爆炸发生之后，会扬起周围的粉尘，继而引起二次爆炸、三次爆炸，扩大伤害；与气体爆炸相比，易于造成不完全燃烧，从而使人发生 CO 中毒。

③ 爆炸性粉尘的识别。

形成爆炸性粉尘的 4 个必要条件是：粉尘的化学组成和性质；粉尘的粒度和粒度分布；粉尘的形状与表面状态；粉尘中的水分。可以依此来辨识是否为爆炸性粉尘。

注：固体可燃物及某些常态下不燃的物质，如金属、矿物等，经粉碎达到一定程度成为高度分散物系，具有极高的比表面自由焓，此时表现出不同于常态的化学活性。

爆炸性粉尘爆炸的条件有：可燃性和微粉状态；在空气中（或助燃气体）搅拌，悬浮式流动；达到爆炸极限；存在点火源。

2）工业噪声与振动的危险、有害因素识别

噪声能引起职业性噪声聋或引起神经衰弱、心血管疾病及消化系统等疾病的高发，会使操作人员的失误率上升，严重的会导致事故发生。工业噪声可以分为机械噪声、空气动力性噪声和电磁噪声三类。噪声危害的识别主要根据已掌握的机械设备或作业场所的噪声确定噪声源、声级和频率。

振动危害有全身振动和局部振动，可导致中枢神经、植物神经功能紊乱，血压升高，也会导致设备、部件的损坏。振动危害的识别应先找出产生振动的设备，然后根据国家标准，参照类比资料确定振动的危害程度。

3）温度与湿度的危险、有害因素识别

（1）温度、湿度的危险、危害主要表现为：

高温除能造成灼伤外，高温、高湿环境影响劳动者的体温调节、水盐代谢，以及循环系统、消化系统、泌尿系统等。当热调节发生障碍时，轻者影响劳动能力，重者可引起别的病变，如中暑。水盐代谢的失衡可导致血液浓缩、尿液浓缩、尿量减少，这样就增加了心脏和肾脏的负担，严重时引起循环衰竭和热痉挛。在比较分析中发现，高温作业工人的高血压发病率较高，而且随着工龄的增加而增加。高温还可以抑制中枢神经系统，使工人在操作过程中注意力分散，肌肉工作能力降低，有导致工伤事故的危险。低温可引起冻伤。

温度急剧变化时，因热胀冷缩，造成材料变形或热应力过大，会导致材料破坏，在低温下金属会发生晶型转变，甚至引起破裂而引发事故。

高温、高湿环境会加速材料的腐蚀。

高温环境可使火灾危险性增大。

（2）生产性热源主要有：

① 工业炉窑，如冶炼炉、焦炉、加热炉、锅炉等。

② 电热设备，如电阻炉、工频炉等。

③ 高温工件（如铸锻件）、高温液体（如导热油、热水）等。

④ 高温气体，如蒸汽、热风、热烟气等。

（3）温度、湿度危险、危害的识别应主要从以下几方面进行：

① 了解生产过程的热源、发热量、表面绝热层的有无、表面温度、与操作者的接触距离等情况。

② 是否采取了防灼伤、防暑、防冻措施，是否采取了空调措施。

③ 是否采取了通风（包括全面通风和局部通风）换气措施，是否有作业环境温度、湿度的自动调节、控制。

4）辐射的危险有害因素识别

随着科学技术的进步，在化学反应、金属加工、医疗设备、测量与控制等领域，接触和使用各种辐射能的场合越来越多，存在着一定的辐射危害。辐射主要分为电离辐射（如α粒子、β粒子、γ粒子、X粒子和中子）和非电离辐射（如紫外线、射频电磁波、微波等）两类。

电离辐射伤害则由α粒子、β粒子、X粒子、γ粒子和中子极高剂量的放射性作用所造成。

射频辐射危害主要表现为射频致热效应和非致热效应两个方面。

**3. 与手工操作有关的危险、有害因素识别**

在从事手工操作，搬、举、推、拉及运送重物时，有可能导致的伤害有：椎间盘损伤，韧带或筋损伤，肌肉损伤，神经损伤，疝气，挫伤、擦伤、割伤等。其危险、有害因素识别分述如下：

（1）远离身体躯干拿取或操纵重物。

（2）超负荷地推、拉重物。

（3）不良的身体运动或工作姿势，尤其是躯干扭转、弯曲、伸展取东西。

（4）超负荷的负重运动，尤其是举起或搬下重物的距离过长，搬运重物的距离过长。

（5）负荷有突然运动的风险。

（6）手工操作的时间及频率不合理。

（7）没有足够的休息及恢复体力的时间。

（8）工作的节奏及速度安排不合理。

**4. 运输过程的危险、有害因素识别**

原料、半成品及成品的贮存和运输是企业生产不可缺少的环节，这些物质中，有不少是易燃、可燃的危险品，一旦发生事故，必然造成重大的经济损失。

危险化学品包括爆炸品、压缩气体和液化气体、易燃液体、易燃固体、自燃物品和遇湿易燃物品、氧化剂、有机过氧化物、有毒品和腐蚀品等，其危险有害因素识别分述如下。

1）爆炸品贮运危险因素识别

（1）爆炸品的危险特性。

① 敏感易爆性。通常能引起爆炸品爆炸的外界作用有热、机械撞击、摩擦、冲击波、爆轰波、光、电等。某一爆炸品的起爆能越小，则敏感度越高，其危险性也就越大。

② 遇热危险性。爆炸品遇热达到一定的温度即自行着火爆炸。一般爆炸品的起爆温度较低，如雷汞为 165 ℃、苦味酸为 200 ℃。

③ 机械作用危险性。爆炸品受到撞击、震动、摩擦等机械作用时就会爆炸着火。

④ 静电火花危险。爆炸品是电的不良导体。在包装、运输过程中容易产生静电，一旦发生静电放电会引起爆炸。

⑤ 火灾危险。绝大多数爆炸都伴有燃烧。爆炸时可形成数千度的高温，会造成重大火灾。

⑥ 毒害性。绝大多数爆炸品爆炸时会产生 $CO$、$CO_2$、$NO$、$NO_2$、$HCN$、$N_2$ 等有毒或窒息性气体，从而引起人体中毒、窒息。

（2）爆炸品贮运危险因素识别。

① 从单个仓库中最大允许贮存量的要求进行识别。

② 从分类存放的要求方面去识别。

③ 从装卸作业是否具备安全条件的要求去识别。

④ 从铁路运输的安全条件是否具备进行识别。

⑤ 从公路运输的安全条件是否具备进行识别。

⑥ 从水上运输的安全条件是否具备进行识别。

⑦ 从爆炸品贮运作业人员是否具备资质、知识进行识别。

2）易燃液体贮运危险因素识别

（1）易燃液体的分类。

① 根据易燃液体的贮运特点和火灾危险性的大小，《建筑设计防火规范》（GBJ 16—1987）将其分为甲、乙、丙三类：

甲类：闪点＜28 ℃；

乙类：28 ℃≤闪点＜60 ℃；

丙类：闪点≥60 ℃。

② 根据易燃液体闪点的高低，依据《危险货物分类和品名编号》（GB 6944—1986）将易燃液体按闪点分为下列三类：

第 1 类：低闪点液体，闪点＜－18 ℃；

第 2 类：中闪点液体，－18 ℃≤闪点＜23 ℃；

第 3 类：高闪点液体≥23 ℃。

（2）易燃液体的危险特性。

① 易燃性。

闪点越低，越容易点燃，火灾危险性就越大。

② 易产生静电。

易燃液体中多数都是电介质，电阻率高，易产生静电积聚，火灾危险性较大。

③ 流动扩散性。

（3）易燃液体贮运危险因素识别。

① 整装易燃液体的贮存危险识别。

a. 从易燃液体的贮存状况、技术条件方面去识别其危险性。

b. 从易燃液体贮罐区、堆垛的防火要求方面去识别其危险性。

② 散装易燃液体贮存危险识别。

散装易燃液体贮存危险的识别，宜从防泄漏、防流散、防静电、防雷击、防腐蚀、装卸操作、管理等方面识别其危险性。

③ 整装易燃液体运输危险识别。

a. 整装易燃液体运输危险的识别主要包括以下 4 类：

a）装卸作业中的危险；

b）公路运输中的危险；

c）铁路运输中的危险；

d）水路运输中的危险。

b. 整装易燃液体水路运输危险的识别主要应从装载量、配装位置、桶与桶之间、桶与舱板和舱壁之间的安全要求方面进行识别。

④ 散装易燃液体运输危险识别。

a. 公路运输的防泄漏、防溅洒、防静电、防雷击、防交通事故及装卸操作等方面的危险识别。

b. 铁路运输的编组隔离、溜放连挂、运行中的急刹车、安全附件、装卸操作等方面的危险识别。

c. 水路运输的危险识别。

d. 管道输送的危险识别。

3）易燃物品贮运危险识别

（1）易燃物品的分类。

易燃物品包括易燃固体、自燃物品及遇湿易燃物品。

易燃固体种类繁多、数量极大，根据其燃点的高低分为易燃固体和可燃固体。

自燃物品根据氧化反应速度和危险性大小分成一级自燃物品和二级自燃物品。

遇湿易燃物品按其遇水受潮后发生化学反应的激烈程度，以及产生可燃气体和放出热量的多少分成一级遇湿易燃物品和二级遇湿易燃物品。

（2）易燃物品的危险特性。

① 易燃固体的危险特性为：

a. 燃点低。

b. 与氧化剂作用易燃易爆。

c. 与强酸作用易燃易爆。

d. 受摩擦撞击易燃。

e. 本身或其燃烧产物有毒。

f. 阴燃性。

② 自燃物品不需外界火源，会在常温空气中由物质自发的物理和化学作用放出热量，如果散热受到阻碍，就会蓄积热量而导致温度升高，达到自燃点而引起燃烧。其自行的放热方式有氧化热、分解热、水解热、聚合热、发酵热等。

③ 遇湿易燃物品的危险特性为：

a. 活泼金属及合金类、金属氢化物类、硼氢化物类、金属粉末类的物品遇湿反应剧烈放出 $H_2$ 和大量热，致使 $H_2$ 燃烧爆炸。

b. 金属碳化物类、有机金属化合物类。如 $K_4C$、$Na_4C$、$Ca_2C$、$Al_4C_3$ 等，遇热会放出 $C_2H_2$、$CH_4$ 等极易着火爆炸的物质。

c. 金属磷化物与水作用会生成易燃、易爆、有毒的 $PH_3$。

d. 金属硫化物遇湿会生成有毒的可燃气体 $H_2S$。

e. 生石灰、无水氯化铝、过氧化钠、苛性钠、发烟硫酸、氯磺酸、三氯化磷等遇水会放出大量热，将邻近可燃物引燃。

4）毒害品贮运危险识别

（1）毒害品的分类。

① 无机剧毒、有毒物品。

a. 氰及其化合物，如 KCN、NaCN 等。

b. 砷及其化合物，如 $As_2O_3$ 等。

c. 硒及其化合物，如 $SeO_2$ 等。

d. 汞、锑、铍、氟、铯、铅、钡、磷、碲及其化合物。

② 有机剧毒、有毒物品。

a. 卤代烃及其卤化物类，如氯乙醇、二氯甲烷等。

b. 有机金属化合物类，如二乙基汞、四乙基铅等。

c. 有机磷、硫、砷及腈、胺等化合物类，如对硫磷、丁腈等。

d. 某些芳香环、稠环及杂环化合物类，如硝基苯、糠醛等。

e. 天然有机毒品类，如鸦片、尼古丁等。

f. 其他有毒品，如硫酸二甲酯、正硅酸甲酯等。

（2）毒害品的危险特性。

毒害品的危险特性主要是：

① 氧化性。在无机有毒物品中，汞和铅的氧化物大都具有氧化性，与还原性强的物质接触，易引起燃烧爆炸，并产生毒性极强的气体。

② 遇水、遇酸分解性。大多数毒害品遇酸或酸雾分解并放出有毒的气体，有的气体还具有易燃和自燃危险性，有的甚至遇水会发生爆炸。

③ 遇高热、明火、撞击会发生燃烧爆炸。芳香族的二硝基氯化物、萘酚、酚钠等化合物遇高热、撞击等都可能引起爆炸并分解出有毒气体，遇明火会发生燃烧爆炸。

④ 闪点低、易燃。目前列入危险品的毒害品共 536 种，有火灾危险的为 476 种，占总数的 89%，而其中易燃烧液体为 236 种，有的闪点极低。

⑤ 遇氧化剂发生燃烧爆炸。大多数有火灾危险的毒害品，遇氧化剂都能发生反应，此时遇火就会发生燃烧爆炸。

（3）毒害品的贮存危险识别。

① 贮存技术条件方面的危险因素。

a. 是否针对毒害品具有的危险特性，如易燃性、腐蚀性、挥发性、遇湿反应性等采取相应的措施。

b. 是否采取分离储存、隔开储存和隔离储存的措施。

c. 毒害品包装及封口方面的泄漏危险。

d. 贮存温度、湿度方面的危险。

e. 操作人员作业中失误等危险因素。

f. 作业环境空气中有毒物品浓度方面的危险。

② 贮存毒害物品库房的危险因素识别。

a. 防火间距方面的危险因素。

b. 耐火等级方面的危险因素。

c. 防爆措施方面的危险因素。

d. 潮湿的危险因素。

e. 腐蚀的危险因素。

f. 疏散的危险因素。

g. 占地面积与火灾危险等级要求方面的危险因素。

（4）毒害品运输危险识别。

① 毒害品配装原则方面的危险因素。

② 毒害品公路运输方面的危险因素。

③ 毒害品铁路运输方面的危险因素。

a. 溜放的危险。

b. 连挂时的速度危险。

c. 编组中的危险。

④ 毒害品水路运输方面的危险因素。

a. 装载位置方面的危险。

b. 容器封口的危险。

c. 易燃毒害品的火灾危险。

**5. 建筑和拆除过程的危险、有害因素识别**

1）建筑过程的危险、有害因素识别

在建筑过程中的危险、有害因素集中于“四害”，即高处坠落、物体打击、机械伤害和触电伤害。建筑行业还存在职业卫生问题，首先是尘肺病，此外还有因寒冷、潮湿的工作环境导致的早衰、短寿，因过热气候、长期户外工作导致的皮肤癌，因重复的手工操作过多导致的外伤，以及因噪声造成的听力损失。

2）拆除过程的危险、有害因素识别

在拆除过程中的危险、有害因素是建筑物、构筑物过早倒塌，以及从工作地点和进入通道上坠落，根本原因是工作不按严格、适用的计划和程序进行。

**6. 生产过程的危险、有害因素识别**

现代科学技术高度发展的今天，由于装置的大型化、过程的自动化，一旦发生事故，后果相当严重。因此，发现问题要比解决问题更重要，亦即在过程的设计阶段就要进行危险、有害性分析，并通过对设计、安装、试车、开车、停车、正常运行、抢修等阶段的危险、有害性分析，识别出生产全过程中的所有危险、有害性，然后研究安全对策措施，这是保证系统安全的重要手段。

在进行危险、有害因素的识别时，要全面、有序地进行识别，防止出现漏项，宜按厂址、总平面布置、道路运输、建构筑物、生产工艺、物流、主要设备装置、作业环境管理等几方面进行。识别的过程实际上就是系统安全分析的过程。

1）厂址

从厂址的工程地质、地形地貌，水文、气象条件，周围环境、交通运输条件，自然灾害，消防支持等方面分析、识别。

2）总平面布置

从功能分区、防火间距和安全间距、风向、建筑物朝向、危险有害物质设施、动力设施（氧气站、乙炔气站、压缩空气站、锅炉房、液化石油气站等）、道路、贮运设施等方面进行分析、识别。

3）道路及运输

从运输、装卸、消防、疏散、人流、物流、平面交叉运输和竖向交叉运输等几方面进行分析、识别。

4）建构筑物

从厂房的生产火灾危险性分类，耐火等级、结构、层数、占地面积、防火间距、安全疏散等方面进行分析、识别。

从库房储存物品的火灾危险性分类，耐火等级、结构、层数、占地面积、安全疏散、防火间距等方面进行分析、识别。

5）工艺过程

（1）对新建、改建、扩建项目设计阶段进行危险、有害因素识别。

（2）对安全现状综合评价可针对行业和专业的特点，及行业和专业制定的安全标准、规程进行分析、识别。

（3）根据典型的单元过程（单元操作）进行危险、有害因素的识别。

这些单元过程的危险、有害因素已经归纳总结在许多手册、规范、规程和规定中，通过查阅均能得到。这类方法可以使危险、有害因素的识别比较系统，避免遗漏。

单元操作过程中的危险性是由所处理物料的危险性决定的。

当处理易燃气体物料时要防止爆炸性混合物的形成。特别是负压状态下的操作，要防止混入空气而形成爆炸性混合物。

当处理易燃固体或可燃固体物料时，要防止形成爆炸性粉尘混合物。

当处理含有不稳定物质的物料时，要防止不稳定物质的积聚或浓缩。

### 8.2.3 识别危险、有害因素的原则

#### 1. 科学性

危险、有害因素的识别是分辨、识别、分析确定系统内存在的危险，而并非研究防止事故发生或控制事故发生的实际措施。它是预测安全状态和事故发生途径的一种手段，这就要求进行危险、有害因素识别必须要有科学的安全理论作指导，使之能真正揭示系统安全状况危险，有害因素存在的部位、存在的方式，事故发生的途径及其变化的规律，并予以准确描述，以定性、定量的概念清楚地显示出来，用严密的合乎逻辑的理

论予以解释清楚。

2. 系统性

危险、有害因素存在于生产活动的各方面，因此要对系统进行全面、详细地剖析，研究系统与系统，及子系统之间的相关和约束关系。分清主要危险、有害因素及其相关的危险、有害性。

3. 全面性

识别危险、有害因素时不要发生遗漏，以免留下隐患。要从厂址、自然条件、总图运输、建构筑物、工艺过程、生产设备装置、特种设备、公用工程、安全管理系统、设施、制度等各方面进行分析、识别。不仅要分析正常生产运转、操作中存在的危险、有害因素，还要分析、识别开车、停车、检修、装置受到破坏及操作失误情况下的危险、有害后果。

4. 预测性

对于危险、有害因素，还要分析其触发事件，亦即危险、有害因素出现的条件或设想的事故模式。

### 8.2.4　重大危险源的识别

重大危险源的识别工作是工业发展的伴生物，各个国家由于各自工业发展的阶段不同，进行重大危险源的系统研究的进展存在较大差异。重大危险源识别的目的是通过对系统的分析，界定出系统的哪些区域或部分是危险源，判定其危险的性质、危险程度、危险状况、危险源能量、事故触发因素等。下面对重大危险源的定义及识别分别进行说明。

1. 重大危险源相关定义

(1) 危险物质（Hazardous Substance）。一种物质或若干种物质的混合物，由于它的化学、物理或毒性特性，使其具有易导致火灾、爆炸或中毒的危险。

(2) 单元（Unit）。指一个（套）生产装置、设施或场所，或同属一个工厂的且边缘距离小于 500 m 的几个（套）生产装置、设施或场所。

(3) 临界量（Threshold Quantity）。指对于某种或某类危险物质规定的数量，若单元中的物质数量等于或超过该数量，则该单元定为重大危险源。

(4) 重大事故（Major Accident）。工业活动中发生的重大火灾、爆炸或毒物泄漏事故，并给现场人员或公众带来严重危害，或对财产造成重大损失，对环境造成严重污染。

(5) 重大危险源（Major Hazard Installations）。长期地或临时地生产、加工、搬运、使用或贮存危险物质，且危险物质的数量等于或超过临界量的单元。

2. 重大危险源辨识

(1) 辨识依据。

重大危险源的辨识依据是物质的危险特性及其数量，见重大危险源辨识表 8-1 和重大危险源辨识表 8-2。毒性物质分级见表 8-3。

表 8-1 危险物质名称及其临界量 t

| 序号 | 危险物质名称 | 临界量 |
|---|---|---|
| 1 | 氨［液化的，含氨>50%］ | 50 |
| 2 | 苯、甲苯 | 50 |
| 3 | 苯酚 | 10 |
| 4 | 苯乙烯 | 50 |
| 5 | 丙酮 | 50 |
| 6 | 丙酮合氰化氢（丙酮氰醇） | 10 |
| 7 | 丙烯腈［抑制了的］ | 20 |
| 8 | 丙烯醛［抑制了的］ | 50 |
| 9 | 丙烯亚胺［抑制了的］（甲基氮丙环） | 20 |
| 10 | 二氟化氧 | 1 |
| 11 | 二硫化碳 | 20 |
| 12 | 二氯化硫 | 1 |
| 13 | 二氧化硫 | 20 |
| 14 | 二异氰酰甲苯 | 20 |
| 15 | 氟 | 10 |
| 16 | 氟化氢［无水］ | 20 |
| 17 | 谷硫磷 | 0.1 |
| 18 | 光气 | 1 |
| 19 | 过氧化钾 | 20 |
| 20 | 过乙酸［浓度>60%］ | 10 |
| 21 | 环氧丙烷 | 40 |
| 22 | 环氧氯丙烷 | 10 |
| 23 | 环氧溴丙烷 | 10 |
| 24 | 环氧乙烷 | 20 |
| 25 | 甲苯 | 50 |
| 26 | 甲苯-2，4-二异氰酸酯 | 50 |
| 27 | 甲醇 | 100 |
| 28 | 甲基异氰酰 | 0.2 |
| 29 | 甲醛 | 50 |
| 30 | 甲烷 | 20 |
| 31 | 可吸入粉尘的镍化合物（一氧化镍、二氧化镍、硫化镍、二硫化三镍、三氧化二镍等） | 0.1 |
| 32 | 联苯胺和/或其盐类 | 0.1 |
| 33 | 联氟螨 | 0.1 |
| 34 | 磷化氢 | 0.5 |
| 35 | 硫化氢［液化的］ | 20 |

续表

| 序号 | 危险物质名称 | 临界量 |
|---|---|---|
| 36 | 六氟化硒 | 0.5 |
| 37 | 氯化氢［无水］ | 100 |
| 38 | 氯甲基甲醚 | 0.1 |
| 39 | 氯气 | 10 |
| 40 | 氯酸钾 | 20 |
| 41 | 氯酸钠 | 20 |
| 42 | 氯乙烯 | 20 |
| 43 | 煤气（CO，CO 与 $H_2$、$CH_4$ 的混合物等） | 10 |
| 44 | 汽油［−18 ℃＜闪点＜23 ℃］ | 500 |
| 45 | 氢 | 20 |
| 46 | 氢氟酸 | 40 |
| 47 | 氢化锑 | 0.5 |
| 48 | 氰化氢 | 10 |
| 49 | 三甲苯 | 100 |
| 50 | 三硝基苯甲醚 | 10 |
| 51 | 三氧化（二）砷 | 0.1 |
| 52 | 三氧化二砷、三价砷酸和盐类 | 0.1 |
| 53 | 三氧化硫 | 30 |
| 54 | 砷化三氢 | 0.5 |
| 55 | 四氧化二氮［液化的］ | 20 |
| 56 | 天然气 | 50 |
| 57 | 烷基铅 | 10 |
| 58 | 五硫化（二）磷 | 10 |
| 59 | 五氧化二砷、五价砷酸和盐类 | 0.5 |
| 60 | 戊硼烷 | 1 |
| 61 | 烯丙胺 | 50 |
| 62 | 硝化丙三醇 | 1 |
| 63 | 硝化纤维素 | 20 |
| 64 | 硝酸铵［含可燃物≤0.2%］ | 200 |
| 65 | 硝酸铵肥料［含可燃物≤0.4%］ | 500 |
| 66 | 硝酸乙酯 | 50 |
| 67 | 溴 | 20 |
| 68 | 溴甲烷 | 20 |
| 69 | 烟火制品（烟花爆竹等） | 20 |
| 70 | 氧 | 200 |
| 71 | 液化石油气 | 50 |
| 72 | 一甲胺 | 20 |
| 73 | 一氯化硫 | 1 |
| 74 | 乙撑亚胺 | 10 |
| 75 | 乙炔 | 20 |
| 76 | 异氰酸甲酯 | 0.5 |
| 77 | 重铬酸钾 | 20 |

表 8-2　未在表 8-1 中列举的危险物质类别及其临界量　　t

| 物质类别 | 说明 | 临界量 |
|---|---|---|
| 爆炸性物质 | 1.1A 类爆炸品：有整体爆炸危险的起爆药 | 10 |
| | 1.1 类爆炸品：除 1.1A 类爆炸品以外的，有整体爆炸危险的其他 1.1 类爆炸品 | 50 |
| | 其他爆炸品：除 1.1 类爆炸品以外的其他爆炸品 | 100 |
| 压缩和液化气体 | 易燃气体：主危险性或副危险性为 2.1 类的压缩和液化气体 | 50 |
| | 氧化性气体：副危险性为 5 类的压缩和液化气体 | 100 |
| | 有毒气体：主危险性或副危险性为 6 类的压缩和液化气体 | 20 |
| 易燃物质 | (a) 极易燃液体：初沸点小于或等于 35 ℃，或保持温度一直在其沸点以上的易燃液体 | 50 |
| | (b) 高度易燃液体：闪点小于 23 ℃的易燃液体 | 200 |
| | (c) 易燃液体：闪点大于或等于 23 ℃，且闪点小于 61 ℃的易燃液体 | 500 |
| | 一级易燃固体：危险性类别为 4.1，且危险货物品名编号后三位小于 500 号的易燃物质 | 50 |
| | 二级易燃固体：危险性类别为 4.1，且危险货物品名编号后三位大于 500 号的易燃物质 | 200 |
| | 一级自燃固体：（自燃物品）危险性类别为 4.2，且危险货物品名编号后三位小于 500 号的自燃固体（自燃物品） | 50 |
| | 二级自燃固体：（自燃物品）危险性类别为 4.2，且危险货物品名编号后三位大于 500 号的自燃固体（自燃物品） | 200 |
| | 遇湿易燃物品：危险性类别为 4. 3 易燃物质 | 50 |
| 氧化性物质 | 一级危险的氧化剂：危险性类别为 5.1，且危险货物品名编号后三位小于 500 号的氧化性物质 | 20 |
| | 二级危险的氧化剂：危险性类别为 5.1，且危险货物品名编号后三位小于 500 号的氧化性物质 | 100 |
| | 有机过氧化物：危险性类别为 5.2 的氧化性物质 | 20 |
| 有毒的固体和液体 | 剧毒物质 | 10 |
| | 有毒物质 | 50 |
| | 有害物质 | 200 |

表 8-3　毒性物质分级

| 级别 | 经口半数致死量 $LD_{50}$/(mg·kg$^{-1}$) | 经皮接触 24 h 半数致死量 $LD_{50}$/(mg·kg$^{-1}$) | 吸入 1 h 半数致死浓度 $LC_{50}$/(mg·L$^{-1}$) |
|---|---|---|---|
| 剧毒品 | $LD_{50} \leqslant 5$ | $LD_{50} \leqslant 40$ | $LC_{50} \leqslant 0.5$ |
| 有毒品 | $5 < LD_{50} \leqslant 50$ | $40 < LD_{50} \leqslant 200$ | $0.5 < LC_{50} \leqslant 2$ |
| 有害品 | （固体）$50 < LD_{50} \leqslant 200$ | $200 < LD_{50} \leqslant 1\ 000$ | $2 < LC_{50} \leqslant 10$ |
| | （液体）$50 < LD_{50} \leqslant 2\ 000$ | | |

（2）重大危险源辨识。

单元内存在危险物质的数量等于或超过标准表 8-1 和标准表 8-2 规定的临界量，即被定义为重大危险源。

单元内存在的危险物质为单一品种，则该物质的数量即为单元内危险物质的总量，若等于或超过相应的临界量，则被定义为重大危险源。

单元内存在的危险物质为多品种时，则按式（8-1）计算，若满足式（8-1），则定义为重大危险源：

$$\frac{q_1}{Q_1}+\frac{q_2}{Q_2}+\cdots+\frac{q_n}{Q_N}\geqslant 1 \tag{8-1}$$

式中　$q_1$，$q_2$，…，$q_n$——每种危险物质实际存在或者以后将要存在的量，且数量超过各危险物质相对应临界量的 2%，t；

$Q_1$，$Q_2$，…，$Q_N$——与标准表 8-1 和标准表 8-2 中各危险物质相对应的临界量，t。

（3）其他重大危险源。

根据国家安全生产监管局安监管协调字［2004］56 号《关于开展重大危险源监督管理工作的指导意见》重大危险源申报范围，规定了 9 类应申报的重大危险源类别：

① 贮罐区（贮罐）。

② 库区（库）。

③ 生产场所。

④ 压力管道。

⑤ 锅炉。

⑥ 压力容器。

⑦ 煤矿（井工开采）。

⑧ 金属非金属地下矿山。

⑨ 尾矿库。

有无重大危险源应参照《重大危险源识别》（GB 18218—2009）进行识别。对重大危险源进行识别，以达到控制风险、保障安全的目的，进而提出优化的安全对策和整改建议。

### 8.2.5　评价单元

#### 1. 评价单元

一个作为评价对象的建设项目、装置（系统），一般是由相对独立、相互联系的若干部分（子系统、单元）组成，各部分的功能、含有的物质、存在的危险因素和有害因素、危险性和危害性，以及安全指标均不尽相同。以整个系统作为评价对象实施评价时，一般按一定原则将评价对象分成若干有限、确定范围的单元分别进行评价，再综合为整个系统的评价。将系统划分为不同类型的评价单元进行评价，不仅可以简化评价工作、减少评价工作量、避免遗漏，而且由于能够得出各评价单元危险性（危害性）的比较概念，避免了以最危险单元的危险性（危害性）来表征整个系统的危险性（危害性）、夸大整个系统的危险性（危害性）的可能性，从而提高了评价的准确性、降低了采取对应措施的安全投资费用。

评价单元就是在危险、有害因素分析的基础上，根据评价目标和评价方法的需要，将系统分成的有限、确定范围，可进行评价的单元。

美国道化学公司在火灾爆炸指数法评价中称："多数工厂是由多个单元组成，在计算该类工厂的火灾爆炸指数时，只选择那些对工艺有影响的单元进行评价，这些单元可称为评价单元"。其评价单元定义与我国的定义实质上是一致的。

**2. 评价单元划分的原则和方法**

划分评价单元是为评价目标和评价方法服务的，要便于评价工作的进行，有利于提高评价工作的准确性；评价单元一般以生产工艺、工艺装置、物料的特点和特征与危险、有害因素的类别、分布有机结合进行划分，还可以按评价的需要将一个评价单元再划分为若干子评价单元或更细致的单元。由于至今尚无一个明确通用的"规则"来规范单元的划分方法，因此会出现不同的评价人员对同一个评价对象划分出不同的评价单元的现象。由于评价目标不同、各评价方法均有自身特点，只要达到评价的目的，评价单元划分并不要求绝对一致。

常用的评价单元划分原则和方法：

1）以危险、有害因素的类别为主划分评价单元

（1）对工艺方案、总体布置，及自然条件、社会环境对系统的影响等综合方面的危险、有害因素的分析和评价，宜将整个系统作为一个评价单元。

（2）将具有共性危险因素、有害因素的场所和装置划为一个单元。

① 按危险因素类别各划归一个单元，再按工艺、物料、作业特点（即其潜在危险因素不同）划分成子单元分别评价。例如，炼油厂可将火灾爆炸作为一个评价单元，按馏分、催化重整、催化裂化、加氢裂化等工艺装置和贮罐区划分成子评价单元，再按工艺条件、物料的种类（性质）和数量更细分为若干评价单元。

将存在起重伤害、车辆伤害、高处坠落等危险因素的各码头装卸作业区作为一个评价单元；有毒危险品、散粮、矿砂等装卸作业区的毒物、粉尘危害部分则列入毒物、粉尘有害作业评价单元；燃油装卸作业区作为一个火灾爆炸评价单元，其车辆伤害部分则在通用码头装卸作业区评价单元中评价。

② 进行安全评价时，宜按有害因素（有害作业）的类别划分评价单元。例如，将噪声、辐射、粉尘、毒物、高温、低温、体力劳动强度危害的场所各划归一个评价单元。

2）以装置和物质特征划分评价单元

下列评价单元划分原则并不是孤立的，是有内在联系的，划分评价单元时应综合考虑各方面因素进行划分。

应用火灾爆炸指数法、单元危险性快速排序法等评价方法进行火灾爆炸危险性评价

时，除按下列原则外还应依据评价方法的有关具体规定划分评价单元。

（1）按装置工艺功能划分。

① 原料贮存区域。

② 反应区域。

③ 产品蒸馏区域。

④ 吸收或洗涤区域。

⑤ 中间产品贮存区域。

⑥ 产品贮存区域。

⑦ 运输装卸区域。

⑧ 催化剂处理区域。

⑨ 副产品处理区域。

⑩ 废液处理区域。

⑪ 通入装置区的主要配管桥区。

⑫ 其他（过滤、干燥、固体处理、气体压缩等）区域。

（2）按布置的相对独立性划分。

① 以安全距离、防火墙、防火堤、隔离带等与装置隔开的区域或装置部分可作为一个单元。

② 贮存区域内通常以一个或共同防火堤（防火墙、防火建筑物）内的贮罐、贮存空间作为一个单元。

（3）按工艺条件划分评价单元。

按操作温度、压力范围不同，划分为不同的单元；按开车、加料、卸料、正常运转、添加触剂、检修等不同作业条件划分单元。

（4）按贮存、处理危险物品的潜在化学能、毒性和危险物品的数量划分评价单元。

① 一个贮存区域内（如危险品库）贮存不同危险物品，为了能够正确识别其相对危险性，可做不同单元处理。

② 为避免夸大评价单元的危险性，评价单元的可燃、易燃、易爆等危险物品最低限量为 2 270 kg（5 000 lb）或 2.73 $m^3$（600 gal）。小规模实验工厂上述物质的最低限量为 454 kg（1 000 lb）或 0.545 $m^3$（120 gal）（该限制为道化学公司火灾、爆炸危险指数评价法第 7 版的要求，其他评价方法如 ICI 蒙德火灾、爆炸危险指数计算法，没有此限制）。

（5）根据以往事故资料，将发生事故能导致停产、波及范围大、造成巨大损失和伤害的关键设备作为一个单元；将危险性大且资金密度大的区域作为一个单元；将危险性特别大的区域、装置作为一个单元；将具有类似危险性潜能的单元合并为一个大单元。

## 8.3　安全评价方法

安全评价方法是进行定性、定量安全评价的工具，安全评价内容十分丰富，安全评价目的和对象的不同，安全评价的内容和指标也不同。目前，安全评价方法有很多种，每种评价方法都有其适用范围和应用条件。在进行安全评价时，应该根据安全评价对象和要实现的安全评价目标，选择适用的安全评价方法。

### 8.3.1 安全评价方法分类

安全评价方法分类的目的是为了根据安全评价对象选择适用的评价方法。安全评价方法的分类方法很多，常用的有按评价结果的量化程度分类法、按评价推理过程的分类法、按安全评价要达到的目的分类法等。

**1. 按评价结果的量化程度分类法**

按照安全评价结果的量化程度，安全评价方法可分为定性安全评价方法和定量安全评价方法。

1）定性安全评价方法

定性安全评价方法主要是根据经验和直观判断能力对生产系统的工艺、设备、设施、环境、人员和管理等方面的状况进行定性的分析，安全评价的结果是一些定性的指标，如是否达到了某项安全指标、事故类别和导致事故发生的因素等。属于定性安全评价方法的有安全检查表、专家现场询问观察法、因素图分析法、事故引发和发展分析、作业条件危险性评价法（格雷厄姆—金尼法或 LEC 法）、故障类型和影响分析、危险可操作性研究等。

定性安全评价方法的特点是容易理解、便于掌握、评价过程简单。目前定性安全评价方法在国内外企业安全管理工作中被广泛使用。但定性安全评价方法往往依靠经验，带有一定的局限性，安全评价结果有时因参加评价人员的经验和经历等的不同会有差异。同时由于安全评价结果不能给出量化的危险度，所以不同类型对象的安全评价结果缺乏可比性。

2）定量安全评价方法

定量安全评价方法是运用基于大量的实验结果和广泛的事故资料统计分析获得的指标或规律（数学模型），对生产系统的工艺、设备、设施、环境、人员和管理等方面的状况进行定量的计算，安全评价的结果是一些定量的指标，如事故发生的概率、事故的伤害（或破坏）范围、定量的危险性、事故致因因素的事故关联度或重要度等。

按照安全评价给出的定量结果的类别不同，定量安全评价方法还可以分为概率风险评价法、伤害（或破坏）范围评价法和危险指数评价法。

**2. 其他安全评价分类法**

按照安全评价的逻辑推理过程，安全评价方法可分为归纳推理评价法和演绎推理评价法。归纳推理评价法是从事故原因推论结果的评价方法，即从最基本危险、有害因素开始，逐渐分析导致事故发生的直接因素，最终分析到可能的事故。演绎推理评价法是从结果推论原因的评价方法，即从事故开始，推论导致事故发生的直接因素，再分析与直接因素相关的其他因素，最终分析和查找出使事故发生的最基本危险、有害因素。

按照安全评价要达到的目的，安全评价方法可分为事故致因因素安全评价方法、危险性分级安全评价方法和事故后果安全评价方法。事故致因因素安全评价方法是采用逻辑推理的方法，由事故推论最基本危险、有害因素或由最基本危险、有害因素推论事故的评价法，该类方法适用于识别系统的危险、有害因素和分析事故，这类方法一般属于定性安全评价法。危险性分级安全评价方法是通过定性或定量分析给出系统危险性的安全评价方法，该类方法适用于系统的危险性分级，该类方法可以是定性安全评价法，也可以是定量安全评价法。事故后果安全评价方法可以直接给出定量的事故后果，给出的事故后果可以是系统事故发生的概率、事故的伤害（或破坏）范围、事故的损失或定量的系统危险性等。

此外，按照评价对象的不同，安全评价方法可分为设备（设施或工艺）故障率评价法、人员失误率评价法、物质系数评价法、系统危险性评价法等。

## 8.3.2　定性安全评价方法

### 1. 安全检查方法

安全检查方法可以说是第一个安全评价方法，它有时也称为工艺安全审查或“设计审查”及“损失预防审查”。它可以用于建设项目的任何阶段。对现有装置（在役装置）进行评价时，传统的安全检查主要包括：巡视检查、正规日常检查或安全检查。例如，工艺尚处于设计阶段，设计项目小组可以对一套图纸进行审查。

安全检查方法的目的是辨识可能导致事故，引起伤害、重要财产损失或对公共环境产生重大影响的装置条件或操作规程。一般安全检查人员主要包括与装置有关的人员：操作人员、维修人员、工程师、管理人员、安全员等，视工厂的组织情况而定。

安全检查的目的是为了提高整个装置的安全操作度，而不是干扰正常操作或对发现的问题采取处罚。

完成了安全检查后，评价人员对亟待改进的地方应提出具体的措施、建议。

### 2. 安全检查表方法

为了查找工程、系统中各种设备、设施、物料、工件、操作、管理和组织措施中的危险、有害因素，需事先把检查对象加以分解，将大系统分割成若干小的子系统，以提问或打分的形式，将检查项目列表逐项检查，避免遗漏，这种表称为安全检查表。

### 3. 预先危险分析方法

预先危险分析方法（Preliminary Hazard Analysis，PHA）是一种起源于美国的标准安全计划要求方法。预先危险分析方法是一项实现系统安全危害分析的初步或初始的工作，包括设计、施工和生产前，首先对系统中存在的危险性类别、出现条件、导致事故的后果进行分析，其目的是识别系统中的潜在危险，确定其危险等级，防止危险发展成事故。

评价工艺危险重要性和每种特殊情况，需进行一个临界分级，需要一两名成员，次临界分级用来优先评价小组提出的安全整改措施。

预先危险分析方法通常用于对潜在危险了解较少和无法凭经验觉察的工艺项目的初期阶段，即用于初步设计或工艺装置的R&D（研究和开发）。当分析一个庞大现有装置或当环境无法使用更为系统的方法时，优先考虑危险，PHA技术可能非常有用。

**4. 故障假设分析方法**

故障假设分析方法是一种对系统工艺过程或操作过程的创造性分析方法。使用该方法的人员应对工艺熟悉，通过提问（故障假设）来发现潜在的事故隐患（实际上是假想系统中一旦发生严重的事故，找出促成事故的潜在因素，在最坏的条件下，这些事故发生的可能性）。

与其他方法不同的是，要求评价人员了解基本概念并用于具体的问题中，有关故障假设分析方法理论及应用的资料甚少，但是它在工程项目发展的各个阶段都可经常采用。

故障假设分析方法一般要求评价人员用“What…if”作为开头对有关问题进行考虑，任何与工艺安全有关的问题，即使它与之不太相关也可提出加以讨论。例如：

（1）提供的原料不对，如何处理?

（2）如果在开车时，泵停止运转，怎么办?

（3）如果操作工打开阀B而不是阀A，怎么办?

通常，将所有的问题都记录下来，然后将问题分门别类，例如，按照电气安全、消防、人员安全等问题分类，分头进行讨论。对正在运行的现役装置，则与操作人员进行交谈，所提出的问题要考虑到任何与装置有关的不正常的生产条件，而不仅仅是设备故障或工艺参数变化。

**5. 故障假设分析/检查表分析方法**

故障假设分析方法/检查表分析方法是由具有创造性的假设分析方法与安全检查表分析方法组合而成的，它弥补了单独使用时各自的不足。

例如，安全检查表分析方法是一种以经验为主的方法，用它进行安全评价时，成功与否很大程度取决于检查表编制人员的经验水平。如果检查表不完整，评价人员就很难对危险性状况做有效的分析。而故障假设分析方法鼓励思考潜在的事故和后果，它弥补了检查表编制时可能经验不足的问题，相反，检查表把故障假设分析方法更系统化。

故障假设分析/检查表分析方法可用于工艺项目的任何阶段。

与其他大多数的评价方法相类似，同样需要有丰富工艺经验的人员完成，这种方法常用于分析工艺中存在的最普遍的危险。虽然它也能够用来评价所有层次的事故隐患。但故障假设分析/检查表分析一般主要对过程危险初步分析，然后可用其他方法进行更详细的评价。

6. **危险和可操作性研究**

它是一种定性的安全评价方法。它的基本过程是以关键词为引导，找出过程中工艺状态的变化（即偏差），然后分析找出偏差的原因、后果及可采取的对策。

危险和可操作性研究技术是基于这样一种原理，即背景各异的专家们如若在一起工作，就能够在创造性、系统性和风格上互相影响和启发，能够发现和鉴别更多的问题，要比他们独立工作并分别提供工作结果更为有效。虽然危险和可操作性研究技术起初是专门为评价新设计和新工艺而开发的技术，但是这一技术同样可以用于整个工程、系统项目生命周期的各个阶段。

危险和可操作性分析的本质，就是通过系列会议对工艺流程图和操作规程进行分析，由各种专业人员按照规定的方法对偏离设计的工艺条件进行过程危险和可操作性研究。英国帝国化学工业公司（ICI）是最早确定要由一个多方面人员组成的小组执行危险和可操作性研究工作的公司。鉴于此，虽然某一个人也可能单独使用危险与可操作性分析方法，但这绝不能称为危险和可操作性分析。所以，危险和可操作性分析技术与其他安全评价方法的明显不同之处是：其他方法可由某人单独去做，而危险和可操作性分析则必须由一个多方面的、专业的、熟练的人员组成的小组来完成。

7. **故障类型和影响分析（FMEA）**

故障类型和影响分析（FMEA）是系统安全工程的一种方法，根据系统可以划分为子系统、设备和元件的特点，按实际需要，将系统进行分割，然后分析各自可能发生的故障类型及其产生的影响，以便采取相应的对策，提高系统的安全可靠性。

1）故障

元件、子系统、系统在运行时，达不到设计规定的要求，因而完不成规定的任务或完成得不好。

2）故障类型

系统、子系统或元件发生的每一种故障的形式称为故障类型。例如：一个阀门故障可以有四种故障类型：内漏、外漏、打不开、关不严。

3）故障等级

根据故障类型对系统或子系统影响的程度不同而划分的等级称为故障等级。

列出设备的所有故障类型对一个系统或装置的影响因素，这些故障模式对设备故障进行描述（开启、关闭、泄漏等），故障类型的影响由对设备故障有系统影响确定。FMEA 辨识可直接导致事故或对事故有重要影响的单一故障模式。在 FMEA 中不直接确定人的影响因素，但像人为失误操作影响通常作为一设备故障模式表示出来。一个 FMEA 不能有效地辨识引起事故的详尽的设备故障组合。

### 8.3.3　定量安全评价方法

定量安全评价方法是运用基于大量的实验结果和广泛的事故资料统计分析获得的

指标或规律（数学模型），对生产系统的工艺、设备、设施、环境、人员和管理等方面的状况进行定量的计算，安全评价的结果是一些定量的指标，如事故发生的概率、事故的伤害（或破坏）范围、定量的危险性、事故致因因素的事故关联度或重要度等。

**1. 事故树分析评价法**

事故树（Fault Tree）是一种描述事故因果关系的有方向的“树”，是安全系统工程中的重要的分析方法之一。它是从要分析的特定事故开始，层层分析其发生的原因，一直分析到不能或不必要再分解的基本事件为止。然后将特定事故（顶上事件）和各层原因（中间事件和基本事件）之间用逻辑门符号连接起来，得到形象、简洁地表达事故形成原因（各事件）间逻辑关系的树形图，即事故树图。最后通过事故树进行简化、计算，达到分析评价的目的。它能对各种系统的危险性进行识别评价，既适用于定性分析，又能进行定量分析，具有简明、形象化的特点，体现了以系统工程方法研究安全问题的系统性、准确性和预测性。事故树分析评价法（Fault Tree Analysis，FTA）作为安全分析评价和事故预测的一种先进的科学方法，已得到国内外的公认和广泛采用。

20 世纪 60 年代初期美国贝尔电话研究所为研究民兵式导弹发射控制系统的安全性问题开始对事故树进行开发研究，为解决导弹系统偶然事件的预测问题做出了贡献。随之波音公司的科研人员进一步发展了 FTA 方法，使之在航空航天工业方面得到应用。60 年代中期，FTA 由航空航天工业发展到以原子能工业为中心的其他产业部门。1974 年美国原子能委员会发表了关于核电站灾害性危险性评价报告——《拉斯姆逊报告》，对 FTA 做了大量有效的应用，引起了全世界广泛的关注，目前此种方法已在许多工业部门得到运用。

FTA 不仅能分析出事故的直接原因，而且能深入提示事故的潜在原因，因此在工程或设备的设计阶段、事故查询或编制新的操作方法时，都可以使用 FTA 对它们的安全性做出评价。日本劳动省积极推广 FTA 方法，并要求安全干部学会使用该种方法。

从 1978 年起，我国开始了 FTA 的研究和运用工作。实践证明，FTA 适合我国国情，应该在我国得到普遍使用。

1）确定顶上事件

通过经验分析、事件树分析及故障类型和影响分析确定顶上事件，明确对象系统边界、分析深度、初始条件、前提条件和不考虑条件，熟悉系统，收集相关资料（工艺、设备、操作、环境、事故等方面的情况和资料）。

2）调查原因事件

调查与事故有关的所有直接原因和各种因素（设备故障、人员失误和环境不良因素）。

3）编制故障树

顶上事件放在最上端，将其所有直接原因事件（中间事件）列在第二层，并用逻辑门连接上下层事件（输出、输入事件）；再将第二层各事件的所有原因事件写在对应事件的下面（第三层），用适当的逻辑门把第二、三层事件连接起来；如此层层向下，直至找到全部基本事件（或根据需要分析到必要的事件）为止，从而构成一棵完整的故障树。

完成每个逻辑门的全部输入事件后，再去分析其他逻辑门的输入事件。两个逻辑门不能直接连接，必须经过中间事件连接。

4）定性分析

应用数学方法对故障树中在不同位置重复的基本事件进行简化，求出最小割集，分析各基本事件的结构重要度。

（1）最小割集。

在故障树中，凡能导致顶上事件发生的基本事件的集合称作割集，最小割集是能导致顶上事件发生的最低限度的基本事件的集合（即割集中任一基本事件不发生，顶上事件应不会发生）。故障树中最小割集越多，顶上事件发生的可能性就越多，系统就越危险。对于已经化简的故障树，可将故障树结构函数式展开，所得各项即为各最小割集；对于尚未化简的故障树，结构函数式展开后的各项，尚需用布尔代数运算法则进行处理，方可得到最小割集。

（2）最小径集。

最小径集又称最小通集，即在故障树中凡是不能导致顶上事件发生的最低限度的基本事件的集合。从用最小径集表示的故障树的等效图可以看出，只要控制一个最小径集不发生，就可使顶上事故不发生。因此最小径集表达了系统的安全性，最小径集越多，顶上事件不发生的途径就越多，系统也就越安全。最小径集的求法是将故障树转化为对偶的成功树，求成功树的最小割集即故障树的最小径集。而成功树的转化方法是将故障树内各逻辑门做如下改变：或门变成与门，与门变成或门，基本树形不变，其中或门表示 $B_1$ 或 $B_2$ 任一事件单独发生（输入）时，A 事件都可以发生（输出）；与门表示 $B_1$、$B_2$ 两个事件同时发生（输入）时，A 事件才能发生（输出）。

（3）结构重要度分析。

结构重要度分析方法归纳起来有两种：一种是计算出各基本事件的结构重要系数，将系数由大到小排列各基本事件的重要顺序；第二种是用最小割集近似判断各基本事件的结构重要系数的大小，并排列次序。第二种分析方法较为常用。

在基本事件结构重要系数大小的近似比较中遵循以下原则：

① 单事件最小割（径）集中基本事件结构重要度系数最大。

② 仅出现在同一最小割（径）集中的所有基本事件结构重要度系数相等。

③ 当两个基本事件所在割（径）集的基本事件个数相同时，则两事件结构重要度大

小由它们在不同割（径）集中出现的次数多少决定，出现次数多的则其结构重要度系数大；出现次数少的则其结构重要度系数小；出现次数相等的则其结构重要度系数相等。

两个基本事件出现在基本事件个数不等的若干个最小割（径）集中，其结构重要度系数依下列情况而定。

若它们在各自最小割（径）集中重复出现的次数相等，则在少事件最小割（径）集中出现的基本事件结构重要度系数大。

若它们在少事件最小割（径）中出现的次数少，在多事件最小割（径）集中出现的次数多，以及其他更为复杂的情况下，可用下列近似判别式计算：

$$I_{\Phi}(i)=\sum_{x_i \in p_j}\frac{1}{2^{n_j-1}} \tag{8-2}$$

式中　$x_i$——基本事件；

$p_j$——最小割（径）集；

$n_j$——表示基本事件 $x_i$ 所在最小割集 $p_j$ 中包含的基本事件的个数；

$I_{\Phi}$（$i$）——$x_i$ 的结构重要度系数。

（4）故障树符号的意义。

① 事件符号。

□顶上事件或中间事件符号，需要进一步往下分析的事件。

○基本事件符号，不能再往下分析的事件。

◇省略事件符号，不能或不需要向下分析的事件。

⬠正常事件符号，正常情况下存在的事件。

② 逻辑门符号。

或门，表示 $B_1$ 或 $B_2$ 任一事件单独发生（输入）时，A 事件都可以发生（输出）。

与门，表示 $B_1$、$B_2$ 两个事件同时发生（输入）时，A 事件才能发生（输出）。

条件或门，表示 $B_1$ 或 $B_2$ 任一事件单独发生（输入）时，还必须满足条件 a，A 事件才发生（输出）。

条件与门，表示 $B_1$、$B_2$ 两个事件同时发生（输入）时，还必须满足条件 a，A 事件才发生（输出）。

**2. 危险指数评价法**

危险指数评价法应用系统的事故危险指数模型，根据系统及其物质、设备（设施）和工艺的基本性质和状态，采用推算的办法，逐步给出事故的可能损失、引起事故发生或使事故扩大的设备、事故的危险性以及采取安全措施的有效性的安全评价方法。常用的危险指数评价法有：道化学公司火灾爆炸危险指数评价法，蒙德火灾爆炸毒性指数评价法，易燃、易爆、有毒重大危险源评价法。本文仅对道化学公司火灾爆炸危险指数评价法进行介绍。

由美国道化学公司提出的火灾、爆炸危险指数评价法是一种最早的指数法。该评价方法是利用工艺过程中的物质、设备、物料量等数据，通过逐步推算，得出工艺过程火灾、爆炸危险等级，事故经济损失和影响范围来度量事故的危险程度。评价中使用的数据来源于对以往事故的统计分析、物质的物理化学性质及安全设施的经验数据。它是国内外石油化工企业进行危险性评价普遍采用的方法。显然，该方法可以有效地应用到生产的火灾、爆炸危险性评价中，为了解其火灾、爆炸危险程度，进一步提高安全生产管理水平提供科学依据。

道化学公司火灾、爆炸危险指数评价法（第 7 版）评价程序如图 8-1 所示。

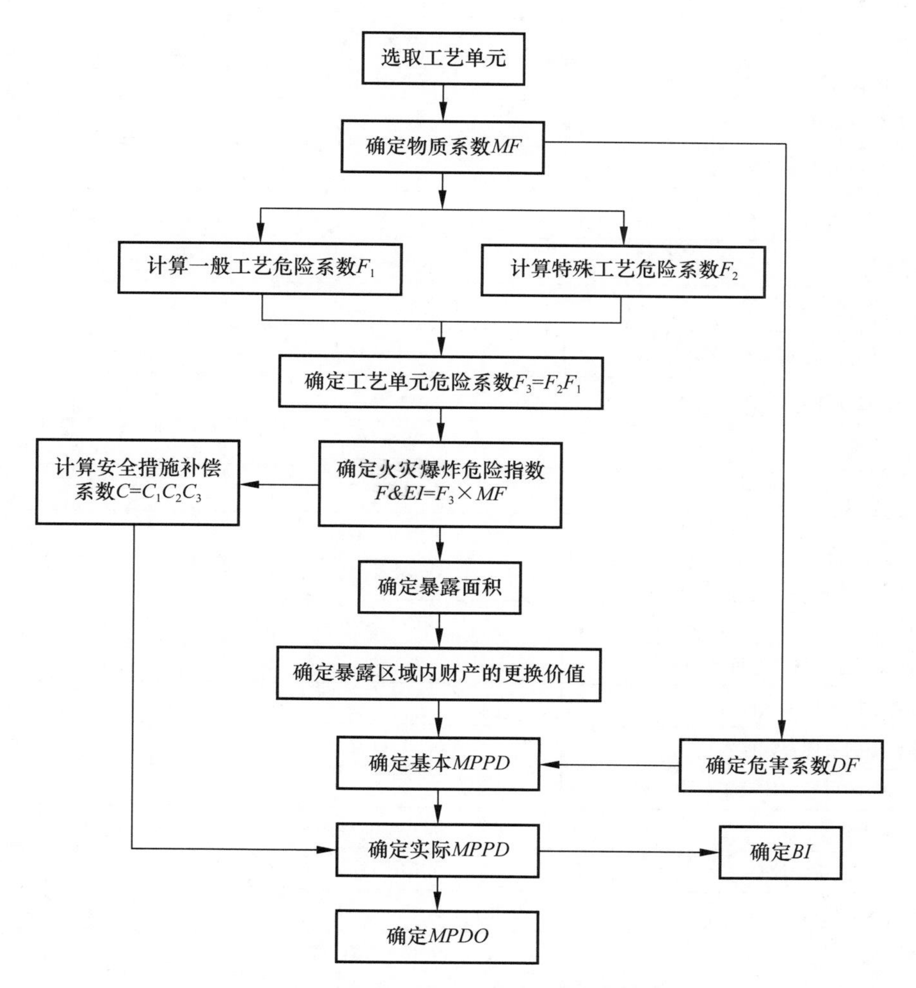


图 8-1　道化学公司火灾、爆炸危险指数评价法评价程序

火灾、爆炸危险指数及补偿系数见表 8-4、表 8-5 及表 8-6。

表 8-4 火灾、爆炸危险指数（*F&EI*）表

| 项 目 | 危险系数范围 | 采用危险系数* |
| --- | --- | --- |
| 1. 一般工艺危险 | | |
| 基本系数 | 1.00 | 1.00 |
| 1）放热反应 | 0.30～1.25 | |
| 2）吸热反应 | 0.20～0.40 | |
| 3）物料处理与输送 | 0.25～1.05 | |
| 4）密闭式或室内工艺单元 | 0.25～0.90 | |
| 5）通道 | 0.20～0.35 | |
| 6）排放和泄漏控制 | 0.20～0.50 | |
| 一般工艺危险系数（$F_1$） | | |
| 2. 特殊工艺危险 | | |
| 基本系数 | 1.00 | 1.00 |
| 1）毒性物质 | 0.20～0.80 | |
| 2）负压（<500 mmHg） | 0.50 | |
| 3）易燃范围内及接近易燃范围的操作 | | |
| （1）罐装易燃液体 | 0.50 | |
| （2）过程失常或吹扫故障 | 0.30 | |
| （3）一直在燃烧范围内 | 0.80 | |
| 4）粉尘爆炸 | 0.25～2.00 | |
| 5）压力 | 0.00～0.90 | |
| 6）低温 | 0.20～0.30 | |
| 7）易燃及不稳定物质的重量 | | |
| （1）工艺中的液体及气体 | — | |
| （2）储存中的液体及气体 | 0.00～1.20 | |
| （3）储存中的可燃固体及工艺中的粉尘 | — | |
| 8）腐蚀与磨蚀 | 0.10～0.75 | |
| 9）泄漏——接头和填料 | 0.10～1.50 | |
| 10）使用明火设备 | 0.00～1.00 | |
| 11）热油交换系统 | 0.15～1.15 | |
| 12）转动设备 | 0.50 | |
| 特殊工艺危险系数（$F_2$） | | |
| 工艺单元危险系数（$F_3=F_1\times F_2$） | | |
| 火灾、爆炸指数（$F\&EI=F_3\times MF$） | | |

注：无危险时系数用 0.00。

表 8-5　安全措施补偿系数表

| 项　目 | 补偿系数范围 | 采用补偿系数* | 项　目 | 补偿系数范围 | 采用补偿系数* |
|---|---|---|---|---|---|
| 1. 工艺控制 | | | (3) 排放系统 | 0.91～0.97 | |
| (1) 应急电源 | 0.98 | | (4) 连锁装置 | 0.98 | |
| (2) 冷却装置 | 0.97～0.99 | | 物质隔离安全补偿系数 $C_2$ ** | | |
| (3) 抑爆装置 | 0.84～0.98 | | 3. 防火设施 | | |
| (4) 紧急切断装置 | 0.96～0.99 | | (1) 泄漏检测装置 | 0.94～0.98 | |
| (5) 计算机控制 | 0.93～0.99 | | (2) 结构钢 | 0.95～0.98 | |
| (6) 惰性气体保护 | 0.94～0.96 | | (3) 消防水供应系统 | 0.94～0.97 | |
| (7) 操作规程/程序 | 0.91～0.99 | | (4) 特殊灭火系统 | 0.91 | |
| (8) 化学活泼性物质检查 | 0.91～0.98 | | (5) 洒水灭火系统 | 0.74～0.97 | |
| (9) 其他工艺危险分析 | 0.91～0.99 | | (6) 水幕 | 0.97～0.98 | |
| 工艺控制安全补偿系数 $C_1$ ** | | | (7) 泡沫灭火装置 | 0.92～0.97 | |
| 2. 物质隔离 | | | (8) 手提式灭火器/喷火枪 | 0.93～0.98 | |
| (1) 遥控阀 | 0.96～0.98 | | (9) 电缆防护 | 0.94～0.98 | |
| (2) 卸料/排装置 | 0.96～0.98 | | 防火设施安全补偿系数 $C_3$ ** | | |

注：安全措施补偿系数 $C=C_1C_2C_3$；
　* 无危险系数时，填入 1.00；
　** 所采用的各项补偿系数之积。

表 8-6　*F&EI* 及危险等级

| *F&EI* 值 | 危害等级 |
|---|---|
| 1～60 | 最轻 |
| 61～96 | 较轻 |
| 97～127 | 中等 |
| 128～158 | 很大 |
| >159 | 非常大 |

1）选取恰当的工艺单元

化工企业通常是由许多工艺过程组成的，各种工艺过程又包括各种设备、装置。在进行火灾爆炸危险性评价时，首先要确定恰当的工艺单元，也就是后续要评价的对象。

在选择被评价单元时，主要应考虑以下几点：潜在化学能，工艺单元中危险物质的数量，资金密度，操作压力和操作温度，导致火灾、爆炸事故的历史资料，对装置操作起关键作用的单元等，这些参数的数值越大，则该工艺单元就越需要评价。

2）确定物质系数（*MF*）

确定被评价的单元后，关键还是确定单元的物质系数，因为物质系数（*MF*）是评价单元危险性的基本数据。

物质系数是表述物质在由燃烧或其他化学反应引起的火灾、爆炸中所释放能量大小的内在特性，因此物质系数由物质的燃烧性和化学活性来确定。常见化学物质的物质系数可以查表求得，必要时还应根据温度数据加以修订。

单元中的危险物质为混合物时，应根据各组分的危险性及含量加以确定。如无可靠数据，应该根据单元实际操作过程中存在的最危险物质作为决定物质确定物质系数，计算单元可能的最大危险。

3）一般工艺危险系数（$F_1$）和特殊工艺危险系数（$F_2$）

一般工艺危险涉及 6 项内容，包括放热化学反应—吸热反应—物料处理与输送—封闭单元或室内单元—通道和排放和泄漏控制。根据各个单元的具体情况得到危险系数后，将各危险系数相加再加上基本系数“1”后即为一般工艺危险系数（$F_1$）。

特殊工艺危险涉及毒性物质—负压操作—燃烧范围或其附近的操作—粉尘爆炸—释放压力—低温—易燃稳定物质的数量—腐蚀—泄漏—明火设备的使用—热油交换系统—转动设备等 12 项危险影响因素。与一般危险工艺系数的求法类似，可得到特殊工艺危险系数（$F_2$）。

4）计算工艺单元危险系数（$F_3$）

一般工艺危险系数 $F_1$ 和特殊工艺危险系数 $F_2$ 的乘积即为工艺单元危险系数 $F_3$。单元危险系数 $F_3$ 的数值范围为 1～8，超过 8 时按 8 计。

5）确定火灾爆炸危险指数及其危险等级

火灾、爆炸危险指数 $F\&EI$ 代表了单元的火灾、爆炸危险性的大小，它由物质系数 $MF$ 与工艺危险系数 $F_3$ 相乘得到，即火灾爆炸危险指数 $F\&EI=MF\times F_3$。

对照表 8-6 可知该单元固有的危险等级，依次分为最轻、较轻、中等、很大、非常大 5 个等级。

6）确定危害系数（$DF$）

危害系数代表了发生火灾、爆炸事故的综合效应，根据物质系数 $MF$ 和工艺危险系数 $F$ 确定，通过查“单元危害系数计算图”可以得到对应的 $DF$。

7）计算安全措施补偿系数（$C$）

$C=C_1C_2C_3$，其中 $C_1$、$C_2$、$C_3$ 取值参考表 8-5。

8）计算暴露面积

暴露区域是指单元发生火灾、爆炸时可能受到影响的区域。在道化学指数法中，假定影响区域是一个以被评价单位为中心的圆面积。用已计算出来的 $F\&EI$ 乘以 0.84 就可以得到暴露区域半径（单位：in），并可由此计算暴露区域面积。

事实上发生火灾爆炸时其影响区域不可能是个标准的圆，但是这个圆的大小仍然可以大致表征影响范围的大小。具体划分暴露区域时还应考虑防火、防爆隔离等问题。

如果被评价工艺单元是一个小设备，就可以该设备的中心为圆心，以暴露半径为半径画圆；如果单元较大，则应从单元外沿向外量取暴露半径，暴露区域加上评价单元的面积才是实际暴露区域的面积。

9）暴露区域内财产的更换价值（*RV*）

暴露区域内财产的更换价值主要可以用以下两种方法来确定：

（1）采用暴露区域内设备（包括内容物料）的更换价值。如果经济数据比较完善，能够知道各主要设备的价值，可以使用本方法。

（2）从整个装置的更换价值推算单位面积的设备费用，再用暴露区域的面积与之相乘就可得到区域的更换价值。

10）确定基本最大可能财产损失（基本 *MPPD*）

指数危险分析方法的一个目的是确定单元发生事故时，可能造成的最大财产损失（*MPPD*）。以便从经济损失的角度出发，分析单元的危险性能否接受暴露区域内的财产更换价值与危害系数相乘——基本最大可能财产损失。

即：基本 $MPPD=RV\times DF$。

11）计算实际最大可能财产损失（实际 *MPPD*）

用基本 *MPPD* 和安全措施补偿系数 *C* 相乘就可以得到经安全措施补偿后的实际 *MPPD*。这里就是道化学火灾、爆炸危险指数评价法（第 7 版）中考虑安全措施对单元危险程度补偿作用的方法。

12）估算最大可能工作日损失（*MPDO*）和停产损失（*BI*）

一旦发生事故，除了造成财产损失外，还会因停工而带来更多的损失。为了确定可能造成的停工损失，需要先确定最大可能工作日损失（*MPDO*），可由 *MPPD* 结合“最大可能停工天数计算图”并考虑物价等因素修正后可以得到 *MPDO*。

最大可能工作日损失（*MPDO*）确定后，可计算停产损失（*BI*）：

$$BI = MPDO/30 \times VPM \times 0.7(\text{美元})$$

式中，*VPM* 为每月产值；0.7 代表固定成本和利润。

对于事故后果模拟分析，国内外有很多研究成果。如美国、英国、德国等发达国家，早在 20 世纪 80 年代初便完成了以 Burro、Coyote、Thorney Island 为代表的一系列大规模现场泄漏扩散实验。在 90 年代，又针对毒性物质的泄漏扩散进行了现场实验研究。迄今为止，已经形成了数以百计的事故后果模型，如著名的 DEGADIS、ALOHA、SLAB、TRACE、ARCHIE 等。基于事故模型的实际应用也取得了发展，如 DNV 公司的 SAFETY Ⅱ软件是一种多功能的定量风险分析和危险评价软件包，包含多种事故模型，可用于工厂的选址、区域和土地使用决策、运输方案选择、优化设计、提供可接受的安全标准。Shell Global Solution 公司提供的 Shell FRED、Shell SCOPE 和 Shell Shepherd 3 个系列的模拟软件，涉及泄漏、火灾、爆炸和扩散等方面的危险风险评价。这些软件都是建立在大量实验的基础上得出的数学模型，有着很强的可信度。评价的结果用数字或图形的方式显示事故影响区域，以及个人和社会承担的风险。可根据风险的严重程度对可能发生的事故进行分级，有助于制定降低风险的措施。

在危险指数评价法中，由于指数的采用，使得系统结构复杂、难以用概率计算事故可能性的问题，通过划分为若干个评价单元的办法得到了解决。这种评价方法，一般将有机联系的复杂系统，按照一定的原则划分为相对独立的若干个评价单元，针对评价单元逐步推算事故可能损失和事故危险性，以及采取安全措施的有效性，再比较不同评价单元的评价结果，确定系统最危险的设备和条件。评价指数值同时含有事故发生可能性和事故后果两方面的因素，避免了事故概率和事故后果难以确定的缺点。该类评价方法的缺点是：采用的安全评价模型对系统安全保障设施（或设备、工艺）功能的重视不够，评价过程中的安全保障设施（或设备、工艺）的修正系数，一般只与设施（或设备、工艺）的设置条件和覆盖范围有关，而与设施（或设备、工艺）的功能多少、优劣等无关；特别是忽略了系统中的危险物质和安全保障设施（或设备、工艺）间的相互作用关系；给定各因素的修正系数后，这些修正系数只是简单地相加或相乘，忽略了各因素之间的重要度的不同。因此，该类评价方法，只要系统中危险物质的种类和数量基本相同，系统工艺参数和空间分布基本相似，即使不同系统服务年限有很大不同而造成实际安全水平已经有了很大的差异，其评价结果也是基本相同的，从而导致该类评价方法的灵活性和敏感性较差。

#### 3. 概率风险评价法

概率风险评价法是根据事故的基本致因因素的发生概率，应用数理统计中的概率分析方法，求取事故基本致因因素的关联度（或重要度）或整个评价系统的事故发生概率的安全评价方法。故障类型及影响分析、事故树分析、逻辑树分析、概率理论分析、马尔可夫模型分析、模糊矩阵法、统计图表分析法等都可以由基本致因因素的事故发生概率计算整个评价系统的事故发生概率。

概率风险评价法是建立在大量的实验数据和事故统计分析基础之上的，因此评价结果的可信程度较高，由于能够直接给出系统的事故发生概率，因此便于各系统可能性大小的比较。特别是对于同一个系统，概率风险评价法可以给出发生不同事故的概率、不同事故致因因素的重要度，便于不同事故可能性和不同致因因素重要性的比较。但该类评价方法要求数据准确、充分，分析过程完整，判断和假设合理，特别是需要准确地给出基本致因因素的事故发生概率，显然这对一些复杂、存在不确定因素的系统是十分困难的。因此该类评价方法不适应基本致因因素不确定或基本致因因素事故概率不能给出的系统。但是，随着计算机在安全评价中的应用，模糊数学理论、灰色系统理论和神经网络理论已经应用到安全评价之中，弥补了该类评价方法的一些不足，扩大概率风险评价法的应用范围。

#### 4. 伤害（或破坏）范围评价法

伤害（或破坏）范围评价法是根据事故的数学模型，应用计算数学方法，求取事故对人员的伤害范围或对物体的破坏范围的安全评价方法。液体泄漏模型、气体泄漏模型、气体绝热扩散模型、池火火焰与辐射强度评价模型、火球爆炸伤害模型、爆炸冲击波超压伤害模型、蒸气云爆炸超压破坏模型、毒物泄漏扩散模型和锅炉爆炸伤害 TNT

当量法都属于伤害（或破坏）范围评价法。

伤害（或破坏）范围评价法是应用数学模型进行计算，只要计算模型以及计算所需要的初值和边值选择合理，就可以获得可信的评价结果。评价结果是事故对人员的伤害范围或（和）对物体的破坏范围，因此评价结果直观、可靠，评价结果可用于危险性分区，同时还可以进一步计算伤害区域内的人员及其人员的伤害程度，以及破坏范围物体损坏程度和直接经济损失。但该类评价方法计算量比较大，一般需要使用计算机进行计算，特别是计算的初值和边值选取往往比较困难，而且评价结果对评价模型、初值和边值的依赖性很大，评价模型或初值和边值选择稍有不当或偏差，评价结果就会出现较大的失真。因此，该类评价方法适用于系统的事故模型、初值和边值比较确定的安全评价。

5. **事件树分析**（Event Tree Analysis，ETA）

事件树分析是用来分析普通设备故障或过程波动（称为初始事件）导致事故发生的可能性。

事故是典型设备故障或工艺异常（称为初始事件）引发的结果。与故障树分析不同，事件树分析是使用归纳法（而不是演绎法），事件树可提供记录事故后果的系统性的方法，并能确定导致事件后果事件与初始事件的关系。

事件树分析适合被用来分析那些产生不同后果的初始事件。事件树强调的是事故可能发生的初始原因，以及初始事件对事件后果的影响，事件树的每一个分支都表示一个独立的事故序列，对一个初始事件而言，每一独立事故序列都清楚地界定了安全功能之间的功能关系。

6. **人员可靠性分析**（Human Reliability Analysis，HRA）

人员可靠性行为是人机系统成功的必要条件，人的行为受很多因素影响。这些“行为成因要素（Performance Shoping Factors，PSFs）”可以是人的内在属性，如紧张、情绪、教养和经验，也可以是外在因素，如工作间、环境、监督者的举动。工艺规程和硬件界面等。影响人员行为的 PSFs 数不胜数。尽管有些 PSFs 是不能控制的，许多却是可以控制的，可以对一个过程或一项操作的成功或失败产生明显的影响。

例如，评价人员可以把人为失误考虑进故障树中去；一项如果—怎么办/检查表分析可以考虑这种情况——在异常状况下，操作人员可能将本应关闭的阀门打开了；典型的危险和可操作性研究（HAZOP）通常也把操作人员失误作为工艺失常（偏差）的原因考虑进去。尽管这些安全评价技术可以用来寻找常见的人为失误，但它们主要还是集中于引发事故的硬件方面。当工艺过程中手工操作很多时，或者当人机界面很复杂，因而难以用标准的安全评价技术评价人为失误时，就需要特定的方法去评估这些人为因素。

人为因素是研究机器设计、操作、作业环境，以及它们与人的能力、局限和需求如何协调一致的学科。有许多不同的方法可供人为因素专家用来评估工作情况。一种常用的方法叫作“作业安全分析（Job Safety Analysis，JSA）”，但该方法的重点是作业人员的个人安全。JSA 是一个良好的开端，但就工艺安全分析而言，人员可靠性分析（Human Reliability Analysis，HRA）方法更为有用。人员可靠性分析技术可被用来识别和改进 PSFs，从而减少人为失误的机会。这种技术分析的是系统、工艺过程和操作人员的特性，识别失误的源头。

不与整个系统的分析相结合而单独使用 HRA 技术的话，似乎是太突出人的行为而忽视了设备特性的影响。如果上述系统是一个已知易于由人为失误引起事故的系统，这样做就不合适了。所以，在大多数情况下，建议将 HRA 方法与其他安全评价方法结合使用。一般来说，HRA 技术应该在其他评价技术（如 HAZOP、FMEA、FTA）之后使用，识别出具体的、有严重后果的人为失误。

**7. 作业条件危险性评价法**

美国的 K. J. 格雷厄姆（Keneth J. Graham）和 G. F. 金尼（Gilbert F. Kinney）研究了人们在具有潜在危险环境中作业的危险性，提出了以所评价的环境与某些作为参考环境的对比为基础，将作业条件的危险性作为因变量（$D$），事故或危险事件发生的可能性（$L$）、暴露于危险环境的频率（$E$）及危险严重程度（$C$）作为自变量，确定它们之间函数式方法。根据实际经验，他们给出了 3 个自变量的各种不同情况的分数值，采取对所评价的对象根据情况进行“打分”的办法，然后根据公式计算出其危险性分数值，再在按经验将危险性分数值划分的危险程度等级表或图上，查出其危险程度的一种评价方法。这是一种简单易行的评价作业条件危险性的方法。

以上主要从定性和定量两个方面对安全评价方法进行了介绍。在安全评价的基础上，安全标准化作为一种新的安全管理模式产生了。安全标准化是指通过建立安全生产责任制，制定安全管理制度和操作规程，排查治理隐患和监控重大危险源，建立预防机制，规范生产行为，使各生产环节符合有关安全生产法律法规和标准规范的要求，人、机、物、环境处于良好的生产状态，并持续改进，不断加强企业安全生产规范化建设。安全标准化不仅是一项全方位、全员、全过程、全天候的基础工作，还是一套从实际出发、能够促进行业提升的科学化、规范化、制度化的标准、规程、制度。安全生产标准化既可以规范行业管理部门，保证行业发展的可持续性，促使工作人员拥有健康意识和安全意识，同时又可以促进行业对人、物、管理者的各种不安全因素和隐患进行规避。安全评价是基础，安全标准化可以更好地实施安全评价结果要求。

## 8.4 火炸药系统的安全评价

火炸药系统的安全评价也可分为两大类，一类是以事故树分析法为基础的可靠性安全评估法，它适用于某一限定系统，如火炸药及其制品的引燃、引爆系统或某设备、生产线的事故预测及安全评估。另一类是吸取国内外先进的评估方法，如指数法，并结合兵工生产的特点，由兵器工业总公司生产安全局提出的评估方法——火炸药和弹药企业重大事故隐患的定量评估方法——BZA-1 法和 BZA-2 法，该方法也适用于火炸药及其制品生产企业。

### 8.4.1　建立评估方法的原则

火炸药、弹药企业重大事故隐患的定量评估方法，是应用安全系统工程的原理，依据有关法规、规则而确定的评估方法。建立该评估方法的原则是：

（1）科学性。评估的指标体系及数学模型应能反映事物的本质，客观地反映危险源及其影响因素的实质以及它们的内在联系。这样，获取的信息才是科学的和可靠的，评估的结果才具有可信性。

（2）系统性。危险源的危险性寓于生产活动的各个方面，包括工房和设备条件、人机关系、原材料等，因此，必须对危险源进行系统的解剖及分析，研究该系统与子系统及各子系统间的相关和制约关系，以便最大限度地辨识其危险性，并把潜在的危险因素发掘出来，找出它们对系统的影响程度，确定其整体危险性。

（3）可行性。评估方法必须反映行业特点，能够方便现场采集数据，具有可操作性，使定量估算尽可能简化，并在火炸药、弹药企业评估中有一定的通用性。

（4）可比性。尽可能把各种各样的不可比的危险因素通过量化转化为可比的指标，并能定量比较危险源的危险程度。

### 8.4.2　火炸药弹药企业爆炸危险源评估模型（BZA-1）法简介

“火炸药及其制品工业燃烧、爆炸危险源的定量评估方法”研究是兵总质（91）350 号（JA9110）文根据当时邹家华副总理 1991 年 2 月 23 日的批示精神，由全国安委会和兵总联合下达的课题。经过组织研讨、评估实践后，建立了一种适合我国兵工及相关行业（如民爆）特点的安全评价方法，被命名为“BZA-1 法”。此评价方法曾于 1995 年获中国劳动部科技进步二等奖。在其后的五六年间，该方法不断地用于我国兵工行业多个工厂的安全评估和技改论证，同时在理论上，该方法得到了许多新的发展和提高，使其更趋于成熟和完善。BZA-1 法是根据安全原理、系统工程等现代安全科学技术的理论与方法，结合兵工行业特点与经验，借鉴国外和其他行业评估法的精粹而创立的一种适合于火炸药行业危险性评估的系统安全评价方法。

#### 1. BZA-1 法基本思路

1）确定危险源系统

兵器行业中一个具有爆炸危险性的生产单元（小至一个设备、工序，大至一个各部分相连或处于殉爆距离之内的车间、工房）就是一个爆炸危险源，一般可取它作为一个评价系统。该系统所处理的危险性物质常为火炸药或其制品（火工品、弹药等）。

2）考虑危险源系统的内、外危险性

如果这个系统发生燃烧爆炸事故，它将不仅影响其系统内部，而且也危害系统外部安全距离不足的建筑设施，因此做出如下定义：在现实情况下，危险源一旦发生燃烧爆炸事故，它对系统内的危害程度称为“系统内危险度”，用 $H_{内}$ 来表示；对系统外的危害程度称为“系统外危险度”，用 $H_{外}$ 来表示。而危险源的“现实危险度 $H$”就等于上述两项之和，并以此作为该危险源危险程度的判据。

3）评价此危险源系统危险性的大小

主要从系统内考虑，考察的主要内容有：

（1）系统内潜在危险（主要指能量危险）变成事故的容易性。

（2）发生事故时的危害强度与范围。

（3）系统内的危险度，部分是固有的（以 $V$ 表示），部分是可控的（以 $KB$ 表示），即可通过适当的安全管理加以控制。

（4）系统内的危险度 $H_{内}$ 的可控性通过人、机（物）、环境来体现。在人、机（物）、环境方面的适当安全对策，可把 $H_{内}$ 降至最低，即 $KB$ 为 0。然而人、机（物）、环境这种作用的重要性与效能是不同的，故用不同的权重系数表示。系统外危险性考察的主要内容是该系统内一旦发生爆炸事故，系统外的人、机（物）可能受到的伤害或影响。

以上思路和分析过程，可用图 8-2 来表示。

**2. BZA-1 法的数学模型及物理意义**

根据 BZA-1 法的编写思路，采用如式（8-3）所示的数学模型。

$$H = H_{内} + H_{外} = (V + KB) + \sum\left(1 - \frac{R_{1i}}{R_{0i}}\right)C_i \tag{8-3}$$

式中 $H$——评价系统的现实危险度；

$H_{内}$、$H_{外}$——系统内、系统外的现实危险度；

$V$——系统内所处理的火炸药的固有危险度；

$B$——系统内所处理的火炸药的可控危险度；

$K$——系统内可控危险度的未受控系数：

$C_i$——系统外受系统内爆炸事故影响的严重度；

$(1-R_{1i}/R_{0i})$——系统外受系统内爆炸事故影响系数。

1）系统内所处理的火炸药的固有危险度 $V$

BZA-1 法将 $V$ 的取值法定义为：

$$V = \alpha\beta \tag{8-4}$$

式中 $\alpha$——物性危险系数；

$\beta$——物量危险系数。

（1）物性危险系数 $\alpha$。

物性危险系数也称综合感度值，以受感度作为火炸药发生燃烧爆炸事故可能性的量度。火炸药及其制品在生产运输过程中可能受到的外界作用不外乎是热的、明火的、机

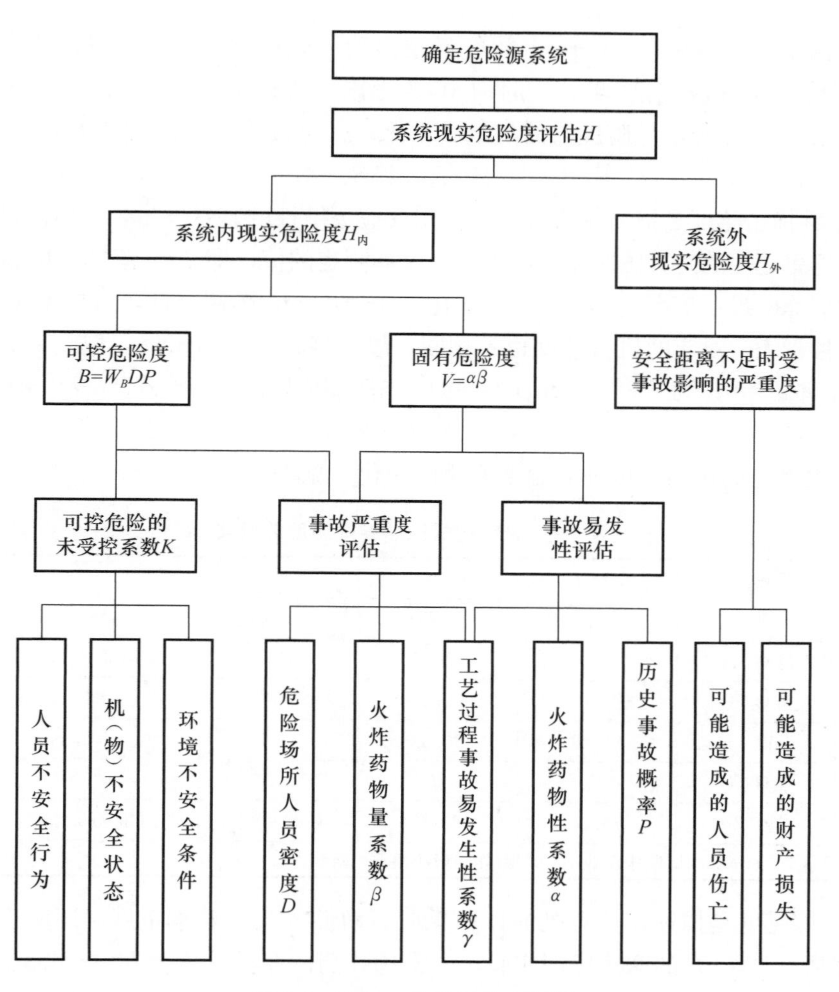


图 8-2　**BZA-1** 法的思路方框图

械的，以及冲击波的作用。但各种感度之间并没有可以相互换算的当量关系，因此在考虑物质危险性时不宜只用某一种感度或相互替代，而应综合计入各种感度值。BZA-1 法取 5 s 爆发点 $T_E$(℃)、真空安定性 $S_V(cm^3)$、落锤撞击感度 $S_K$(cm)、摩擦感度 $S_f$(N)、爆轰感度 $S_d$(g) 5 种感度，作为综合火炸药感度特性的基础。

① 5 s 爆发点是热感度的经典表示法，常用炸药的 5 s 爆发点基本上都落在 140 ℃～500 ℃。爆发点越低，越容易因受热而自行燃烧或爆炸，即对热越敏感，热危险性越大。故取爆发点等于或低于 140 ℃作为热爆炸危险性系数 $\alpha_1$ 的上限，并定为 10 分；爆发点等于和高于 500 ℃时作为 $\alpha_1$ 的下限，并定为 0 分；爆发点为 140 ℃～500 ℃的，假定其热爆炸危险性和 5 s 爆发点成反比关系，从而 $\alpha_1$ 值可按式（8-5）算得，即

$$\alpha_1 = 13.84 - 2.77 \times 10^{-2} T_E \tag{8-5}$$

② 真空安定性是炸药对热的反应敏感性的又一种度量，就混合炸药而言还可以反映组分之间的相容性。常用炸药的真空安定性，即 5 g 试样，加热到 100 ℃，40 h 的放

气量；其值基本上都在 0～8 $cm^3$，放气量越多的，对热越敏感，危险性越大，故热分解危险性系数 $\alpha_2$ 在放气量≥8 $cm^3$ 时取 10 为上限，接近于 0 $cm^3$ 时取 0 作为下限；为 0～8 $cm^3$ 的，其热分解危险性与放气量成正比，$\alpha_2$ 可按式（8-6）计算，即

$$\alpha_2 = 1.25S_V \tag{8-6}$$

③ 落锤撞击感度是描述炸药对机械作用反应灵敏性的基本度量，具体测试与表示方法很多，这里选用的是美国匹克汀尼兵工厂仪器测定的值，即 2 kg 落锤，10 次试验中至少有一次爆炸的最小落高。其值基本上都在 1.3～80 cm，落高越低，对机械撞击越敏感，撞击危险性越大，对应的机械感度也不相同。故，落高<1.3 cm 时，取 $\alpha_3=10$；落高≥80 cm 时，取$\alpha_3=0$；为 1.3～80 cm 的，其 $\alpha_3$ 与落高成反比，且按式（8-7）求得：

$$\alpha_3 = 10 - 12.5 \times 10^{-2} S_K \tag{8-7}$$

但是火炸药的机械感度随着温度变化而变化，见表 8-7。

**表 8-7 火炸药机械感度随温度的变化**

| | | | | | | |
|---|---|---|---|---|---|---|
| TNT | 温度/℃ | −40 | 室温 | 80 | 90 | 105～110 |
| | 状态 | 固 | 固 | 接近融化 | 熔融 | 熔融 |
| | 落高/cm | 43.18 | 35.56 | 17.78 | 7.62 | 5.08 |
| RDX | 温度/℃ | 20 | 32.2 | 104 | — | — |
| | 落高/cm | 22.85 | 20.32 | 12.7 | — | — |
| AN | 温度/℃ | 25 | 75 | 100 | — | — |
| | 落高/cm | 78.74 | 71.12 | 68.58 | 68.58 | 30.48 |
| 注：落锤重 2 kg，10 次试验中至少有一次爆炸的最小落高（cm）。 | | | | | | |

④ 摩擦感度是描述炸药对机械作用反应灵敏性的又一基本量度。国际上常用德国材料研究所（BMA）的摩擦感度实验法。常用炸药的摩擦感度值在 0～353 N。故压柱负荷在≥353 N 时，摩擦危险性系数 $\alpha_4=0$；压柱负荷接近于 0 N 时，$\alpha_4=10$；处于 353 N 以下的，摩擦危险性与压柱负荷成反比，$\alpha_4$ 值按式（8-8）求得：

$$\alpha_4 = 10 - 2.83 \times 10^{-2} S_f \tag{8-8}$$

⑤ 关于炸药对爆轰等强冲击波作用灵敏性，只选用了爆轰感度，而且基本上是用最小叠氮化铅药量表示。常用炸药的最小起爆药量基本都落在 0～0.5 g，用与上述相同的方法处理，各种炸药的起爆危险性系数 $\alpha_5$ 按式（8-9）求得：

$$\alpha_5 = 10 - 20S_d \tag{8-9}$$

于是，常用火炸药的综合感度值可用式（8-10）求出：

$$\alpha = (\alpha_1 + \alpha_2 + \alpha_3 + \alpha_4 + \alpha_5)/5 \tag{8-10}$$

需要指出的是，这样做似乎是均等地看待了可能受到的各种外界作用，但实际上几种不同的能量形式的感度是以不同的权重系数包含于其中的。即对热作用和机械作用的感度都考虑了两次，对强冲击作用只考虑了一次。因为在生产中，火炸药及其制品所受到的外界作用主要是热与机械的。正因为如此，按 $\alpha$ 值对常用炸药的危险性进行排序，

也符合人们的经验。

（2）物量危险系数 $\beta$。

这里的物量危险系数 $\beta$，实际上不光反映危险物质数量，而且也反映了一旦发生燃爆事故后可能造成的破坏威力特性，所以可以作为危险严重度的量度。炸药发生爆炸，对周围造成破坏主要是通过空气冲击波、地震波、燃烧与热辐射、破片等的作用。后两者范围较小或是较稀疏；前两者影响较大且密集，应予以重点考虑。已经知道，炸药无论是在空中爆炸，还是在密实介质中爆炸，能引起破坏的超压、冲量、质点振动速度与振幅，都基本上或接近于与药量的立方根成正比。所以取

$$\beta = \sqrt[3]{\frac{Gf}{f_{\mathrm{TNT}}}} \tag{8-11}$$

式中　$G$——系统内可能同时发生燃烧爆炸事故的最大药量，kg；

$f$——系统内炸药的比能，kJ/kg；

$f_{\mathrm{TNT}}$——TNT 的比能，kJ/kg。

常见火炸药的 TNT 当量值见表 8-8。

表 8-8　常见火炸药能量参数

| 火炸药 | 爆热/(kJ·kg⁻¹) | 爆容/(L·kg⁻¹) | 比能/(kJ·kg⁻¹) | 铅值/[cm³·(10g)⁻¹] | 弹道臼炮/% | TNT 当量 |
|---|---|---|---|---|---|---|
| 雷汞 | 1 787 | 316 | — | 110 | — | 0.37 |
| DDPN | 3 430 | 865 | — | 326 | 97 | 0.92 |
| 斯蒂芬酸铅 | 1 912 | 368 | — | 130 | — | 0.43 |
| 叠氮化铅 | 1 535 | 308 | — | 110 | — | 0.37 |
| 特屈拉辛 | 2 753 | 1 190 | — | 155 | — | 0.55 |
| 太安（PETN） | 5 895 | 790 | 1 338 | 523 | 145 | 1.60 |
| R 盐 | 4 344 | 854 | — | — | 130 | 1.18 |
| 黑索今（RDX） | 605 | 908 | 1 354 | 480 | 161 | 1.62 |
| 奥克托今（HMX） | 5 677 | 782 | 1 328 | 480 | 150 | 1.58 |
| 苦味酸 | 5 025 | 675 | 908 | 315 | 112 | 1.08 |
| TNT | 4 794 | 675 | 838 | 300 | 100 | 1.00 |
| DNT | 4 420 | 602 | 645 | 240 | 71 | 0.77 |
| 硝酸铵（AN） | 1 601 | 980 | — | 180 | 56 | 0.60 |
| 硝化甘油（NG） | 6 699 | 715 | 1 318 | 520 | 140 | 1.57 |
| 乙二醇二硝酸酯 | 6 826 | 737 | 1 405 | 620 | — | 1.55 |
| 吉纳 | 5 249 | 865 | 1 275 | — | — | 1.52 |
| 硝基胍 | 3 724 | 1 977 | 951 | 305 | 104 | 1.13 |
| 高氯酸铵 | 1 114 | — | — | 195 | — | 0.65 |
| 硝化二乙二醇 | 4 852 | 886 | 1 143 | 410 | 90 | 1.36 |

2）系统内所处理的火炸药的可控危险度 $B$

系统内可控危险度 $B$ 以该系统内危险物质及其装置的危险系数 $W_B$ 为基础，同时考虑了此种危险物质的事故履历和作业场所内人员的情况，其表达式为：

$$B = W_B P D \tag{8-12}$$

式中 $W_B$——系统内危险物质及其装置的危险系数；

$P$——事故概率指标值；

$D$——危险场所人员密度或出现频次。

这里，$P$ 和 $D$ 取值见表 8-9 和表 8-10。

**表 8-9 重大燃烧爆炸事故概率指标值 $P$**

| 事故概率指标值 $P$ | 国内同类生产历史上发生事故的情况 |
| --- | --- |
| 1.1 | 未见此类事故报道 |
| 1.2 | 前 20 年曾发生过这类事故 |
| 1.3 | 前 10～19 年曾发生过这类事故（仅一次） |
| 1.4 | 前 10～19 年曾发生过这类事故（多次） |
| 1.5 | 前 5～9 年曾发生过这类事故（仅一次） |
| 1.6 | 前 5～9 年曾发生过这类事故（多次） |
| 1.7 | 前 3～4 年曾发生过这类事故（仅一次） |
| 1.8 | 前 3～4 年曾发生过这类事故（多次） |
| 1.9 | 3 年之内曾发生过这类事故（仅一次） |
| 2.0 | 3 年之内曾发生过这类事故（多次） |

**表 8-10 危险场所人员密度或出现频次 $D$**

| 系数 $D$ | 生产类型 | 每日班次 | 人员密度或出现频次 |
| --- | --- | --- | --- |
| 1 | 自动化连续生产，遥控操作 | 三班（早、中、夜） | 危险场所无人操作 |
| 2 | 自动化连续生产，遥控操作 | 三班（早、中、夜） | 生产时无人操作，但在停工时仍有危险品存在，人员可进入现场，出现频次少于 3 人次/班 |
| 3 | 自动化连续生产，遥控操作 | 三班（早、中、夜） | 生产时无人操作，但每隔数小时有人员到现场巡回检查，出现频次小于 3 人/班 |
| 4 | 连续化生产自动控制与工人现场操作相结合 | 三班（早、中、夜） | 危险生产岗位有工人专门操作或检查记录。危险场所人员密度为 10～19 人/班 |
| 5 | 连续化生产自动控制与工人现场操作相结合 | 三班（早、中、夜） | 危险生产岗位有工人专门操作或检查记录，危险场所人员密度为 10～19 人/班 |
| 6 | 连续化生产自动控制与工人现场操作相结合 | 三班（早、中、夜） | 危险生产岗位有工人专门操作或检查记录，危险场所人员密度为 20 人/班以上 |
|  | 间断生产，流水线作业 | 二班（无夜班） | 危险场所仅白班（早、中班）有 1～9 人操作，或三班（早、中、夜）有 10～19 人操作，但多数有防护隔离措施。 |
| 7 | 间断生产，流水线作业 | — | 危险场所仅白班（早、中班）有 1～9 人操作，或三班（早、中、夜）有 10～19 人操作，但多数有防护隔离措施 |
| 8 | — | — | 危险场所有 20～29 人操作 |
| 9 | — | — | 危险场所有 30～49 人操作 |
| 10 | — | — | 危险场所有 50 人以上操作 |

而 $W_B$ 代表处理系统内危险物质时所冒的风险，按照风险的意义，有

$$W_B = \alpha\beta\gamma \tag{8-13}$$

式（8-13）中，$\alpha$ 和 $\beta$ 的物理意义在式（8-4）中已有论述，$\gamma$ 是工艺过程（条件）危险系数。

火炸药在制造、加工过程中通常要受到热、机械撞击或摩擦及其他化学物质的作用，结果会使危险性进一步增大。

同时温度升高后热安定性也降低，甚至到一定温度时会发生自加速分解。酸碱等化学物质，也会影响到感度与安定性。因此可以采用表 8-11 所示的取值方法来确定工艺过程危险系数 $\gamma$ 的大小。

表 8-11　工艺过程危险系数 $\gamma$ 取值条件

| | | | | | |
|---|---|---|---|---|---|
| $\gamma_1$ | 1 | 1.5～2 | 2～3 | 3～5 | >5 |
| | 常规条件 | 温度低于熔点 | 熔点附近 | 温度低于 80% 的自分解温度 | 温度超过 80% 的自分解温度 |
| $\gamma_{2\sim5}$ | 0 | $0\sim2\gamma_2$ | $1\sim2\gamma_3$ | $1\sim2\gamma_4$ | $0\sim2\gamma_5$ |
| | 常规条件 | 受到化学介质作用 | 压装或压制成型 | 切、锯等机械加工 | 有静电危害时 |

3）系统内危险度未受控系数 $K$

未受控系数 $K$ 也称隐患系数，其内涵是燃烧爆炸危险源可控危险未受到有效控制的程度。故 $K$ 被定义为：

$$K = 1 - A_1/A_0 \tag{8-14}$$

式中　$A_0$——通过对系统进行适当的安全管理应达到的安全标准值；

$A_1$——系统现实的安全管理所达到的安全评估值。

$A_1/A_0$ 为达标率，$1-A_1/A_0$ 就是未达标率，也叫系统内危险度的未受控系数。达标率越高，系统危险性受控程度就越高；安全达标（即 $A_1/A_0=1$）时，就可以把系统危险性降至最低——未受控系数 $K=0$，系统的现实危险度只是固有危险度所描绘的程度。

然而，影响系统现实危险性的因素极其复杂，要对其进行完全而准确的控制是不可能的，这里只能根据事故致因理论做以下简化处理。把系统危险性有关的因素概括为人、机（物）、环境。系统潜在的危险性转化为显现的事故，常因物的不安全状态、人的不安全行为、环境的不安全条件，两两在一定的时空范围内相交而引发。对此类问题进行定量计算，可以引用集合的概念。即把系统内所有的不安全因素视为一个全集，把人、机（物）、环境的所有不安全因素视为一个子集，事故发生在三个子集两两相交时。其情形如图 8-3 所示。

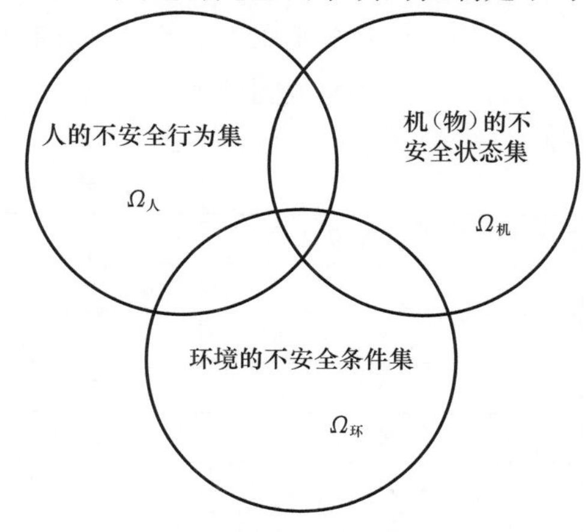


图 8-3　人—机（物）—环境不安全因素交叉情形示意图

对于人、机（物）、环境两两相交造成

事故的情况应遵循交集合的运算，即 $\Omega_{人}\cdot\Omega_{机}$，$\Omega_{人}\cdot\Omega_{环}$，$\Omega_{机}\cdot\Omega_{环}$；而对于这三种造成事故的总情况又应遵循并集合的运算，即 $\Omega_{人}\cdot\Omega_{机}+\Omega_{人}\cdot\Omega_{环}+\Omega_{机}\cdot\Omega_{环}$，还假定人、机（物）、环境的不安全状态的出现概率分别为：$\Omega_{人}=(1-S_x/S_{人})$，$\Omega_{机}=(1-S_y/S_{机})$，$\Omega_{环}=(1-S_z/S_{环})$。式中，$S_{人}$、$S_{机}$、$S_{环}$ 分别表示人、机（物）、环境的安全标准值，$S_x$、$S_y$、$S_z$ 分别表示人、机（物）、环境的安全实达（评估）值。再根据经验赋予三类不安全系数以不同的权重，最后表示为：

$$K=6.1\left(1-\frac{S_x}{S_{人}}\right)\left(1-\frac{S_y}{S_{机}}\right)+2.2\left(1-\frac{S_x}{S_{人}}\right)\left(1-\frac{S_y}{S_{机}}\right)+1.7\left(1-\frac{S_y}{S_{机}}\right)\left(1-\frac{S_z}{S_{环}}\right) \tag{8-15}$$

计算 $K$ 时，分别用“人员安全素质与安全管理水平评估（$S_x$）表（标准分 220 分）”“机（物）安全状态评估（$S_y$）表（标准分 600 分）”“工房危险源环境安全条件评估（$S_z$）表（标准分 180 分）”三个检查表，确定 $S_x$、$S_y$、$S_z$ 以及人员、机（物）、环境的安全达标率 $S_x/S_{人}$、$S_y/S_{机}$、$S_z/S_{环}$。

系统内危险度的这一项（船）是可控部分，即通过人、机（物）、环境对策，可以在相当的程度上在范围内控制系统内的危险度。

4）系统外的现实危险度 $H_{外}$

$$H_{外}=\sum\left(\frac{1-R_{1i}}{R_{0i}}\right)C_i\sum\left[\left(1-\frac{R_{1i}}{R_{0i}}\right)(1+0.5W_{ci})E_i\right] \tag{8-16}$$

式中 $R_{0i}$、$R_{1i}$——系统外所要求的安全距离标准值和现场实测值；

$C_i$——系统外第 $i$ 个受系统内爆炸事故影响设施的危险严重度；

$W_{ci}$——第 $i$ 个安全距离不足的设施内火炸药或其制品的危险系数，求取法同 $W_B$ 值；

0.5——修正系数；

$E_i$——安全距离不足的第 $i$ 个系统外设施受系统内爆炸影响的指标值，其取值方法与范围见表 8-12。

**表 8-12 系统外人、财受损指标值 $E_i$ 的取值法**

| 受损程度指标值 $E_i$ | 可能受损的情况 |
|---|---|
| 1 | 轻伤 1 人或数人，或 $G<0.5$ |
| 5 | 重伤 1～3 人，或 $0.5\leqslant G<1$ |
| 10 | 死亡 1～2 人，或重伤 4～9 人，或 $1\leqslant G<10$ |
| 20 | 死亡 3～5 人，或重伤 10～19 人，或 $10\leqslant G<50$ |
| 30 | 死亡 6～9 人，或重伤 20～29 人，或 $50\leqslant G<100$ |
| 40 | 死亡 6～9 人，或重伤 30～39 人，或 $100\leqslant G<500$ |
| 50 | 死亡 10～19 人，或重伤 40～69 人，或 $500\leqslant G<1\,000$ |

续表

| 受损程度指标值 $E_i$ | 可能受损的情况 |
| --- | --- |
| 65 | 死亡 20～29 人，或重伤 70～99 人，或 1 000≤$G$<2 000 |
| 80 | 死亡 30～49 人，或重伤 100～150 人，或 2 000≤$G$<5 000 |
| 100 | 死亡 50 人以上，或重伤 150 人以上，或 $G$≥5 000 |
| 注：1. $G$ 表示直接经济损失，以万元为单位；<br>2. 如果发生事故可能造成的损失中死亡、重伤、财产损失三项指标不在同一指标范围，则取其中最大值；<br>3. 急性中毒与重伤同等论处，中毒后抢救无效而死亡的按死亡论处。 | |

5）危险等级判别标准

根据经验和兵工行业安全生产的现状，把系统现实危险度按以下标准区分为 5 个危险性等级，见表 8-13。

**表 8-13　系统现实危险度分级标准**

| 危险等级 | 现实危险度 $H$ | 程度 | 可能的事故后果 | 整改级别 |
| --- | --- | --- | --- | --- |
| Ⅰ | $H$<500 | 轻度危险 | 较轻伤害和损失 | 车间、分厂级隐患 |
| Ⅱ | 500≤$H$<800 | 比较危险 | 较重伤害和损失 | 工厂、总厂级隐患 |
| Ⅲ | 800≤$H$<1 200 | 中等危险 | 一定伤亡和重大损失 | 地区或局级公司隐患 |
| Ⅳ | 1 200≤$H$<1 500 | 重大危险 | 重大伤亡和巨大损失 | 总公司级隐患 |
| Ⅴ | 1 500≤$H$ | 非常危险 | 灾难性伤亡与损失 | 国家级隐患 |

在此介绍了 BZA-1 法的数学模型及物理意义。可以看到，随着安全生产形势的发展，对安全评估规范化、标准化要求越来越迫切，现有的 BZA-1 法中的一些基础数据及处理方法已不能很好地满足这些要求，如物性危险系数未考虑明火（火焰、火花）的作用、能量参数表中所列物质的种类较少、计算未受控系数 $K$ 所用检查表形式过于固定等。这些都使对某些产品及其生产过程进行安全评估时，易造成一定的主观随意性，以至会影响评估结果的科学严密性、切实准确性和可比性。为了能够更全面地分析辨识火炸药生产中的各项危险、有害因素，判断危险程度，对发生事故的后果进行定量评估分析，以便在实际生产中采取有效的安全对策及应急措施，对 BZA-1 法进行改进就是必然结果，因此又诞生了 BZA-2 法。

## 8.4.3　火炸药弹药企业爆炸危险源评估模型（BZA-2）法简介

### 1. BZA-2 法基本思路

在 BZA-1 法的基础上进行改进，增加了一些相关参数，得到了 BZA-2 法。BZA-2 的创立是本着科学性、系统性、可行性和可比性的原则，结合我国兵器工业近些年的安全管理经验以及国内相关重大事故的教训，借鉴其他安全评价方法的理论而创立的。该法比较全面地反映了被评单位的安全现状和今后的改进方向，为避免重大事故的发生及选择合理的安全投资方向提供了理论支撑，通过应用，切实提高了企业的安全程度，降低了事故率，取得了较好的经济效益。

创立 BZA-2 评价方法的基本思路与 BZA-1 法基本一致，不再赘述。

2. BZA-2 法的数学模型及物理意义

根据 BZA-2 法的编写思路，采用如式（8-17）所示的数学模型：

$$H = H_{内} + H_{外} = (V + KB) + \sum_{i}\left[\left(1 - \frac{R_{1i}}{R_{0i}}\right)(1 + 0.5W_{Bi})E_i\right] \tag{8-17}$$

式中各字母所代表含义与 BZA-1 法相同。

1）火炸药及其制品的静态危险度 $V$

危险度，即处理火炸药及其制品时所冒的风险。按照危险度（风险）的定义，由发生事故的可能性和事故的严重程度（造成的伤亡和损失）决定，即风险度=事故发生的可能性（$\alpha$）×事故后果严重性（$\beta$）。$\alpha$、$\beta$ 所代表含义与 BZA-1 法基本相同，区别在于 $\alpha$ 在 BZA-1 法中取 5 种感度值做评价，在 BZA-2 法中增加了第 6 种感度——火焰感度 $S_r$（mm）。第 5 种感度由爆轰感度改为冲击波感度 $S_d$（cm），分别介绍如下。

（1）冲击波感度是衡量火炸药在冲击波作用下发生爆炸的难易程度。考虑到目前的一些试验数据的测量难易程度，试验方法采用《炸药的试验方法》（GJB 772.207—1990）中的卡片式隔板试验法，即主发炸药发生爆炸后，冲击波经过中间位置的惰性隔板衰减后作用于被发炸药上，测定使被发炸药 50% 爆炸的临界隔板厚度 $S_d$（cm），隔板值越大，说明试样对冲击波的敏感性越大。所以取隔板纸大于 95 mm 时 $\alpha_5 = 10$，隔板纸小于 15 mm 时，$\alpha_5 = 0$，介于此两个数值之间的可按照式（8-18）计算求得：

$$\alpha_5 = (S_d - 15)/8 \tag{8-18}$$

（2）炸药在火焰作用下，发生爆炸变化的难易程度称为炸药的火焰感度。火焰感度的测定采用 GJB 772.207—1997 中的升降法测定 50% 发火时的火焰感度 $S_r$。火焰感度根据发火的高度值来确定，发火的高度越高，说明危险性就越大，反之亦然。在此取发火高度大于 8 cm 时，$\alpha_6 = 10$，其他值则按照式（8-19）进行计算：

$$\alpha_6 = 1.25S_r \tag{8-19}$$

常用火炸药的综合感度值为 6 个感度值做算术平均。

常用火炸药的感度值见表 8-14。

**表 8-14 常用炸药的各种火炸药感度参数**

| 火炸药名称 | | 爆发点 $T_E$/℃ | 热爆炸危险性系数 $\alpha_1$ | 真空安定性 $S_V$/cm³ | 热分解危险性系数 $\alpha_2$ | 落锤撞击感度 $S_K$/cm | 撞击危险性系数 $\alpha_3$ | 摩擦感度 $S_f$/N | 摩擦危险性系数 $\alpha_4$ | 冲击波感度 $S_d$/cm | 起爆危险性系数 $\alpha_5$ |
|---|---|---|---|---|---|---|---|---|---|---|---|
| 起爆药 | 雷汞 | 210 | 8.02 | >8.0 | 10 | 5.08 | 9.37 | 0 | 10 | 0 | 10 |
| | DDNP | 195 | 8.44 | 7.6 | 9.5 | 4.00 | 9.50 | 0 | 10 | 0.30 | 4.0 |
| | 斯蒂芬酸铅 | 282 | 6.02 | 0.40 | 0.5 | 7.62 | 9.05 | 0 | 10 | <0.01 | 10 |
| | 叠氮化铅 | 340 | 4.41 | 1.60 | 2.0 | 7.62 | 9.05 | 0.1 | 10 | 0 | 10 |
| | 特屈拉辛 | 160 | 9.41 | 8.0 | 10 | 5.08 | 9.37 | 0 | 10 | 0.35 | 3.0 |

续表

| 火炸药名称 | | 爆发点 $T_E$/℃ | 热爆炸危险性系数 $\alpha_1$ | 真空安定性 $S_V/cm^3$ | 热分解危险性系数 $\alpha_2$ | 落锤撞击感度 $S_K$/cm | 撞击危险性系数 $\alpha_3$ | 摩擦感度 $S_f$/N | 摩擦危险性系数 $\alpha_4$ | 冲击波感度 $S_d$/cm | 起爆危险性系数 $\alpha_5$ |
|---|---|---|---|---|---|---|---|---|---|---|---|
| 猛炸药 | 太安（PETN） | 225 | 7.72 | 0.56 | 0.63 | 15.24 | 8.10 | 59 | 8.33 | 0.03 | 9.4 |
| | R 盐 | 220 | 7.63 | 9.14 | 10 | 38.10 | 5.24 | 353 | 0 | 0.10 | 8.0 |
| | 黑索今 RDX | 260 | 6.66 | 0.69 | 0.88 | 20.32 | 7.46 | 118 | 6.66 | 0.05 | 9.0 |
| | 奥克托今 | 327 | 4.79 | 0.48 | 0.46 | 22.86 | 7.14 | 118 | 6.66 | 0.30 | 4.0 |
| | 苦味酸 | 320 | 4.89 | 0.25 | 0.25 | 33.02 | 5.87 | 353 | 0 | 0.24 | 5.2 |
| | TNT（TNT） | 475 | 0.69 | 0.18 | 0.13 | 33.56 | 5.56 | 353 | 0 | 0.27 | 4.6 |
| | DNT（DNT） | 310 | 5.26 | 0.02 | 0.05 | 66.00 | 1.75 | 353 | 0 | 0.45 | 1.0 |
| | 硝酸铵（AN） | 465 | 0.95 | 0.36 | 0.38 | 78.74 | 0.16 | 353 | 0 | 0.45 | 1.0 |
| 火药组分 | 硝化棉 | 230 | 7.47 | 1.50 | 1.88 | 7.62 | 9.05 | 353 | 0 | 0.10 | 8.0 |
| | 硝化甘油 | 222 | 7.69 | 11.0 | 10 | 1.30 | 9.84 | 118 | 6.66 | 0.10 | 8.0 |
| | 乙二醇二硝酸酯 | 257 | 6.72 | ～10 | 10 | 5.00 | 9.38 | 353 | 0 | 0.10 | 8.0 |
| | 吉纳 | 200 | 8.30 | 10 | 10 | 17.78 | 7.78 | 353 | 0 | 0.26 | 4.8 |
| | 硝基胍 | 275 | 6.22 | 0.37 | 0.46 | 66.04 | 1.75 | 353 | 0 | 0.20 | 6.0 |
| | 高氯酸铵 | 425 | 1.77 | 0.13 | 0.16 | 60.96 | 2.38 | 353 | 0 | 0.45 | 1.0 |
| | 硝化二乙二醇 | 237 | 7.27 | 3.0 | 3.75 | 22.85 | 7.14 | 353 | 0 | 0.10 | 8.0 |

2）可控危险度 $B$

可控危险度 $B$ 与 BZA-1 法含义和取值大致相同，不同之处在于工艺过程危险系数 $\gamma$ 有了更准确的计算。

（1）工艺过程危险系数。

工艺是影响安全生产的重要因素之一，火炸药生产中可能遇到的工艺过程危险有反应的形式、物料处理工程、操作方式、工作环境等。该法考虑了 20 个影响因素，并将其作为评估事故发生概率的条件，即电器火花和静电，放热、吸热反应，特殊的操作条件，腐蚀和泄露，低温及高温条件，物料处理机贮存，操作的方式，粉尘的生成，负压条件，工艺的布置，设备的因素以及封闭单元，高温体，明火，摩擦和冲击。危险系数 $\gamma$ 的计算公式为：

$$\gamma = \frac{100 + \sum_{i=1}^{m} \gamma_i}{100} \tag{8-20}$$

式中 $\gamma$——工艺过程危险系数；

$\gamma_i$——第 $i$ 项工艺危险性取值；

$m$——所涉及的工艺危险条款数目。

各个影响因素的取值见表 8-15。

表 8-15 工艺过程危险系数取值

| 序号 | 项目内容 | | 系数 | 备 注 |
| --- | --- | --- | --- | --- |
| 1 | 放热反应 | | | 只有化学反应单元才选取此项危险系数 |
| | | 轻微放热反应<br>包括加氢、水合、异构化、硫化、中和等 | 30 | |
| | | 中等放热反应<br>包括烷基化、酯化、加成、氧化、聚合、缩合等 | 50 | |
| | | 剧烈放热反应<br>如卤化反应 | 100 | |
| | | 特别剧烈放热反应<br>如硝化反应 | 125 | |
| | | 能形成爆炸物及不稳定化合物的反应<br>如重氮化反应及重金属的离子反应 | 125 | |
| 2 | 吸热反应 | 反应器中发生吸热反应 | 20 | 当吸热反应的能量由固体、液体或气体燃料提供时，才选取此项危险系数 |
| | | 煅烧 | 40 | |
| | | 电解 | 20 | |
| | | 热解或裂化 | 40 | |
| | | 1）用电加热或高温气体间接加热 | 200 | |
| | | 2）直接火加热 | 40 | |
| 3 | 物料处理 | 封闭体系内进行的工艺操作，如蒸馏、气化等 | 10 | |
| | | 采用人工加料或出料 | 20 | 空气可随加料过程进入离心机、间歇式反应器、混料器等设备内，会增大燃烧或反应的危险 |
| | | 出现故障时可能引起高温或反应失控（如干燥等），引起火灾爆炸 | 30 | |
| | | 混合危险 | 30 | 工艺中两种或者两种以上物质混合或者相互接触时能引起火灾、爆炸或者急剧反应的危险 |
| | | 原材料质量 | 30 | 当固体物料中含有铁钉、沙石等杂质，或物料纯度不合格时，能引起火灾爆炸或急剧反应 |

续表

| 序号 | 项目内容 | | 系数 | 备　注 |
| --- | --- | --- | --- | --- |
| 4 | 物料贮存 | 贮存物品的火灾危险性分类分项存放不合防火规范要求 | 20～40 | |
| | | 库房耐火等级、层数、占地面积或防火间距不合防火规范 | 20～40 | |
| | | 储罐、堆场的布置不合防火规范 | 20～40 | |
| | | 储罐、堆场的防火间距不合防火规范 | 20～40 | |
| | | 露天、半露天堆场布置不合防火规范 | 20～40 | |
| | | 露天、半露天堆场防火间距不合防火规范 | 20～40 | |
| | | 仓库、储罐区、堆放的布置及与铁路、道路的防火间距不合防火规范 | 20～40 | |
| | | 易燃、可燃液体装卸不合规范 | 20～40 | |
| | | 工房内物料堆放不合格 | 20～40 | |
| 5 | 操作方式 | 单一连续反应 | 0 | |
| | | 单一间歇反应，反应周期较短（1 h 内）或较大（1 d 以上） | 60 | |
| | | 单一间歇反应，反应周期在 1 h 至 1 d 范围内 | 40 | |
| | | 同一装置多种操作，同一设备内进行多种反应与操作 | 75 | |
| | | 炸药锯开及开孔 | 60 | |
| | | 装猛炸药 | 50 | |
| | | 装起爆药 | 60 | |
| | | 压猛炸药 | 50 | |
| | | 压起爆药 | 60 | |
| | | 压烟火药 | 40 | |
| | | 刮炸药，清螺扣 | 60 | |
| | | 火药切断及压伸 | 50 | |
| | | 火药筛选 | 45 | |
| | | 火药混同 | 40 | |
| 6 | 粉尘爆炸 | 发生故障时（操作失误或装置破裂），装置内外可能形成爆炸性粉尘或烟雾，如高压的水压油、熔融硫黄等 | 100 | |
| 7 | 低温 | 碳钢：操作温度等于或者低于转变温度时 | 30 | 碳钢或者其他金属材料在低温下可能存在低温脆性，从而导致设备损坏 |
| | | 其他材料：操作温度等于或者低于转变温度时 | 20 | |
| 8 | 高温 | 操作温度≈熔点 | 15 | 这里主要考虑高温对无知危险性的影响，对易燃液体影响最大，对可燃气体或者蒸气也有很大影响 |
| | | 操作温度＞熔点 | 20 | |
| | | 操作温度＞闪点 | 25 | |
| | | 操作温度＞沸点 | 30 | |
| | | 操作温度＞燃点 | 75 | |

续表

| 序号 | 项目内容 | | 系数 | 备 注 |
| --- | --- | --- | --- | --- |
| 9 | 负压操作 | 真空度>500 mmHg（66.66 kPa） | 50 | 此项内容适用于空气漏入系统内引起危险的场合，当空气与湿敏性物质或者对氧敏感性物质接触时，可能引起危险 |
| 10 | 高压操作 | 0.1～0.8 MPa | 30 | 按操作压力确定系数后再做修正。<br>黏性物质：系数*0.7<br>压缩气体：系数*1.2<br>液化易燃气体：系数*1.3 |
| | | 0.8～1.6 MPa | 45 | |
| | | 1.6～4.0 MPa | 75 | |
| | | 1.0～10 MPa | 90 | |
| | | 10～70 MPa | 130 | |
| | | 大于 MPa | 150 | |
| 11 | 燃烧范围内及附近操作 | 操作时处于燃烧范围内 | 50 | 如易燃液体储罐，由于突然冷却或者溅出液体时可能吸入空气；汽油储罐等存放空气，也会形成可燃性气体 |
| | | 发生故障的位置处于燃烧范围内 | 40 | 如氮气密封的甲醇储罐，氮气泄漏后，其蒸气空间可能在燃烧极限内 |
| | | 操作处于燃烧范围内及附近 | 30 | 如有惰性气体吹扫 |
| | | 操作处于燃烧范围内及附近 | 80 | 如无惰性气体吹扫 |
| 12 | 腐蚀 | 腐蚀速率<0.5 mm/年 | 10 | 此处的腐蚀速率指内部腐蚀速率和外部腐蚀速率之和，漆膜脱落可能造成的外部腐蚀也包括在内 |
| | | 0.5 mm/年<腐蚀速率<1.0 mm/年 | 20 | |
| | | 腐蚀速率>1.0 mm/年 | 50 | |
| | | 应力腐蚀，如在湿气或者氨气存在时黄铜的应力腐蚀和在 $Cl^-$ 的水溶液里不锈钢的应力腐蚀 | 75 | |
| | | 有防腐衬里时 | 20 | |
| 13 | 泄漏 | 装置本身有缺陷或操作时可能使可燃气体逸出 | 20 | |
| | | 在敞口容器内进行混合、过滤等操作时，有大量可燃气体外泄时 | 50 | |
| | | 玻璃视镜等脆性材料装置往往为物料外泄的重要部位，橡胶管接头、波纹管等也常引起泄漏，视采用数量的多少决定泄漏系数 | | |
| | | 1）1～2 个 | 50 | |
| | | 2）3～5 个 | 70 | |
| | | 3）大于 5 个 | 100 | |
| | | 垫片、连接处的密封及轴封的填料处可能成为易燃物料泄漏源，当他们承受温度和压力的周期性变化时更是如此 | | |
| | | 1）焊接接头和双端面机械密封 | 0 | |
| | | 2）轴封、法兰处轻微泄漏 | 10 | |
| | | 3）轴封、法兰处一般泄漏 | 30 | |
| | | 4）物料为渗透性流体或磨蚀性物料 | 40 | |

续表

| 序号 | 项目内容 | | 系数 | 备　注 |
|---|---|---|---|---|
| 14 | 设备 | Ⅰ类压力容器非正规设计或加工的设备 | 70 | 按规范设计和制造的设备不取设备系数，非正规设计和加工的设备按规定选取系数 |
| | | Ⅱ、Ⅲ类压力容器非正规设计和加工的设备 | 100 | |
| | | 临近设备寿命周期和超过寿命周期 | 75 | |
| | | 设备存在缺陷或采用不符合工艺条件的代用品 | 75 | |
| | | 在设备负荷范围之外操作 | 75 | |
| | | 压缩机等装置操作时会使相连的装置和管路产生振动，因发生疲劳而增大危险 | 40 | |
| 15 | 密闭单元 | 密闭单元系数 | 40 | 密闭单元指有顶盖且三面或四面有墙的区域，或者无顶盖但四周封闭的区域 |
| 16 | 工艺布置 | 单元内设备、阀门等的配置不合理 | 40 | 如阀门、仪表等控制装置在事故中不能方便地进行操作，使事故规模扩大 |
| | | 盛装氯、氧等氧化剂的设备，临近易燃物料的设备 | 30 | |
| | | 单元高度为 3～5 m 时 | 10 | |
| | | 单元高度为 5～10 m 时 | 20 | |
| | | 单元高度为 10～20 m 时 | 30 | |
| | | 单元高度大于 20 m 时 | 40 | |
| 17 | 明火 | 明火是引起火灾爆炸事故的一个主要原因 | 80 | 明火主要指生产过程中的加热用火、维修用火和其他火源 |
| 18 | 摩擦、冲击 | 摩擦、冲击部位不大于 2 个 | 10 | 摩擦、冲击部位可能产生热和火花。轴承、滑轮、制动器、切削机等摩擦导致火灾，冲击主要指钢制工具的碰撞等 |
| | | 摩擦、冲击部位大于 2 个 | 50 | |
| 19 | 高温体 | 高温体指未妥善处置的蒸气管道、电热器等 | 50 | |
| 20 | 电器火花 | 严重违反《爆炸和火灾危险场所电力装置设计规范》 | 50 | 电动机、电灯、配线及开关等因设计缺陷，或者使用、维护不当会导致火灾的原因 |
| | | 基本符合《爆炸和火灾危险场所电力装置设计规范》 | 20 | |
| | | 完全符合《爆炸和火灾危险场所电力装置设计规范》 | 0 | |
| 21 | 静电 | 可能发生粉尘摩擦及两相流体引起的静电时 | 40 | 静电的产生与物料性质和工艺条件、装置有关 |
| | | 可能发生气体自管中喷出引起的静电时 | 30 | |
| | | 可能发生液体在管中引起的静电时 | 30 | |

（2）事故概率指标值 $P$。

按照事故发生的惯性原理和海因里希法则，一个系统发生事故的情况与其历史上同类事故的发生概率有关，所以 $P$ 值可根据经验并参照表 8-9 进行选取计算。

（3）人员密度或出现频次 $D$。

主要考虑事故可能造成人员伤亡的情况，另外人多的情况下更加容易乱，也可能增加失误概率，根据以往的经验，人员密度或出现频次 $D$ 按照表 8-10 进行选取。

3）可控危险度的未受控系数 $K$

在 BZA-1 法的基础上，BZA-2 法采用模糊数学的思想对 $K$ 值进行计算和评估，可以有效地解决生产过程中的复杂因素，可以达到更好的理想效果。

模糊综合评价的方法就是对许多不是很确定的因素，应用模糊数学中的相关理论进行评价的过程。在生活中，模糊的概念就是那些没有明确的数学边界，或者在实质上并没有根本性的属性差异，比如重要和不重要的关系等。

（1）模糊综合评价的数学原理。

对一个复杂系统（一个大型设备、生产单元或过程、生产线系统、生产厂房区域等）进行安全评价时，往往涉及几个或者多个因素。此时可以设

评价因素集为：　　$R_i=(r_{i1}, r_{i2}, \cdots, r_{in})$

抉择评语集为：　　$V=(v_1, v_2, \cdots, v_n)$

在评估的过程中，对集合 $U$ 中的某个元素进行评估时，邀请众多专家进行独立的抉择等级的评估，确定其隶属度。同时，对这些结果进行分析可得出这个单因素评估集：

$$R_i=(r_{i1}, r_{i2}, \cdots, r_{in})$$

如此对 $m$ 个因素逐个评估，它们的评估集就构成了一个评估矩阵 $\boldsymbol{R}$。

$$\boldsymbol{R}=\begin{bmatrix} r_{11} & r_{12} & \cdots & r_{1n} \\ r_{21} & r_{22} & \cdots & r_{2n} \\ r_{m1} & r_{m2} & \cdots & r_{mn} \end{bmatrix} \tag{8-21}$$

各因素对整个系统的影响程度是不同的，也就是说它们的重要度不同。所以在进行整个系统的安全性评价时需要对所有的因素进行综合考虑。

由于各因素对评估对象的影响程度不同，即它们之间的重要性各异，因此对这些多因素做综合评估时必须予以考虑。

$$A=(a_1, a_2, \cdots, a_m)$$

或者

$$A=\frac{a_1}{u_1}+\frac{a_2}{u_2}+\frac{a_3}{u_3} \tag{8-22}$$

式中　$A$——$U$ 的因素重要性模糊子集；

　　$a_i$——$u_i$ 重要性系数，$0 \leqslant a_i \leqslant 1$。

对 $a_1$ 进行深一步模糊变化，同时对 $u$ 做综合评估，可有：

$$B=(b_1,b_2,\cdots,b_n)=A\boldsymbol{R}=(a_1,a_2,\cdots,a_m)(r_{ij})_{m\times n} \tag{8-23}$$

抉择评语集 $V$ 上的等级模糊子集在此为 $B$，综合评判所得等级模糊子集 $B$ 的隶属度在此称为 $b_j$（$j=1$，2，…，$n$）。$B$ 中的各元素 $b_j$ 可经广义模糊合成运算而得到。

（2）多层次综合评估。

① 划分因素集。

把因素集 $U$ 做如下划分

$$U=(U_1,U_2,\cdots,U_n)$$

式中，$U_i=$（$U_{i1}$，$U_{i2}$，…，$U_{in}k_i$）（$i=1$，2，…，$n$），即 $U_i$ 中含有 $k_i$ 个因素，$\sum\limits_{i}^{N}k_i=n$。且需要满足以下条件：$\bigcup\limits_{i=1}^{N}U_i=U$，$U_i\cap U_j=\phi_i\neq j$，即划分时既不能遗漏，子集间也不能重叠。

② 做初级评估。

在理论数值计算过程中，需要对每个 $U_i=$（$U_{i1}$，$U_{i2}$，…，$U_{in}k_i$）的 $k_i$ 个因素按照前面的初始模型进行总体评价。所以在这里有：

$$A_i\cdot R_i=B_i=(b_{i1},b_{i2},\cdots,b_{in})\quad(i=1,2,\cdots,n) \tag{8-24}$$

式中　$B_i$——$U_i$ 的单因素评估。

③ 做二级评估。

设 $U=$（$U_1$，$U_2$，…，$U_n$）的因素重要程度模糊子集为 $B$，$B=$（$A_1$，$A_2$，…，$A_n$），$U$ 的总评估矩阵 $\boldsymbol{R}$ 就为：

$$\boldsymbol{R}=\begin{bmatrix}B_1\\B_2\\B_3\\B_4\end{bmatrix}=\begin{bmatrix}A_1\mathrm{o}R_1\\A_2\mathrm{o}R_2\\\vdots\\A_n\mathrm{o}R_n\end{bmatrix} \tag{8-25}$$

通过上述公式（8-25）可以获得二级评估放热结果：

$$B=A\mathrm{o}R \tag{8-26}$$

倘若在上述的计算过程中涉及的影响因素比较多，则可以进行更多级别的划分，从而进行更高的等级评估。

④ 等级参数评估。

在此，设定各个等级 $v_j$ 的参数列向量：

$$\boldsymbol{C}=(c_1\quad c_2\quad\cdots\quad c_n)^{\mathrm{T}} \tag{8-27}$$

等级参数评估结果为：

$$\boldsymbol{BC}=(b_1,b_2,\cdots,b_n)\begin{bmatrix}c_1\\c_2\\\vdots\\c_n\end{bmatrix}=\sum_{j=1}^{n}b_j\,c_j=u \tag{8-28}$$

式中 $u$ 只是一个实数，在 $0\leqslant b_j\leqslant 1$、$\sum_{j=1}^{n} b_j=1$ 的条件下，可以设定 $u$ 为等级模糊子集 $B$ 为权向量关于各个等级参数 $c_1$，$c_2$，…，$c_n$ 的加权平均值。$u$ 在一定程度上显示了由等级模糊子集 $B$ 和等级参数向量 $C$ 所代表的综合属性。

（3）模糊综合评估方法的应用。

① 根据系统涉及的相关因素，编制因素树。在本书中，根据多年来火炸药的事故统计分析以及事故致因理论，编制三级"树"，如图 8-4 所示。

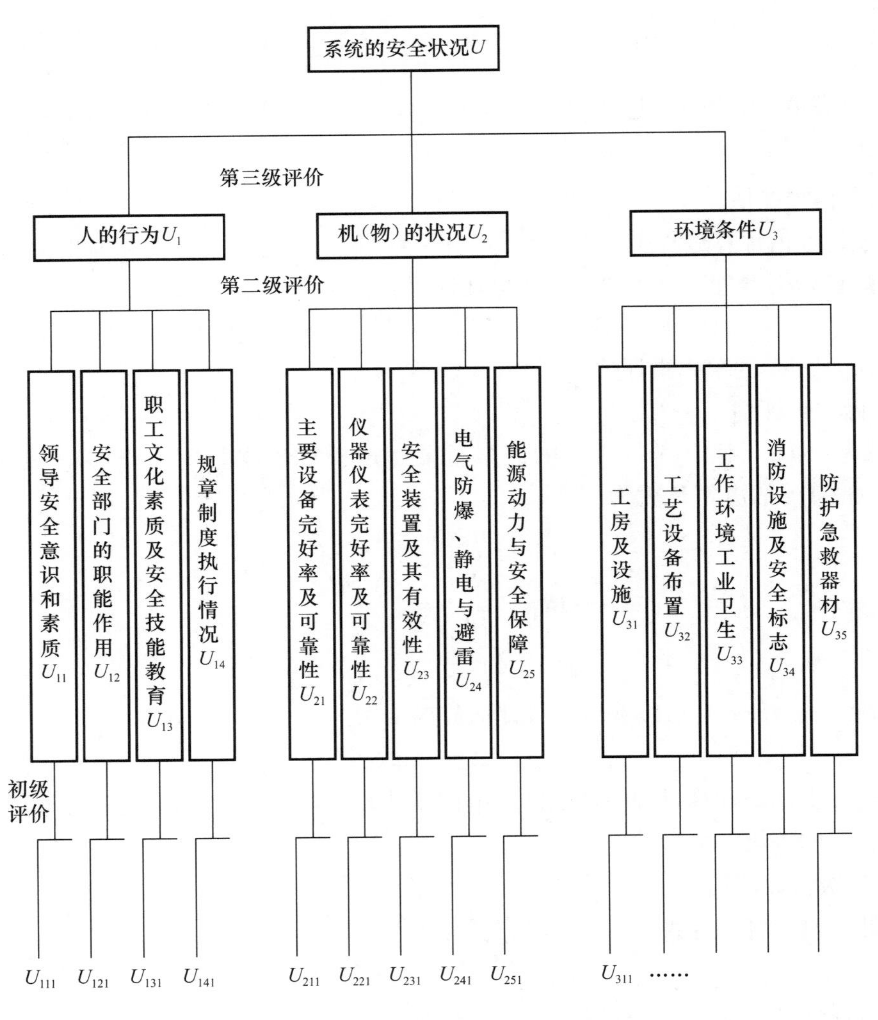


图 8-4 评估层次因素树

② 确定抉择评语集 $V$。

在此法中，将 $U$ 中各个元素的状态按照一定的原则分为 6 个等级，如下：$V=$（优秀（$v_1$），良好（$v_2$），一般（$v_3$），较差（$v_4$），很差（$v_5$），极差（$v_6$））。

③ 确定隶属函数。

在本次综合评估过程中，书中选定的隶属函数为 $V$。

$$\mu_v(u) = \frac{S_{实}}{S_{标}} \tag{8-29}$$

④ 建立对应的评估矩阵。

⑤ 因素权重集的确立：$A=(a_1, a_2, \cdots, a_m)$。

确定因素的重要度，对这个综合评估非常重要，直接影响到评估结果的正确性及准确性，在此引用的数据是根据国内多年来的事故分析以及管理经验获得的。

⑥ 等级参数的确定。

在此过程中，将评估因素等级设定为 6 级，各个等级的区间分数为：极差（20 分以下，含 20 分）、很差（21～39 分）、较差（40～59 分）、一般（60～79 分）、良好（80～89 分）、优秀（90 分以上，含 90 分），即

$$C=(1\quad 0.8\quad 0.6\quad 0.4\quad 0.2\quad 0)^{T}$$

4）系统外受影响设施的危险严重度 $C_i$

$$C_i=(1+0.5B_j)E_i \tag{8-30}$$

式中　$B_j$——系统外第 $i$ 个受影响设施内存有的火炸药危险指数，前面的 0.5 由人为设定，即只按其 50%考虑。该设施内无火炸药时，$C_i$ 只由 $E_i$ 决定；

$E_i$——系统外受影响设施及其内部人员可能受损伤的程度。取值按表 8-12 进行。

5）评判标准

BZA-2 法评价的结果把系统的现实危险度分为 5 个危险等级，系统现实危险度分级标准表 8-13。

以上是 BZA-2 法的主要内容。

### 8.4.4　火炸药弹药企业爆炸危险源评估模型应用举例

结合 BZA-1 法和 BZA-2 法，对某榴弹弹丸装药生产过程进行安全评估。榴弹弹丸的生产过程中，重要工序之一是在弹丸内部按要求装填一定密度的猛炸药。采用 TNT 炸药螺旋装药时，为保证装药质量，炸药需要进行加温。同时，在装填过程中，炸药会不断受到摩擦、挤压等操作，致使物料局部温度升高，形成“卡壳”，极易引发燃烧爆炸等安全事故，并且生产中会产生具有爆炸危险性的弹药及半成品，形成较多的安全隐患。所以，应用现代安全系统工程的原理和方法，对榴弹弹丸装药过程进行安全评价，查找该装药过程存在的危险、有害因素的种类，并分析其危害后果及程度，提出具有针对性的安全防范措施，提高其生产的安全性，减少事故率，达到最佳的、有效的安全管理。

#### 1. 主要危险、有害因素辨识与分析

本例题中仅对 BZA-1 法中涉及的物料燃烧爆炸危险因素进行了辨识与分析。

（1）该过程涉及的主要危险、有害物料为 TNT 炸药，它是一种硝基化合物炸药，

是一种无色针状晶体，含有少量杂质时为淡黄色晶体，难溶于水，不吸湿，易溶于甲苯、丙酮、苯，以及浓硝酸、浓硫酸中，爆炸威力为 $2.85\times10^{-4}$ $m^3$，爆速达到 6 875 m/s（密度为 1.595 g/$cm^3$）。装药过程中 TNT 炸药与螺旋杆及弹体会发生较大的摩擦，易造成局部温度升高，糊住螺旋杆，使炸药输送中断，形成“卡壳”，发生燃烧爆炸。其次，在装药过程中，为了使药量均匀和压紧，需要一定的反压力，装药过程中，若反压力过大，炸药受到的挤压与摩擦一旦超过了 TNT 炸药的感度范围，会发生燃烧爆炸，其感度性质见表 8-16。

表 8-16 TNT 各种感度性能参数

| 猛炸药名称 | 爆发点/℃ | 热爆炸危险性系数 $\alpha_1$ | 真空安定性 $cm^3$ | 热分解危险性系数 $\alpha_2$ | 落锤撞击感度/cm | 撞击危险性系数 $\alpha_3$ | 摩擦感度/N | 摩擦危险性系数 $\alpha_4$ | 爆轰感度/g | 起爆危险性系数 $\alpha_5$ |
|---|---|---|---|---|---|---|---|---|---|---|
| TNT | 475 | 0.66 | 0.10 | 0.13 | 35.56 | 5.56 | 353 | 0 | 0.27 | 4.6 |

（2）其他材料，如包装箱、衬纸等，遇到明火或长期加热时，会引起火灾事故。

**2. 危险源的评估方程**

本例题中对某榴弹装药过程危险源评估分为系统内危险度和系统外危险度两部分，根据 BZA-1 法的编写思路，具体方程采用如式（8-3）所示的数学模型。

**3. 各项指标的估算**

1）系统内的危险度计算

（1）系统内火炸药的固有危险度 $V$。

① 由表 8-15 可知 TNT 炸药的物性危险系数：

$$\alpha=(\alpha_1+\alpha_2+\alpha_3+\alpha_4+\alpha_5)/5$$
$$=(0.66+0.13+5.56+0+4.6)=2.19$$

② 系统内的物量危险系数由式（8-11）求得。

其中 $f$ 为系统内炸药的爆热，$f_{TNT}$ 为 TNT 的爆热，通过常用火炸药能量参数查表，可知为 4 794 kJ/kg，该装药生产工房共有三台螺旋装药机，每台装药为 100 发，每发装药量为 3.2 kg，工房内现存弹药数目为 600 发，预热炸药为半个班次的量，故存药量$G=750\times3.2=2\ 400$ kg。

系统内的物量危险系数为：

$$\beta=\sqrt[3]{\frac{Gf}{f_{TNT}}}\approx13.39$$

由此得出，系统内的固有危险度 $V$ 的取值为：

$$V=\alpha\beta=13.39\times2.19=29.32$$

（2）系统内的可控危险度 $B$。

系统内的可控危险度 $B$ 是由火炸药的危险系数 $W_B$、危险场所人员密度 $D$ 与重大燃

烧事故概率指标值 $P$ 的乘积决定的。

① 火炸药的危险系数 $W_B=\alpha\beta\gamma$。

其中 $\gamma$ 为工艺过程危险系数，计算公式为 $\gamma=\frac{100+\sum_{i=1}^{m}\gamma_i}{100}$，其中 $\gamma_i$ 为第 $i$ 项工艺过程危险系数取值，为所涉及的危险条款数目。在此装药过程中所涉及的工艺危险系数见表 8-17。

**表 8-17　工艺过程危险系数**

| 序号 | 取值 | 备　注 |
|---|---|---|
| $\gamma_3$ | 90 | 该生产过程是在密闭容器中进行，并且使用人工加料的方式，出现故障时会引起高温导致火灾、爆炸，同时，炸药若含有其他杂质时，能引起燃烧爆炸 |
| $\gamma_5$ | 110 | 该生产过程为单一连续化操作，填充炸药为猛炸药，并且涉及刮炸药、清螺扣的操作 |
| $\gamma_6$ | 100 | 发生故障时，装置内外可能形成爆炸性粉尘 |
| $\gamma_{15}$ | 40 | 该生产过程是在密闭单元里进行 |
| $\gamma_{18}$ | 50 | 该生产过程所涉及的摩擦、冲击部位大于 2 个，摩擦和冲击可能产生过热和火花，产生事故 |
| $\gamma_{21}$ | 30 | 螺旋装药的装置中需要液压油在管子中流动，易引起静电 |

由此可知 $\gamma=\frac{100+\sum_{i=1}^{m}\gamma_i}{100}=5.2$，$W_B=\alpha\beta\gamma=152.464$。

② 该装药工房属间断生产、流水线作业与工人现场操作相结合、二班二轮制、危险场所人员密度大于 30 人/班。故确定危险场所人员密度 $D$ 的系数为 9。

③ 危险源重大燃烧事故在 20 年前曾发生过此类事故，故概率指标值 $P$ 取 1.2。

因此 $B=W_BDP=1\ 646.6112$。

(3) 系统内可控危险度的未受控系数。

系统内可控危险度的未受控系数 $K$ 是由装药过程中人员安全管理水平、环境的安全条件和设备、设施的安全状况综合因素所决定的，取值是由达标率来表示的，计算公式采用式(8-15)。

① 人员安全管理水平的评估。

$S_人=220$ 分，$S_x$ 通过对领导安全意识和管理素质、职工安全教育水平和安全知识素质、安全部门的职能作用，以及执行安全生产规章制度的情况进行评估，依照其具体内容和得分标准，评价出 $S_x$ 为 175，故：人员与管理水平达标率 $S_x/S_人=0.795$，人员与管理为受控率

$1-S_x/S_{人}=0.205$。

② 机（物）安全状态评估。

$S_{机}$为600分，$S_y$通过对主要生产设备完好率及安全可靠性、自控仪表完好率及安全可靠性，以及典型生产工艺的安全可靠性三方面进行评估，依照其具体内容和得分标准，评价出$S_y$为415，故生产中机（物）安全达标率$S_y/S_{机}=0.692$，机（物）的未受控率$1-S_y/S_{机}=0.308$。

③ 环境的安全条件评估。

$S_{环}$为180分，$S_z$通过对工房及设施、工艺设备布置、作业环境文明卫生、消防设施和安全标志，以及防毒和急救器材5方面进行评估，依照其具体内容和得分标准，评价出$S_z$为120，故生产中机（物）安全达标率$S_z/S_{环}=0.667$，机（物）的未受控率为$1-S_z/S_{环}=0.333$。

故系统内可控危险度的未受控系数：

$$\begin{aligned}K &= 6.1\left(1-\frac{S_x}{S_{人}}\right)\left(1-\frac{S_y}{S_{机}}\right)+2.2\left(1-\frac{S_x}{S_{人}}\right)\left(1-\frac{S_y}{S_{机}}\right)+1.7\left(1-\frac{S_y}{S_{机}}\right)\left(1-\frac{S_z}{S_{环}}\right)\\ &= 6.1\times0.205\times0.308+2.2\times0.205\times0.333+1.7\times0.308\times0.333\\ &= 0.710\end{aligned}$$

则得出系统内的现实危险度为：$H_{内}=V+KB=29.32+0.710\times1\ 646.6112=1\ 198.414$。

2）系统外的危险度计算

生产工房外有A级加工房、材料库、办公室和澡堂，根据《火药、炸药、弹药及火工品工厂设计安全规范》的要求，均在安全距离以外，故系统外的危险度为0。

3）系统的现实危险度及危险等级确定

系统的现实危险度在本装药过程就是系统内危险度，故为1 198.414，根据BZA-1法中危险源的危险等级和整改分级标准认定，该榴弹装药生产车间危险源等级为Ⅲ级，属于中等危险程度，一旦发生燃烧爆炸事故，将会造成较大的财产损失和人员伤亡，该危险源列为主管部分整改级。

兵工生产系统特别是火工品、火炸药、弹药企业属于易燃、易爆系统，稍有疏忽，均可能引起重大的恶性事故，因此，安全评估就具有非常重要的现实意义。对于新建企业，在进行可行性研究的同时，应进行安全性评价，使事故隐患消灭在设计阶段，可大大增强系统的本质安全性。对现有企业，也可以通过安全评价，增加防范措施，提高企业对事故的应变能力，避免重大事故的发生，可产生重大的社会效益及潜在的经济效益。安全评价的重要性正被人们逐渐认识，评价方法也日趋完善，向更科学、更系统、更实用的方向发展。

# 参考文献


[1] 叶毓鹏，张利洪. 炸药用原材料化学与工艺学 [M]. 北京：兵器工业出版社，1997.

[2] 张国顺，王泽博. 火炸药及其制品燃烧爆炸事故及其预防措施 [M]. 北京：兵器工业出版社，2009.

[3] 钱伯章. 化工安全评价技术进展 [J]. 化学工程师，1992，29.

[4] 汪佩兰，李桂茗. 火工与烟火安全技术 [M]. 北京：北京理工大学出版社，2009.

[5] 国家安全生产监督管理总局. 安全评价 [M]. 北京：煤炭工业出版社，2005.

[6] 张国顺，王泽博. 火炸药及其制品燃烧爆炸事故及其预防措施 [M]. 北京：兵器工业出版社，2009.

[7] 刘荣海，陈网桦，胡毅亭. 安全原理与危险化学品测评技术 [M]. 北京：化学工业出版社，2004.

[8] 张国顺. 燃烧爆炸危险与安全技术 [M]. 北京：中国电力出版社，2003.

[9] 侯佐民，刘世强. 火炸药生产安全技术 [M]. 北京：国防工业出版社，1995.

[10] 周钢. 我国高校"安全管理"学科的发展概况 [J]. 安全，1998，1：27-30.

[11] Zeman S. New aspects of initimion reactivities of energetie materials demonstrated on nitramines [J]. J Hazard Mater A，2006，132：155-164.

[12] [日] 吉田忠雄. 化学物质的安全性 [J]. 化学工学，1990，58 (8)：25-29.

[13] 刘荣海，胡毅亭，王婷，等. 自反应性物质固有危险度评价 [J]. 安全与环境学报，2004，4：179-182.

[14] 崔克清. 安全工程燃烧爆炸理论与技术 [M]. 北京：中国计量出版社，2005.

[15] 许国志. 系统科学与工程研究 [M]. 2 版. 上海：上海科学技术教育出版社，2001.

[16] 许海欧. 火炸药及其制品燃烧爆炸危险源现实危险度评估方法标准化 [D]. 南京：南京理工大学，2008.

[17] 刘晓静. 火炸药典型生产过程危险性分析与评价 [D]. 南京：南京理工大学，2004.

[18] 陈国强. BZA-1 重大危险源评估法在火炸药及其制品企业的应用 [J]. 煤矿爆破，2006，4：36-38.

[19] 王金亮. BZA-2 评价方法的改进及应用研究 [D]. 天津：天津理工大学，2011.

[20] 刘欣，王凤英，陈凯. 某榴弹弹丸装药生产过程的安全评估 [J]. 国防制造技术，2012 (1)：28-33.

[21] 刘晓静，陈网桦，壬婷，等. 火炸药、弹药企业重大危险源危险性分析评估方法（BZA-1 法）的改进研究 [C]. 2004 年第八届全国爆炸与安全技术学术交流会论文集，2004：171-177.

[22] 汪佩兰，李桂茗. 火工与烟火安全技术 [M]. 北京：北京理工大学出版社，2004.

[23] 刘诗飞，姜威. 重大危险源辨识与控制 [M]. 北京：冶金工业出版社，2012.

[24] 崔维衡. 安全评价师（国家职业资格三级）[M]. 北京：中国劳动社会保障出版，2010.

[25] 王慧，王保民. 危险化学品重大危险源辨识标准的探讨 [J]. 安全、健康和环境，2013，13 (2)：40-43.

[26] 赵远飞. 危险化学品长输管道重大危险源辨识问题研究 [J]. 工业安全与环保，2013，39 (11)：49-51.

[27] 沙锡东，姜虹，李丽霞. 关于危险化学品重大危险源分级的研究 [J]. 中国安全生产科学技术，2011，7 (3)：37-41.

[28] 刘珊，应海源，徐平. 危险化学品安全标准化考核标准分析 [J]. 化工管理，2013 (12)：37-38.

[29] 李秀琪. 浅议安全标准化的作用与提升 [J]. 管理学家，2013 (07)：238.

[30] 吕鸿鹄，胡寅寅. 危险化学品安全标准化与安全评价的关系 [J]. 辽宁化工，2010，39 (8)：886-887.

# 索　引

## 0～9


1.1 级物质或物品的外部距离规定（表）　269
1/6 爆点　149
100 发雷管对代那迈特的砂中殉爆试验（图）　240
12 型、12B 型撞击装置　143
12 型撞击装置装配（图）　144
13 型撞击装置　143
2/1 樟小品号火药爆炸性能试验　260
2 号榎代那迈特炸药爆炸声响测定结果（表）　243
2 号撞击装置　142、143（图）
4 号撞击装置　143、143（图）
5s 爆发点　323
5s 延滞期爆发点测定仪　130
65℃或 65.5℃监视试验　228
65℃监视试样的瑞典标准（表）　228


## A～Z


ABL 摩擦仪作用原理（图）　153
A. Popolate　171
AP 水分含量降低　236
AP 中的有害杂质消除　236
A 级建筑物　258
　特点　258
A 级危险建筑物的安全系数 $k$（表）　168
BAM 落锤仪　140
BAM 摩擦仪　152、153（图）
BAM 撞击装置　143
BRL　9
BZA-1 法　321、329、339、340
　基本思路　321
　数学模型　322
　思路方框（图）　323
　物理意义　322
BZA-2 法　329、339
　基本思想　329
　数学模型　330
　物理意义　330
B 级建筑物　258
　特定条件　258
B 炸药　193～195、207、209、215
　改性　207
　改性研究　215
　改性与装药新工艺研究　207
　装药　211、213
Cruise　179、186
CTPB 推进剂　234
CT 装置结构示意（图）　199
C 级建筑物　259
　特点　259
DNTF/TNT 共混物的性能（表）　112
DNTF 熔注炸药　111
DOD 标准　269
DREV 后座模拟器　206
D 级建筑物　261
ETA　319
F&EI 及危险等级（表）　315
Fault Tree　310
F-K 边界条件　56、60
F-K 理论　54
FMEA　309

Frank-Kamenetskii（F-K）理论 54
FTA 310
　研究和运用 310
HRA 319
JANAF 热安定性试验 178
　结果（表） 179
JIS 撞击装置 144、144（图）
L. C. Smith 172
LOVA 9、10
LOVAX1A 发射药 10
LOVA 发射药 11、12
　技术 10
*M* 值与集合形状及热传递条件的关系（图） 70
NC 与吉纳的互溶关系（图） 223
NSWC 后座模拟装置 206
O-M 落锤仪 142
P·A 激励器 206
PBX 13
$q_G$ 和 $q_L$ 与 $T$ 的关系（图） 50
ROTO 摩擦仪 154、155
Starkenberg 216
Thomas 理论 60
TNAZ 类药剂 111
TNT 258、259
　等温 DSC 热分解曲线（图） 31
　感度性能参数（表） 340
　连续生产工艺技术 83
　凝固点自动测定器 83
　炸药装药 211
　装药的临界点火阈值（表） 211
TNT 及其混合炸药 111
TNT 热分解 30
　速度极大值出现时间与温度的关系（表） 30
TNT、特屈儿与高分子化合物、橡胶的相容性（表） 45
Trauzl 扩散试验 187
　结果（表） 187
VP-30 242
W. J. Dixon 147

## δ～θ

$\delta c$ 随（$Bi$）的变化（图） 61
$\varepsilon=0$ 时，温度—时间历程（图） 65
$\theta_{0C}$和 $\theta_{1C}$随（$Bi$）的变化（图） 61

## A

阿贝尔试验 227
安定处理方法 95
安定处理工序安全技术 94
安定处理意义 94
安定剂的作用机理 225
安定性控制方法 226
安全保护措施 90
安全标准化 320
安全措施 286
　补偿系数（表） 315
安全防护技术 6
安全防护装置 123
安全规范 257、258
安全技术 82
　体系 4、5
　专项规划（表） 7
安全监控与预警技术 6
安全检查 307
　方法 307
安全检查表方法 307
安全距离 274、275、277、278
　公式 277、278
　影响因素 275
安全评估 286
　技术 286
安全评价 286、320
　方法 305
安全评价方法分类 306

按评价结果的量化程度分类法 306
定量安全评价方法 306
定性安全评价方法 306
其他安全评价分类法 306
安全系统工程 286
内容 286
安全性 2
基本内涵 2
评价 188
安全药库 238
安全状态评估 342
奥克托今 11
晶体热分解 27

B

半溶剂法生产硝基胍三基发射药安全要点 103
包覆 236
包装工序 105
保护性气体 89
报警系统 83
爆发点试验 130
爆轰 15
传播系数 166
爆轰波测度结果（表） 186
爆燃试验装置（图） 138
爆炸百分数表示撞击感度 145
爆炸产生的爆炸声响（表） 242
爆炸概率 151、152
爆炸火灾危险场所 257
分级 256
爆炸品安全管理纲要 7
爆炸品危险特性 293
毒害性 293
火灾危险 293
机械作用危险性 293
静电火花危险 293
敏感易爆性 293
遇热危险性 293
爆炸品贮运危险因素识别 293
爆炸声响 241、243、245
爆炸物殉爆距离 238
爆炸性粉尘识别 291
爆炸性粉尘危险性 291
爆炸性物质 267
分类方法 14
分子结构 14
危险类别的分类（表） 267
相容组的分法和可能有的分级代码（表） 267
种类 14
爆炸噪声 241
北约标准体系 8
被爆炸药 165
被发炸药 165
本质安全 89
技术 6
边界条件相对应的 $M$ 值（表） 70
标准防护土堤结构 278、279（图）
标准体系 8
标准撞击装置 142、143（图）
表面效应与界面效应影响 233
兵工生产系统 342
兵器安全规范 258
薄层色谱法测定安定剂及其衍生物 229
不发火地面 284
材料 284
构造 284
不考虑反应物的消耗 62
不敏感弹药 13
先进发展项目 12
研究与发展 12
不敏感火炸药 9
计划 10
联合研制规划 10
研究 9

不同尺寸的模冲配合间隙（表） 120
不同的空气间隙厚度下 TNT 装药的临界点火阈值（表） 211
不同底隙改性 B 炸药的大型后座模拟器实验结果（表） 212
不同密度的炸药装药在相同后座加载下的应力与应力率（表） 214
不同温度下吉纳和 NC 的互溶关系（表） 224
不同温度下硝化甘油出现急剧加速的时间（表） 18
不正常情况 257

C

测定 5s 爆发点装置（图） 131
测定安定剂含水量和衍生物变化试验 229
测定冲击波感度用的楔形试验（图） 163
测定推进剂老化过程中热量的变化 230
测定炸药生成静电量的仪器（图） 169
测量分解气体的安定性试验 227
测试系统方框图（图） 210
层析照相技术 199
差热分析 177
拆除过程危险、有害因素识别 297
产品内在质量 193
产生碎片的非集中爆炸 269
长期热稳定性试验结果（表） 179
常用热分析方法 40
厂房的耐火等级、层数和面积（表） 274
厂房之间的防火间距（表） 275
成型压冲示意（图） 117
冲击波 75
　安全距离公式（表） 277
　对火炸药不安全引发机理 75
　缓冲材料和爆炸物的殉爆距离 238
　能量感度试验 185
　起爆均相炸药机制 76
　起爆深度 162
　作用灵敏性 324
冲击波感度 330
　测定 161
冲击测试方法 180
冲击机械能输入试验 180
重结晶用溶剂对于奥克托今热分解的影响（表） 27
重结晶用溶剂对于奥克托今热分解速度的影响（图） 27
重结晶用溶剂对于黑索今晶体热分解速度的影响（表） 25
重三硝基乙基氮硝基胺基乙烷的半分解期（表） 28
重三硝基乙基氮硝基胺基乙烷热分解 28
初级评估 337
初温的影响 74
储存环境湿度控制 237
储存条件 237
储存条件对老化的影响 232
　湿度影响 232
　温度影响 232
　应变与应变循环的影响 233
穿甲弹战斗部弹底间隙检测和消除 198
传爆药 204
传爆药设计基本要求 204
　安全性 204
　感度 204
　威力 204
传播 172
窗户玻璃 284
垂直下落的滑道试验示意（图） 156
刺激性物质 290
存放室示意（图） 248

D

大口径榴弹装药疵病无损自动检测 197
大型跌落试验 157
结果（表） 158

装置示意（图） 157
大型隔板试验 161
大型落锤仪 141
大型摩擦摆 154、154（图）
带玻璃泡和电雷管的雨淋喷嘴（图） 125
单发药包装填 2s 的爆炸声响（表） 245
单基火药小品号品种及药形尺寸（表） 260
单基药生产燃爆事故预防措施 98
　包装 100
　烘干 99
　混同 99
　胶化 98
　浸水 99
　晾药 99
　切药 99
　驱水 98
　筛选 99
　压伸 98
　预烘 99
单元 299
弹道法 205
弹底间隙和最大后座压力之间的关系曲线 201、201（图）
弹丸装药质量 197
　检测 196
弹药生产基础现代化和扩建 20 年（1970—1989）规划 7
导火索火焰点燃试验结果（表） 135
导火索燃烧的火星或火焰为加热源法 134
　试验方法 134
　试验结果 135
　试验原理 134
　试验装置 134
导火索燃烧的火焰为加热源法 135
导致事故直接原因分类 287
道化学公司火灾、爆炸危险指数评价法评价程序 313、313（图）
等级参数评估 337
等温试验 178
低压饱和蒸气压和温度关系（表） 121
低易损性弹药 9、10
　发射药研究 10
低易损性发射药 12
低易损炸药 194
狄克逊 147
底隙存在时炸药应力分布 218
底隙现象 200、201
底隙消除 200、202
　新方法 202
底装榴弹设想 203
第三次外部火焰试验的温度变化（图） 250～253
典型 TNT 的等温 DSC 热分解曲线（图） 31
典型安全防护装置 123
典型火炸药生产安全措施 87
点火 172
　机理研究 206
　温度 176
碘化钾淀粉试纸试验 227
定量安全评价方法 309
定量评价炸药感度的感度指标法 172
定期自动冲洗地面装置 89
定向泄爆 90
定性安全评价方法 307
动能穿甲弹 12
动物饲料的点火曲线（图） 59
动物饲料的点火实验结果（表） 59
毒害品分类 295
毒害品危险特性 296
毒害品运输危险识别 297
毒害品贮运危险识别 295、296
毒害品贮存危险识别 296
毒物 290
毒性物质分级（表） 302
断层成像技术 199

断层扫描 200
堆积尺寸对分解速度的影响 71
多层次综合评估 337
多重安全保护措施 90
多孔陶瓷阻火器 124
多硝基胺热分解速度（表） 28
多组分混合炸药热分解 42

E

二级评估 337
二硝基甲苯 271

F

发射安全性模拟实验 206
　点火机理研究 206
发射药安定性 219
发射药储存安全性 219
　储存性能的控制与调节 221
　储存性能与配方的关系 219
发射药储存性能的检测技术 221
　安定剂及其衍生物含量或消耗量检测的安定性试验 222
　分解气体测量安定性试验 222
　化学安定性检测技术 221
　物理安定性检测技术 221
发射药配方 219
发射药热分解 222
反应放热测定方法 48
反应物的 $M$ 和 $E/R$ 值（表） 58
反应物消耗的影响 66
防弹玻璃 284
防护土堤 278
　作用 278
防护箱 132
防火间距 274
防老剂 237
　涂布 237
放热反应共同特征 49
放热过程 81
放射性辐射静电消除器 127
非常不敏感炸药 270
非均温系统热爆炸稳定理论 54
非均温系统热爆炸延滞期 69
非均相炸药 75
　冲击起爆机理 75
　冲击起爆判据 76
　临界起爆条件（表） 77
非密闭燃烧 188
非稳定状态理论 61
非无限形体热爆炸判据（表） 57
废酸 81
　收集 93
废酸、废水中含有爆炸产物 82
分级代码 267
分解规律不同的炸药热安定性评价（图） 43
分解开始阶段中液体硝化甘油分解速度与时间的关系（图） 18
分解速度 70、71
分子分解 34
焚烧 188
粉尘或纤维爆炸性混合物场所 257
粉状乳化炸药 104
　生产工艺过程 104
粉状炸药感度 151
风险管理 8
风险识别与评估技术 5
缝隙式阻火器 124
辐射危险有害因素识别 292
腐蚀性物质 290
复合固体推进剂 230、231
　老化 230
　老化机理 233
　老化特征 231
　力学性能随储存温度和时间的变化关系（图） 233

复合推进剂　266

G

改良的注装方法　110
改善固体推进剂储存性能的方法　236
改善氧化剂热分解性能　236
改性B炸药　215
　配方优缺点　215
概率风险评价法　318
概论　1
感度下限　148
　测试方法　149
感度指标　174
感度指标法　172
感应式静电消除器　126
钢板抗爆墙　281
钢管　132、132（图）
　燃烧室（图）　137
钢管法　132
钢管法测定热感度　132
　防护箱　132
　钢管　132
　煤气灯　132
　试验方法　132
　试验结果　133
　试验原理　132
　仪器设备　132
钢筋混凝土抗爆墙　281
钢臼炮　138
高聚物降解　235
高氯酸铵　261、266、271
　危险等级　261
高能不敏感炸药　13
高能量密度材料　192
高温燃烧试验　137
高压静电消除器　126
高压离子流静电消除器　126
高压液相色谱法　229
高压管煮器　96
隔板试验　159
　试验方法　160
　试验结果　161
　试验原理　159
　试验装置　159
　数据处理　160
　讨论　161
隔板殉爆试验　185
　示意（图）　185
隔离防护措施　83
各项指标估算　340
各种测定的测定位置（图）　242
工房的安全疏散距离（表）　280
工序或建筑物危险等级规定　261
工业CT　198、199
　断层扫描　200
　无损检测技术优点　199
　在装药质量检测上的应用　198
工业毒物　290
工业噪声与振动危险、有害因素识别　291
工业炸药的感度下限（表）　149
工艺安全审查　307
工艺单元选取　315
工艺过程危险系数　331、341（表）
　取值（表）　332
工艺过程危险系数$\gamma$取值条件（表）　327
固化剂　237
固态黑索今热分解　24
固态太安热分解　21、22（图）
　接近熔点时热分解初速与温度的关系（图）　22
固体火炸药安全性检测方法　130
固体推进剂长储稳定性及其控制技术　222
　$H^+$的催化作用　225
　安定剂的作用机理　225
　安定性控制方法　226
　化学安定性　224

晶析 223
热积累的分解加速作用 225
渗析 223
推进剂中硝酸酯的热分解 224
物理安定性 222
吸湿 222
增塑剂迁移 224
固体炸药楔形试验 164
试验方法 164
试验结果 164
试验原理 164
试验装置 164
故障 309
等级 309
假设分析方法 308
假设分析/检查表分析方法 308
类型 309
类型和影响分析 309
关键技术计划 13
国防部爆炸物安全技术发展战略规划（2007—2012） 7
国外典型安全技术专项规划（表） 7
国外火炸药安全技术发展状况 7
国外建筑物危险等级规定 266
爆炸性物质 267
产生碎片的非集中爆炸 269
法国 267
非常不敏感的炸药 270
分级代码 267
缓慢燃烧、无冲击波 270
极不敏感弹药 270
美国 269
美国国防部弹药及火炸药安全标准 269
危险类别 267
危险区分类 268
物品相容组的分法 267
英国 266
整体爆炸 269
整体燃烧 269
国外先进安全技术 8

H

含能材料热点形成机理研究 217
含能基团 79
含能氧化剂 11
韩小平 217
黑火药生产 87
燃爆事故预防措施 87
黑火药生产线安全技术措施 88
黑火药造粒 88
黑火药柱 136
燃烧喷射火星或火焰为加热源法 136
黑索今 11
晶体堆聚状态对热分解速度的影响（表） 25
晶体热分解 37
热分解 23、25
与高分子材料混合体系的活化能与放热峰温度（表） 44
黑索今、黑索今和 EPON828 混合物的差热图谱（图） 48
烘干机燃爆事故 101
后固化 233
后座冲击模拟试验装置 209
后座模拟装置 206
胡双启 78
滑道试验 156
结果（表） 156
化学安定性测定方法 226
化学相容性 44
环境安全条件评估 342
环境散热条件对热分解速度的影响 70
缓慢燃烧、无冲击波 270
混酸理论 81
混酸配制 92

工序安全技术 92
混酸调温 92
混同 97
混同机 97
活化能 38
活性炭 58
点火曲线（图） 59
点火试验 58
火箭推进剂技术发展高能不敏感炸药 13
火炮工作条件下液体发射药压缩点火感度 183
火焰感度 134、330
试验方法 134
试验装置（图） 134
火药 1、2
燃烧速度与压力的关系 72
与炸药本质区别 1
与炸药的相关性 1
火灾、爆炸危险指数（表） 314
补偿系数 313
评价法 312
火灾爆炸危险性分类 256
火灾危险场所 257
火灾危险性 256
分类（表） 256
火炸药 1～4、14、79、129、192、193、259、286
安全基本原理 14
不安全因素分析 14
储存中的安全性 219
定义 1
发生燃烧爆炸事故起因 84
分子结构和物理状态对热分解的影响 17
高风险 4
机械感度试验 139
机械感度随温度的变化（表） 324
基本概念 1
及其制品的静态危险度 330
静电感度试验 168
可控危险度 325
能量参数（表） 325
燃烧转爆轰 71
热安定性 40
热感度试验 130
生产安全措施 87
生产工房安全性 256
使用与安全的相关性 4
特点 193
特殊性 1
危险系数 341
与相关物的相容性 42
制造、贮存与安全的相关性 2
装药安全性 194
装药与贮存安全性 192
组分 1
火炸药安全技术 5
地位 5
概念 4
管理 8
使命 5
体系 5
属性 5
火炸药安全性 2、193
基本内涵 2
评价问题 203
外延界定 2
火炸药产品 129
安全性 129
安全性评价 171
火炸药冲击波感度试验 159
火炸药弹药企业爆炸危险源评估模型法 321、329
应用举例 339
火炸药工厂常规安全性措施 83
火炸药和弹药企业重大事故隐患的定量评估方法 320

火炸药热爆炸非稳定状态理论 61
火炸药热爆炸理论 48
火炸药热爆炸事例 49
火炸药热爆炸稳定状态理论 49
火炸药热分解反应动力学 32
火炸药热分解基本概念 16
火炸药热分解、热安定性与相容性 16
火炸药热分解转燃爆 70
火炸药热分解转燃爆与燃烧转爆轰 70
火炸药生产过程 3
　安全性 79
火炸药生产企业安全评估技术 286
火炸药特征 3
　易爆炸 3
　易发生从热分解到爆炸的链式反应 4
　易燃烧 3
　易热分解 3
　易殉爆 4
火炸药系统 320
　安全评价 320
火炸药在热作用下引发燃烧、爆炸情况 84
　火炸药生产过程中使用多种易燃溶剂 84
　火炸药受热源整体加热 84
　外界火源（明火）加热 84

J

机（物）安全状态评估 342
机械作用（撞击、摩擦） 85
机械作用下燃烧爆炸预防措施 85
极不敏感的弹药 270
极限殉爆距离 238
计算工艺单元危险系数 316
计算机层析照相技术 199
计算机断层成像技术 199
甲基紫试验 228
间隙厚度和初始压力对冲击起爆的影响（表） 202
间隙形式对冲击起爆的影响（表） 202
剪切加热和摩擦加热点火 196
建立评估方法原则 321
　科学性 321
　可比性 321
　可行性 321
　系统性 321
建筑构件耐火极限 272
建筑构件燃烧性能要求 272
建筑过程危险、有害因素识别 297
建筑和拆除过程危险、有害因素识别 297
建筑结构防火防爆措施 279
建筑物防火防爆措施 281
建筑物防火防爆要求 279
　减少起火爆炸的可能性 279
　减小爆炸时对人员的伤害和对附近建筑的影响 280
　减小火灾爆炸事故破坏作用 279
建筑物构件分类 272
　非燃烧体 272
　难燃烧体 272
　燃烧体 272
建筑物距离计算结果（表） 276
建筑物耐火等级 272
　分级（表） 273
建筑物危险等级 257
　规定 261、266
键合剂 237
结构重要度分析 311
金属分离器 89
晶体黑索今 25
精洗工序 97
静电电荷积累和放电 86
静电放电火花 86
静电感度 168
静电感度测试 169
　电极准备 170

试验方法　170
试验结果　171
试验条件选定　170
试验原理　170
试样准备　170
仪器标定　170
仪器设备　170
静电火花感度装置示意（图）　170
静电积累而导致火炸药燃烧爆炸条件　86
静电积累和事故的预防　86
接地法　86
静电中和器使用　87
抗静电剂添加　87
人体静电消除　86
设备、工艺控制　86
增湿　87
静电消除器　126
静电作用下燃烧爆炸预防措施　86
静态危险度　330
静压缩点火试验　183
绝热压缩感度试验　181
绝热压缩模型　216
绝热压缩试验装置示意（图）　182
军工燃烧爆炸品安全技术体系　5、5（图）
军用炸药使用安全　193
均温系统热爆炸稳定理论　49
均温系统热爆炸延滞期　62
均相炸药　75
冲击起爆机理　75
温度和冲击波的压力关系（图）　76

K

卡斯特落锤仪　140
开合弹　196
药柱　196
抗爆墙　281
结构　281
抗爆小室　280～282
结构　281、282（图）
靠近熔点的不同温度下太安熔融的百分数（表）　23
柯兹洛夫摩擦摆　151、152（图）
可靠性安全评估法　320
可控危险度　325、331、336、341、342
可燃烧、爆炸体系　81
空气间隙厚度对临界点火阈值的影响（图）　212
空气间隙厚度对装药发射安全性影响　211
空气压缩加热点火　196
库内爆炸试验　240、241
块注装法　110
工艺流程（图）　110
快速装填压缩点火试验　184
感度试验装置（图）　184
快速自动消防雨淋灭火系统　90

L

雷管起爆试验　187
冷塑态装药　116
离心注装　110
离子镶嵌　236
李文彬　218
连续化自动硝化工艺与设备　82
量气法　40
临界隔板值　161
临界量　299
临界落高　148
临界起爆能量　77
临界应力　208
零级反应　62
硫酸/硝酸比率液相色谱分析器　83
六硝基二氮杂环辛烷与高分子材料混合物热分解（表）　43
陆军军械弹药和化学局　10
陆军研究发展局　10
铝斜槽测量起爆药的静电荷（表）　169

螺旋压装安全技术 123
螺旋压装的典型流程（图） 114
螺旋压装法 113
 爆炸事故原因 115
 示意（图） 113
 适用范围 114
 特点 114
 原理 113
螺旋压装工艺过程 114
 弹体称量 114
 弹体和炸药温度 115
 空弹体加热 114
 内膛检验 115
 药柱检验 115
 预装药 115
螺旋压装径向密度分布曲线（图） 114
落锤试验 181
落锤仪（图） 141
落锤撞击感度 324
落锤撞击试样 148

M

麻醉物质 291
马克西莫夫 30
埋在砂中的氯乙烯管中的代那迈特殉爆试验布置（图） 239
慢速装填压缩点火感度实验装置（图） 183
没有装入砂中的横向存放室（图） 241
煤气灯 132
美国 DOD 标准 269
美国安全技术标准 8
美国爆炸品安全技术体系 8
美国大西洋研究公司 13
美国国防部爆炸品安全指令性文件（图） 9
美国国防部关键技术编制高能材料计划要求 13
美国海军军械站隔板殉爆示意（图） 185
美国矿业局选取的单元液体火药绝热压缩感度测试结果（表） 182
美国陆军弹道研究所 9
美国陆军军械研究发展局弹道研究所 10
猛炸药的燃速与压力的关系 72
猛炸药燃烧稳定性 74
密闭冲击波试验 187
密闭储存 237
密度影响发射安全性的定性分析 214
棉纤维素硝化反应特点 91
棉纤维素硝酸酯 91
模糊综合评估方法应用 338
模糊综合评价数学原理 336
模拟火灾 248
模拟药库（Ⅰ） 240、244
 爆炸声响的差别（表） 244
 示意（图） 240
 试验表（表） 244
模拟药库（Ⅲ） 247
 平面图及外部火焰试验的布置（图） 247
 在钢板上贴有一层隔热板（图） 249
摩擦感度 151、324
 测定 151～154
 测试方法 151
 测试方法比较 155
摩擦加热点火 196

N

耐火等级 272、273
能源 1
能源材料 192
黏结剂 116
凝聚炸药燃烧转变 71
凝聚炸药稳定燃烧规律 72

P

排气容器法点火试验 137

试验方法　137
试验结果　137
试验原理　137
仪器设备　137
喷漆用硝化棉工艺流程（图）　92
喷雾制粉工序　105
偏微分方程　175
评估层次因素树（图）　338
评价单元　303、304
评价单元划分原则和方法　304
按布置的相对独立性划分　305
按工艺条件划分评价单元　305
按贮存、处理危险物品的潜在化学能、毒性和危险物品的数量划分评价单元　305
按装置工艺功能划分　305
以危险、有害因素的类别为主划分评价单元　304
以装置和物质特征划分评价单元　304
评价指数值　318
破甲弹注装示意（图）　109
普通注装法　109
流程（图）　109

Q

企业职工伤亡事故分类　287
起爆判据　76
起爆深度测定　162
气体产物压力测定方法　47
气体产物组成测定方法　46
气体对黑索今热分解的影响（图）　26
气体或蒸气爆炸性混合物场所　257
气相色谱仪　46
气相硝基化合物热分解　36
砌砖抗爆墙　281
枪弹冲击试验　187
结果（表）　188
枪击感度　158
切割机着火事故　101
原因　101
轻型屋盖构造　282
保温式　282
简易式　282
通风式　283
驱酸工序安全技术　93
驱酸工艺设备　93
全自动程序控制、自动监视　90
确定危险源系统　321

R

燃烧　15
和爆轰的区别　15
速度与压力的关系　72
转变　72
燃烧爆炸事故概率指标值（表）　326
燃烧爆炸事故预防措施　85
燃烧爆炸预防措施　84～86
燃烧转爆轰　70
条件　71
燃速与压力的关系　72
热、力学耦合的压缩加热模型　216
热安定性　40
试验　178
与相容性　16
热爆炸　49、51
理论　48、49
临界条件确定　51
判据（表）　57
延滞期　62、69
热点火引爆实验　208
热点形成机理 76、214
热点形成与分布研究　208
热分解　15、16
抑制剂添加　236
转燃爆　70
热分解第二反应　35

影响因素 35
热分解、燃烧和爆轰三者之间的关系 15
热分析方法 40
热感度 130
热感度经典试验 130
试验方法 131
试验原理 130
试验装置 130
延滞期 130
热能输入试验 175
热起爆 76
热丝点火试验 136
判定标准 137
试验方法 136
试验结果 137
试验原理 136
试验装置 136
热丝点火装置（图） 136
热塑态炸药特点 116
热塑态装药 116、117
示意（图） 117
热图 49
热稳定性扫描实验结果（表） 180
热稳定性试验结果（表） 179
热作用下火炸药燃烧爆炸预防措施 84
热作用下燃烧爆炸预防措施 84
人、财受损指标值 $E_i$ 的取值法（表） 328
人—机（物）—环境不安全因素交叉情形示意（图） 327
人为因素 319
人员安全管理水平评估 341
人员可靠性分析 319
人员可靠性行为 319
人员密度或出现频次 336
人造环境小气候 90
容器对试验结果影响的评价 189
熔融炸药送料泵故障检测控制器 83
乳化炸药工艺生产流程（图） 104
乳化制药工序 104
瑞典安全规范 278

S

赛璐珞、喷漆用硝化棉工艺流程（图） 92
三基药生产燃爆事故预防措施 100
三温 115
三硝基苯基甲基硝胺热分解 28、29（图）
三硝基苯气相热分解 30
三硝基氮杂环丁烷（TNAZ）类药剂 111
三硝基甲苯热分解 30
三硝基乙基氮硝基甲胺热分解 28
三种规则形状热爆炸判据（表） 57
三种撞击感度落锤仪（图） 141
三柱式落锤仪 140
散装易燃液体运输危险识别 294
散装易燃液体贮存危险识别 294
砂中爆炸 242
砂中殉爆试验 238、239
筛网式阻火器 124
闪点 177
伤害（或破坏）范围评价法 318
烧结金属阻火器 124
设备或装置的危险有害因素识别 289
设计审查 307
射束硬化 200
生产厂房安全距离 274
生产厂房防火间距 274
生产厂房耐火等级 272
生产的火灾危险性分类（表） 256
生产工房安全性 256
生产过程安全控制措施 105
生产过程安全性 79
生产过程和场所按火灾爆炸危险性分类 256

生产过程危险、有害因素识别　297
　厂址　298
　单元过程（单元操作）危险有害因素识别　298
　道路　298
　工艺过程　298
　建构筑物　298
　运输　298
　总平面布置　298
生产性粉尘　291
　危险有害因素识别　291
生产性热源　292
湿度危险、危害表现　292
湿式除尘装置　90
石蕊试纸试验　227
识别危险、有害因素原则　298
　科学性　298
　全面性　299
　系统性　299
　预测性　299
实用感度　129
事故分类标准研究　288
事故概率指标值　336
事故后果模拟分析　317
事故类别分类　287
事故树　310
　分析　319
事故树分析评价法　310
　编制故障树　311
　调查原因事件　310
　定性分析　311
　故障树符号意义　312
　结构重要度分析　311
　逻辑门符号　312
　确定顶上事件　310
　事件符号　312
　最小割集　311
　最小径集　311
事故应急处置技术　6
试验主发能量　189
试样初始状态　188
　评价　188
手工操作　292
　危险、有害因素识别　292
受影响设施的危险严重度　339
数值模拟计算　207
双基发射药　270
双基药热分解气体产物的质谱图谱（图）20
双基药生产燃爆事故预防措施　100
双基药生产燃爆事故综合分析　100、102、103
　安全管理水平　103
　安全系统工程管理　103
　防火雨淋雨幕要求　103
　劳动保护用具　103
　设备维修和保养　102
　雨淋系统管理和维护　103
　职工安全技术培训　103
水幕消防系统　126
苏珊试验　155
苏珊试验弹　155、155（图）
苏珊试验结果（图）　156
塑料管导向套的试验结果（表）　150
塑料黏结炸药　13
塑态装药　116
塑性变形功引起的装药温升　217
损失预防审查　307
太安热分解　21、21（图）
太安熔融的百分数（表）　23
膛炸事故　195、217
膛炸问题　194
膛炸因素　195

T

特屈儿热分解　28

特殊工艺危险系数 316
特殊能源 1
提高黏合剂的抗老化能力 236
体系相容性的标准（表） 48
体系相容性判断标准（表） 47
填料式阻火器 124、124（图）
推进剂安全储存寿命 226
推进剂储存 226
推进剂老化过程 230
推进剂组分对老化的影响 231
　高聚物聚集态影响 231
　固化剂影响 232
　链结构影响 231
　稀释剂影响 232
　氧化剂影响 232
　预聚物结构影响 231
　增塑剂与液体燃速催化剂影响 232
脱水 97
　工序 97

W

外部火焰试验 247、249
　温度变化（图） 250～253
危害管理 8
危险等级 257
危险、有害因素识别 287
危险、有害因素辨识与分析 339
危险、有害因素定义 287
危险、有害因素分类 287
危险、有害因素识别 289
危险场所人员密度或出现频次（表） 326
危险程度 257
危险等级分级确定程序（图） 271
危险等级判别标准 329
危险等级确定 342
危险度计算 342
危险度未受控系数 327
危险感度 129
危险和可操作性研究 309
危险类别 267
危险品仓库危险等级（表） 265
危险品生产工序或厂房的危险等级（表） 261
危险区分类 268
危险物品 289
危险物质 299、303
　类别及其临界量（表） 302
　名称及其临界量（表） 300
危险性库房的安全系数 $k$（表） 168
危险严重度 339
危险源评估方程 340
危险源系统内、外危险性 321
危险源系统危险性评价 322
危险指数 312
危险指数评价法 312、317
　安全措施补偿系数计算 316
　暴露面积计算 316
　暴露区域内财产的更换价值 317
　工艺单元选取 315
　工艺单元危险系数计算 316
　火灾爆炸危险指数确定 316
　基本最大可能财产损失确定 317
　实际最大可能财产损失计算 317
　事故后果模拟分析 317
　特殊工艺危险系数 316
　停产损失估算 317
　危害系数确定 316
　危险等级确定 316
　物质系数确定 315
　一般工艺危险系数 316
　最大可能工作日损失估算 317
维也里试验 227
未受控系数 341、342
温度测量 249
温度对 TNT 热分解过程的影响（图） 30

温度对分解速度的影响　70
温度、湿度危险、危害的识别　292
“温度—浓度”曲线　68、68（图）
“温度—时间”曲线　67、68（图）
温度一时间历程（图）　65
温度危险、危害表现　292
温度与湿度危险、有害因素识别　292
稳定燃烧的压力界限　73
稳定状态理论　49
无气体药剂的燃烧　72
无损检测方法　197
无损检测技术　197
物理相容性　44
物量危险系数　322、325、340
物品相容组的分法　267
物性危险系数　322

X

系统安全分析　286
系统外人、财受损指标值 $E_i$ 的取值法（表）　328
系统现实危险度分级标准（表）　329
细断工序　96
先进安全技术　8
现场实验研究　317
现实危险度　328、342
　分级标准（表）　329
限制不稳定组分的迁移扩散　237
相容性测试与评价标准　46
相容性研究　44
相同加载下装药相对密度对应力响应的影响（图）　214
硝化　79
硝化操作中的安全注意事项　94
硝化反应　79
硝化甘油　271
　出现急剧加速的时间（表）　18
　在不同温度下的反应速度常数和半分解期（表）　41
　在混酸中的爆发点变化（表）　81
　在混酸中的溶解度（表）　82
硝化甘油热分解　17
　气体产物量与时间的关系（表）　20
　速度与压力的关系（图）　18
　自加速特点　17
硝化工序安全技术　93
硝化工艺　82
　特点分析　81
硝化过程中的安全技术　82
硝化基本原理　79
硝化加成或置换机理　80
硝化棉　91
　分解、燃烧原因　94
　混同、脱水工序安全技术　97
　生产燃爆事故预防措施　91
　脱水工序　98
　细断　96
　制造工艺流程　91、91（图）
硝化棉桶自燃　49
硝化、驱酸工艺设备　93
硝化纤维素黏度的变化试验　230
硝基胺类炸药热分解　23
硝基苯热分解　30
硝基胍分解　221
硝基胍三基发射药工艺安全措施　103
硝基胍三基药生产燃爆事故预防措施　103
硝基化合物类炸药热分解　29
硝基化合物气相热分解的动力学参量（表）　36
硝硫混酸　92
硝酸酯类炸药热分解　17
硝酸酯热分解 36、220、221
　初速（表）　21
硝酸酯为基的推进剂老化过程　226
小隔板试验装置（图）　159
小品号火药　260

小型隔板试验 161
小型后座冲击模拟试验装置 209
小型后座模拟实验装置 210（图）、212
小型后座模拟装置 210、211
小药量模拟药库 240、241、247
小药量模拟药库（Ⅰ）库内爆炸试验 240
小药量模拟药库（Ⅱ）库内爆炸试验 241
小药量模拟药库（Ⅲ）外部火焰试验 247
小药量药库的外观（图） 241
楔形试验 162、163（图）
泄压面积与工房容积的比值（美国）（表） 280
泄压面积与工房容积的比值（日本）（表） 280
泄压面积与工房容积的比值（中国）（表） 280
泄压轻型外墙 283
泄压轻型屋盖 282
泄压系数 279
谢苗诺夫理论 54
新爆炸物品危险等级分级试验方法 270
新装药工艺研究 215
溴化法测安定剂含量 229
悬臂式离心注装 110
悬浮液炸药注装 109
　流程（图） 110
殉爆 165
　安全距离计算 167
　距离 165、238
　试验装置（图） 166
　系数 166
　原因 165
殉爆试验 165、238
　试验方法 166
　试验装置 166
　影响殉爆距离因素 167

Y

压力对燃烧速度的影响 72
压力法 227
　界限 73
　凝固法 202
　注装 111
压力法记录的典型的压力一时间曲线（图） 228
压伸机爆炸事故 102
压伸机爆炸原因 102
压缩点火 195
压延着火事故 100
压延着火原因 100
压制圆柱形药件的模具（图） 107
压装不同炸药时的建议模冲配合间隙与粗糙度（表） 120
压装法 106
　分类 107
　工艺过程 107
　适用范围 107
压装法导致爆炸事故原因 108
　坚硬杂质 108
　模具装配和间隙不当 108
　压药压力的影响 108
　作业人员思想麻痹 108
压装法装填安全技术 119
　安全规程执行 121
　模具设计 119
　退模隔离操作 119
　压药操作 119
　压药设备改进 120
压装工艺技术 214
杨录 198
氧化剂 291
氧化交联 234
药板湿法冷压工艺 89

药剂　1
药库示意（图）　242
药柱分装法　107
药柱直径的影响　73
液体发射药 Trauzl 扩张试验结果（表）　187
液体发射药安全判据　174
液体发射药安全性　174
液体发射药差热分析结果　177、178（表）
液体发射药的 JANAF 热安定试验结果（表）　179
液体发射药及其组分的自燃点（表）　177
液体发射药及其组分开杯法闪点（表）　177
液体发射药落锤试验结果（表）　181
液体发射药枪弹冲击试验结果（表）　188
液体发射药压缩点火感度　183
液体含能材料冲击感度测试　180
液体含能材料绝热压缩感度（表）　182
液体含能材料殉爆试验结果（表）　186
液体含能物质感度等级（表）　190
液体含能物质试验结果汇总（表）　189
液体火药　174
液体炸药楔形试验　163
　试验方法　163
　试验原理　163
　试验装置　163
液相黑索今热分解　24
液相硝化甘油热分解　17
液相炸药第二反应　38
一般工艺危险系数　316
一、二、三硝基苯热分解　30
抑爆原理（图）　126
抑爆装置　126
易燃固体危险特性　295
易燃物品分类　295
易燃物品危险特性　295
易燃物品贮运危险识别　295
易燃液体分类　294
易燃液体危险特性　294
易燃液体贮运危险因素识别　294
易燃、易爆物质　289
易燃易爆性　3
因素集划分　337
尹孟超　203
引爆判据　77
引进线　88～90
应急处置措施　90
应申报的重大危险源类别　303
英国爆炸品分类定义和实例（表）　266
影响发射药化学安定性的因素　220
影响发射药物理安定性的因素　219
　表面处理剂迁移　220
　挥发性溶剂或组分的挥发　219
　晶析　220
　渗析　220
　吸湿性　219
影响复合固体推进剂老化因素　231
影响燃速因素　73
影响殉爆距离因素　167
　被发装药影响　167
　主发装药影响　167
　装药间介质影响　167
　装药直径影响　167
有毒物质　290
　危险有害因素识别　290
有害物质　290
有害因素　289
　定义　287
　分类　287
　识别　289
有火灾爆炸危险工房对门窗等的要求　283
　玻璃要求　283
　窗的要求　283
　门的要求　283

小五金要求　283
有机玻璃隔板厚度（图）　162
有机剧毒、有毒物品　296
有限压缩速率模型　216
与炸药装药发射安全性相关的研究工作　208
预警技术　6
预警系统　83
预聚体　237
预先危险分析方法　307
遇湿易燃物品的危险特性　295
原材料合成　79
原电池法　228
运输过程危险、有害因素识别　293

Z

在100℃时气体产物对于硝化甘油热分解的影响（图）　18
在120℃～150℃多硝基胺热分解速度（表）　28
在线自动检测技术　82
在线检测分析器研制　83
造成缺氧的物质　290
噪声　291
炸药　1、2
安定性问题　40
爆发点（表）　131
爆燃试验结果（表）　139
爆炸百分数（表）　146
冲击波起爆的临界压强（表）　162
初始反应　37
大型跌落试验结果（表）　158
分子分解　34
感度指标（表）　173
隔板值（表）　161
活化能、指前因子和半分解期（表）　39
活化能值（表）　37
火焰感度　134
静电感度评价　168
静电火花感度（表）　171
理化性质的影响　73
临界落高 $H_{50}$（表）　147
临界落高测试　148
摩擦感度　152（表）～154（表）
摩擦感度及外摩擦系数（表）　152
枪击试验结果（表）　158
燃烧稳定性　74
试验与计算结果（表）　133
稳定燃烧临界破坏压力（表）　74
稳定燃烧顺序　74
楔形试验结果（表）　164
撞击感度（表）　148
撞击试验值（表）　149
炸药 PBX-9404 与某些材料的相容性（表）　47
炸药安全性评价方法学　203
炸药包的砂中殉爆试验结果（表）　239
炸药爆燃性能试验　138
钢臼炮　138
试验方法　138
试验结果　139
试验原理　138
仪器设备　138
炸药变化与存放条件关系　40
炸药感度　129、130
对比（表）　129
分类（表）　150
特性　129
综合评定　171
综合评定（表）　172
炸药的各种火炸药感度参数（表）　330
炸药化学变化　41
过程基本形式　15
基本形式与相互间的转化　14
炸药摩擦带电量测试　168
试验方法　169

试验结果 169
试验原理 168
仪器设备 168
炸药燃烧转爆轰 71
防止 74
炸药热安定性分析 42
炸药热安定性理论 41
炸药热分解 15、32、37～40、42
初始反应 35
第二反应 37、41
活化能 38、39
机理 34
形式动力学曲线 32、33（图）
延滞期 42
炸药热分解、燃烧和爆轰三者之间的关系 15
炸药生产燃爆事故预防措施 104
炸药装药 106
动态响应问题 217
过程安全性 106、194
密度影响 73
缺陷 195
引起膛炸原因 195
在相同后座加载下的应力与应力率（表） 214
炸药装药发射安全性 195
评估技术研究 208
试验 209
战略规划 7
真空安定性 323
方法 47
真空热安定性法 40
真空振动注装 111
振动危害 291
整体爆炸 269
整体燃烧 269
整装易燃液体运输危险识别 294
整装易燃液体贮存危险识别 294
正常情况 257
脂烃多硝基胺热分解 28
直接压药法工艺流程（图） 107
制粉塔 106
致癌、致突变及致畸物质 290
致畸物质 290
重大燃烧爆炸事故概率指标值 $P$（表） 326
重大事故 299
重大危险源 299
定义 299
类别 303
识别 299
重大危险源辨识 287、299、302
依据 300
周培毅 200、215、217、218
骤热 178
试验结果（表） 178
主爆炸药 165
主发能量 189
主发炸药 165
主体炸药与混合炸药其他组分间发生化学反应 46
主体炸药与混合炸药其他组分间发生物理性变化 45
煮洗工序 95
注装法 109
爆炸事故原因 112
分类 109
工艺过程 109
适用范围 111
注装法装填安全技术 121
稳定人员的专业思想 122
杂质混入炸药 121
炸药熔化 121
注装工房 122
注装作业应注意问题 122
贮存安全性 192

贮存毒害物品库房危险因素识别 296
贮存技术条件方面的危险因素 296
贮存少量炸药安全药库安全性试验 238
装入 VP-30 氯乙烯管中的炸药砂中殉爆试验结果（表） 239
装入单发药包装填器的炸药的砂中殉爆试验结果（表） 240
装填比近于 1 时水和硝酸对于硝化甘油热分解的影响（图） 19
装填单个药包的容器示意（图） 239
装填密度对固态黑索今热分解的影响（图） 26
装药 192
  安全防护技术 117
  安全性研究结果 203
  疵病 194、195
  底隙与装药密度分布检测研究 200
  方法 106
  工序 105
  工艺 106
  工艺过程描述 106
  过程 106
  力学性质对发射安全性影响 215
  密度 213
  缺陷与检测 194、196
  温升 217
  新工艺研究 207
  在后座冲击下的点火模型 216
  在后座冲击下的动态响应 218
  质量检测 198
  质量问题 196、213
装药发射安全性 205
  模拟实验研究 209
  数值模拟 217
  研究状况 205
装药密度对发射安全性影响 213
装药缺陷对发射安全性影响 209
装药通用安全防护技术 117
  避雷设施 118
  电气安全技术 118
  防火技术 117
  防静电措施 119
  感应雷击预防 119
  设备安全防护技术 118
  消防技术 117
  直接雷击预防 118
装药相对密度 213
  对临界点火阈值的影响（图） 213
装有一个单发药包装填器（图） 241
撞击感度 140～145、148～151
  12 型、12B 型撞击装置 143
  13 型撞击装置 143
  2 号撞击装置 142
  4 号撞击装置 143
  BAM 落锤仪 140
  BAM 撞击装置 143
  JIS 撞击装置 144
  O-M 落锤仪 142
  爆炸百分数表示撞击感度 145
  标准撞击装置 142
  测量压力变化判断试验结果 145
  测试方法 151
  大型落锤仪 141
  分解气体判别试验结果 145
  感度下限 148
  卡斯特落锤仪 140
  临界落高表示撞击感度 147
  三柱式落锤仪 140
  声谱作为判别试验结果的工具 145
  试验方法 145
  试验结果 145
  试验结果判别 144
  试验结果与讨论 150
  试验原理 140
  仪器设备 140
  装置 142

　自动落锤仪　141
撞击试验值　149
撞击装置　150
　结构对试验结果决定性的影响　150
　缺点　151
自动翻水斗　125
自动落锤仪　141
自动灭火装置　125
自动雨淋装置　125
自燃温度测试方法　176
综合评价炸药感度图解法　172、173（图）
阻爆器　124
　示意（图）　124
阻火器　123
阻火闸门　125
阻火装置　123
阻抗镜　186
　试验所测反应时间（表）　187
最小割集　311
最小径集　311
作业环境中的危险、有害因素识别　289
作业条件危险性评价法　320